冶金工业出版社

普通高等教育"十四五"规划教材

复合材料

（第2版）

尹洪峰　魏　剑　编著

本书数字资源

北　京

冶金工业出版社

2023

内 容 提 要

　　本书系统地介绍了结构复合材料的基本概念、复合原理以及不同基体类型复合材料的材料体系组成、制备工艺、界面控制、性能和应用。全书共分6章，包括复合材料基础、复合材料增强体、聚合物基复合材料、金属基复合材料、陶瓷基复合材料和碳/碳复合材料。与第1版相比，第2版针对复合材料增强体的新的类型以及各类复合材料的最新发展对内容进行了补充，以便读者能够更好地掌握复合材料的发展。

　　本书是材料类专业的专业教材，可供高等院校材料科学与工程、高分子材料、无机非金属材料、金属材料、材料物理、材料化学专业本科生使用，也可供相关专业研究生、教师及工程技术人员参考。

图书在版编目（CIP）数据

　　复合材料/尹洪峰，魏剑编著. —2 版. —北京：冶金工业出版社，2022.2（2023.12重印）

　　普通高等教育"十四五"规划教材

　　ISBN 978-7-5024-9028-7

　　Ⅰ.①复…　Ⅱ.①尹…　②魏…　Ⅲ.①功能材料—复合材料—高等学校—教材　Ⅳ.①TB3

　　中国版本图书馆 CIP 数据核字（2022）第 013906 号

复合材料（第 2 版）

出版发行	冶金工业出版社	电　　话	(010)64027926
地　　址	北京市东城区嵩祝院北巷 39 号	邮　　编	100009
网　　址	www.mip1953.com	电子信箱	service@ mip1953.com

责任编辑　于昕蕾　美术编辑　彭子赫　版式设计　郑小利
责任校对　李　娜　责任印制　窦　唯

三河市双峰印刷装订有限公司印刷

2010 年 8 月第 1 版，2022 年 2 月第 2 版，2023 年 12 月第 2 次印刷

787mm×1092mm　1/16；20.75 印张；502 千字；318 页

定价 **49.00 元**

投稿电话　（010）64027932　投稿信箱　tougao@cnmip.com.cn
营销中心电话　（010）64044283

冶金工业出版社天猫旗舰店　yjgycbs.tmall.com

（本书如有印装质量问题，本社营销中心负责退换）

第 2 版前言

材料复合化是材料发展的趋势之一，甚至将复合材料与金属材料、无机非金属材料和有机高分子材料并列作为第四大类材料。无论是结构材料，还是功能材料，通过复合化可以使材料展现出原有组分不具备的一些优异性能，同时由于复合材料具有可设计的特点，为人类社会的发展开辟了无限的想象和实现空间。本书第 1 版于 2010 年 8 月出版，编写的目的是为材料大类除复合材料与工程以外专业作为选修课程的教材使用。距本书第 1 版出版已经过去 10 余年，这期间复合材料领域也有很大发展，特别是复合材料多尺度、多层次结构优化设计，虚拟制造与智能加工技术的快速发展，推动了复合材料理论和制备技术的进步。进入 21 世纪，复合材料在我国航空航天快速发展、深空和深海探索等方面起到很好的支撑作用。本书第 2 版试图将复合材料近 10 余年的新发展融入教材内容，以便保持内容的先进性和系统性。

本书第 2 版保持第 1 版的基本框架没有改变，但对教材的内容进行了更新。第 1 章在复合材料分类中引入了结构-功能一体化复合材料的概念，并给出具体实例；为了便于读者对界面性能的整体把握，增添了界面性能表征方法的内容。第 2 章增强体部分，除了对已涉及的增强体最新发展进行补充外，还增加了玄武岩纤维、超高相对分子质量聚乙烯纤维以及碳纳米管的内容。第 3 章对树脂基复合材料的基体、界面结构、成型工艺等相关内容进行了较大幅度更新，便于读者更好地理解。第 4 章主要更新了金属基复合材料的制备工艺的内容。第 5 章除内容更新外，增加了 SiC/SiC 复合材料，对于氧化锆相变增韧部分进行了充实。第 6 章主要对碳/碳复合材料的抗氧化与抗烧蚀技术，及其在热防护、耐热部件等领域的最新应用进展，进行了内容更新。此外，第 2 版还增加了丰富多样的课后习题与思考题，以帮助读者理解与掌握复合材料知识。

　　本书第 2 版的修订工作由西安建筑科技大学尹洪峰和魏剑两位教授完成；其中第 1 章、第 2 章和第 5 章由尹洪峰修订，第 3 章、第 4 章和第 6 章由魏剑修订，全书最后由尹洪峰统稿，修订过程中参考了大量他人的著作、文章，在此一并向其作者和出版者表示感谢。

　　由于编者水平所限，书中不妥之处恳请读者和专家批评指正。

编　者

2021 年 8 月于西安

第 1 版前言

复合材料被认为是除金属材料、无机非金属材料和高分子材料之外的第四大类材料，它是金属、无机非金属和高分子等单一材料发展和应用的必然结果。航空航天等高科技领域的发展，对材料提出了更为苛刻的要求，单一材料很难满足性能的综合要求和高指标要求，材料复合化成为材料发展的必然趋势，同时为复合材料的发展提供了强有力的需求牵引。复合材料是由两种或两种以上异质、异性、异形的材料经过一定的复合工艺所得到的新型材料，它既保留了原有组分的主要特点，同时通过协同效应获得原有组分所没有的优异性能。复合材料可经设计，使原组分材料优势互补，呈现出出色的综合性能。复合材料因具有可设计特点，为人类社会的发展开辟了无限的想象和实现空间。随着新型复合材料的不断涌现，复合材料不仅应用在导弹、火箭、飞机、人造卫星等尖端领域，在汽车、造船、建筑、电子、桥梁、机械、能源、医疗和体育等领域也都得到了广泛应用。

本书系统介绍了结构复合材料的基本概念、复合原理以及不同类型的复合材料的材料体系组成、制备工艺、性能和应用。第 1 章介绍了复合材料的发展概况、基本概念、复合材料复合原理、复合材料的组元及其作用，以利于后续各章的学习。第 2 章着重介绍了复合材料常用增强体的类型、制备、主要性能和应用，为了便于理解复合材料增强体的排布对复合材料性能的影响，还简要介绍了复合材料纤维预制体的编织方法和结构。第 3 章和第 4 章分别介绍了聚合物基复合材料和金属基复合材料的基体、制备方法、界面与界面控制、性能和应用。第 5 章以陶瓷材料增韧方法为主线，分别介绍了陶瓷基复合材料各种增韧方法的增韧原理、制备技术、性能和应用。由于陶瓷的纤维增韧和仿生学增韧是两种非常有效的增韧途径，它们不仅使陶瓷材料的断裂韧性大幅度提高，更主要的是使陶瓷材料的应力-应变行为和断裂特征发生质的变化，为此用了较长篇幅进行介绍。第 6 章较详细介绍了碳/碳复合材料的制备、结构、性能和应用。

本书第 1 章、第 2 章和第 5 章由西安建筑科技大学尹洪峰编写，第 3 章、第 4 章和第 6 章由西安建筑科技大学魏剑编写，全书最后由尹洪峰统稿，编写过程中参考了他人的著作、文章，在此一并向其作者和出版者表示感谢。

由于编者水平有限，加之复合材料发展迅速，书中不妥之处恳请读者和专家批评指正。

编　者
2010 年 5 月于西安

目　　录

1 复合材料基础

第 1 章数字资源

1.1 复合材料发展简史

材料在人类发展史上起着十分重要的作用，一种新材料的出现，往往会引起生产工具的革新和生产力的大幅度提高。历史学家常把人类的发展史按石器时代、陶器时代、青铜器时代和铁器时代来划分。可以说，人类的文明史也就是材料的进步史。

20 世纪以来，高度成熟的钢铁工业已成为现代工业的重要支柱，在已使用的结构材料中，钢铁材料占一半以上，但是随着宇航、导弹、原子能等现代技术的飞速发展，现代的钢铁和有色合金材料已很难满足要求。例如在设计导弹、人造卫星、飞机的承载构件时，理想的结构材料应具有质量轻、强度和模量高的特点，即比强度和比模量要高。然而，即使比普通钢强度高 7 倍左右的高强度钢，由于密度大，其比强度仍很低，要增加构件的强度就必须同时增加其质量，这对高速运动的部件来说是无意义的。至于比模量，常用的各种工程材料其数值很接近，相互替代意义不大。

当三大合成材料在 20 世纪相继问世以后，材料科学领域发生了深刻的变化。塑料比铝轻一半左右，比钢轻 80%～87%，用塑料制造构件所需的劳动量比金属材料少 2/3 以上，但是，塑料强度低、耐热性差。20 世纪 40 年代迅速发展起来的新型复合材料使上述材料的缺点得到了克服。例如碳纤维增强树脂复合材料的比模量比钢和铝合金高 5 倍，其比强度也高 3 倍以上，同时还具有碳纤维的密度小、耐热、耐化学腐蚀、耐热冲击、热膨胀小、耐烧蚀等优良的性能。碳纤维/树脂复合材料作为工程材料和烧蚀材料可以大大减轻宇宙飞船、导弹、飞机等的质量，提高其有效载荷，并改善其性能。

复合材料，顾名思义，就是由两种或两种以上的材料经一定的复合工艺制造出来的一种新型材料。自然界中存在许多天然的复合材料。例如树木和竹子是纤维素和木质素的复合体；动物骨骼则由无机磷酸盐和蛋白质胶原复合而成。人类很早就接触和使用各种天然复合材料，并仿效自然界制作复合材料。例如早在六千多年前，我国陕西半坡人就懂得将草梗和泥筑墙；而世界闻名的我国的传统工艺品——漆器就是由麻纤维和土漆复合而成的，至今已有四千多年的历史。现代复合材料的制作成功则要从 1942 年，第二次世界大战中玻璃纤维增强聚酯树脂复合材料被美国空军用于制造飞机构件开始算起。材料科学家们认为，就世界范围而论，1940～1960 年这 20 年间，是玻璃纤维增强塑料时代，可以称为复合材料发展的第一代。1960～1980 年这 20 年间，是先进复合材料的发展时期，1960～1965 年英国研制出碳纤维，1971 年美国杜邦公司开发出 Kevler-49，1975 年先进复合材料"碳纤维增强环氧树脂复合材料及 Kevler 纤维增强环氧树脂复合材料"已用于飞机、火箭的主承力件上，这一时期被称为复合材料发展的第二代。1980～1990 年间，是纤维增强金属基复合材料的时代，其中以铝基复合材料的应用最为广泛，这一时期是复合材料发展的第三代[1]。20世纪末，以美国为代表的西方发达国家，启动了一系列航空先进材料研究计划，目标在于减轻飞机质量50%以上，减少制造零件的数量80%以上，在批量生产中降低成本25%以上。进入21世纪，以空客A380和波音787等新一代飞机为代表的航空复合材料的应用急剧升温，表明这些国家在航空复合材料的应用研究，特别是在兼顾高性能和低成本技术方面取得重大进展[2]。通过对复合材料多尺度、多层次结构优化，发展结构一体化技术、自动铺放技术、虚拟制造与智能加工技术，发展低成本、高损毁容限、通用性复合材料结构优化与制备技术，开发新的结构功能一体化复合材料体系、智能复合材料和机敏复合材料，将是今后重要发展方向。先进复合材料的发展，将为航空航天、交通运输、国防军事、工业与民用建筑、电子与机械、医疗和体育等领域发展提供更加高效、节能的物质保障，为缓解能源危机、降低碳排放做出积极贡献。

1.2　复合材料的定义、命名和分类

1.2.1　复合材料的定义

复合材料是由两种或两种以上异质、异形、异性的材料复合而成的新型材料[3]。它既能保留原组成材料的主要特色，并通过复合效应获得原组分所不具备的性能。可以通过设计使各组分的性能互相补充并彼此关联，从而获得新的优越性能，与一般材料的简单混合有本质的区别。

从复合材料的定义中可以看出，一般材料的简单混合与复合材料的本质区别主要体现在两个方面：其一是复合材料不仅保留了原组成材料的特点，而且通过各组分的相互补充和关联可以获得原组分所没有的新的优越性能；其二是复合材料的可设计性，如结构复合材料不仅可根据材料在使用中受力的要求进行组元选材设计，更重要的是还可进行复合结构设计，即增强体的比例、分布、排列和取向等的设计。对于结构复合材料来说，是由能承受载荷的增强体组元与能连接增强体成为整体又起传递力作用的基体组元构成。由不同的增强体和不同的基体即可组成名目繁多的结构复合材料。

1.2.2　复合材料的命名

复合材料在世界各国还没有统一的名称和命名方法，比较共同的趋势是根据增强体和基体的名称来命名，一般有以下三种情况：

（1）强调基体时以基体材料的名称为主。如树脂基复合材料、金属基复合材料、陶瓷基复合材料等。

（2）强调增强体时以增强体材料的名称为主。如玻璃纤维增强复合材料、碳纤维增强复合材料、陶瓷颗粒增强复合材料等。

（3）基体材料名称与增强体材料名称并用。这种命名方法常用以表示某一种具体的复合材料，习惯上把增强体材料的名称放在前面，基体材料的名称放在后面，如"玻璃纤维增强环氧树脂复合材料"，或简称为"玻璃纤维/环氧树脂复合材料或玻璃纤维/环氧"。而我国则常把这类复合材料通称为"玻璃钢"。

国内外还常用英文编号来表示，如MMC（Metal Matrix Compsite）表示金属基复合材

料，FRP（Fiber Reinforced Plastics）表示纤维增强塑料，PMC（Polymer Matrix Composite）表示聚合物基复合材料，CMC（Ceramic Matrix Composite）表示陶瓷基复合材料。

1.2.3 复合材料的分类

1.2.3.1 按基体材料类型分类

按基体材料类型可以分为有机高分子聚合物基、无机非金属材料基和金属基复合材料三大类，按有机材料类型又可分为树脂基、橡胶基和木质基；按树脂种类又有热固性树脂基和热塑性树脂基之分；按无机非金属材料类型可以分为玻璃基、陶瓷基、水泥基和碳基；按陶瓷种类又有氧化铝基、氧化锆基、石英玻璃基等；按金属种类可以分为铝基、铜基、镁基和钛基等。结构复合材料按基体分类见图 1-1[1]。

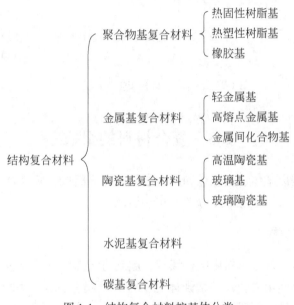

图 1-1 结构复合材料按基体分类

1.2.3.2 按增强体类型分类

结构复合材料按增强体分类见图 1-2[1]。

此外，复合材料按功能可分为功能复合材料、结构复合材料和结构功能一体化复合材料。

在复合材料工程化进展过程中，特别是在航空复合材料领域呈现出结构-功能一体化的强烈趋势。在同一结构上同时实现结构性能和功能性能的兼顾，是结构-功能一体化复合材料的特点[2]。例如，吸能结构复合材料，是一种承载结构，要求具有足够的强度和刚性等基本力学性能，同时，作为吸能结构，它又必须在某一特定条件下迅速失效损毁，从而大量吸收能量。轻质高强是其结构属性，而抗冲击损毁是其功能属性，所以抗撞毁复合材料是典型的结构-功能一体化复合材料。另外一个典型实例就是用于导弹、飞机等飞行器用隐身吸波材料，在承受飞行过程气动载荷的同时，还具有吸收雷达等电磁性能，使飞机、导弹等表现出隐身特性，具有更好的突防能力和生存能力[4,5]。

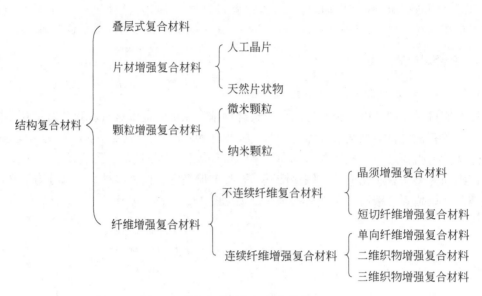

图 1-2　结构复合材料按增强体类型分类

1.3　复合材料的组成

结构复合材料是由基体、增强体和两者之间的界面组成，复合材料的性能则取决于增强体与基体的比例以及三个组成部分的分布和性能。

1.3.1　复合材料的基体

复合材料的基体是复合材料中的连续相，起到将增强体黏结成整体，并赋予复合材料一定形状、传递外界作用力、保护增强体免受外界环境侵蚀的作用[1]。复合材料所用基体主要有聚合物、金属、陶瓷、水泥和碳等。

1.3.1.1　聚合物基体

聚合物基复合材料是复合材料的主要品种，其产量远远超过其他基体的复合材料。习惯上把橡胶基复合材料划入橡胶材料，所以聚合物基体一般仅指热固性聚合物与热塑性聚合物。热固性聚合物是由某些低分子的合成树脂在加热、固化剂或紫外线等作用下，发生交联反应并经过凝胶化阶段和固化阶段形成不熔、不溶的固体。这类聚合物耐温性较高，尺寸稳定性好，但一旦成型后无法重复加工。热塑性聚合物即通称的塑料，这类聚合物在加热到一定温度时可以软化甚至流动。从而在压力和模具的作用下成型，并在冷却后硬化固定。这类聚合物一般软化点较低，容易变形，但可再加工使用[6~8]。

热固性基体主要包括不饱和聚酯树脂、环氧树脂、酚醛树脂等。室温低压成型是不饱和聚酯树脂的突出特点，是玻璃纤维增强塑料的常用基体；环氧树脂广泛用作碳纤维复合材料及绝缘复合材料；酚醛树脂则大量用于摩擦复合材料。

热塑性聚合物是指具有线形或支链形结构的高分子化合物。热塑性聚合物基复合材料发展较晚，但这类复合材料具有不少热固性聚合物所不具备的优点，一直在快速增长。首先是聚合物本身的断裂韧性高，提高了复合材料的抗冲击能力；其次是吸湿性低，可改善聚合物基复合材料的耐环境能力[6]。可以作为复合材料基体的热塑性聚合物较多，包括各种通用塑料（如聚丙烯、聚氯乙烯等）、工程塑料（如尼龙、聚碳酸酯等）以及特种耐高温聚合物（如聚醚醚酮、聚醚砜及杂环类聚合物等）。

聚丙烯是通用大品种塑料，用作复合材料基体的聚丙烯一般为有规立构并为半结晶的结构体，熔点为176℃；所用增强体主要为廉价的玻璃纤维，有时加入一些无机填料，以满足性能价格比的要求。

聚酰胺商品名为尼龙，是常用的工程塑料，具有半结晶结构。聚酰胺的品种较多，用于复合材料的为尼龙66。它可以与各种增强体复合，多数为玻璃纤维。聚酰胺塑料本身具有良好的强韧性，且有耐磨自润滑性能，特别是耐油、抗化学腐蚀性强。制成复合材料进一步提高力学性能和耐热性并保留了其他优点，因此特别适合于制造汽车壳体部件和油箱，此外也可以采用造粒法制造中小型齿轮和机械零件。

聚醚醚酮是近来发展的典型耐高温工程塑料[8]。它是一种结晶度较高的聚合物，各种性能均很好，特别是耐温性。它适合制备高性能复合材料制品，基本上是与碳纤维或芳酰胺纤维采用薄膜叠层法复合制成预浸料，然后经剪裁放入模具中热压成型。复合材料的热变形温度为300℃，在200℃以下能保持良好的力学性能，例如用60%单向碳纤维增强强度可达1.8GPa，模量为120GPa；另外还具有阻燃性和抗辐射性。该种复合材料适合于航空、航天用制件，如机翼、天线部件、雷达罩等。

1.3.1.2 金属基体

金属基体的选择对复合材料的性能有决定性作用，金属基体的密度、强度、塑性、导热、导电性、耐热性、抗腐蚀性等均将影响复合材料的比强度、比刚度、耐高温、导热、导电等性能[9]。目前用作金属基复合材料的金属有铝及铝合金、镁合金、钛合金、铜与铜合金、锌合金、铅、钛铝、镍铝金属间化合物等。基体材料的成分的正确选择对能否充分发挥基体金属和增强体的性能特点，获得预期的优异综合性能，从而满足使用要求十分重要。

金属基复合材料构件的使用性能要求是选择金属基体材料最重要的依据。在宇航、航空、先进武器、电子、汽车技术领域和不同的工况条件下对复合材料构件的性能要求有很大差异。在航天、航空技术中高比强度、高比模量、尺寸稳定性是最重要的性能要求。作为飞行器和卫星构件宜选用密度小的轻金属合金，与高强度、高模量的石墨纤维、硼纤维等组成石墨/镁、石墨/铝、硼/铝复合材料，可用于航天飞行器、卫星的结构件。高性能发动机则要求复合材料不仅具有高比强度、比模量性能，还要求具有优良的耐高温性能，能在高温、氧化气氛中正常工作。一般的铝、镁合金就不适用，而需要选用钛基合金、镍基合金以及金属间化合物作基体材料。在汽车发动机中要求其零件耐热、耐磨、导热、有一定的高温强度等，同时又要求成本低，适于批量生产，则选用铝合金作为基体材料与陶瓷颗粒、短纤维组成复合材料。

由于增强体的性质和增强机理不同，在基体材料的选择上有很大差别。对于连续纤维增强的金属基复合材料，纤维是主要承载物体，纤维本身具有很高的强度和模量，而金属基体的强度和模量远远低于纤维的性能，因此在连续纤维增强的金属基复合材料中基体的主要作用应是以充分发挥增强纤维的性能为主，基体本身应与纤维有良好的相容性和塑性，而并不要求基体本身有很高的强度，如碳纤维增强铝基复合材料中纯铝或含有少量合金元素的铝合金作为基体比高强度铝合金要好得多，高强度铝合金作为基体复合材料的性能反而降低。

对于颗粒、晶须和短纤维增强的金属基复合材料，基体是主要承载物，基体强度对非连续相增强金属基复合材料具有决定性的影响。因此获得高性能的金属基复合材料必须选用高强度的铝合金为基体，这与连续纤维增强金属基复合材料基体的选择完全不同。

除此之外在选择金属基体时要充分考虑基体与增强体的相容性。

1.3.1.3 陶瓷基复合材料的基体

由于陶瓷材料主要以共价键和离子键结合，同时晶体结构较为复杂，使得陶瓷材料通常为脆性断裂，影响了其作为结构材料的广泛使用。为此在陶瓷基复合材料中引入第二相颗粒、晶须以及纤维的主要目的是提高陶瓷材料的韧性。用作基体材料的陶瓷一般应具有优异的耐高温性能、与增强相之间有良好的界面相容性以及较好的工艺性能。常用的陶瓷基体主要包括玻璃、玻璃陶瓷、氧化物和非氧化物。

玻璃是无机材料经高温熔融冷却硬化而得到的一种非晶态固体。将特定组成（含晶核剂）的玻璃进行晶化热处理，在玻璃内部均匀析出大量微小晶体并进一步长大，形成致密微晶相，玻璃相充填于晶界，得到像陶瓷一样的多晶固体材料称为玻璃陶瓷。玻璃陶瓷的主要特征是能够保持先前成型的玻璃器件的形状，晶化通过内部成核和晶体生长有效完成。玻璃陶瓷的性能由热处理时玻璃产生的晶相的物理性能和晶相和残余玻璃相的结构关系控制。玻璃和玻璃陶瓷作为陶瓷基复合材料的基体具有如下特点：（1）玻璃的化学组成范围广泛，可以通过调整化学成分使其与增强体化学相容；（2）通过调整玻璃的化学成分调节其物理性能使其与增强体物理性能匹配；（3）玻璃类材料弹性模量低，有可能采用高弹性模量的纤维来获得明显的增强效果；（4）由于玻璃在一定温度下可发生黏性流动，容易实现复合材料的致密化。玻璃和玻璃陶瓷主要用作氧化铝纤维、碳化硅纤维、碳纤维以及碳化硅晶须增强复合材料的基体。常用玻璃及玻璃陶瓷基体的基本特性见表 1-1[1]。

表 1-1　常用玻璃及玻璃陶瓷基体的基本特性

基体类型		主 要 成 分	辅助成分	主要晶相	T_{max} /℃	弹性模量 /GPa
玻璃	7740	B_2O_3，SiO_2	Na_2O，		600	65
	1723	Al_2O_3，MgO，CaO，SiO_2	B_2O_3，BaO		700	90
	7933	SiO_2	B_2O_3		1150	65
玻璃陶瓷	LAS-Ⅰ	Li_2O，Al_2O_3，MgO，SiO_2	ZnO，ZrO_2，BaO	β-锂辉石	1000	90
	LAS-Ⅱ	Li_2O，Al_2O_3，MgO，SiO_2，Nb_2O_5	ZnO，ZrO_2，BaO	β-锂辉石	1100	90
	LAS-Ⅲ	Li_2O，Al_2O_3，MgO，SiO_2，Nb_2O_5	ZrO_2	β-锂辉石	1200	90
	MAS	Al_2O_3，MgO，SiO_2	BaO	董青石	1200	
	BMAS	BaO，Al_2O_3，MgO，SiO_2			1250	105
	CAS	CaO，Al_2O_3，SiO_2		钙长石	1250	90
	MLAS	Li_2O，Al_2O_3，MgO，SiO_2		α-董青石	1250	

陶瓷基复合材料大多以航空发动机为应用背景，陶瓷基复合材料与其他材料相比的优势在耐高温、密度小、比模量高，有较好的抗氧化性和耐摩擦性能，选择耐高温陶瓷基体应使基体具有较高的熔点、较低的高温挥发性、良好的抗蠕变性能和抗热震性能以及良好的抗氧化性能。目前用作陶瓷基复合材料基体的氧化物主要有氧化铝、氧化锆、莫来石、锆英石；非氧化物主要有氮化硅、碳化硅、氮化硼等，目前研究较多的是碳纤维增韧碳化硅和碳化硅纤维增韧碳化硅。常用耐高温陶瓷基体的基本性能见表 1-2[10]。

表 1-2 常用耐高温陶瓷基体的基本性能

类型	密度 /g·cm^{-3}	熔点 /℃	弹性模量 /GPa	热传导率 /W·(m·K)$^{-1}$	线膨胀系数 /℃$^{-1}$	莫氏硬度
氧化铝	3.99	2053	435	5.82	$8.8×10^{-6}$	9
氧化锆	6.10	2677	238	1.67	$(8\sim10)×10^{-6}$	7
莫来石	3.17	1860	200	3.83	$5.6×10^{-6}$	6~7
碳化硅	3.21	2545	420	41.0	$5.12×10^{-6}$	9
氮化硅	3.19	1900	385	30.0	$3.2×10^{-6}$	9

1.3.1.4 水泥基复合材料的基体

从严格意义上来讲，混凝土材料本身就是一种复合材料，它是胶凝材料，水和粗、细骨料按适当比例拌和均匀，经浇捣成型后硬化而成。通常所说的混凝土，是指以水泥、水、砂和石子所组成的普通混凝土。混凝土拌合物具有良好的塑性，可浇制成各种形状的构件；并且混凝土与钢筋具有良好的黏结力，能和钢筋协同工作，组成钢筋混凝土或预应力钢筋混凝土，从而使其广泛用于各种工程。但普通混凝土还存在体积密度大、导热系数高、抗拉强度偏低以及抗冲击韧性差等缺点。另外，随着工程建设的范围和规模不断扩大，混凝土结构物所处的环境和受力条件更加苛刻，不仅要求具有高的强度，而且还要求混凝土具有低渗透性、高耐化学腐蚀性、高耐久性等，为此混凝土的性能有待进一步改进。

水泥基复合材料是指以水泥净浆、水泥砂浆或混凝土为基体与其他材料组合形成的复合材料。主要分为两大类：纤维增强水泥基复合材料和聚合物混凝土复合材料。

1.3.1.5 碳/碳复合材料基体

碳/碳复合材料的碳基体可以从多种碳源采用不同的方法获得，典型的基体有树脂碳和热解碳，前者是合成树脂或沥青经碳化和石墨化而得，后者是由烃类气体的气相沉积而成。当然，也可以是这两种碳的混合物。其加工工艺方法可归结为以下几方面：

（1）把来源于煤焦油和石油的熔融沥青在加热加压条件下浸渍到碳/石墨纤维结构中去，随后进行热解和再浸渍。

（2）已知有些树脂基体在热解后具有很高的焦化强度，例如，有几种牌号的酚醛树脂和醇树脂，热解后的产物能够很有效地渗透进较厚的纤维结构。热解后必须进行再浸渍再热解，如此反复若干次。

（3）通过气相（通常是甲烷和氮气，有时还有少量氢气）化学沉积法在热的基底材料（如碳/石墨纤维）上形成高强度热解石墨，也可以把气相化学沉积法和上述两种工艺结合起来以提高碳/碳复合材料的物理性能。

（4）把由上述方法制备的但仍然是多孔状的碳/碳复合材料在能够形成耐热结构的液态单体中浸渍，是又一种浸渍方法。可选用的这类单体很有限，但是由四乙烯基硅酸盐和强无机酸催化剂组成的渗透液将会产生具有良好耐热性的硅-氧网络。硅树脂也可以起到同样的作用。

浸渍用的基体树脂应精心选择，它应具有残碳量高、有黏性、流变性好以及与碳纤维物理相容性，常用的浸渍剂有呋喃、酚醛和糠酮等热固性树脂以及石油沥青、煤沥青等。酚醛树脂经碳化后转化为难石墨化的玻璃碳，耐烧蚀性能优异；石墨沥青 A-240 等的石墨化程度高，与碳纤维一样具有良好的物理相容性。沥青与气孔壁有良好的润湿和黏结性，碳化后残留的碳向孔壁收缩，有利于第二次再浸渍和再碳化；树脂与孔壁黏结不良而自身黏结强，碳化后树脂碳与孔壁脱黏，自身成为一团而堵塞气孔，不利于再浸渍和密度的再提高。

沥青含有多种芳环和杂环化合物，其残碳量高，在热处理过程中形成易石墨化的中间相，具有更优异的力学性能，特别是模量高。在浸渍过程中，随着温度的升高，呈现出流变特性，黏度下降，润湿性得到改善，接触角 θ 减少，易于孔壁黏结。显然，中温沥青比高温沥青更适宜用作浸渍剂；沥青本身就是黏结剂，可与孔壁紧密黏结，填孔效果比较好。

碳/碳复合材料基体树脂除上述的树脂碳外，还有低碳烃类的热解碳。这些基体碳的作用是固定坯体的原始形状和结构，与增强纤维组成一个承载外力的整体，可将承载外力有效地传递给增强纤维，使坯体致密化。

1.3.2　复合材料增强体

增强体是高性能结构复合材料的关键组分，在复合材料中起着增加强度、改善性能的作用。增强体按形态分为颗粒状、纤维状、片状、立方编制物等。一般按化学特征来区分，即无机非金属类（共价键和离子键）、有机聚合物类（共价键、高分子链）和金属类（金属键）。图 1-3 示出一些常用纤维增强体的强度和模量[3]。从图 1-3 中不难看出，高强

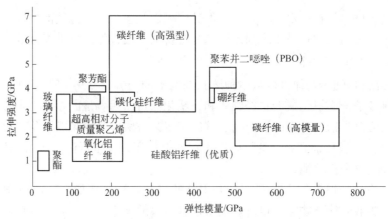

图 1-3　各种纤维增强体的拉伸强度和弹性模量

度碳纤维和高模量碳纤维性能非常突出，碳化硅纤维、硼纤维和有机聚合物的聚芳酰胺、超高相对分子质量聚乙烯纤维也具有很好的力学性能。常用纤维增强体的品种及性能见表 1-3[1]，详见第 2 章。

表 1-3　纤维增强体的典型品种及性能

性能指标	高分子系列				碳纤维			无机纤维		
	对位芳酰胺		聚乙烯 Tekmilon	聚芳酯 Vectran	PAN 基碳纤维			碳化硅 Hi-Nicalon	氧化铝 Nextel-610	玻璃纤维 E-glass
	Kevlar-49	Kevlar-129			标准级 T300	高强高模 M60J	高强中模 T800H			
密度 /g·cm⁻³	1.45	1.44	0.96	1.41	1.76	1.91	1.81	2.74	3.75	2.54
强度 /GPa	2.80	3.40	3.43	3.27	3.53	3.82	5.49	2.80	3.20	3.43
模量 /GPa	109.0	96.9	98.0	74.5	230.0	588.0	294.0	270.0	370.0	72.5
伸长率 /%	2.5	3.3	4.0	3.9	1.5	0.7	1.9	1.4	0.5	4.8
比强度 (10cm)	19.3	2	36.5	24.0	20.0	20.0	30.3	10.0	8.5	12
比模量 (10cm)	7.7	6.8	10.4	5.4	13.0	31.0	16.2	9.6	9.9	2.9

1.3.3　复合材料界面

1.3.3.1　复合材料界面的定义

复合材料中增强体与基体接触构成的界面，是一层具有一定厚度（纳米以上）、结构随基体和增强体而异的、与基体和增强体有明显差别的新相——界面相[1]。复合材料之所以能够通过协同效应表现出原有组分所没有的独特性能与界面有着非常直接的关系。界面具有不同于基体和增强体的结构和性能，同时又具有一定的厚度，为此经常将其视为复合材料中的一种新相——界面相。

界面相可以是基体与增强体在复合材料制备和使用过程反应产物层，可以是两者之间扩散结合层、可以是基体和增强体之间的成分过渡层，可以是基体与增强体之间由于物性参数不同而形成的残余应力层，可以是人为引入的用于控制复合材料界面性能的涂层，也可以是基体和增强体之间的间隙[3]。

1.3.3.2　界面相的作用

界面相是复合材料的一个组成部分，其作用可归纳为如下几个方面[1]：

（1）传递作用。界面能传递力，即将外力传递给增强体，起到基体和增强体之间的桥梁作用。

（2）阻断作用。结合适当的界面有阻止裂纹扩展、中断材料破坏、减缓应力集中的作用。

（3）保护作用。界面相可以保护增强体免受环境的侵蚀、防止基体与增强体之间的化学反应，以免损伤增强体。

1.3.3.3　界面性能对复合材料性能的影响

对于结构复合材料来讲，主要关注复合材料的力学性能和力学行为，即复合材料的强度特性、应力-应变行为、断裂模式、抗冲击特性等，同时，界面性能对复合材料的抗疲劳性能、抗蠕变性能以及抗环境侵蚀性能均有重大影响，为此界面特性对上述性能起到非常重要的作用。之所以强调起到非常重要的作用，可以用一个简单例子加以说明，对于具有相同基体和增强体的两个复合材料体系，不同的仅仅是界面性能，现在在一定程度上能够做到通过人为引入界面相或控制复合材料的制备过程，使两个复合材料体系具有不同的界面性能，例如对于碳纤维增韧碳化硅复合材料，第一种碳纤维与碳化硅基体直接结合，另外一个在碳纤维人为引入一定厚度热解碳界面相，这两种复合材料的强度和断裂模式以及断裂韧性相差很大。第二种复合材料（C/C/SiC）由于热解碳界面相的引入，界面结合强度较弱，界面滑移阻力较小，有利于裂纹的偏转，纤维的桥联以及纤维的拔出，使得复合材料不仅具有较高的强度，同时具有较好的韧性，且使复合材料表现为非脆性断裂。而第一种复合材料（C/SiC）由于碳纤维与碳化硅基体之间结合较强，使得不易发生纤维的脱黏，复合材料表现为脆性断裂，复合材料强度和韧性均较低。两种复合材料应力-应变曲线示于图 1-4[1]。

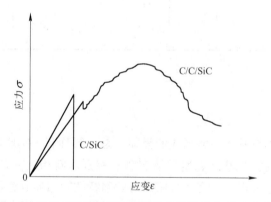

图 1-4　两种具有不同界面性能复合材料应力-应变曲线

两个重要的界面性能是界面结合强度和界面滑移阻力，界面结合强度决定增强体与基体之间的载荷传递程度，同时也影响裂纹与界面相互作用时，裂纹是直接穿过纤维使纤维产生断裂，还是在界面处发生裂纹偏转，避免纤维过早断裂，使得复合材料既有较高的强度，又有较好的韧性。然而对于不同类型的复合材料对界面结合强度的要求存在差异，例如对于同样纤维增强体，不同的基体，引入纤维的目的不尽相同，聚合物复合材料引入纤维的主要目的是提高其强度和刚度；陶瓷基复合材料主要目的是提高复合材料的韧性，改善其断裂行为。这样对于聚合物基复合材料希望有较高的界面结合强度，而陶瓷基复合材料希望界面结合强度较低，以保证纤维的引入能有较好的增韧效果。

滑移阻力主要影响纤维拔出过程所消耗的能量，影响脱黏面上增强体与基体之间的载荷传递，影响纤维的拔出长度，影响韧化效果。当然不同类型的复合材料对滑移阻力要求也不相同。

至于各类复合材料对界面性能的要求在以后相关章节详尽讨论。

1.3.3.4 界面性能表征

界面性能是由界面组成和结构所决定的，而界面组成和结构又取决于增强体与基体的组成、结构以及制备工艺。由界面相的定义可知，由于基体和增强体不同，制备工艺的不同，界面相可以是一个相互扩散层，可以是基体与界面的反应产物层，也可能是由于物性不同残余应力层，也可能是人为引入的界面涂层，当然也可能是上述几种界面相的组合，由此可见影响界面性能的因素很复杂。不同复合材料体系存在差异，同一材料体系不同的制备工艺也可能导致界面性能的差异。尽管如此人们还是借助于一定的研究手段，研究材料组成、制备工艺对界面性能的影响规律，试图揭示界面性能对复合材料性能的影响规律。深入研究界面的形成过程、界面层的性能、应力传递行为对复合材料宏观力学性能的影响，从而有效进行控制，是获得高性能复合材料的关键。

界面性能的表征是掌握界面特性，实现对界面性能的控制，从而实现对于复合材料性能调控的基础。关于界面性能的表征目前主要有三类方法[11~14]：（1）单丝断裂试验法；（2）纤维拔出法，该方法又分为单丝拔出法、多丝拔出法和微结合试验法；（3）微压痕法，也称推出试验法。复合材料界面性能测试方法如图 1-5 所示[11]。

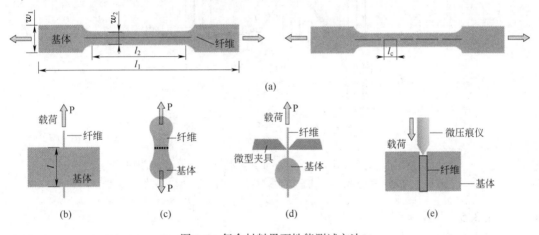

图 1-5　复合材料界面性能测试方法

（a）单纤维断裂试验；（b）单丝拔出法；（c）多丝拔出法；（d）微结合试验；（e）微压痕法

利用单纤维断裂试验法测试界面剪切强度时，将纤维埋入狗骨形试样中，要求树脂基体的断裂应变应大于纤维的断裂应变，以免基体首先产生断裂，较为理想的情况是基体断裂应变应大于纤维的 3 倍。通常情况下，实验在光学显微镜下原位观察，随时观察纤维的断裂情况。随着载荷的逐渐增大，纤维产生断裂，一直到纤维不再产生进一步断裂为止。假设基体与纤维之间的界面剪切力为常数，界面剪切强度 τ 可表示为式（1-1）[11]：

$$\tau = \frac{\sigma_f d_f}{2 l_f} \tag{1-1}$$

式中，σ_f 为纤维强度；d_f 为纤维直径；l_f 为纤维临界断裂长度。l_f 应该取纤维断裂长度的平均值。

纤维拔出试验是研究纤维与基质之间界面性能最常用的方法。利用该方法获得的界面剪切强度的计算公式如式（1-2）[11]所示：

$$\tau = \frac{P_{max}}{\pi d_f l} \tag{1-2}$$

式中，P_{max} 为拔出最大载荷；d_f 为纤维直径；l 为纤维埋入长度。

当复合材料基体为脆性材料时，常常选择采用纤维推出法或者微压痕法进行实验。试验时，试样的上表面需要抛光，因为微压痕仪要求光滑的表面。随着载荷增大，纤维被压入基体，直至产生滑移。图 1-6 给出恒定压出位移速率下单纤维 SiC/SiC 复合材料的推出应力-位移曲线[15]。纤维推出法界面剪切强度的计算公式为式（1-3）[6]：

$$\tau = \frac{\sigma_e d_f}{4l} \tag{1-3}$$

式中，σ_e 为纤维轴向平均压力；d_f 为纤维直径；l 为纤维脱黏长度。$l = E_f \delta / \sigma_e$，其中，$E_f$ 为纤维的弹性模量，δ 为纤维末端的位移。由图 1-6 可见，该实验过程不仅可以获得界面剪切强度，同时还可以获得界面滑移阻力。

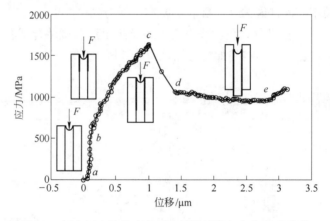

图 1-6　恒定压出位移速率下单纤维的推出应力-位移曲线
ab—纤维的弹性变形；bc—稳态纤维脱黏；cd—非稳态脱黏；de—纤维滑移

1.3.3.5　界面工程

为使复合材料具有最佳的综合性能，需要对不同组分复合过程进行合理设计、控制界面相的结构和性能，以服务于复合材料的整体性能，称之为界面工程（Interphase Engineering）。界面工程是试图通过对纤维、晶须或颗粒等增强体的表面改性，或基体的改性，或引入某种界面调节剂，使得在复合工艺过程中异质材料之间的表面容易浸润，所得复合材料界面具有适当的结合，而形成最佳的界面层。此外界面工程还应考虑选择最佳复合工艺，以能实现预定结构的界面层设计和控制，从而制备具有优异综合性能的复合材料。下面举三个例子进行说明。

采用偶联剂对玻璃纤维表面处理后，可以大大提高纤维与树脂基体的界面黏结力和界面憎水性能，从而提高玻璃纤维增强树脂基复合材料的力学性能、耐候性和耐水性。有机硅烷偶联剂常含有两类功能性的基团，可用如下总的分子式表示：$R_n SiX_{4-n}$。这里 X 指可与无机基质（如玻璃纤维或颗粒充填剂）表面反应的官能团，如易水解的烷氧基团，甲氧基或乙氧基是最常用的烷氧基团，它在偶联反应过程中释放出甲醇或乙醇。R 是指可以与作为基体的有机树脂反应的或可以相互溶解的有机基团。玻璃纤维表面含有极性较强的硅羟基，用硅烷偶联剂处理时，玻璃纤维表面硅羟基与硅烷的水解产物缩合，同时硅烷之间缩聚使纤维表面极性较高的羟基转变为极性较低的醚键，纤维表面为 R 基覆盖，这时 R 基团所带的极性基团的特性将影响偶联剂处理后玻璃纤维表面能及其对树脂的浸润性。研究结果表明，玻璃纤维表面处理所采用的偶联剂不仅只是具有一端能以化学键（或同时有配位键、氢键）与玻璃纤维表面结合，另一端可溶解扩散于界面区域的树脂，与树脂大分子链发生纠缠或形成互穿高聚物网络等化学键；而且偶联剂本身应含有长的柔软链节，以便形成柔性的有利于应力弛豫的界面层，提高其吸收和分散冲击能，使复合材料具有更好的抗冲击强度。此外，在提高玻璃纤维表面对树脂的湿润性时，还应使界面区域偶联后余留的极性基团尽可能少，以提高复合材料的界面抗湿性。借助偶联剂使无机基质与高聚物很好黏结时，在基质表面上并不是单分子层而是多分子层的偶联剂，而且在界面层偶联剂与高聚物基体树脂之间相互扩散和形成互穿高聚物网络，导致最好的界面黏附。玻璃纤维树脂基复合材料界面层扩散模型见图 1-7[11]。

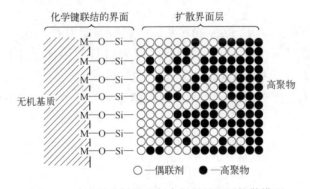

图 1-7 玻璃纤维树脂基复合材料界面层扩散模型

碳纤维增强铝基复合材料是最广泛被研究的一种 MMC，采用化学气相沉积法在碳纤维表面沉积适当厚度的钛-硼化合物涂层，可有效地改善其与液态铝的浸润性和阻挡碳纤维与铝基体的界面反应，充分发挥碳纤维的增强作用。

同样的在碳纤维增韧碳化硅复合材料中，借助于化学气相沉积法制备热解碳界面层，控制碳纤维与碳化硅基体的结合强度，使得纤维引入时复合材料能发生纤维的脱黏、桥联和拔出过程，得到很好的增韧效果，并且使纤维增强陶瓷基复合材料表现为非脆性断裂。

1.4 复合材料复合原理

为了提高复合材料的力学性能引入增强体主要有三种形式：颗粒、晶须和纤维。与之相对应的增强机理可从如下三部分予以说明。

1.4.1 颗粒增强原理

颗粒增强原理根据粒子尺寸的大小分为两类：弥散增强原理和颗粒增强原理。

1.4.1.1　弥散增强原理

弥散增强复合材料由弥散微粒与基体复合而成。其增强机理与金属材料析出强化机理相似，可用位错绕过理论解释[16]，见图 1-8[16]。载荷主要由基体承担，弥散微粒阻碍基体的位错运动。微粒阻碍基体位错运动能力越大，增强效果越大。在剪应力 τ_i 的作用下，位错的曲率半径为：

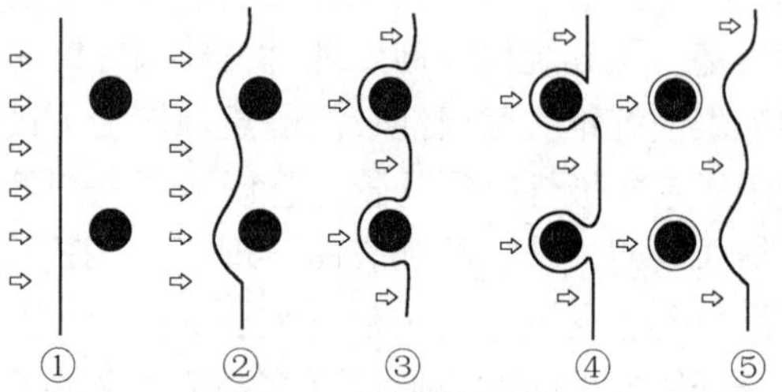

图 1-8　弥散增强原理图

$$R = \frac{G_m b}{2\tau_i} \qquad (1-4)$$

式中，G_m 为基体的剪切模量；b 为柏氏矢量。若微粒之间的距离为 D_f，当剪切应力大到使位错的曲率半径 $R = D_f/2$ 时，基体发生位错运动，复合材料产生塑性变形，此时剪切应力 τ_c 即为复合材料的屈服强度：

$$\tau_c = \frac{G_m b}{D_f} \qquad (1-5)$$

假设基体的理论断裂应力为 $G_m/30$，基体的屈服强度为 $G_m/100$，它们分别为发生位错运动所需剪应力的上下限。代入上面公式得到微粒间距的上下限分别为 $0.3\mu m$ 和 $0.01\mu m$。当微粒间距在 $0.01 \sim 0.3\mu m$ 之间时，微粒具有增强作用。

若微粒直径为 d_p，体积分数为 V_p，微粒弥散且均匀分布。根据体视学原理，有如下关系：

$$D_f = \sqrt{\frac{2d_p^2}{3V_p}(1 - V_p)} \qquad (1-6)$$

$$\tau_c = \frac{G_m b}{\sqrt{\dfrac{2d_p^2}{3V_p}(1 - V_p)}} \qquad (1-7)$$

显然，微粒尺寸越小，体积分数越高，强化效果越好。一般 $V_p = 0.01 \sim 0.15$，$d_p = 0.001 \sim 0.1\mu m$。

1.4.1.2　颗粒增强原理

颗粒增强复合材料由尺寸较大（$>1\mu m$）的坚硬颗粒与基体复合而成。其增强原理与弥散增强原理有区别，在颗粒增强复合材料中，虽然载荷主要由基体承担，但颗粒也承受载荷并约束基体的变形，颗粒阻止基体位错运动的能力越大，增强效果越好。在外载荷的作用下，基体内位错滑移在基体/颗粒界面上受到阻滞，并在颗粒上产生应力集中，其值为：

$$\sigma_i = n\sigma \qquad (1-8)$$

根据位错理论，应力集中因子为：

$$n = \frac{\sigma D_f}{G_m b} \qquad (1-9)$$

将式（1-9）代入式（1-8）得到：

$$\sigma_i = \frac{\sigma^2 D_f}{G_m b} \qquad (1\text{-}10)$$

如果 $\sigma_i = \sigma_p$ 时，颗粒开始破坏，产生裂纹，引起复合材料变形。

令 $\sigma_p = \dfrac{G_p}{c}$ ，则有：

$$\sigma_i = \frac{G_p}{c} = \frac{\sigma^2 D_f}{G_m b} \qquad (1\text{-}11)$$

式中，G_p 为颗粒剪切模量；c 为常数。由此得出颗粒增强复合材料的屈服强度为：

$$\sigma_y = \sqrt{\frac{G_m G_p b}{D_f c}} \qquad (1\text{-}12)$$

将体视学关系式代入得到：

$$\sigma_y = \sqrt{\frac{\sqrt{3}\, G_m G_p b \sqrt{V_p}}{\sqrt{2}\, d(1-V_p)c}} \qquad (1\text{-}13)$$

显然，颗粒尺寸越小，体积分数越高，颗粒对复合材料的增强效果越好。一般在颗粒增强复合材料中，颗粒直径为 $1 \sim 50 \mu m$，颗粒间距为 $1 \sim 25 \mu m$，颗粒体积分数为 5% ~ 50%。

1.4.2 单向排列连续纤维增强复合材料

在对高性能纤维复合材料结构进行设计时使用最多的是层板理论。在层板理论中，纤维复合材料被认为是单向层片按照一定的顺序叠放起来，保证了层板具有所要求的性能。已知层片中主应力方向的弹性和强度参数就可以预测层板的相应力学行为。

复合材料性能与组分性能、组分分布以及组分间的物理、化学作用有关。复合材料性能可以通过实验测量确定，实验测量的方法比较简单直接。理论和半实验的方法可以用于预测复合材料中系统变量的影响，但是这种方法对零件设计并不十分可靠，同时也存在许多问题，特别在单向复合材料的横向性能方面；然而，数学模型在研究某些单向复合材料纵向性能方面却是相当精确的。

单向纤维复合材料中的单层板如图 1-9 所示[17]。平行于纤维方向称作纵向，垂直于纤维方向称为横向。

1.4.2.1 纵向强度和刚度

A 复合材料应力-应变曲线的初始阶段

连续纤维增强复合材料层板受沿纤维方向的拉伸应力作用，假设纤维性能和直径是均匀的、连续的并全部相互平行；纤维/基体之间的结合是完美的，在界面无相对滑动发生；忽略纤维和基体之间的线膨胀

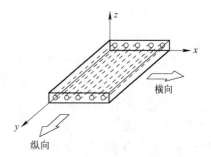

图 1-9 单向纤维复合材料中的单层板

系数、泊松比以及弹性变形差所引起的附加应力。整个材料的纵向应变可以认为是相同的，即复合材料、纤维和基体具有相同的应变，则有：

$$\varepsilon_c = \varepsilon_f = \varepsilon_m \tag{1-14}$$

考虑到在沿纤维方向的外加载荷由纤维和基体共同承担，应有：

$$\sigma_c A_c = \sigma_f A_f + \sigma_m A_m \tag{1-15}$$

式中，A 表示复合材料中相应组分的横截面积，上式可转化为：

$$\sigma_c = \sigma_f \frac{A_f}{A_c} + \sigma_m \frac{A_m}{A_c} \tag{1-16}$$

对于单向平行纤维复合材料，体积分数等于面积分数，则有：

$$\sigma_c = \sigma_f V_f + \sigma_m V_m \tag{1-17}$$

复合材料、纤维、基体的应变相同，对应变求导数，得到：

$$\frac{\mathrm{d}\sigma_c}{\mathrm{d}\varepsilon} = \frac{\mathrm{d}\sigma_f}{\mathrm{d}\varepsilon} V_f + \frac{\mathrm{d}\sigma_m}{\mathrm{d}\varepsilon} V_m \tag{1-18}$$

$\mathrm{d}\sigma/\mathrm{d}\varepsilon$ 表示在给定应变时相应应力-应变曲线的斜率。如果材料的应力-应变曲线是线性的，则斜率是常数，可以用相应的弹性模量代入，得到：

$$E_c = E_f V_f + E_m V_m \tag{1-19}$$

式（1-16）~式（1-18）表明纤维、基体对复合材料平均性能的贡献与它们各自的体积分数成比例，这种关系称作混合法则，也可以推广到多组分复合材料体系。

在纤维与基体都是线弹性情况下，纤维与基体承担应力与载荷的情况推导如下：

$$\frac{\sigma_c}{E_c} = \frac{\sigma_f}{E_f} = \frac{\sigma_m}{E_m} \tag{1-20}$$

因此有：

$$\frac{\sigma_f}{\sigma_m} = \frac{E_f}{E_m} \qquad \frac{\sigma_f}{\sigma_c} = \frac{E_f}{E_c} \tag{1-21}$$

可以看出，复合材料中各组分承载的应力比等于相应弹性模量比，为了有效地利用纤维的高强度，应使纤维有比基体高得多的弹性模量。复合材料中组分承载比可以表达为：

$$\frac{P_f}{P_m} = \frac{\sigma_f A_f}{\sigma_m A_m} = \frac{V_f E_f}{V_m E_m} \tag{1-22}$$

$$\frac{P_f}{P_c} = \frac{\sigma_f A_f}{\sigma_c A_c} = \frac{E_f}{E_c} V_f \tag{1-23}$$

图 1-10 为纤维/复合材料承载比与纤维体积分数的关系。可以看出，纤维/基体弹性模量比值越高，纤维体积含量越高，则纤维承载越大。因此对于给定的纤维/基体系统，应尽可能提高纤维的体积分数。当然，在提高体积分数时，由于基体对纤维润湿、浸渍程度的下降，造成纤维/基体界面结合降低、气孔率增加，复合材料性能变坏。

B　复合材料初始变形后的行为

一般复合材料的变形有四个阶段[16~18]：（1）纤维和基体均为线弹性变形；（2）纤维继续线弹性变形，基体非线性变形；（3）纤维和基体都是非线性变形；（4）随纤维断裂，复合材料断裂。对于金属基复合材料来说，由于基体的塑性变形，第二阶段可能占复合材料应力-应变曲线的相当部分，这时复合材料的弹性模量应当由下式给出：

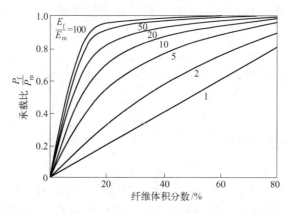

图 1-10　纤维/复合材料承载比与纤维体积分数的关系

$$E_c = E_f V_f + \left(\frac{\mathrm{d}\sigma_m}{\mathrm{d}\varepsilon}\right)_{\varepsilon_c} V_m \tag{1-24}$$

式中，$(\mathrm{d}\sigma_m/\mathrm{d}\varepsilon)_{\varepsilon_c}$ 是相应复合材料应变为点 ε_c 基体应力-应变曲线的斜率。对脆性纤维复合材料未观察到第三阶段。

C　断裂强度

对于纵向受载的单向纤维复合材料，当纤维达到其断裂应变值时，复合材料开始断裂。

当基体断裂应变大于纤维断裂应变时，在理论计算时一般假设所有的纤维在同一应变值断裂。如果纤维的断裂应变值比基体的小，在纤维体积分数足够大时，基体不能承担纤维断裂后转移的全部载荷，则复合材料断裂。这种条件下，复合材料纵向断裂强度可以认为与纤维断裂应变值对应的复合材料应力相等，由混合法则得到复合材料纵向断裂强度

$$\sigma_{cu} = \sigma_{fu} V_f + (\sigma_m)_{\varepsilon_c}(1 - V_f) \tag{1-25}$$

式中，σ_{fu} 为纤维的强度；$(\sigma_m)_{\varepsilon_c}$ 为对应纤维断裂应变值的基体应力。

在纤维体积分数很小时，基体能够承担纤维断裂后所转移的全部载荷，随基体应变增加，基体进一步承载，并假设在复合材料应变高于纤维断裂应变时纤维完全不能承载。这时复合材料的断裂强度为：

$$\sigma_{cu} = \sigma_{mu}(1 - V_f) \tag{1-26}$$

式中，σ_{mu} 为基体强度。联立式（1-25）和式（1-26），得到纤维控制复合材料断裂所需的最小体积分数：

$$V_{min} = \frac{\sigma_{mu} - (\sigma_m)_{\varepsilon_f}}{\sigma_{fu} - (\sigma_m)_{\varepsilon_f}} \tag{1-27}$$

当基体断裂应变小于纤维断裂应变时，纤维断裂应变值比基体大的情况与纤维增强陶瓷基复合材料的情况一致。在纤维体积分数较小时，纤维不能承担基体断裂后所转移的载荷，则在基体断裂的同时复合材料断裂，由混合法则得到复合材料纵向断裂强度：

$$\sigma_{cu} = \sigma_f^* V_f + \sigma_{mu}(1 - V_f) \tag{1-28}$$

式中，σ_{mu} 为基体强度；σ_f^* 为对应基体断裂应变时纤维承受的应力。

在纤维体积分数较大时，纤维能够承担基体断裂后所转移的全部载荷，假如基体能够

继续传递载荷，则复合材料可以进一步承载，直至纤维断裂，这时复合材料的断裂强度为：

$$\sigma_{cu} = \sigma_{fu} V_f \tag{1-29}$$

同样的方法，可以得到控制复合材料断裂所需的最小纤维体积分数为：

$$V_{min} = \frac{\sigma_{mu}}{\sigma_{fu} + \sigma_{mu} - \sigma_f^*} \tag{1-30}$$

1.4.2.2　横向刚度和强度

A　Halpin-Tsia 公式

Halpin 和 Tsia 提出了一个简单的并具有一般意义的公式来近似地表达纤维增强复合材料横向弹性模量严格的微观力学分析结果。公式简单并实用，所预测的值在纤维体积分数不接近 1 时是十分严格的。Halpin-Tsia 复合材料横向弹性模量 E_T 的公式为：

$$E_T = \frac{1 + \xi \eta V_f}{1 - \eta V_f} \tag{1-31}$$

其中：

$$\eta = \frac{\dfrac{E_f}{E_m} - 1}{\dfrac{E_f}{E_m} + \xi}$$

式中，ξ 为与纤维几何、堆积几何及载荷条件有关的参数。可以通过公式与严格的数学解对比得到。Halpin-Tsia 提出纤维截面为圆形和正方形时 ξ 等于 2，矩形纤维为 $2a/b$，a/b 为矩形截面尺寸比，a 处于加载方向。图 1-11 是根据上面公式所做出的横向弹性模量与纤维体积分数的关系曲线。

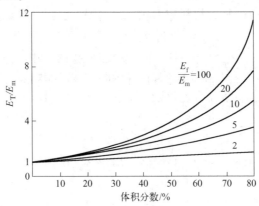

图 1-11　Halpin-Tsia 横向弹性模量与纤维体积分数的关系

Halpin-Tsia 公式非常适于预测实际复合材料的横向弹性模量，由于复合材料工艺过程的不同会引起材料弹性模量的波动，因此不可能要求对复合材料弹性模量的严格预测。

B　横向强度

与纵向强度不同的是，纤维对横向强度不仅没有增强作用，反而有相反作用。纤维在与其相邻的基体中所引起的应力和应变将对基体形成约束，使得复合材料的断裂应变比未增强基体低得多。

假设复合材料横向强度 σ_{tu} 受基体强度 σ_{mu} 控制，同时可以用一个强度衰减因子 S 来表示复合材料强度的降低，那么这个因子与纤维、基体性能及纤维体积分数有关。

$$\sigma_{tu} = \sigma_{mu}/S \tag{1-32}$$

按照传统材料强度方法，可以认为因子 S 就是应力集中系数 S_{CF} 或应变集中系数 S_{MF}。如果忽略泊松效应，S_{CF} 和 S_{MF} 分别为：

$$S_{CF} = \cfrac{1 - V_f\left(1 - \cfrac{E_m}{E_f}\right)}{1 - \sqrt{\cfrac{4V_f}{\pi}\left(1 - \cfrac{E_m}{E_f}\right)}} \tag{1-33}$$

$$S_{MF} = \cfrac{1}{1 - \left(1 - \cfrac{E_m}{E_f}\right)\sqrt{\cfrac{4V_f}{\pi}}} \tag{1-34}$$

一旦已知了 S_{CF} 和 S_{MF}，用应力或应变表示的横向强度就容易计算。

使用现代方法，通过对复合材料应力或应变状态的了解可以计算得到 S。可以用一个适当的断裂判据来确定基体的断裂，一般使用最大形变能判据，即当任何一点的形变能达到临界值时，材料发生断裂。按照这个判据，S 可以写作：

$$S = \frac{\sqrt{U_{max}}}{\sigma_c} \tag{1-35}$$

式中，U_{max} 为基体中任何一点的最大归一化形变能；σ_c 为外加应力。对于给定的 σ_c，U_{max} 是纤维体积分数、纤维堆积方式、纤维/基体界面条件、组分性质的函数。这种方法比较精确、严格、可靠。

仿照颗粒增强复合材料的经验公式，可以得到复合材料横向断裂应变 ε_{cb} 的表达式：

$$\varepsilon_{cb} = \varepsilon_{mb}(1 - \sqrt[3]{V_f}) \tag{1-36}$$

式中，ε_{mb} 为基体的断裂应变。如果基体和复合材料有线弹性应力-应变关系，还可以得到复合材料横向断裂应力：

$$\sigma_{cb} = \frac{\sigma_{mb}E_T(1 - \sqrt[3]{V_f})}{E_m} \tag{1-37}$$

以上公式的推导都假设纤维和基体之间结合完全，因此断裂发生在基体或界面附近。

1.4.3　短纤维增强原理

1.4.3.1　短纤维增强复合材料应力传递机理

复合材料受力时，载荷一般是直接加载基体上，然后通过一定方式传递到增强体上，使纤维受载。与连续长纤维相比，短纤维的末端效应不能忽略，纤维各部分受力不均匀。图 1-12 可示意解释复合材料受力时变形不均匀现象[17]。从细观上看，纤维和基体弹性模量不同。如果受到平行于纤维方向的力时，由于一般基体变形量将会大于纤维变形量。可是因为基体与纤维是紧密结合在一起的，纤维将限制基体过大的变形，于是在基体与纤维之间的界面部分便产生了剪切力和剪应变，并将所承受的载荷合理分配到纤维和基体这两种组分上。纤维通过界面沿纤维轴向的剪应力传递载荷，会受到比基体中更大的拉应力，这就是纤维能增强基体的原因。由于纤维沿轴向的中间部分和末端部分的限制基体过度变形的条件不同，因而在基体各部分的变形是不同的，不存在如长纤维复合材料受力时的等应变条件，于是界面处剪应力沿纤维方向各处的大小也不应相同。接下来介绍短纤维上的应力分布。

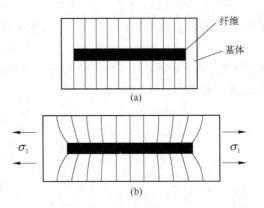

图 1-12 短纤维埋入基体受力前后变形示意图
(a) 受力前；(b) 受力后

1.4.3.2 短纤维增强复合材料应力传递理论

作用于复合材料的载荷并不直接作用于纤维，而是作用于基体材料并通过纤维端部与端部附近的纤维表面将载荷传递给纤维。当纤维长度超过应力传递所发生的长度时，端头效应可以忽略，纤维可以被认为是连续的，但对于短纤维复合材料来说，端头效应不可忽略，同时复合材料性能是纤维长度的函数。

A 应力传递分析

经常引用的应力传递理论是剪切滞后分析。沿纤维长度应力的分布可以通过纤维的微元平衡方式加以考虑，如图 1-13 所示[17]。纤维长度微元 dz 在平衡时，要求：

$$\pi r^2 \sigma_f + 2\pi r \tau dz = \pi r^2 (\sigma_f + d\sigma_f) \tag{1-38}$$

即：

$$\frac{d\sigma_f}{dz} = \frac{2\tau}{r} \tag{1-39}$$

式中，σ_f 为纤维轴向应力；τ 为作用于柱状纤维/基体界面的剪应力；r 为纤维半径。从式 (1-39) 可以看出，对于半径为 r 的纤维，纤维应力的增加率正比于界面剪切应力。积分得到：

距端部 z 处横截面上的应力为：

$$\sigma_f = \sigma_{f0} + \frac{2}{r} \int_0^z \tau dz \tag{1-40}$$

式中，σ_{f0} 为纤维端部应力，由于高应力集中的结果，与纤维端部相邻的基体发生屈服或纤维端部与基体分离，因此在许多分析中可以忽略这个量。只要知道了剪切应力沿纤维长度的变化，就可以求出右边的积分值；但实际上剪切应力事先是不知道的，并且剪切应力是完全解的一部分。因此，为了得到解析解就必须对纤维相邻材料的变形和纤维端部情况做一些假设，例如可以假设纤维中部的界面剪切应力和纤维端部的正应力为零，经常假设纤维周围的基体材料是完全塑性的，有如图 1-14 所示的应力-应变关系[17]。这样沿纤维长度的界面剪切应力可以认为是常数，并等于基体剪切屈服应力 τ_y。忽略 σ_{f0}，积分得：

$$\sigma_f = \frac{2\tau_y z}{r} \tag{1-41}$$

对于短纤维，最大应力发生在纤维中部（$z = l/2$），则有：

$$(\sigma_f)_{max} = \frac{\tau_y l}{r} \tag{1-42}$$

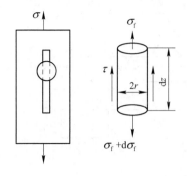

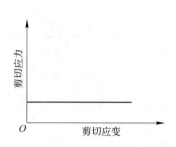

图 1-13　纤维长度微元上力的平衡　　　图 1-14　理想塑性基体的剪切应力-应变曲线

式中，l 为纤维长度。纤维承载能力存在一极限值，虽然上式无法确定，这个极限值就是相应应力作用于连续纤维复合材料时连续纤维的应力。

$$(\sigma_f)_{max} = \frac{E_f}{E_c}\sigma_c \tag{1-43}$$

式中，σ_c 为作用于复合材料的外加应力；E_c 可以通过混合法则求出。把能够达到最大纤维应力 $(\sigma_f)_{max}$ 的最短纤维长度定义为载荷传递长度 l_f。载荷从基体向纤维的传递就发生在纤维的 l_f 长度上。由下式定义：

$$\frac{l_f}{d} = \frac{(\sigma_f)_{max}}{2\tau_y} = \frac{\sigma_c E_f}{2E_c \tau_y} \tag{1-44}$$

式中，d 为纤维直径。可以看出，载荷传递长度 l_f 是外加应力的函数。l_c 被定义与外加应力无关的临界纤维长度，即可以达到纤维允许应力（纤维强度）σ_{fu} 的最小纤维长度为

$$\frac{l_c}{d} = \frac{\sigma_{fu}}{2\tau_y} \tag{1-45}$$

式中，l_c 为载荷传递长度的最大值，也称作临界纤维长度，它是一个重要的参量，将影响复合材料的性能。

有时也把载荷传递长度与临界纤维长度称作无效长度，即在这个长度上纤维承载应力小于最大纤维强度。图 1-15（a）为给定复合材料应力时，不同纤维长度上纤维应力和界面剪切应力的分布；图 1-15（b）显示纤维应力在大于临界长度时随复合材料应力增加发生的变化。可以看出，在距纤维端部的一定距离，纤维承载的应力小于最大纤维应力，这将影响复合材料的强度和弹性模量；在纤维长度大于载荷传递长度时，复合材料的行为接近连续纤维复合材料。

　　B　应力分布的有限元分析

通过假设基体材料是完全塑性的所得到的以上结论只是一种近似。实际上绝大多数基体材料是弹塑性的，只有在弹塑性基体条件下才可能得到严格的应力分布。但弹塑性理论分析存在许多困难，数值解的方法是比较方便的，只需做少量简化假设，就可以得到精确解。

图 1-16（a）为假设基体是完全弹性时，有限元分析得到的应力分布情况[17]。由于假设纤维端头完全黏着，并仅仅进行了弹性分析，因此在纤维端头存在明显的应力传递，

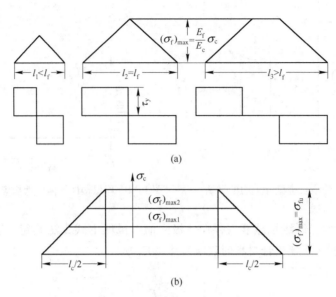

(a)

(b)

图 1-15　纤维应力沿纤维长度的分布

（a）纤维应力与界面剪切应力；（b）大于临界长度时应力的变化

但在纤维应力达到最大值时界面剪切应力为零，这个结果与式（1-39）的分析是一致的；图 1-16（b）为基体应力分布（轴向和径向）[17]。可以看到，在纤维端部附近存在应力集中。可以证明图 1-16（a）中最大纤维应力与图 1-16（b）中最大基体应力的比等于它们弹性模量的比，与式（1-43）的分析是一致的。注意到基体径向应力具有压缩值，说明即使纤维/基体界面的结合被破坏，在两者界面之间摩擦力的作用下，仍然存在载荷传递。如果纤维垂直于载荷方向或者纤维之间距离变得非常小，上述假设则有可能不成立。

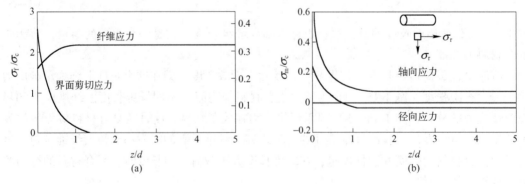

图 1-16　纤维应力沿纤维长度分布的结果有限元弹性分析

（a）纤维应力和界面剪切应力；（b）基体应力

图 1-17 为弹塑性有限元分析所得到的结果，表明纤维端部没有明显的传递应力，最大纤维应力与式（1-43）的结果一致，界面剪切应力在纤维端部附近不是常数，但与式（1-39）的结果一致。

C　平均纤维应力

纤维端部的存在使短纤维复合材料的弹性模量与强度降低。在考虑弹性模量与强度

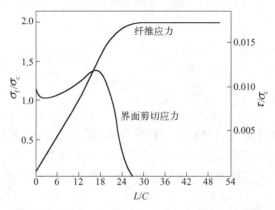

图 1-17 纤维应力沿纤维长度分布的结果有限元弹塑性分析

时，平均纤维应力是非常有用的，平均应力 σ_{fa} 可以表达为：

$$\sigma_{fa} = \frac{1}{l} \int_0^l \sigma_f dz \qquad (1\text{-}46)$$

积分可以用应力-纤维长度曲线下的面积表示，使用图 1-14 的应力分布，则平均应力为：

$$\sigma_{fa} = \frac{(\sigma_f)_{max}}{2} = \frac{\tau_y l}{d} \qquad (l < l_f) \qquad (1\text{-}47)$$

$$\sigma_{fa} = (\sigma_f)_{max}\left(1 - \frac{l_f}{2l}\right) \qquad (l > l_f) \qquad (1\text{-}48)$$

根据公式做出了不同纤维长度时的最大应力比，如表 1-4 所示。可以看出，当纤维长度是载荷传递长度的 50 倍时，平均纤维应力已达到最大应力的 99%，这时复合材料的行为近似与相同纤维取向的连续纤维复合材料一样。

表 1-4 平均应力-最大应力比

l/l_f	1	2	5	10	50	100
σ_f/σ_{max}	0.50	0.75	0.90	0.95	0.99	0.995

1.4.3.3 短纤维增强复合材料的弹性模量与强度

应用有限元法得到的应力分布可以用于计算短纤维复合材料的弹性模量与强度，所得到的结果可以表达为系统变量的曲线形式，这些变量包括纤维长径比、体积分数、组分性质，一旦系统发生变化，就可以得到一套新的结果。但是这种方法在实际使用中有许多局限性，人们希望有简单并快速的方法估计复合材料的性能，即便这种结果只是一种近似的。

A 短纤维增强复合材料的弹性模量

Halpin-Tsia 公式对单向短纤维复合材料纵向与横向弹性模量的计算也是非常有用的。复合材料纵向与横向弹性模量的 Halpin-Tsia 公式为[18]：

$$\frac{E_L}{E_m} = \frac{1 + 2\eta_L V_f \dfrac{l}{d}}{1 - \eta_L V_f} \qquad (1\text{-}49)$$

$$\frac{E_T}{E_m} = \frac{1 + 2\eta_T V_f}{1 - \eta_T V_f} \tag{1-50}$$

其中：
$$\eta_L = \frac{\dfrac{E_f}{E_m} - 1}{\dfrac{E_f}{E_m} + 2\dfrac{l}{d}} \qquad \eta_T = \frac{\dfrac{E_f}{E_m} - 1}{\dfrac{E_f}{E_m} + 2}$$

式（1-50）表明单向短纤维复合材料横向弹性模量与纤维长径比无关，与连续纤维复合材料的值是一样的。图1-18是根据公式所做出模量比分别为20和100时，纵向弹性模量与纤维长径比的关系曲线。这些曲线与玻璃纤维/环氧树脂和石墨纤维/环氧树脂系统的结果近似。

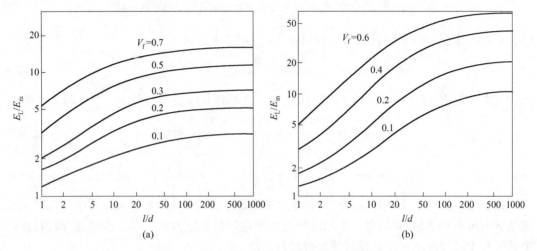

图 1-18　纵向弹性模量与纤维长径比的关系
(a) $E_f/E_m = 20$；(b) $E_f/E_m = 100$

对于平面内随机取向的短纤维复合材料，弹性模量可以用经验公式进行计算：
$$E = \frac{3}{8}E_L + \frac{5}{8}E_T \tag{1-51}$$

B　短纤维增强复合材料的强度

可以用混合法则来表达单向短纤维复合材料的纵向应力：
$$\sigma_c = \sigma_{fa} V_f + \sigma_m V_m \tag{1-52}$$

式中，σ_{fa} 为平均纤维应力。已知纤维平均应力，纤维复合材料的平均应力为：
$$\sigma_c = \frac{1}{2}(\sigma_f)_{max} V_f + \sigma_m V_m \quad (l < l_f) \tag{1-53}$$

$$\sigma_c = \frac{1}{2}(\sigma_f)_{max}\left(1 - \frac{l_f}{2l}\right) V_f + \sigma_m V_m \quad (l > l_f) \tag{1-54}$$

如果纤维长度比载荷传递长度大得多，则 $1 - l_f/l$ 接近1，式（1-54）可以改写为：
$$\sigma_c = (\sigma_f)_{max} V_f + \sigma_m V_m \tag{1-55}$$

式（1-53）～式（1-55）可用于复合材料强度的计算。

当纤维短于临界长度时，最大纤维应力小于纤维平均断裂强度，不管外加应力有多大，纤维不会断裂，这时复合材料断裂发生在基体或界面，复合材料的强度近似为：

$$\sigma_{cu} = \frac{\tau_y l}{d} V_f + \sigma_m V_m \tag{1-56}$$

当纤维长度大于临界长度时，纤维应力可以达到平均强度，这时可以认为当纤维应力等于其强度时，纤维将发生断裂，复合材料的强度为

$$\sigma_{cu} = \frac{1}{2}\sigma_{fu}\left(1 - \frac{l_c}{2l}\right)V_f + (\sigma_m)_{\varepsilon_f^*} V_m \qquad (l < l_f) \tag{1-57}$$

$$\sigma_{cu} = \sigma_{fu} V_f + (\sigma_m)_{\varepsilon_f^*} V_m \qquad (l > l_f) \tag{1-58}$$

式中，$(\sigma_m)_{\varepsilon_f^*}$ 为纤维断裂应变 ε_f^* 时所对应的基体应力。用基体强度 σ_{cm} 值代表是合理的近似。

以上所讨论的都是纤维复合材料体积分数高于临界值，基体不能承担纤维断裂后所转移的全部载荷，纤维断裂时复合材料立刻断裂的情况。与处理连续纤维复合材料类似，可以得出最小体积分数和临界体积分数：

$$V_{min} = \frac{\sigma_{mu} - (\sigma_m)_{\varepsilon_f^*}}{\sigma_{fa} + \sigma_{mu} - (\sigma_m)_{\varepsilon_f^*}} \tag{1-59}$$

$$V_{crit} = \frac{\sigma_{mu} - (\sigma_m)_{\varepsilon_f^*}}{\sigma_f - (\sigma_m)_{\varepsilon_f^*}} \tag{1-60}$$

与连续纤维复合材料相比，短纤维复合材料具有更高的 V_{min} 和 V_{crit} 体积，原因很明显，即短纤维不能全部发挥增强作用。但是当纤维长度比载荷传递长度大得多时，平均纤维应力接近纤维断裂强度时，短纤维复合材料就与连续纤维复合材料的行为类似。

如果纤维体积分数小于 V_{min}，当所有纤维断裂时复合材料也不会发生断裂，这是因为纤维断裂后残留的基体横截面能够承担全部载荷。只有在基体断裂后，才会发生复合材料的断裂，这时复合材料的断裂强度为

$$\sigma_{cu} = \sigma_{mu}(1 - V_f) \qquad (V_f < V_{min}) \tag{1-61}$$

造成短纤维复合材料断裂的另一个重要因素是纤维端部造成相邻基体中严重的应力集中，这种集中会进一步降低复合材料的强度。

引入增强体在陶瓷基复合材料中的增韧机理详见第 5 章。

思 考 题

1-1 简述复合材料的组成及各组分的作用。

1-2 如何解读复合材料的可设计性？

1-3 说明构组纤维增强复合材料常优先选用高弹性模量纤维的原因。

1-4 阐述短纤维增强复合材料的应力传递机制。

1-5 说明纤维临界传递长度在复合材料的应用。

1-6 解释颗粒增强金属材料的增强机理。

1-7 结合实例说明界面在复合材料的重要性。

1-8 如何表征复合材料界面相？需要采用何种手段和方法？

1-9 构组短纤维增强复合材料时，为取得好的增强效果应该考虑哪些因素？

参 考 文 献

［1］尹洪峰，任耘，罗发．复合材料及其应用［M］．西安：陕西科学技术出版社，2003.

［2］益小苏，杜善义，张立同．复合材料工程［M］．北京：化学工业出版社，2006.

［3］吴人洁．复合材料［M］．天津：天津大学出版社，2000.

［4］González C，Vilatela J J，Molina-Aldareguía J M，et al，Structural composites for multifunctional applica-tions：Current challenges and future trends［J］．Progress in Materials Science，2017，89：194-251.

［5］ChungD D L. A review of multifunctional polymer-matrix structural composites［J］．Composites Part B，2019，160：644-660.

［6］陈华辉，邓海金，李明，等．现代复合材料［M］．北京：中国物资出版社，1998.

［7］王荣国，武卫莉，谷万里．复合材料概论［M］．哈尔滨：哈尔滨工业大学出版社，1999.

［8］赵玉庭，姚希曾．复合材料聚合物基体［M］．武汉：武汉工业大学出版社，1992.

［9］张国定，赵昌正．金属基复合材料［M］．上海：上海交通大学出版社，1996.

［10］金志浩，高积强，乔冠军．工程陶瓷材料［M］．西安：西安交通大学出版社，2000.

［11］Huang Silu，Fu Qiuni，Yan Libo，et al，Characterization of interfacial properties between fibre and poly-mer matrix in composite materials -A critical review［J］．Journal of Materials Research and Technology，2021，13：1441-1484.

［12］McCarthy E D，Constantinos Soutis. Determination of interfacial shear strength in continuous fiber composites by multi-fiber fragmentation：A review［J］．Composites Part A，2019，118：281-292.

［13］Teklal Fatiha，Djebbar Arezki，Allaoui Samir，et al，A review of analytical models to describe pull-out behavior-Fiber/matrix adhesion［J］．Composite Structures，2018，201：791-815.

［14］Bansal Narottam P，Lamon Jacques. Ceramic matrix composite-Materials，modeling and technology［M］．Hoboken，New Jersey：John Wiley & Sons，Inc.，2015.

［15］Mazdiyasni K S. Fiber reinforced ceramic composites-materials，processing and technology［M］．Park Ridge，New Jersey：Noyes Publications，1990.

［16］汤佩钊．复合材料及其应用技术［M］．重庆：重庆大学出版社，1998.

［17］乔生儒．复合材料细观力学性能［M］．西安：西北工业大学出版社，1997.

［18］沈观林，胡更开．复合材料力学［M］．北京：清华大学出版社，2006.

2 复合材料增强体

增强体是指在复合材料中起着增加强度、改善性能的组分。复合材料的增强体主要分为：纤维、晶须和颗粒等。纤维增强体可分为无机纤维和有机纤维两大类。无机纤维分为玻璃纤维、碳纤维、氧化铝纤维、碳化硅质纤维、硼纤维等。有机纤维分为芳纶纤维、尼龙纤维和聚烯烃纤维等。本章重点介绍纤维增强体和晶须增强体。

2.1 玻璃纤维增强体

2.1.1 玻璃纤维的发展历史

玻璃纤维是一种重要的高强度增强体，现代玻璃纤维工业奠基于 20 世纪 30 年代。1938 年出现了世界上第一家玻璃纤维企业——欧文斯·康宁玻璃纤维公司。1939 年，日本东洋纺织株式会社，在经过 3 年研究之后也开始生产玻璃纤维。1940 年美国发表了最早的 E 型玻璃纤维专利。玻璃纤维的品种，起初以玻璃纱、玻璃布、玻璃带、编制套管等电绝缘用途的产品为主，为了适应塑料发展的需要，又陆续研制出新品种，如连续原丝毡（1946 年）、短切原丝毡（1947 年）、无捻粗纱（1950 年）等。为了解决玻璃纤维和树脂基体界面黏结问题，1951 年美国杜邦公司开发出硅烷偶联剂。硅烷偶联剂的应用，改善了玻璃纤维增强树脂基复合材料的强度、电绝缘性和耐水性，对推动玻璃纤维增强聚合物基复合材料工业的发展起了重大作用。1958~1959 年，美国最大的两个玻璃厂商——欧文斯·康宁公司和匹斯堡平板玻璃公司相继建成了池窑拉丝工厂。池窑拉丝的出现，是玻璃纤维工业发展史上的一个里程碑，它使玻璃纤维工业从过去的用 200~400 孔漏板坩埚拉制直径为 5~9μm 的细纤维并以纺织型产品为主的产品结构，过渡到用池窑拉制（400~4000 孔漏板）、直径为 11~17μm 的粗纤维并以无纺增强体为主的产品结构[1]。在 20 世纪 60~70 年代，美国、日本、西欧等国家和地区大体上完成了这种过渡，从而使玻璃纤维产量迅速增大，劳动生产率大幅度提高，生产成本下降，并用于制造力学性能高的玻璃纤维增强树脂基复合材料。

2.1.2 玻璃纤维的特点及分类

玻璃纤维是纤维增强复合材料中应用最为广泛的增强体，可作为有机高聚物基或无机非金属材料基复合材料的增强体。玻璃纤维具有成本低、不燃烧、耐热、耐化学腐蚀性好、拉伸强度和冲击强度高、断裂伸长率小、绝热性及绝缘性好等特点。

玻璃纤维是非结晶型无机纤维，主要成分是二氧化硅与金属氧化物。表 2-1 列出了国内外常用玻璃纤维的成分[1]。玻璃纤维按其原料组成可分为碱性玻璃纤维和特种玻璃纤维两大类。还可以按单丝直径分为粗纤维（单丝直径为 30μm）、初级纤维（单丝直径为

$20\mu m$）、中级纤维（单丝直径为 $10\sim20\mu m$）、高级纤维（单丝直径为 $3\sim10\mu m$）。根据纤维本身具有的性能可分为高强玻璃纤维、高模量玻璃纤维、耐高温玻璃纤维、耐碱玻璃纤维、耐酸玻璃纤维、普通玻璃纤维。

表 2-1　国内外常用玻璃纤维成分　　　　　　（%）

成分	国　内			国　外					
	无碱1号	无碱2号	中碱5号	A	C	D	E	S	R
SiO_2	54.1	54.5	67.5	72.0	65	73	55.2	65	60
Al_2O_3	15.0	13.8	6.6	2.5	4	4	14.8	25	25
B_2O_3	9.0	9.0	—	0.5	5	23	7.3	—	—
CaO	16.5	16.2	9.5	9.0	14	4	18.7	—	9
MgO	4.5	4.0	4.2	0.9	3	4	3.3	10	6
Na_2O	<0.5	<0.2	11.5	12.5	8.5	4	0.3	—	—
K_2O	—	—	<0.5	1.5	—	4	0.2	—	—
Fe_2O_3	—	—	—	0.5	0.5	—	0.3	—	—
F_2	—	—	—	—	—	—	0.3	—	—

注：A 为普通纤维；C 为耐酸玻璃纤维；D 为低介电常数纤维（透雷达波性能好）；E 为无碱玻璃纤维，电绝缘性能好；S 为高强度玻璃纤维；R 为耐酸高强玻璃纤维。

2.1.3　玻璃纤维的制造方法

玻璃纤维的制造方法主要有玻璃球法与直接熔融法。

（1）玻璃球法，又称坩埚拉丝法。此法是将砂、石灰石和硼砂与玻璃原料干混后，在大约1260℃熔炼炉中熔融后，流入造球机制成玻璃球，把玻璃球再在坩埚中熔化拉丝而得。坩埚拉丝法生产玻璃纤维的工艺过程如图 2-1 所示[2]。

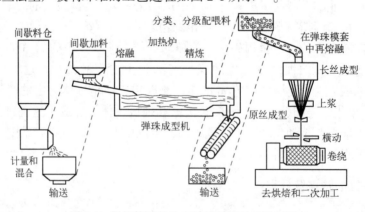

图 2-1　坩埚拉丝法生产玻璃纤维的工艺过程

（2）直接熔融法，又称池窑拉丝法。即在熔炼炉中熔化了的玻璃直接流入拉丝炉中拉丝。省去了制球工序，提高了热能利用率，生产能力大，成本低。池窑拉丝法制备玻璃纤维工艺过程如图 2-2 所示[3]。连续纤维的生产过程是：熔融玻璃在铂坩埚拉丝炉中，借助自重从漏板孔中流出，快速冷却并借助绕丝筒以 $1000\sim3000m/min$ 线速度转动，拉成直径很小的玻璃纤维。单丝经过浸润剂槽集束成原纱。原纱经排纱器以一定角速度规则地缠绕在纱筒上。原纱的粗细与单丝直径及漏板孔数有关；单丝直径则与熔融玻璃的温度和黏度、拉丝速度有关。

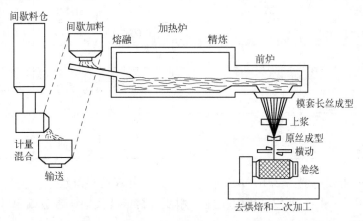

图 2-2 池窑拉丝法制备玻璃纤维工艺过程

玻璃纤维的直径受坩埚内玻璃熔液的高度、漏板孔直径和绕丝速度控制。在制造过程中，为了避免玻璃纤维因相互摩擦造成损伤，在绕丝之前给纤维上浆。上浆是将含乳化聚合物的水溶液喷涂在纤维表面，形成一层薄膜。浆料也称浸润剂，浸润剂的作用是包括：润滑作用，使纤维得到保护；黏结作用，使单丝集束成原纱或丝束；防止纤维表面聚集静电荷；为纤维提供进一步加工所需性能；使纤维获得能与基体材料良好黏结的表面性质。

短纤维的生产更多的是采用吹制法。即在熔融的玻璃液从熔炉中流出时，立即受到喷射空气流或蒸汽流冲击；将玻璃液吹拉成短纤维，将飞散的短纤维收集在一起，并均匀喷涂黏结剂，则可进而制成玻璃棉或玻璃毡。玻璃纤维质地柔软，可以纺织成玻璃布，玻璃带与织物，其制品主要有玻璃纱、无捻粗纱、玻璃带、玻璃毡、短切纤维和玻璃布以及一些特殊形式的制品，如编制夹层织物及三向织物。

2.1.4 玻璃纤维的性能

玻璃纤维的物理性能见表 2-2[1]。

表 2-2 玻璃纤维物理性能

性 能	纤 维					
	A	C	D	E	S	R
拉伸强度（原纱）/GPa	3.1	3.1	2.5	3.4	4.58	4.4
拉伸弹性模量/GPa	73	74	55	71	85	86
伸长率/%	3.6			3.37	4.6	5.2
密度/g·cm^{-3}	2.46	2.46	2.14	2.55	2.5	2.55
比强度/MN·kg^{-1}	1.3	1.3	1.2	1.3	1.8	1.7
比模量/MN·kg^{-1}	30	30	26	28	34	34
线膨胀系数/K^{-1}		8×10^{-6}	(2~3)×10^{-6}			4×10^{-6}

续表 2-2

性　　能		纤　　维					
		A	C	D	E	S	R
折光指数		1.520			1.548	1.523	1.541
介电耗损角正切（10^6Hz）				0.0005	0.0039	0.0072	0.0015
介电常数	10^{10}Hz				6.11	5.6	
	10^6Hz			3.85			6.2
功率因数	10^{10}Hz				0.06		
	10^6Hz			0.0009			0.0093
体积电阻率/$\mu\Omega \cdot m$		10^{14}			10^{19}		

玻璃纤维的密度一般为 2.16~4.30g/cm^3，其密度较有机纤维大，但比一般金属密度小，与铝相比几乎一样，所以在航空工业上用复合材料替代铝钛合金成为可能。一般无碱纤维比有碱纤维的密度大。

玻璃纤维的最大特点是具有较高的拉伸强度。一般玻璃的拉伸强度只有 40~100MPa，而直径为 3~9μm 的玻璃纤维的拉伸强度高达 1500~4000MPa，比一般合成纤维高约 10倍，比合金钢还高 2 倍。

玻璃纤维的强度随纤维直径和长度而变化，纤维越长，直径越大，纤维的强度越低；拉伸强度与玻璃纤维的化学成分密切相关，一般来说，含碱量越高，强度越低。玻璃纤维存放一段时间后，会出现强度下降的现象，称为纤维的老化，这主要取决于纤维对大气水分的化学稳定性。无碱玻璃纤维存放两年后强度基本不变，而有碱玻璃纤维强度不断下降，开始比较迅速，以后下降缓慢，存放两年强度下降 33%。

玻璃纤维是一种优良的弹性材料。应力-应变曲线基本上是一条直线，没有塑性变形阶段。玻璃纤维的断裂伸长率小，一般在 3% 左右，这主要是因为纤维中硅氧键结合力较强，受力后不易发生错动。

玻璃纤维除对氢氟酸、浓碱、浓磷酸外，对所有化学药品和有机溶剂都有良好的化学稳定性。化学稳定性在很大程度上决定了不同纤维的使用范围。玻璃纤维的化学稳定性主要取决于其成分中二氧化硅及碱金属氧化物的含量。显然，二氧化硅含量多能提高玻璃纤维的化学稳定性，而碱金属氧化物则会使化学稳定性降低。在玻璃纤维中增加 SiO_2 或 Al_2O_3 含量，或加入 ZrO_2 及 TiO_2 都可以提高玻璃纤维的耐酸性；增加 SiO_2 含量，或 CaO、ZrO_2 及 ZnO 能提高玻璃纤维的耐碱性；在玻璃纤维中加入 Al_2O_3、ZrO_2 及 TiO_2 等氧化物，可大大提高耐水性。

2.1.5　玻璃纤维的表面处理

由于玻璃纤维是由分散在 SiO_2 网状结构中的碱金属氧化物混合而成，这些碱金属氧化物有很强的吸水性，暴露在大气中的玻璃纤维表面会吸附一层水分子，当形成复合材料后，存在于玻璃纤维-基体界面上的水，一方面影响玻璃纤维与树脂的黏结，同时也会破坏纤维并使树脂降解，从而降低复合材料的性能。玻璃纤维必须进行表面处理，其表面处理方法是在玻璃纤维表面覆盖一层偶联剂，偶联剂具有两种或两种以上性质不同的官能团，一端亲玻璃纤维，一端亲树脂，从而起到玻璃纤维与树脂间的桥梁作用，将两者结合在一起，形成玻璃纤维/偶联剂/树脂的界面区，形成的界面区有三个亚层，即物理吸附层、化学吸附层和化学共价键结合层，界面区的形成使玻璃纤维表面与大气隔绝开，避免金属氧化物的吸水作用。

玻璃纤维的表面处理方法有前处理、后处理和迁移法三种[2]。前处理是用偶联剂代替石蜡型浸润剂，直接用于玻璃纤维拉丝集束，当用这种纤维制作复合材料时不需脱蜡处理，固纤维不会受到损伤，纤维强度比其他两种方法要高些，但纤维柔软性稍差。后处理方法是将纤维先经热处理脱蜡，然后浸渗偶联剂，再经预烘，用蒸馏水洗涤、干燥。迁移法是将偶联剂直接加入树脂配方之中，让偶联剂在浸胶和成型过程中迁移到纤维表面发生偶联作用。因迁移法简单，所以应用较多。

2.2 玄武岩纤维增强体

2.2.1 玄武岩纤维的发展历史

玄武岩（Basalt）是一种基性喷出岩，由火山喷发出的岩浆在地表冷却后凝固而成的一种致密状或泡沫状结构的岩石，属于岩浆岩。其岩石结构常具气孔状、杏仁状构造和斑状结构，有时带有大的矿物晶体，未风化的玄武岩主要呈黑色和灰色，也有黑褐色、暗紫色和灰绿色的。

玄武岩体积密度为 $2.8 \sim 3.3g/cm^3$，结构致密，压缩强度很大，可达到300MPa，甚至更高，但是如果带有晶体杂质及气孔时则强度会有所降低。

玄武岩结晶程度和晶粒的大小，主要取决于岩浆冷却速度。如果是冷却较慢，比如1d降几摄氏度，则形成的是几毫米大小、等大的晶体；如果是快速冷却，比如1min降上百摄氏度，则形成的是细小的针状、板状晶体或非晶质玻璃。因此在通常的地表条件下，玄武岩主要是呈细粒至隐晶质或玻璃质结构，少数为中粒结构。常含橄榄石、辉石和斜长石斑晶，构成斑状结构。斑晶在流动的岩浆中可以聚集，称聚斑结构。这些斑晶可以在玄武岩浆通过地壳上升的过程中形成，也有可能于喷发前巨大的岩浆储源中形成。基质结构变化大，随岩流的厚薄、降温的快慢和挥发组分的多寡，在全晶质至玻璃质之间存在各种过渡类型，但主要是间粒结构、填间结构、间隐结构，较少为次辉绿结构和辉绿结构。

玄武岩的化学成分与辉长岩相似，主要是二氧化硅、三氧化二铝、氧化铁、氧化钙、氧化镁（还有少量的氧化钾、氧化钠），其中 SiO_2 含量最高，一般含量在45%~52%之间，其中 K_2O+Na_2O 含量较侵入岩略高，CaO、Fe_2O_3+FeO、MgO 含量较侵入岩略低。玄武岩的矿物成分主要为基性长石和辉石，次要矿物有橄榄石，角闪石及黑云母等。

玄武岩广泛分布于世界各地，其典型的化学组成为 SiO_2 含量：45%~52%，Al_2O_3 含量：9%~19%，$FeO+Fe_2O_3$ 含量：6%~15%，CaO 含量：5%~13%，MgO 含量：6%~12%，Na_2O 和 K_2O 含量：2%~11%，TiO_2 含量：0.5%~2%。按 SiO_2 含量可将玄武岩分为碱性玄武岩（$SiO_2 < 42\%$）、弱酸性玄武岩（$43\% < SiO_2 < 46\%$）和酸性玄武岩（$46\% < SiO_2$），只有酸性玄武岩可用于制备玄武岩纤维。只有用酸性玄武岩制备的纤维才具有较好的柔顺性和化学稳定性。

人类利用玄武岩制备纤维最早可以追溯到 20 世纪 20 年代，1922 年美国将玄武岩纤维制备专利授予法国人 Paul Dhè。1954 年苏联莫斯科玻璃和塑料研究院研究开发出玄武岩连续纤维。1960 年苏联开始玄武岩纤维的研制，并将其用于军事和航天领域。20 世纪 70 年代在美国尽管玄武岩纤维的研究受到玻璃纤维的冲击，但研究一直没有中断，在 1979 年华盛顿州立大学的奥斯丁（Austin）和苏布兰马尼安（Subramanian）获准美国专利，他们的工作主要集中在天然玄武岩中引入铁氧化物提高纤维拉伸强度，并解释了玄武岩化学组成和纤维可纺性之间的关系，证明硅烷偶联剂和氧化锆凝胶分别可以改善纤维强度和耐碱性。1985 年苏联科学家和工程技术人员实现了玄武岩纤维的工业化生产，他们的相关研究工作系统介绍了工艺参数对于玄武岩纤维性能的影响。1991 年苏联解体后，玄武岩纤维的制备技术得以在乌克兰和俄罗斯延续，并用于民用设备和设施，具有代表性的企业是乌克兰的别尔江斯克工厂（Berdyansk）和俄罗斯的苏多格达工厂（Sudog-da）[4~6]。

我国自 20 世纪 70 年代开始，国家建筑材料科学研究院、南京玻璃纤维研究设计院等单位，对连续玄武岩纤维的生产技术进行了研究，但未实现工业化生产。2001 年将玄武岩纤维的研发作为中俄政府间的合作项目；2002 年被列入"863"计划；2003 年成立横店集团上海俄金玄武岩纤维有限公司；2010 年，我国玄武岩纤维的应用主要在建筑、道路、玻璃钢领域；2014 年通过了 ISO/TS16949 体系认证，使其在汽车领域的应用迅速发展；2017 年被列入"十三五"规划，我国玄武岩纤维的研发正在迅猛发展，各个研究机构的相关科研成果不断推出，中国成为少数几个掌握玄武岩纤维生产技术的国家之一。在 2017 年，我国玄武岩纤维的产量达到 10000t[6]。

目前，俄罗斯、乌克兰、中国、格鲁吉亚、德国、比利时、奥地利等国家都有连续玄武岩纤维的生产厂家，产能主要集中在俄罗斯、乌克兰和中国。国外连续玄武岩纤维生产厂家有 10 多家，我国的连续玄武岩纤维生产厂家近 20 家。主要应用市场集中在北美、亚太和欧洲，其中 37% 用于建筑结构，此外还用于保温隔热、隔声以及减震等领域。

2.2.2　玄武岩纤维的制备方法

玄武岩纤维的制备方法主要有两种：池窑拉丝法和旋喷法（也称 Junkers 法），前者用于生产连续纤维，后者用于生产短纤维。

连续玄武岩纤维的制备过程与玻璃纤维池窑拉丝法制备过程相近，如图 2-3 所示[4]，主要差别在于原料，玄武岩纤维生产原料是玄武岩，玄武岩在入窑前需要进行破碎和水洗，之后进行玻璃熔融和澄清，通过温度精细控制，调整熔融玻璃的黏度，经过铂铑漏丝板成纤，经过空冷、表面上胶，由卷丝机卷制成玄武岩纤维。可以通过调整熔融温度和卷丝速度来控制纤维细度。一般 SiO_2 含量控制在 45%~50% 之间。

旋喷法如图 2-4 所示[5]，生产设备主要由三个水平轴旋转圆筒和上面配置若干喷嘴的圆盘组成，圆盘垂直于圆筒的轴线。制备短纤维时，玄武岩熔体首先被倾倒在被称为加速筒的旋转的上面圆筒上，进而，由于离心力作用，到达被称为成纤筒的下面两个旋转同上，成为融滴状，融滴状液滴在高速压缩空气作用下形成细而长的纤维状，从而形成玄武岩短纤维。通常情况下，形成的短纤维在一端或两头形成圆球状，该形状会对其应用产生影响。

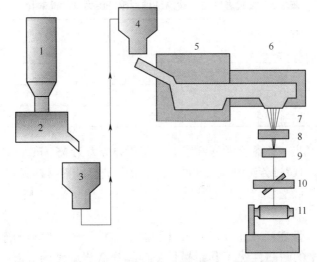

图 2-3 池窑拉丝法制备玄武岩连续纤维

1—原料料仓；2—给料机；3—物料运输机；4—供料仓；5—初始熔融带；

6—温度精控带；7—单丝拉制；8—上胶器；9—集束器；10—纤维张紧装置；11—卷丝机

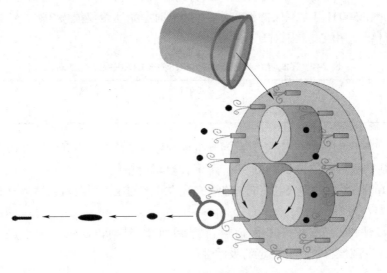

图 2-4 旋喷法制备玄武岩短纤维

2.2.3 玄武岩纤维的性能

玄武岩纤维的性能具体如下：

（1）力学性能较高。连续玄武岩纤维浸胶纱的拉伸强度为 2000~2500MPa，弹性模量为 91~110GPa，同时 3000MPa 级的高性能玄武岩纤维被寄予厚望。玄武岩纤维与玻璃纤维、碳纤维的性能对比见表 2-3[6]。由表 2-3 可见，玄武岩纤维体积密度比碳纤维和玻璃纤维的高，这是由其组成决定的。拉伸强度与 E-玻璃纤维和碳纤维相当；弹性模量高于玻璃纤维，低于碳纤维，同样是由其内部近程有序远程无序的无定形结构决定的。断裂伸长率与 E-玻璃纤维相当，说明它也具有较好的抗冲击性能。

表 2-3 玄武岩纤维与玻璃纤维、碳纤维力学性能对比

纤　维	体积密度/$g \cdot cm^{-3}$	拉伸强度/MPa	弹性模量/GPa	断裂伸长率/%
碳纤维	1.7~2.1	2500~4900	220~490	1.2~1.7
E-玻璃纤维	2.5	2000~3500	70	2.5~3.5
S-玻璃纤维	2.5	4570	86	4.5
玄武岩纤维	2.65~3.05	3000~3500	79~110	3.2

（2）蠕变性能优良。连续玄武岩纤维的蠕变断裂应力为 55%fu（fu 为静力拉伸强度），接近碳纤维（71%），超过芳纶纤维（50%），远高于玻璃纤维（29%）。

（3）质量轻。连续玄武岩纤维的密度一般为 2.6~2.8g/cm³，略高于玻璃纤维，高于碳纤维和有机纤维，是钢材的 1/4。

（4）耐化学腐蚀性能好。连续玄武岩纤维的耐酸性、耐碱性和耐水性优于 E-玻璃纤维；连续玄武岩纤维的耐酸性优于其耐碱性；连续玄武岩纤维的吸湿率低，其吸湿性低于 0.1%。

（5）热学性能优良。连续玄武岩纤维的使用温度范围为 -260~700℃，而玻璃纤维为 -60~450℃，且这一温度远远高于碳纤维、芳纶纤维、岩棉。另外，连续玄武岩纤维的热震稳定性好，在 500℃ 温度下保持不变，在 900℃ 时原始质量仅损失 3%。玄武岩纤维与玻璃纤维、碳纤维使用温度范围对比见表 2-4[6]。

表 2-4 玄武岩纤维与玻璃纤维、碳纤维使用温度范围对比

纤　维	玄武岩纤维	E-玻璃纤维	S-玻璃纤维	碳纤维
使用温度范围/℃	-260~700	-50~380	-50~300	-50~700（2000）

（6）热、声绝缘性能好。连续玄武岩纤维棉的导热系数低，为 0.031~0.038W/(m·K)，玄武岩纤维板的吸声系为 0.9~0.99，高于 E-玻璃纤维的。

（7）良好的电绝缘性和介电性能。连续玄武岩纤维的比体积电阻较高，为 $1 \times 10^{12} \Omega \cdot m$，1MHz 的介电常数为 2.2~2.7。

（8）透波性和吸波性优良。用连续玄武岩纤维增强树脂制成复合板，在 8~18GHz 下进行了测试，发现该材料具有一定的吸波性能。

2.3　碳纤维增强体

2.3.1　碳纤维的发展历史

人类制造碳纤维的历史可以追溯至 1880 年爱迪生用棉、亚麻、竹等天然植物纤维碳化得到碳纤维用于筛选白炽灯灯丝。但最初得到的碳纤维气孔率高，脆性大且容易氧化。1881 年，发现可在碳纤维表面涂覆一层碳膜使其性能有所改善。1909 年，将碳纤维在惰性气体中加热到 2300℃ 以上，获得最早的石墨纤维。1910 年钨丝出现并成功用于白炽灯灯丝使碳纤维的研究停顿。20 世纪 50 年代，美国联合碳化物公司报道了以人造丝为原料，通过控制热解制备碳纤维的研究结果。1959 年，日本工业技术大阪工业试验所进藤

昭男首次以聚丙烯腈为原料制得碳纤维，1962 年申报专利，1969 年，日本碳公司根据进藤昭男的研究成果实现工业化生产。1963 年，日本群马大学谷杉郎教授以石油沥青为原料制成碳纤维，1970 年，由吴羽化学公司实现工业化生产。当时，无论是以人造丝为原料，还是以聚丙烯腈或沥青为原料制造的碳纤维，强度和模量均较低。1964 年，在碳纤维制造技术上有过两次飞跃，使碳纤维性能大幅度提高[1]。

第一次飞跃是 1964 年以后，英国和美国分别利用人造丝和聚丙烯腈为原料，研究出在 1000~3000℃ 高温下，边加热边牵伸的碳化技术，使聚丙烯腈碳纤维的性能有了突破性提高。英国皇家航空研究院的瓦特（Watt）与日本进藤昭男合作，制备出高强度和高模量碳纤维，1964 年由日本碳公司和东丽公司实现工业化生产。第二次飞跃是以日本东丽公司为代表发明的聚合催化环化原纤维，改革了传统的碳化工艺，缩短了生产周期，提高了产量。

2.3.2　碳纤维的特点及分类

碳纤维是先进复合材料最常用的也是最重要的增强体。碳纤维是由不完全石墨结晶沿纤维轴向排列的一种多晶的新型无机非金属材料。化学组成中碳元素含量达 95% 以上。

碳纤维制造工艺分为有机先驱体纤维法和气相生长法[7]。有机先驱体纤维法制得的碳纤维是由有机纤维经高温固相反应转变而成的。应用的有机纤维主要有聚丙烯腈（PAN）纤维、人造丝和沥青纤维等。目前世界各国发展的主要是 PAN 碳纤维和沥青碳纤维。工业上生产石墨纤维是与生产碳纤维同步进行的，但需要再经高温（2000~3000℃）热处理，使乱层类石墨结构的碳纤维变成高均匀、高取向度结晶的石墨纤维。气相生长法制得的碳纤维称为气相生长碳纤维。

碳纤维按力学性能又分为通用级（GP）和高性能级（HP，包括中强型 MT、高强型 HT、超高强型 UHT、中模型 IM、高模型 HM、和超高模型 UHM）。前者拉伸强度小于 1000MPa，拉伸模量低于 100GPa；后者拉伸强度可高于 2500MPa，拉伸模量大于 220GPa。

碳纤维具有低密度、高强度、高模量、耐高温、抗化学腐蚀、低电阻、高热导、低热膨胀、耐化学辐射等特性，此外还具有纤维的柔顺性和可编性，比强度和比模量优于其他无机纤维。但碳纤维性脆、抗冲击性和高温抗氧化性差。碳纤维主要作为树脂、碳、金属、陶瓷、水泥基复合材料的增强体。由碳纤维增强的复合材料已广泛用于制作火箭喷管、导弹头部鼻锥、飞机和人造卫星结构件、文体用品，也用作医用材料、密封材料、制动材料、电磁屏蔽材料和防热材料等。还有可能大量用于建筑材料。

2.3.3　聚丙烯腈基碳纤维

PAN 是一种主链为碳链的长链聚合物，链侧有腈基，制造 PAN 的基本原料是丙烯腈（$CH_2=CHCN$）原丝。PAN 碳纤维的制备过程如图 2-5 所示[8]，可以分为三步：第一步，预氧化。预氧化的主要目的是使原丝中的链状 PAN 分子环化脱氢，转化为耐热的梯形结构，可承受更高的碳化温度和提高碳化收率以改善力学性能。在 200~400℃ 的氧化气氛中，在原丝受张力的情况下，环化成梯形结构，这时分子沿纤维轴定向，变得热稳定。第二步，碳化。碳化一般在高纯的惰性气体保护下预氧丝加热至 1200~1800℃ 以除去其中的非碳原子，生成含碳量在 90% 以上的碳纤维。第三步，石墨化。碳化后的碳纤维可经石

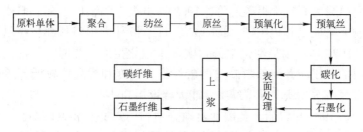

图 2-5 PAN 碳纤维生产主要过程

墨化制造石墨纤维。石墨化温度为 2000~3000℃。在张力下使结晶碳增长、定向，纤维的弹性模量大增。

碳纤维用作复合材料的增强体材料一般要进行表面处理，以促进基体对碳纤维的润湿，提高界面粘结强度。

2.3.4 沥青基碳纤维

沥青是碳纤维生产中成本低并广泛使用的原材料。从各向同性的沥青中获得的碳纤维是自由取向的晶体结构，具有中等的强度和模量。而中间相沥青具有液晶体有序结构，可生产非常高定向程度和完整的超高模量碳纤维。沥青有很多来源，最常用的是聚氯乙烯、煤焦油、沥青混合料和石油。首先，准备沥青，然后纺丝并拉成连续的纤维，再经历氧化、碳化和石墨化处理以获得碳纤维。在氧化处理期间，沥青纤维先暴露在低于 70℃温度的臭氧中，然后到 300℃温度的空气中。这产生了不熔化的交联结构，并且这样能够不熔化而碳化。碳化在高达 1350℃温度的氮气中进行，通过在高温热处理期间伸张纤维获得高模量沥青基碳纤维。生产工艺如图 2-6 所示[8]。

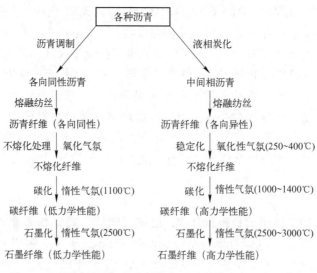

图 2-6 不同性能沥青基碳纤维和石墨纤维生产工艺示意图

预氧化处理也称稳定化处理，若不经稳定化处理而直接将 PAN 先驱丝碳化，则会爆发性地产生有害闭环和脱氢等放热反应。稳定化处理还可避免在后续工序中纤维相互熔并。稳定化处理过程中先驱丝一直要保持牵伸状态。牵伸力从低温（200℃）到高温（280~300℃）是由大到小直至零分段施加的。

碳化过程是在高纯氮气中缓慢升温（1000~1500℃），使纤维进行热分解，逐渐形成近似石墨的片层结构，使大部分非碳原子以分解物的形式被排除，所获得的纤维碳含量在90%以上。在碳化过程中丝的质量将减半。影响碳化质量的因素主要有氮气纯度、碳化温度和碳化速率。氮气越纯越好，其中不能含有氧，尤其不能含水蒸气，否则在碳化过程中将生成 CO、CO_2 和水煤气。碳化温度对碳纤维弹性模量和拉伸强度的影响见图 2-7[9]。由图 2-7（a）可见，随着碳化温度升高，两种碳纤维弹性模量均升高，这是因为随着碳化温度升高，碳纤维中石墨微晶发育更趋完善，排列更加规整，沿着纤维轴向取向性更好。由图 2-7（b）可见，当碳化温度超过 1500℃后，PAN 基碳纤维强度逐渐下降，因此制取高强度碳纤维碳化温度一般不超过 1500℃。对于沥青基碳纤维，随碳化温度提高，强度有所提高，但碳化温度超过 1500℃后，拉伸强度提高较慢。碳化速率不宜过快，但加热速度过慢，会延长生产周期增加成本，降低生产效率。

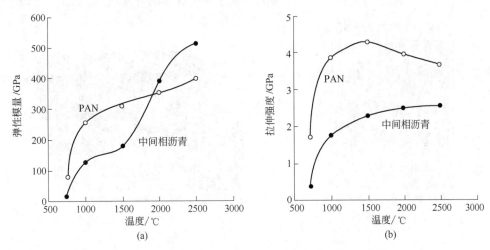

图 2-7　碳化温度对碳纤维弹性模量和拉伸强度的影响
(a) 弹性模量；(b) 拉伸强度

2.3.5　碳纤维的结构

石墨具有层状结构，在石墨的层面中，碳原子排列在六边形中，其中每个碳原子与三个附近的碳原子形成 sp^2 杂化轨道，并有一个未杂化轨道。未杂化轨道使石墨在平行基面上产生高热导和电导。这些层面叠加在一起形成石墨的三维晶体结构，层间距为0.334nm。层间的结合是通过范得华力。这赋予它较高的各向异性结构。弹性模量 C_{11} = 1060GPa，C_{33} = 36.5GPa，C_{44} = 4GPa，其中 C_{11} 是载荷平行于基面，C_{33} 是载荷垂直于基面，C_{44} 是基面的剪切载荷。

石墨平面可绕轴旋转，这样三维晶体石墨的 ABAB 堆砌顺序将失去。这产生众所周知的螺旋层碳的二维晶体结构。螺旋层碳中的石墨层间间距大于石墨。

从 PAN 制备的高模量碳纤维以石墨层面的优先取向平行于纤维轴的方式组成的螺旋层晶体。晶体由两个参数确定，称为宽度（平行于纤维轴）和高度（垂直于纤维轴），纤维的模量强烈依赖于层面取向程度。取向程度随纤维制备工艺中热处理温度和拉伸程度增加而增加。

取向碳纤维的另一个结构特征是晶体间存在 15%~20% 的孔。微孔呈长条状并优先平行于纤维轴方向。用小角度 X 射线衍射测量微孔直径为 1~2nm 量级，长度至少为 20~30nm。孔的存在以及螺旋层碳的更大层分离使纤维密度比石墨理论密度小。

使用 X 射线衍射和电子衍射研究 PAN 基碳纤维的结构，表明纤维有微细纤维的分枝结构，基本的结构单元是 6nm 宽、数千纳米长的带状层面。几个带组合在一起形成胶在一起的微纤。微纤取向高度平行于纤维轴，并分枝形成直径为 1~2nm 的长孔，如图 2-8 所示[9]。

Johnson 提出了三维结构模型如图 2-9 所示[9]。此模型具有皮芯结构，在其皮区域，层面高度地平行于纤维表面。芯部由螺旋层碳晶体组成，螺旋层碳晶体约为 6.5nm。晶体叠加在一起，有倾斜和扭转的边界，形成平行于纤维轴的柱子。在柱子之间存在直径约 1nm、有限长的孔洞。该模型认为碳纤维的强度主要由纤维的外皮决定。

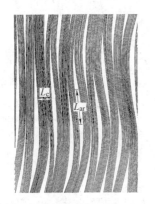 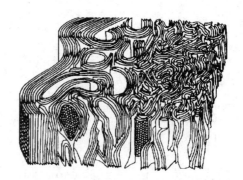

图 2-8　碳纤维结构的微纤模型　　　　图 2-9　皮-芯结构的碳纤维三维结构模型

2.3.6　碳纤维的物理性能与化学性能

表 2-5 和表 2-6 分别给出日本东邦人造丝公司聚丙烯腈基碳纤维和沥青基碳纤维的主要性能[8]。

表 2-5　聚丙烯腈基碳纤维种类与性能

类型	牌号	单丝数/根	密度/$g \cdot cm^{-3}$	抗张强度/MPa	弹性模量/GPa	断裂伸长率/%
高强度	HTA	1, 3, 6, 12	1.77	3650	235	1.5
高伸长	ST-3	3, 6, 12	1.77	4350	235	1.8
中模量	IM-400	3, 6, 12	1.75	4320	195	1.5
	IM-500	6, 12	1.76	5000	300	1.7
	IM-600	12	1.81	5600	290	1.9
高模量	HM-35	3, 6, 12	1.79	2750	348	0.8
	HM-40	6, 12	1.83	2650	387	0.7

类型	牌号	单丝数/根	密度/g·cm⁻³	抗张强度/MPa	弹性模量/GPa	断裂伸长率/%
高强度、高模量	HMS-35	6，12	1.78	3500	350	1.0
	HM-40	6，12	1.84	3300	400	0.8
	HMS-45	6	1.87	3250	430	0.7
	HMS-50X	12	1.92	3100	490	0.6

表 2-6　沥青基碳纤维的种类与性能

项　目	S-230（短纤维）	F-140（长丝）	F-500（长丝）	F-600（长丝）
密度/g·cm⁻³	1.65	1.95	2.11	2.25
抗张强度/MPa	800	1800	2800	3000
弹性模量/GPa	35	140	500	600
断裂伸长率/%	2.0	1.3	0.55	0.50
单丝直径/μm	13~18	11	10	10
比电阻/Ω·cm	1.6×10^{-3}	1×10^{-3}	5×10^{-4}	3×10^{-4}
分解温度/℃	410	540	650	710
含碳量/%	>95	>98	>99	>99

碳纤维的线膨胀系数与其他类型纤维不同，它有各向异性的特点。平行于纤维方向为负值（-0.72×10^{-6} ~ $-0.90\times10^{-6}℃^{-1}$），而垂直于纤维方向是正值（32×10^{-6} ~ $22\times10^{-6}℃^{-1}$）。

碳纤维的比热容一般为 7.12kJ/（kg·℃）。热导率有方向性，平行于纤维轴向热导率为 167.4W/（m·K），而垂直于纤维方向为 0.002W/（m·K）。导热率随温度升高而下降。

碳纤维的比电阻与纤维的类型有关，在 25℃ 时，高模量纤维为 775μΩ·cm，高强度碳纤维为 1500μΩ·cm。碳纤维的电动势为正值，而铝合金的电动势为负值。因此当碳纤维复合材料与铝合金应用时会发生电化学腐蚀。

碳纤维的化学性能与碳很相似。它除能被强氧化剂氧化外，对一般的酸碱是惰性的。在空气中，温度高于 400℃ 时，出现明显的氧化，生成 CO 和 CO_2。在不接触空气或氧化气氛时，碳纤维具有突出的耐热性，与其他类型材料相比，碳纤维要在高于 1500℃ 强度才开始下降，而其他材料包括 Al_2O_3 晶须性能已大大下降。另外碳纤维还有良好的耐低温性能，如在液氮温度下也不脆化。它还有耐油、抗辐射、抗放射、吸收有毒气体和减速中子等特性。

2.4　氧化铝系列纤维

2.4.1　氧化铝质纤维发展历史

耐火纤维可以追溯到 1942 年和 1949 年分别将两项专利授予 Babcock 和 Wilcox，以黏土为原料，采用熔融喷吹方法制备硅酸铝短纤维，这些纤维被制成纤维毡和纤维毯，用于冶金、建材和化工等热工设备保温隔热。1968 年英国授权 Babcock 和 Wilcox 专利，采用溶胶-凝胶法制备氧化铝纤维。同期美国、英国和日本相关公司分别采用溶胶-凝胶法制备氧化铝纤维。例如英国 ICI 公司采用该方法生产 Al_2O_3 含量 97%、SiO_2 含量 3% 直径 $3\mu m$ 氧化铝质短纤维，品名为 Saffli。只要用于保温隔热，使用温度高达 1600℃[1]。此外该纤维还被用于金属基复合材料增强体，制备柴油发动机用部件。

1974 年美国 3M 公司采用溶胶-凝胶法首次制备了氧化铝质连续纤维，品名为 Nextel 312，其含有 62%Al_2O_3，其余为氧化硅和氧化硼。由于含有较高氧化硼，使用温度低于 1000℃。在同一时期美国 Dupont 公司以氧化铝微粉和铝盐为原料，采用泥浆纺丝法制备多晶氧化铝纤维，含量达 99.9%，晶粒尺寸为 $0.5\mu m$，纤维直径为 $20\mu m$，断裂应变为 0.3%，品名为 Fiber FP。为了提高纤维的可编性，Dupont 公司在降低氧化铝微粉晶粒尺寸至 $0.3\mu m$ 的同时，引入20% $0.1\mu m$ 氧化锆晶粒制备了 PRD-166 氧化铝质纤维，尽管氧化锆的引入使纤维模量降低，但强度得到提高。在 20 世纪 80~90 年代，日本和美国公司克服了 Dupont 公司困难，制备连续氧化铝纤维。Sumitomo Chemicals 公司制备了连续 Altex 氧化铝纤维，该纤维含有 15% 无定形 SiO_2，氧化铝晶粒为 25nm，以 γ-Al_2O_3 形式存在。Mitsu Mining 公司制备了 Almax 氧化铝纤维，尽管氧化铝晶粒尺寸与 Fiber FP 相同，但纤维直径降低了一半。由于直径的减小，纤维的可编性大大提高。3M 公司生产了直径与 Almax 氧化铝纤维相同的 Nextel610 纤维，但氧化铝晶粒粒径控制在 $0.1\mu m$，使纤维强度提高 1 倍。之后 3M 公司相继开发出 Nextel 440、Nextel 480、Nextel 650 和 Nextel 720 等，目的在于提高纤维的性能[1]。目前，Nextel 720 是抗蠕变性能最好的氧化物纤维，但与 SiC 纤维无法相比，只能用于 1200℃ 以下。

为了提高高温抗蠕变性能，美国开发出氧化铝单晶丝，品名为 Saphikon，采用单晶体拉法生产。该纤维除了成本高外，纤维长度受限，直径达毫米级，可处理性差。虽然随后采用钼管可以同时制备多个单晶丝，纤维直径有所降低，但成本高、长度受限、可处理性差的缺点依然难以克服。

2.4.2　连续氧化铝质纤维的制备

连续氧化铝质纤维分为连续硅酸铝质纤维、α-Al_2O_3 纤维和含氧化锆氧化铝质纤维三种。Al_2O_3 纤维的制法很多，生产连续氧化铝纤维的工艺主要有以下几种[10]。

（1）溶液纺丝法。用烷基铝加水聚合成聚铝氧烷聚合物，将它溶解在有机溶剂中，再加入硅酸酯或有机硅聚合物，将混合液浓缩成纺丝液进行干法纺丝，得到先驱体纤维，再在 600℃ 空气中裂解成 Al_2O_3 和 SiO_2 组成的无机纤维，而后在 1000℃ 以上烧结，得到微晶聚集态的连续 Al_2O_3 纤维。纤维直径为 $10\mu m$，拉伸强度为 3.2GPa，模量为 330GPa。此法特点是纺丝性好，可获得连续长纤维。

（2）混合液纺丝法。将金属氧化物粉末与聚合物（如橡胶、热塑性塑料、石蜡和琼脂等）溶液混合成一定黏度的溶液，用挤压纺丝的方法从纺丝孔直接挤出纤维，再以 350℃/h 的速率升至 1650℃，保温 1h，得到组成为 95.5%Al_2O_3、3.5%SiO_2、0.6%Fe_2O_3 的氧化铝纤维。纤维强度为 2.2~2.3GPa，杨氏模量为 200~250GPa，空隙率为 28%，直径为 $200\mu m$。另外在制备混合液时还可加入 1% 的助烧结剂 MgO 和 TiO_2，有助于纤维的烧成。

（3）基体纤维浸渍溶液法。用无机铝盐溶液浸渍有机基体纤维，然后高温烧结除去基体纤维而得到陶瓷纤维。溶液多为水溶液，基体纤维多为亲水性良好的黏胶纤维。实验发现，无机盐是以分子状态分散于有机纤维中，而不是黏附于纤维的表面，这有利于纤维的形成。Al_2O_3 纤维的强度主要取决于基体纤维的空隙率和铝盐晶粒的大小。采用此法可以得到强度较高的连续纤维。它与混合液纺丝法相比，工艺简单，很易推广。

（4）溶胶-凝胶（sol-gel）法。美国 3M 公司开发出溶胶-凝胶法制备氧化铝纤维，它是将含有组成纤维所必需的金属和非金属元素的溶体（特别是金属醇盐化合物）用乙醇或酮作为溶剂制成溶胶，水解、聚合后得到一种可纺凝胶，经纺丝后，将所得到的先驱丝在牵伸力作用下焙烧，得到连续氧化铝纤维。溶胶-凝胶法的原理是提供一种合适的有机基团，能使 $M(OR)_n$ 的 M—OR 键断开获得 MO—R 键，以得到所希望的氧化物纤维。金属醇盐水解，产生可纺溶胶，凝胶化。凝胶纤维在 1000℃ 以上致密化，在牵伸力作用下焙烧，得到连续氧化铝纤维。3M 公司氧化铝纤维商品名为 Nextel，已形成系列化，目前产品有 Nextel312、Nextel480、Nextel610、Nextel650 和 Nextel720 等。

（5）拉晶法。拉晶法利用制造单晶的方法制备氧化铝纤维。将钼制细管放入氧化铝熔池中，由于毛细管现象，熔液升至钼管的顶部，在钼管顶部放置一个 α-Al_2O_3 晶核，以慢速（150mm/min）向上提拉，可得到单晶氧化铝纤维。单晶氧化铝纤维的直径范围在 $50 \sim 500 \mu m$，其化学组成为 100%Al_2O_3。单晶氧化铝纤维密度大（$3.99 \sim 4.0g/cm^3$），拉伸强度高（2350MPa），弹性模量高（451GPa），最高使用温度为 2000℃。

2.4.3 连续氧化铝质纤维的性能

表 2-7 给出了连续氧化铝质纤维的组成和性能[10]。图 2-10 给出了 α-Al_2O_3 纤维 FP 拉伸曲线[10]。由图 2-10 可见 1000℃ 为线弹性变形，1100℃ 以上呈现塑性变形，在 1300℃ 出现超塑性变形。图 2-11 给出了温度对拉伸强度的影响，可见随温度升高拉伸强度降低[10]。FP 纤维蠕变速率随温度的变化见图 2-12[10]，可见随温度升高蠕变速率增大。在相同应力作用下 1300℃ 蠕变速率比 1000℃ 高出 4 个数量级。

表 2-7 连续氧化铝质纤维的组成和性能

类型	厂家	品名	组成	直径 /μm	密度 /g·cm⁻³	强度 /GPa	断裂应变/%	杨氏模量 /GPa	线膨胀系数 /℃⁻¹
	Dupont	FP	99.9%Al_2O_3	20	3.92	1.2	0.29	414	5.9×10^{-6}
	Mitsu Mining	Almax	99.9%Al_2O_3	10	3.6	1.02	0.3	344	7.0×10^{-6}
α-Al_2O_3 基纤维	3M	Nextel610	99%Al_2O_3，0.2%~0.3%SiO_2，0.4%~0.7%Fe_2O_3	10~20	3.75	1.9	0.5	370	8.0×10^{-6}
	Dupont	PRD166	80%Al_2O_3，20%ZrO_2	20	4.2	1.46	0.4	366	9.0×10^{-6}
	3M	Nextel650	90.4%Al_2O_3，7.9%ZrO_2，1.1%Y_2O_3，0.6%Fe_2O_3	11	4.1	2.3	0.6	370	8.0×10^{-6}

续表 2-7

类型	厂家	品名	组成	直径 /μm	密度 /g·cm⁻³	强度 /GPa	断裂应变/%	杨氏模量 /GPa	线膨胀系数 /℃⁻¹
硅酸铝基纤维	Saffil	Saffil	95%Al₂O₃，5%SiO₂	1~5	3.2	2	0.67	300	6.0×10⁻⁶
	Sumitomo Chemicals	Altex	85%Al₂O₃，15%SiO₂	15	3.2	1.8	0.8	210	6.0×10⁻⁶
	3M	Nextel312	85%Al₂O₃，15%SiO₂ 14%B₂O₃	8~9	2.7	1.7	1.12	152	3.0×10⁻⁶
	3M	Nextel440	70%Al₂O₃，28%SiO₂ 2%B₂O₃	10~12	3.05	2.1	1.11	190	5.3×10⁻⁶
	3M	Nextel720	85%Al₂O₃，15%SiO₂	12	3.4	2.1	0.81	260	6.0×10⁻⁶

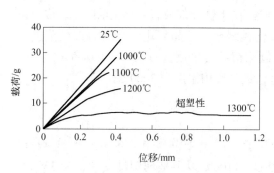

图 2-10　不同温度下 FP 纤维的拉伸行为

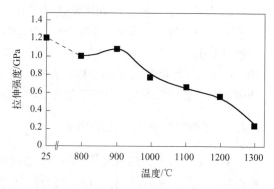

图 2-11　FP 纤维拉伸强度随温度的变化

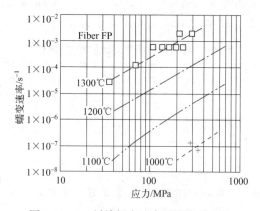

图 2-12　FP 纤维蠕变速率随温度的变化

图 2-13 比较了几种纤维强度随温度的变化情况[10]。可见在 1200℃ 温度以下 Nextel 610 强度最高，主要是由于组成晶粒小；PRD166 纤维中由于引入 ZrO₂ 抑制了 α-Al₂O₃ 晶粒长大，使其强度较高。但超过 1200℃ 由于高温低熔相出现，使得 Nextel610 强度迅速降低，而 FP 和 PRD166 由于组成中含有很低的低熔相，所以保持较高的强度。

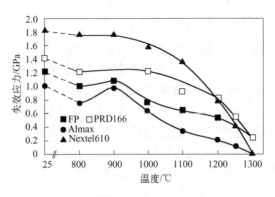

图 2-13 纤维强度随温度变化的比较

图 2-14 比较了几种氧化铝质纤维在 1100～1300℃ 的蠕变行为[10]。其中 FP 和 Nextel610 代表纯氧化铝纤维，PRD166 和 Nextel650 代表引入氧化锆纤维，而 Nextel720 代表由 α-Al$_2$O$_3$ 和莫来石组成的纤维。有三个参数用来说明上述几种纤维的不同：晶粒尺寸、第二相的存在和晶间玻璃相的存在。同时可以结合表 2-7 进行分析。在 1100℃ 纤维中引入氧化锆使蠕变率降低，Nextel650 蠕变率低于 Nextel610，且都低于 FP。在 1200℃ 依然能显示出氧化锆的作用。但在 1300℃ 氧化锆的作用已不能显现。此时莫来石的引入使 Nextel720 显示出最低的蠕变速率，尽管其晶粒尺寸较小。大量实验数据表明 Nextel720 是目前抗蠕变性能最好的氧化物纤维。

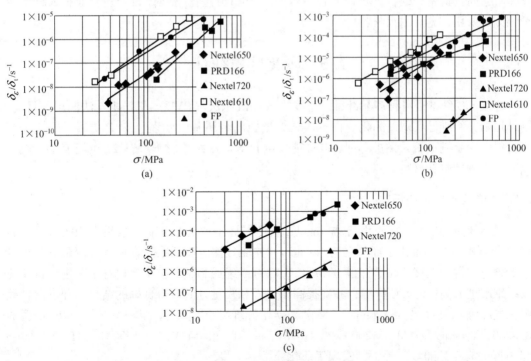

图 2-14 几种氧化铝质纤维蠕变速率对比

（a）1100℃；（b）1200℃；（c）1300℃

2.4.4　氧化铝短纤维的制造方法

氧化铝短纤维的制造方法主要有熔喷法和离心甩丝法[2]。

熔喷法是将氧化铝与氧化硅按一定配比混合均匀后，在电炉中于2000℃以上高温下熔融，以压缩空气或高温水蒸气将熔体喷吹成细流，冷却后即成为氧化铝短纤维。这种方法工艺比较成熟，主要应用于生产氧化铝含量较低的硅酸铝陶瓷纤维。

离心甩丝法是将熔融的液流落在高速旋转的离心辊的表面，由于离心力的拉伸作用，使熔体分散，经二次或三次离心而制得纤维。离心甩丝法工艺产量大，但设备比较复杂。

对于氧化铝含量大于70%的氧化铝纤维，由于原料熔融困难，无法用上述两种方法成型。

英国ICI公司研究成功了一种新的纺丝方法，它是将铝盐的水溶液与纺丝性能好的聚乙烯醇或聚氧乙烯等水溶液高聚物混合后，再加入作为SiO_2源的水溶性有机硅聚合物作为纺丝液，采用高速气流喷吹纺丝，得到的短纤维再在空气中烧结至1000℃以上，去除有机组分，可得到氧化铝含量95%、氧化硅含量5%的氧化铝短纤维。

采用上述普通熔喷法或离心甩丝法制得的硅酸铝纤维，由于熔体急冷而成为非晶态纤维，常含有较多的粒状物质。这种粒状物质在纤维与基体复合后会成为复合材料的内部缺陷，影响复合材料的性能。同时，这类非晶态纤维在高温下会析出莫来石结晶或方石英结晶而使强度降低，因此其使用温度一般在1260℃以下。而采用ICI公司的方法制得的氧化铝短纤维，由于纤维呈微晶状态，在高温下不会产生再结晶，因而其使用温度较高，可达1600℃，而且这种纤维含粒状物质较少（3%~5%），用作增强体较合适，而普通硅酸铝纤维则主要用作绝热耐火材料。

2.5　碳化硅质纤维

连续SiC纤维是一种多晶纤维，主要由气相沉积法（CVD）和先驱丝法制得。目前，国外这两类纤维已实现商品化。由SiC纤维增强的金属基（钛基）复合材料、陶瓷基复合材料已用于制造航天飞机部件、高性能发动机等高温结构材料，是21世纪航空、航天及高技术领域的新材料。

2.5.1　先驱丝法SiC纤维

先驱丝法SiC纤维首先由日本Tohoku大学矢岛圣使（Yajima）教授在1975年研制。1982年日本碳公司推出了商品名为Nicalon的先驱丝法SiC纤维。之后为了降低SiC纤维中氧含量和得到更接近化学计量SiC纤维，在纤维组成和制备技术上进行了改进。将此连续纤维改进成高性能SiC纤维，并在提高耐热性和模量方面取得良好的结果。开发出含钛碳化硅纤维（商品名为Tyranno）和含氮碳化硅纤维（商品名Fiberami）以及耐热型的NL-200、Tyranno-LOXM（1200℃）、Hi-Nicalon、Tyranno-LOXE（1500℃）、Hi-Nicalon-S和Sylrenmic（1700℃）等，已实现工业化[12]。

2.5.1.1　典型Nicalon-SiC纤维的制备工艺和性能

基本工艺是：二甲基二氯硅烷与金属钠在溶剂中进行反应制取聚硅烷（PDMS），再以 PDMS 为原料合成聚碳硅烷（在 400℃ 以上高压釜中裂解重排制得），将聚碳硅烷在 300℃ 下进行熔融纺丝，并在 200℃ 进行不熔化处理，最后在 1100~1300℃ 惰性气氛中连续烧结，得到具有金属光泽的碳化硅纤维。此连续纤维主要组成为 β-SiC 微晶，晶粒在 10nm 以下，其生产工艺如图 2-15 所示[12]。

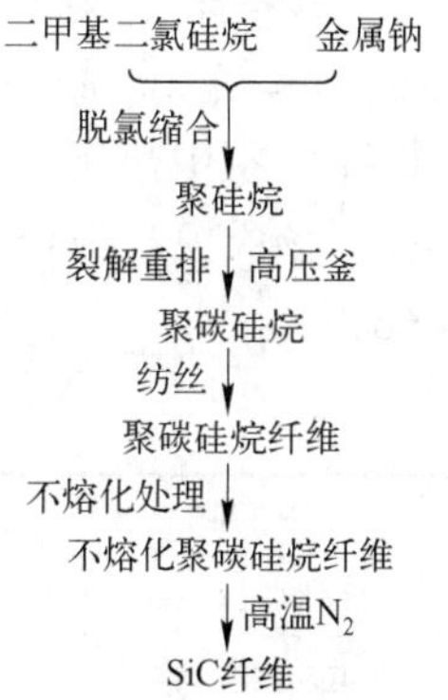

图 2-15　Nicalon SiC 纤维的制备工艺

Nicalon SiC 纤维的典型品种和性能见表 2-8[12]。主要特性是：（1）拉伸强度和拉伸模量高，密度小；（2）耐热性好，在空气中可长期于 1100℃ 使用；（3）与金属反应性小，浸润性良好，在 1000℃ 以下几乎不与金属发生反应；（4）纤维具有半导体性；（5）纤维直径细，易编成各种织物；（6）耐腐蚀性优异。

表 2-8　Nicalon SiC 纤维的品种和主要性能

性　能	通用级	HVR 级 NL-400	LVR 级 NL-500	碳涂层 NL-607
长丝直径/μm	14/12	14	14	14
丝束数/根·束$^{-1}$	250/500	250/500	500	500
纤度/g·(1000m)$^{-1}$	105/210	110/220	210	210
拉伸强度/MPa	3000	2800	3000	3000
拉伸模量/GPa	220	180	220	220
伸长率/%	1.4	1.6	1.4	1.4
密度/kg·m^{-3}	2550	2300	2500	2550
电阻率/Ω·cm	10^3~10^4	106~107	0.5~5.0	0.8
线膨胀系数/K^{-1}	3.1×10^{-6}	—	—	3.1×10^{-6}
比热容/J·(kg·K)$^{-1}$	1140	—	—	1140
介电常数	9	6.5	20~30	12

2.5.1.2　超耐热 SiC 纤维的制备和性能

尽管 Nicalon SiC 纤维的最高使用温度可达 1200℃，但其耐热性能仍不能满足高温领域中的应用需要。由于先驱体法制得的 SiC 纤维不是纯的 SiC，其元素组成为 Si、C、O、H，质量分数分别为 55.5%、28.4%、14.9% 和 0.13%。而氧的存在，于 1300℃ 以上会释放 CO 和 SiO 气体，以及 β-SiC 微晶长大，使纤维的力学性能降低。因此需降低纤维的氧含量并使其化学组成更接近理论组成，以提高 SiC 纤维的耐热性。

低含氧量 SiC 纤维的制备：聚碳硅烷（PCS）先驱体（相对分子质量在 1500~2000）熔融纺丝后，经电子束辐照及不熔化处理，使 PCS 分子交联，在 1000℃ 一次烧成后施加张力，于 1500℃ 二次烧成，制得含氧量（质量分数）低于 0.5% 的 Hi-Nicalon SiC 纤维。制备工艺过程如图 2-15 所示[12]。

表 2-9 列出由聚碳硅烷制得耐热 SiC 纤维的特性[12]。日本碳公司已于 1995 年实现了超耐热 SiC Hi-Nicalon-S 纤维的工业化生产；同时控制条件，也已得到等化学组成的 SiC

纤维，后者暴露在 2000℃时仍能保持其纤维形状和韧性。分别命名为 Hi-Nicalon 和 Hi-Nicalon-S。同时，Lipouwsitz 等人将聚碳硅烷纤维经 NO_2 不熔化，再经 BCl_3 处理后，在 1600℃ Ar 气氛中热解，通过控制反应条件，获得了不含氧的 SiC 纤维，其拉伸强度为 2.6GPa，杨氏模量为 450GPa，密度为 3.18g/cm³。在 1800℃ Ar 中 12h，纤维强度保持率仍达 66%。

表 2-9　由 PCS 制得的高耐热 SiC 纤维典型性能

性　能		Nicalon NL-200	Hi-Nicalon	Hi-Nicalon-S
纤维直径/μm		14	14	12
丝束数/根·束⁻¹		500	500	500
纤度/g·(1000m)⁻¹		210	200	180
拉伸强度/MPa		3000	2800	2600
拉伸模量/GPa		220	270	420
伸长率/%		1.4	1.0	0.6
密度/kg·m⁻³		2.55	2.74	3.10
电阻率/Ω·cm		$10^3 \sim 10^4$	1.4	0.1
化学组成（质量分数）/%	Si	56.6	62.4	68.9
	C	31.7	37.1	30.9
	O	11.7	0.5	0.2
C/Si（原子比）		1.31	1.39	1.05

有些学者将 SiC 质纤维分为三代：第一代以 Nicalon SiC 纤维为代表，不溶不熔处理在氧气中进行，最后烧结温度较低，所得纤维氧含量高，性能低，使用温度低。第二代 SiC 质纤维以电子辐照代替在氧气中进行不溶不熔处理，所得纤维氧含量低，但碳含量偏高，纤维性能有所提高，使用温度提高，其纤维代表是 Hi-Nicalon。第三代采用电子束辐照、高温烧结，或引入其他元素结合高温烧结，或高温烧结结合氮化处理，使纤维 C/Si 比更接近化学计量组成，纤维性能提高，使用温度大幅度提升。表 2-10 和表 2-11 分别给出各种 SiC 质纤维的制备方法和组成以及性能[13]。由表 2-11 可见通过改进制备工艺，虽然室温拉伸强度变化不大，但弹性模量和导热系数有很大提高。

表 2-10　SiC 质纤维的生产与组成

商品名	生产厂家	制备方法	元素组成（质量分数）/%	最高生产温度/℃	晶粒尺寸/μm	表面组成	直径/μm	每束纤维根数
Nicalon，NL2000	Nippon Carbon	高聚物	56Si+32C+12O	1200	2	薄层碳	14	500
Hi-Nicalon	Nippon Carbon	高聚物+电子辐照	62Si+37C+0.5O	1300	5	薄层碳	14	500
Hi-Nicalon-S	Nippon Carbon	高聚物+电子辐照	69Si+31C+0.2O	1600	100	薄层碳	12	500
Tyranno Lox M	Ube Industries	高聚物	55Si+32C+10O+2.0Ti	1200	1	薄层碳	11	400/800
Tyranno ZMI	Ube Industries	高聚物	57Si+35C+7.6O+1.0Zr	1300	2	薄层碳	11	400/800

续表 2-10

商品名	生产厂家	制备方法	元素组成 （质量分数）/%	最高生产 温度/℃	晶粒 尺寸/μm	表面 组成	直径 /μm	每束 纤维根数
Tyranno SA1-3	Ube Industries	高聚物+烧结	68Si+32C+0.6Al	>1700	200	薄层碳	7.5~10	800/1600
Sylramic	COI Ceramics	高聚物+烧结	67Si+29C+0.8O+2.3B+ 0.4N+2.0Ti	>1700	100	薄层碳 +Ti+B	10	800
Sylramic-iBN	COI Ceramics +NASA	高聚物+烧结 +氮化处理	67Si+29C+0.8O+2.3B+ 0.4N+2.0Ti	>1700	>100	BN	10	800

表 2-11 SiC 质纤维的性能

商品名	生产厂家	密度 /g·cm⁻³	拉伸强度 /GPa	拉伸模量 /GPa	轴向导热系数 /W·(m·K)⁻¹	线膨胀系数 /℃⁻¹
Nicalon，NL2000	Nippon Carbon	2.55	3.0	220	3	3.2×10^{-6}
Hi-Nicalon	Nippon Carbon	2.74	2.8	270	8	3.5×10^{-6}
Hi-Nicalon-S	Nippon Carbon	3.05	约2.5	400~420	18	—
Tyranno Lox M	Ube Industries	2.48	3.3	187	1.5	3.1×10^{-6}
Tyranno ZMI	Ube Industries	2.48	3.3	200	2.5	—
Tyranno SA1-3	Ube Industries	3.02	2.8	375	65	—
Sylramic	COI Ceramics	3.05	3.2	约400	46	5.4×10^{-6}
Sylramic-iBN	COI Ceramics+NASA	3.05	3.2	约400	>46	5.4×10^{-6}

图 2-16 给出三代 SiC 质纤维拉伸强度随着测试温度的变化[13]，可见，第一代碳化硅质纤维拉伸强度随测试温度升高超过 1200℃ 降低很快，第二代纤维超过 1400℃ 强度降低很快，而第三代碳化硅质纤维（Tyranno SA）随测试温度升高，变化很小，甚至大于1800℃ 依然可以保持很高的强度。

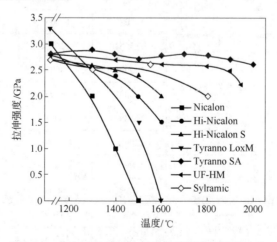

图 2-16 碳化硅质纤维拉伸强度随测试温度的变化

图 2-17 给出了几种 SiC 质纤维在 1400℃、275MPa 空气中蠕变曲线[13]。由图可见，由于 Hi-Nicalon 纤维处理温度低（1300℃），晶粒细小，加之纤维中非 SiC 物质的分解等

原因使该纤维蠕变速率大，抗蠕变性能较差。Sylramic-iBN 纤维由于消除了纤维中易蠕变相，同时 SiC 晶粒大，使得其抗蠕变性能大大提高，使用温度提高。纤维抗蠕变性能常用在一定应力作用下 1000h 蠕变 1%的最高温度，或者在一定应力下 1000h 蠕变断裂最高温度说明其使用上限温度。表 2-12 给出了几种 SiC 纤维在空气（或氩气）中单丝蠕变 1000h 断裂强度和蠕变 1%时最高温度。图 2-18 给出了氧化物纤维和 SiC 质纤维单丝 500MPa 在空气中作用 1000h 断裂所对应的最高温度。可见氧化铝质纤维均具有较低的使用温度，只有单晶丝使用温度超过 1200℃。在 SiC 质纤维中只用 Sylramic-iBN 和气相沉积单丝使用温度达到和超过 1300℃。总体来讲以共价键结合 SiC 质纤维抗蠕变性能优于以离子键为主的氧化铝质纤维。

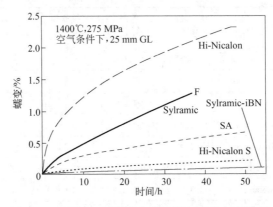

图 2-17　高温 SiC 纤维在空气条件下蠕变-时间曲线

表 2-12　SiC 纤维在空气（或氩气）中单丝蠕变 1000h 断裂强度

纤维应力 1000h 限制条件		100MPa		500MPa	
		1%蠕变	纤维断裂	1%蠕变	纤维断裂
非化学 计量类型	Tyranno Lox M	1100℃	1250℃	<1000℃	1100℃
	Tyranno ZMI，Nicalon	1150℃	1300℃	1000℃	1100℃
		1150℃	1250℃	1000℃	1100℃
	Hi-Nicalon	1300℃	1350℃	1150℃	1200℃
		1300℃	1300℃	1150℃	1150℃
近化学 计量类型	Tyranno SA	1350℃	>1400℃	1150℃	1150℃
		1300℃	1400℃	NA	1150℃
	Hi-Nicalon-S	NA	>1400℃	NA	1150℃
		NA	1400℃	NA	1150℃
	Sylramic	NA	1350℃	NA	1150℃
		NA	1250℃	NA	1300℃
	Sylramic-iBN	NA	>1400℃	NA	1150℃
		1300℃	1350℃	1350℃	>1400℃

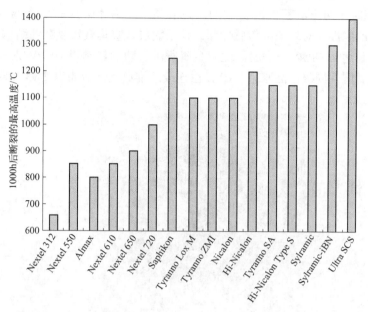

图 2-18　氧化物和 SiC 质纤维单丝 500MPa 在空气中作用 1000h 断裂所对应的最高温度

2.5.2　化学气相沉积法 SiC 纤维

化学气相沉积（CVD）法 SiC 纤维是一种复合纤维。1961 年，Gareis 等人首先申请了用超细钨丝作为载体制备 W 芯 SiC 纤维的专利。20 世纪 70 年代，德国的 Gruler 制备出连续的 W 芯 SiC 纤维，其抗张强度为 3.7GPa，杨氏模量为 410GPa，并形成了商品。Mehemy 等人分别报道了以 C 丝为芯体，以有机硅化合物（如 CH_3SiCl_3、CH_3SiHCl_2、$(CH_3)_2SiCl_2$ 或 $Si(CH_3)_4$ 等）为原料，在氢气流下于灼热表面上的反应，裂解为 SiC 并沉积在芯丝的表面上。目前采用 CVD 法生产 W 芯连续 SiC 纤维的有英国 EP 公司、法国 SVPE 公司。其商品牌号有 SM1040、SM1240 和 SM1140 系列，纤维表面均涂有不同的涂层，适用于聚合物基、铝、钛、金属间化合物以及陶瓷基复合材料的制备。图 2-19 给出了化学气相沉积法制备碳芯 SiC 纤维过程示意图[1,12]。

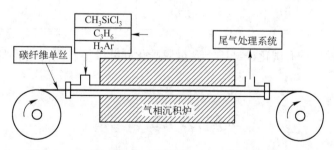

图 2-19　化学气相沉积法制备碳芯 SiC 纤维过程示意图

美国的 Textron 特种纤维公司制造了 C 芯 SiC 纤维，以及 SCS-6 为例，其断面结构如

图 2-20 所示。断面中心为碳纤维，向外依次为热解石墨，两层 β-SiC 及表层。形成两层 SiC，是热沉积时在两个沉积区所造成的，内层晶粒度为 40~50nm，外层为 90~100nm。为了降低纤维的脆性和对环境的敏感性而设计了表层。它具有较复杂的结构。该种 SiC 纤维的拉伸强度高达 4.48GPa。中科院沈阳金属所用射频加热制得 CVDW 芯连续 SiC 纤维，主要性能已达到国外同类产品水平。CVD 法连续纤维典型性能如表 2-13 所示[12]。

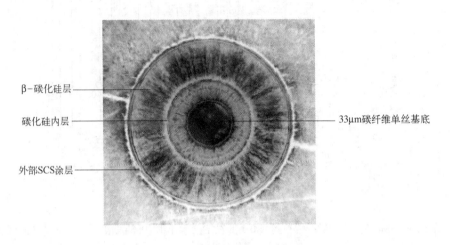

　β-碳化硅层
　碳化硅内层
　　　　　　　　　　　　　　　　　　　　　　33μm碳纤维单丝基底
　外部SCS涂层

图 2-20　SCS-6 SiC 纤维的断面结构

表 2-13　CVD 法 SiC 纤维的典型性能

性能	SiC（W 芯）		SiC（C 芯）		中国产品
直径/μm	102	142	102	142	1003
拉伸强度/MPa	3350	3300~4460	2410	3400	>3700
拉伸模量/GPa	434~448	422~448	351~365	400	400
密度/kg·m⁻³	3.46	3.46	3.10	3.0	3.4
线膨胀系数/K⁻¹	—	4.9×10⁻⁶	—	1.5×10⁻⁶	—
表面涂层	富碳	C+TiBx	—	Si/C	富碳

目前碳化硅质纤维有碳化硅纤维、含金属碳化硅纤维等。碳化硅纤维和晶须在复合材料中应用广泛。

2.6　芳　纶　纤　维

芳纶是聚芳酰胺纤维的名称。芳纶分子有伸直链结构并有刚性。刚度高的原因在于芳香环和具有高抗旋转性的—NH—和—CO—链。芳纶具有高的轴向拉伸强度和弹性模量，可以通过分子沿着纤维轴取向获得。

芳纶纤维从 20 世纪 50 年代开始发展，早期的芳纶如杜邦公司生产的 Nomax，即聚间二苯二甲酰间苯二胺，有良好的热稳定性，但是拉伸强度不高。新一代高强、高模量的芳纶是在 20 世纪 70 年代基于 Kevlar 和同事的工作发展起来的。现在主要有两种芳纶：Kevlar 纤维，1972 年由杜邦公司生产和 Technora 纤维，1985 年由日本 Teijin 公司生产[1]。

芳纶通常是含有坚硬骨架结构聚对苯二甲酰胺（PPTA）或聚苯酰胺的共聚合物。它有着各种纤维中最高的比强度，轻而韧性好。这些特性使之可成为应用于航空、体育器材和电子封装材料等的聚合物复合材料中的增强体。但芳纶的比模量不如非有机纤维，并且在压力载荷下性能差。

2.6.1 Kevlar 纤维的制备

Kevlar 纤维是以 PPTA 为基本原料合成的。为了合成 Kevlar 纤维，首先把 PPTA 溶于浓硫酸中，随后用湿法纺丝纺出纤维。研究人员发现 PPTA/H_2SO_3 溶液表现出液晶所具有的各向异性。它像液体一样流动但具有有序的各向异性的晶体结构。在流动时沿着剪切方向液体晶体可以获得具有高度方向性的分子排列。Blades 设计了一种干喷-湿纺方法来纺液晶溶液。该方法避免了传统湿纺过程中的低稀释和溶液凝固问题。溶液从喷丝板喷出来时首先经过一个空气槽，然后再进入凝固浴中。纺出来的纤维随即被清洗、中和，然后干燥而成 Kevlar 纤维。芳纶溶液中分子链在流动时沿着剪切方向经历了一个重要的再取向过程，使得纤维沿着轴向具有高度的方向性和结晶度。纤维的结晶度可以通过在高温载荷下的热处理得到进一步提高。

通过调整纺丝和热处理过程，杜邦公司生产三种类型的 Kevlar 纤维：Kevlar、Kevlar 29、Kevlar 49。Kevlar 49 比其他两种具有更高的结晶度。这些纤维可以按不同的线密度和不同的成品供给。Kevlar 纤维可以作为轮胎中使用的合成橡胶的增强体。Kevlar 29 和 Kevlar 49 可以用于传统的聚合物基复合材料中。

Technora 纤维是从 PPTA 和 3，4-二苯基醚共聚而成，尽管纤维的结晶度不高，但通常具有较高的强度和弹性模量，这是因为它们有充分伸直的链结构。纤维的取向结构来源于制造过程中使用很高的拉伸性。芳纶纤维的性能比较见表 2-14[1,12]。

表 2-14　芳纶纤维的性能

纤　维	直径 /μm	密度 /g·cm^{-3}	拉伸强度 /GPa	杨氏模量 /GPa	伸长率 /%
Technora	12.4	1.39	3.1	77	4.2
Kevlar 49	11.9	1.45	2.8~3.6	125	2.2~2.8
Kevlar 29	12	1.44	2.9	69	4.4

2.6.2 芳纶的结构

芳纶具有很高的结晶度。Kevlar 29 纤维的晶粒尺寸小于 $52×10^{-10}$ m，而 Kevlar 49 大于 $58×10^{-10}$ m。刚性 PPTA 分子通过氢键形成平面薄片。薄片径向堆积成如图 2-21 所示的褶叠状结构[1]。径向的褶叠状结构通过交替的（200）面以相等但相反的角度堆积而成。

薄片间分子的引力属于范德华力。这解释了为什么 Kevlar 纤维有较低的纵向剪切模量和横向性能。对 Kevlar 纤维来说，PPTA 晶粒与纤维之间的角度在 15°～20° 之间，而对 Kevlar 49 纤维则为 10°或更小。

　　Kevlar 纤维的一个显著特点是其结晶结构上大量微纤结构。通过等离子体腐蚀 Kevlar 纤维揭示了如图 2-22 所示的定向微纤结构[1]。沿着纤维轴向排列的弯曲的微纤宽度约为 600nm，长度可达几厘米。每一个微纤呈现出间距 30～40nm 的一系列带状物，被认为是由缺陷层分隔和晶面的堆积所致。从横截面来看，Kevlar 纤维的结构是不均一的，表现出一种表层-内部的不同行为，表层有着更高程度的微纤取向，比内部密度更大。

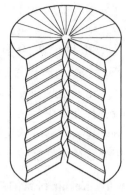

图 2-21 Kevlar 纤维的褶叠状结构

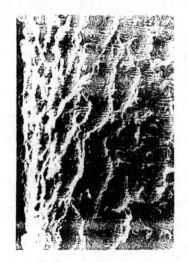 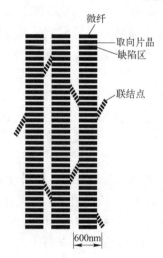

图 2-22　Kevlar 纤维结构的定向微纤模型

2.6.3　芳纶纤维的性能

　　芳纶纤维拉伸强度高。单丝强度可达 3773MPa；254mm 长度的纤维束的拉伸强度为 2774MPa，大约为铝的 5 倍。芳纶纤维的冲击性能好，大约为石墨纤维的 6 倍，为硼纤维的 3 倍，为玻璃纤维的 0.8 倍。芳纶与其他纤维的性能比较见表 2-15[1]。

表 2-15　芳纶纤维与其他纤维的性能比较

性　能	芳纶纤维	尼龙纤维	聚酯纤维	石墨纤维	玻璃纤维	不锈钢丝
拉伸强度/MPa	2815	1010	1142	2815	2453	1754
弹性模量/GPa	126.5	5.6	14.1	225	70.4	204
伸长率/%	2.5	18.3	14.5	1.25	3.5	2.0
密度/g·cm^{-3}	1.44	1.14	1.38	1.75	2.55	7.83

　　芳纶纤维有良好的热稳定性，耐火而不熔，当温度达 487℃时尚不熔化，但开始碳化。所以高温作用下，它直至分解不发生变形，能长期在 180℃下使用，在 150℃下作用

一周后强度、模量不会下降，即使在 200℃ 下，一周以后强度降低 15%，模量降低 4%，另外在低温（-60℃）不发生脆化也不降解。

芳纶纤维的线膨胀系数和碳纤维一样具有各向异性的特点。纵向线膨胀系数在 0~100℃ 时为 $-2 \times 10^{-6}℃^{-1}$；在 100~200℃ 时为 $-4 \times 10^{-6}℃^{-1}$。横向线膨胀系数为 $59 \times 10^{-6}℃^{-1}$。

2.6.4　芳纶纤维的应用

芳纶作为复合材料用的增强体形态有长丝、短纤维、网类、织物、三维编制体等，其长期目标是取代玻璃纤维和钢丝。除已应用于体育用品领域，如高尔夫球杆、滑雪板、赛艇、网球拍框和可折叠式自行车外，新的应用领域有以下 5 个方面：

（1）航空航天领域。芳纶除早已应用于火箭固体发动机壳体和飞机用的层叠混杂增强铝材外，现已大量应用于波音 767 和波音 777 的轻量零部件，而且大多与碳纤维混杂使用，制成先进复合材料。

（2）电子电器相关领域。松下电器产业和松下电子部件公司用芳纶无纺布浸渗高耐热的环氧树脂，固化后在表层贴上铜箔而制成印刷线路基板。据称今后可望用于手提电话和 PHS 搭载的印刷线路的基板。

（3）土木建筑领域。由于芳纶具有质轻、高强度、耐腐蚀、非磁性、非导电性等特点，在土木建筑领域将有广阔的前景。应用领域包括芳纶纤维增强混凝土、芳纶增强树脂的代钢筋材料、软土补强材料、幕墙、桥梁补强、非磁性条件下的直线电机轨道侧壁的补强材料等。

（4）压缩天然气罐和潜水用呼吸器。目前风靡欧美的少污染汽车压缩天然气罐，多采用芳纶缠绕制品，或与其他纤维混杂使用。它比钢制品轻得多，不仅节能，而且安全。现已与碳纤维缠绕制品同时供应。

（5）防弹装置。芳纶具有良好的冲击吸收能，已用于防弹头盔和防穿甲弹坦克。采用芳纶复合材料板作为防弹运钞车的装甲是首选的方案之一，实践证明它具有优良的防弹性能。

2.7　超高相对分子质量聚乙烯纤维

2.7.1　超高相对分子质量聚乙烯纤维的发展历史

超高相对分子质量聚乙烯纤维（英文全称：Ultra High Molecular Weight Polyethylene Fiber，简称 UHMWPEF），又称高强高模聚乙烯纤维，是目前世界上比强度和比模量最高的纤维，是以均分子量大于 10^6 粉体超高相对分子质量聚乙烯为主要原料，经过纺丝和超倍拉伸而获得的一种高性能纤维[14]。

在 20 世纪 30 年代 Staudinger 教授提出了高强高模量聚合物纤维的结构模型，该模型指出聚合物纤维要获得高强度、高模量，其分子链必须完全择优取向和结晶。20 世纪 60~70 年代，对于聚乙烯纤维展开了大量研究，如英国利兹大学的 Ward 团队通过熔融纺丝聚乙烯，拉伸倍数可达 30 倍左右，从而制得中等强度聚乙烯纤维，在很大程度上提高了纤维强度。自从使用高相对分子质量的聚乙烯制备高强纤维后，人们不断摸索新的制备方法，先后开发出多种生产工艺，如固态高压挤出法、高倍热拉伸法、单晶片热拉伸法、区域拉伸法、增塑熔融拉伸法、结晶生长法等，这些方法所获得的聚乙烯纤维性能得到了很大程度的提高。1975 年，荷兰帝斯曼（DSM）公司在对这些方法进行深入研讨的基础上，重点支持了 P. Smith、P. J. Lemstra 的凝胶法和 Pennings 教授的界面结晶生长法。在 1979 年，Smith 和 P. J. Lemstra 针对凝胶纺丝法制备超高分子量聚乙烯纤维提出专利申请，1980 年该专利公开，并于 1981 年获得授权。DSM 公司关于凝胶法纺丝专利许可最先被美国 Allied Signal 公司获得，通过进一步的完善、改良后，并于 1983 年开始，也先后获得自行研发、制备纤维增强复合材料技术和制备高性能聚乙烯纤维的系列美国专利，并于 1989 年在 Petersburg 将商品名为 "Spectra" 的高强聚乙烯纤维正式商业化生产。荷兰 DSM 公司与日本东洋纺（Toyobo）在 1984 年合资建立了年产 50t 的中试车间，经过数次不断扩大规模，到 2008 年其超高相对分子质量聚乙烯纤维生产能力为年产 1600t，并在同年再次新增两条生产线，使得高强高模量聚乙烯纤维的产能翻番，该产品商品名 "Dyneema"。DSM 公司于 1990 年在美国北卡建设第一条年产 500t 聚乙烯纤维的生产线，第二条高性能聚乙烯纤维生产线耗资 1 亿美元于 2005 年投资建设，Dyneema 纤维年生产能力进一步提升。2002 年，DSM 在荷兰 Heerlan 的生产能力达到年产 2200t，历经数次扩产后，2010 年纤维产能达到 5700t/年[14]。

我国在高性能聚乙烯纤维生产方面起步较晚，1984 年东华大学在中国石化总公司、上海市科委以及国家自然科学基金委的资助和支持下开展了相关基础研究。浙江大成集团在 1996 年率先进行了中试开发，并于 2000 年左右先后与北京同益中公司及湖南中泰签署联合开发协议。中国纺织科学研究院在中国石化总公司等有关单位的资助下，1985 年也投入高性能纤维的研发行列，于 1999 年采用十氢萘为溶剂的生产技术获得成功，2003 年中石化与中国纺织科学研究院、南京化工研究院共同完成年产 30t 高性能聚乙烯纤维的干法纺丝重点项目，并于 2007 年开始在仪征化纤进行工业化大规模生产。自从我国突破聚乙烯纤维生产关键技术，聚乙烯纤维产业迅速取得了长足进展，一举打破国外技术垄断，据不完全统计，目前我国超高相对分子质量聚乙烯纤维生产厂家不少于 20 家。总产能从 2008 年的年产约 6000t 到 2010 年 1.7 万吨，目前国内 UHMWPE 纤维年产能大约为 2.2 万吨。高质量 UHMWPEF 纤维在相当长的时间内属于全球紧缺资源，目前全球年需求量在 4 万吨左右，随着全球不稳定因素的增加，军用量急剧增加，在未来 5~10 年内，全球 UHMWPE 纤维年需求量有望突破 10 万吨。国内产品虽在产能上占绝对优势，但大都属于中低端产品，附加值很低。2016 年世界 UHMWPE 纤维总生产能力为 34.8 万吨/年左右，其中荷兰约为 6.0kt/年，美国约为 3.01kt/年，日本约为 3.21kt/年，中国约为 21.6kt/年，我国产能已占世界总产能的 62%，但大多为中低端产品，国外三大巨头（荷兰 DSM、美国 Honeywell、日本三井）仍然领跑市场高端产品占有率[15]。

2.7.2 超高相对分子质量聚乙烯纤维的制备

生产 UHMWPE 纤维的技术路线主要包括：熔融纺丝-高倍热拉伸法、凝胶纺丝-高倍热拉伸法、表面结晶生长法、Porter 固体挤出法等。研究表明，制备 UHMWPE 纤维的关键是提高拉伸倍数，有助于提高纤维结晶度与取向度，使呈折叠链的片晶结构向伸直链转化，从而改善纤维的强度和模量。目前，熔融纺丝和凝胶纺丝（又称冻胶纺丝法）是UHMWPE 纤维工业化生产的主要方法，20 世纪 80 年代后期，美国塞拉尼斯（Hoechst-Celanese）公司取得 UHMWPE 纤维熔融纺丝-高倍热拉伸技术的成功，商品名为 Certran。意大利苏尼亚（Snia）公司也开发了类似纤维，但熔融纺丝法制得的纤维性能比凝胶纺丝法制得的纤维性能差。因此未得到更大发展。目前，UHMWPE 纤维较成功的工业化生产方法是凝胶纺丝-高倍热拉伸工艺，主要生产商为荷兰帝斯曼（DSM）、美国霍尼韦尔（Honeywell）、日本三井物产（Mitsui）和我国的公司[14]。

UHMWPE 纤维凝胶纺丝工艺主要有两大类：一类是干法路线，即高挥发性溶剂干法凝胶纺丝工艺路线；另一类是湿法路线，即低挥发性溶剂湿法凝胶纺丝工艺路线。溶剂和后续工艺是两种工艺路线的最大区别，由于两类溶剂特性区别大，从而使后续溶剂脱除工艺也完全不同，各有优势。

（1）干法路线。以荷兰帝斯曼公司为代表，使用高挥发性十氢萘作为溶剂，形成稀溶液或悬浮液（质量分数小于 10%），通过喷丝板挤出，经烟道冷却，十氢萘汽化，得到干态凝胶原丝，再经高倍拉伸得到 UHMWPE 纤维。其中十氢萘溶剂对聚乙烯溶解效果好、易挥发，纺丝过程无须连续多级萃取和热空气干燥，生产效率高，操作条件温和，溶剂十氢萘能直接回收，易达到环保要求。图 2-23 为凝胶纺丝-高倍拉伸制备 UHMWPE 纤维干法工艺过程[16]。

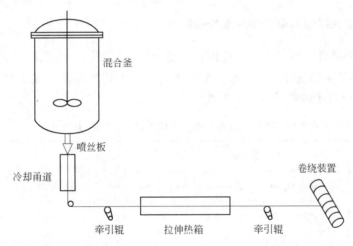

图 2-23 凝胶纺丝-高倍拉伸制备 UHMWPE 纤维干法工艺过程

（2）湿法路线。以美国霍尼韦尔公司为代表，将 UHMWPE 树脂在矿物油类低挥发性溶剂中溶解或溶胀，用双螺杆挤出机混炼、脱泡，经计量泵挤出，进入水浴（或水与乙二醇等混合浴）凝固得到含低挥发性溶剂的湿态凝胶原丝，再用高挥发性萃取剂连续多级萃取，置换出原丝中的低挥发性溶剂，得到干态凝胶原丝，经高倍拉伸制得高性能 UHMWPE 纤维，如图 2-24 所示[16]。该路线要收集萃取剂、溶剂和水等混合物，通过精馏装置分离回收。溶剂矿物油一般采用高沸点的白油、石蜡油、煤油等，溶剂来源多、价格低；萃取剂采用低沸点物，如氟利昂、二甲苯、汽油、丙酮、三氯三氟乙烷等。该工艺耗用大量萃取剂，经历多道萃取、干燥和大量混合试剂的精馏分离、耗能多、流程较长，成本较高。目前挥发性和萃取性最好的萃取剂是氟利昂，但不符合环保要求，发展受限。

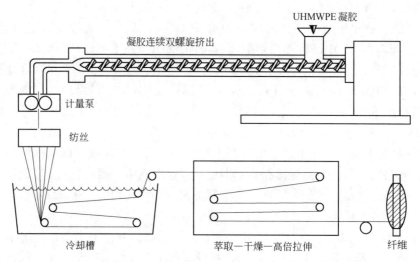

图 2-24　凝胶纺丝-高倍拉伸制备 UHMWPE 纤维湿法工艺过程

　　两种路线相比，干法路线纺丝速度远高于湿法路线，纺丝流程相对简单，过程较稳定，产品具有强度高、抗蠕变性能好、产品中溶剂含量少等优点，多用于高端产品，因此干法凝胶纺丝工艺已成为 UHMWPE 纤维的主要生产技术。

2.7.3　超高相对分子质量聚乙烯纤维的性能

　　UHMWPE 纤维具有高比强、高比模量、低密度、耐磨损、耐低温、耐紫外线、抗屏蔽、柔韧性好、冲击能量吸收高及耐强酸强碱化学腐蚀优异性能。表 2-16 给出目前国际上主要生产企业 UHMWPE 纤维的力学性能[15,17]。

表 2-16　国际主要生产企业 UHMWPE 纤维的力学性能

性　能	荷兰帝斯曼		美国霍尼韦尔		日本东洋	中国南化
	Dyneema-SK-66	Dyneema-SK-76	Spectra1000	Spectra2000		
体积密度/g·cm^{-3}	0.97	0.97	0.97	0.97	0.97	0.97
拉伸强度/GPa	3.0	3.7	3.25	3.0	2.9	3.0
拉伸模量/GPa	95	132	116	119	97	95
断裂伸长率/%	3.7	3.8	2.9	2.9	4.0	4.0

　　由图 2-25 可见，不管是凝胶纺丝法还是悬浮液纺丝法，随着拉伸倍率的增加，UHMWPE 纤维的杨氏模量和拉伸强度增大[17]。图 2-26（a）给出三种拉伸倍率下该类纤维的应力-应变行为，可见随拉伸倍率增大，纤维的应力-应变行为变化很大，不仅表现在杨氏模量随着拉伸倍率的增加，拉伸强度同样提高，但是断裂伸长率降低，如图 2-26（b）所示，断裂伸长率随着拉伸倍率的增大，急剧降低[17]。

　　图 2-27 给出 UHMWPE 纤维从室温到 139℃测试条件下的应力-应变行为[17]。由图可

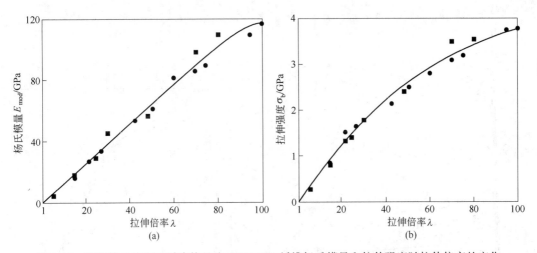

图 2-25　凝胶纺丝法和悬浮液纺丝法 UHMWPE 纤维杨氏模量和拉伸强度随拉伸倍率的变化
(a) 杨氏模量随拉伸倍率的变化；(b) 拉伸强度随拉伸倍率的变化
■—凝胶纺丝；●—悬浮液纺丝

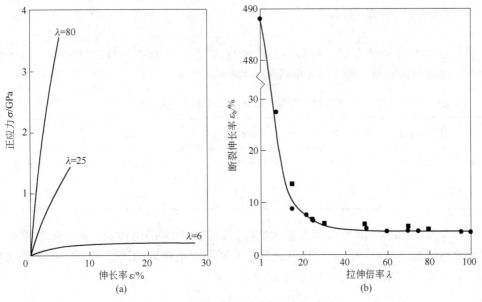

图 2-26　拉伸倍率对 UHMWPE 纤维断裂伸长率和应力-应变行为的影响
(a) 应力-应变行为随拉伸倍率的变化；(b) 断裂伸长率随拉伸倍率的变化

见，随着测试温度变化，纤维的应力-应变行为发生很大变化，纤维的拉伸强度和屈服应力急剧降低，有人认为这是由纤维内部片状晶之间相互滑移造成的。图 2-28 给出 UHMWPE 纤维拉伸强度随测试温度的变化[18]。由图 2-28 可见，UHMWPE 纤维拉伸强度随测试温度的变化可以分为两个部分，高于室温拉伸强度随测试温度提高强度由 4GPa 快速降低至 150℃时接近于 0。当温度低于室温，随着温度的降低，拉伸强度升高，但升高的速率低于高于室温时强度降低的速率。高于室温时，拉伸强度随测试温度降低，是由于纤维内部发生了由单斜到六方的相变，六方相容易产生滑移。低于 20℃，拉伸强度由结合键的强度决定，此时的强度由不定型区域物质结合键的强度决定。

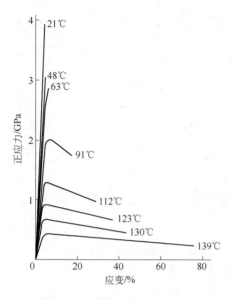

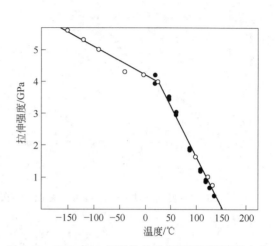

图 2-27　不同温度下 UHMWPE
纤维拉伸应力-应变行为

图 2-28　UHMWPE 纤维拉伸强度随测试温度的变化

表 2-17 给出几种纤维复合材料冲击性能比较[19]。在所有高性能纤维中，UHMWPE 纤维具有最好的抗冲击性能，其比吸收能最高。

表 2-17　几种纤维复合材料冲击性能比较

性　能	Spectra 900	E-glass	芳纶	石墨
总吸收能/J	45. 2584	46. 7758	21. 8827	21. 6981
比吸收能/J	16. 4	8. 9	6. 3	5. 4

UHMWPE 纤维除了具有优异的力学性能，还具有优异的电性能，其介电常数和介电耗损非常小（表 2-18）[20]，所以其组成的复合材料对电磁波的透过率大于玻璃纤维复合材料，是制造雷达天线罩、光纤加强芯的优选材料。

表 2-18　高性能纤维的介电性能

性　能	UHMWPE	Kevlar	E-glass	PA66	PET
介电常数 ε	2. 3	2. 8	6. 0	3. 0	3. 0
介电耗损矫正切 $\tan\varepsilon$	4×10^{-4}	—	60×10^{-4}	23×10^{-4}	90×10^{-4}

UHMWPE 纤维具有优异的耐气候性能，在长时间光照下仍能保持其高强高模的特性，这得益于其化学结构的惰性及特殊的物理结构。该种纤维由于化学结构单一惰性，并且具有高度取向和高度结晶的结构，因此它能耐绝大部分化学物质腐蚀，只有极少数有机溶剂能使纤维产生轻度溶胀（表 2-19）[15]。

表 2-19　UHMWPE 纤维和芳纶纤维耐化学物质侵蚀性能对比

试　剂	浸润 6 个月后强度保留率/%	
	UHMWPE	Kevlar
海　水	100	100
10%清洗液	100	100
液压流体	100	100
煤　油	100	100
汽　油	100	93
甲　苯	100	72
高氯乙酸	100	75
冰醋酸	100	82
1mol/L 盐酸	100	40
5mol/L 硫酸	100	70

　　UHMWPE 纤维也存在不足之处，尤其是耐热性差和复合材料界面黏结性差、蠕变大等缺点。一般聚乙烯纤维的熔点为 134℃左右，高度取向的 UHMWPE 纤维熔点高出 10～20℃。由于其熔点较低，在使用过程中，其强度和模量受温度变化影响明显。当温度低于100℃时，UHMWPE 纤维的强度高于芳纶纤维，当温度高于 100℃时，则低于芳纶纤维。耐恒定张力负载的能力也在接近 100℃时而迅速下降。因此，它不适用于 90～100℃长时间施加较大载荷的场合。另外作为结构复合材料，界面黏结十分重要，UHMWPE 纤维与环氧树脂的黏结性较差，加之蠕变等问题，必须对纤维表面进行改性处理，以改善纤维与基体之间的黏结性能。

2.7.4　超高分子量聚乙烯纤维的微结构

　　图 2-29 给出 UHMWPE 纤维在不同拉伸倍率下广角 X 射线衍射图谱[18,19]。由图可见，除了 2θ 在 15°～20°之间存在非晶包之外，在 2θ 为 18.2°和 20.4°分别对应两个特征峰，为正交晶系（100）和（200）晶面；此外，当拉伸倍率为 150 时，在 2θ 为 16.3°、19.7°和 21.5°微弱峰分别对应单斜晶系（001）$_m$、（200）$_m$ 和（201）$_m$。表 2-20 给出 UHM-WPE 纤维由 X 射线衍射数据计算得到的不同拉伸倍率下 UHMWPE 纤维的晶相组成和结晶度。可见随着拉伸倍率的增加，该纤维中无定形相含量降低，正交相比例有所增加，当拉伸倍率大于 20 时，增长速率降低；当拉伸倍率为 150 时，单斜相增多，正交相降低。图 2-30 给出 UHMWPE 纤维晶相沿着纤维轴向取向度随着拉伸倍率的变化[18]。由该图可见，晶相取向度随拉伸倍率的增加而提高。随着拉伸倍率的提高，纤维结晶度增加和取向性提高是 UHMWPE 纤维拉伸强度和弹性模量增加的重要原因。

表 2-20　由 X 射线衍射数据计算得到的不同拉伸倍率下 UHMWPE 纤维的晶相组成和结晶度

拉伸倍率	无定形相占比/%	正交相占比/%	单斜相占比/%	结晶度/%
1D	21.3	77.7	1.0	78.7

拉伸倍率	无定形相占比/%	正交相占比/%	单斜相占比/%	结晶度/%
5D	16.6	82.6	0.8	83.4
20D	5.5	93.9	0.6	94.5
40D	4.4	94.1	1.5	95.6
100D	3.0	93.9	3.1	97.0
150D	2.7	86.4	10.9	97.3

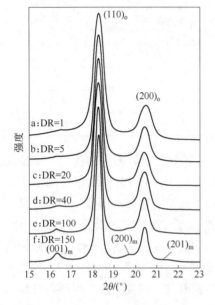

图 2-29　不同拉伸倍率 UHMWPE 纤维的广角 X 射线衍射图谱（DR 代表拉伸倍率）

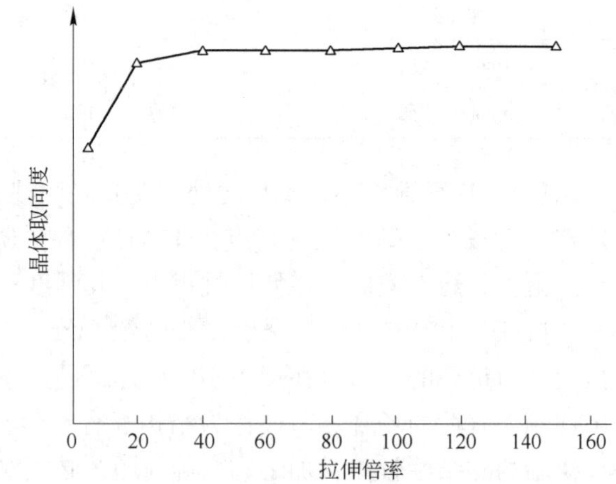

图 2-30　晶体取向度随拉伸倍率的变化

图 2-31 给出凝胶纺丝结合热拉伸制备 UHMWPE 纤维的热拉伸前后原子力显微镜表面形貌图[18]。由图 2-31（a）和（b）可见，热拉伸前纤维中的微纤取向性较差；而热拉伸后，微纤沿着轴向的取向性明显，通过局部放大的图 2-31（d）可见，纤维表面有高取向的串晶存在。研究表明，拉伸倍率越高，微纤的取向性越好。

图 2-32 给出了 UHMWPE 纤维的微观结构模型[19]。可见，UHMWPE 纤维由微纤束沿纤维轴向取向组成，微纤束由多根微纤组成，微纤由串晶沿纤维轴向取向组合而成，其中有相互交织的串晶和相互独立的串晶，不同区域的串晶簇由穿接链连接，串晶链区域之间分布有孔隙或不定形物质。UHMWPE 纤维的制备条件不同，其中串晶链的宽度和长度也不尽相同，串晶区域和孔洞及不定形物质的占比也不相同。

2.7.5　超高分子量聚乙烯纤维的应用

超高分子量聚乙烯（UHMWPE）纤维是高性能纤维之一，以高强度、高模量、低密度及优异的耐腐蚀性、耐磨性、抗冲击性能等特点，在国防、军工、海洋、航空航天、渔业等诸多领域获得了广泛应用。表 2-21 给出该纤维在上述领域的应用[15]。

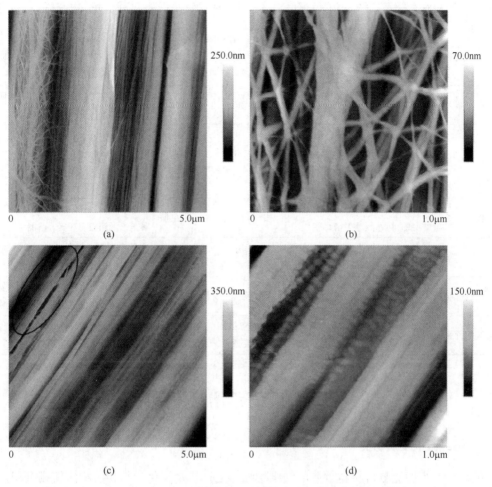

图 2-31 UHMWPE 纤维表面的拉伸前后原子力显微镜图像

（a）（b）拉伸前表面相貌；（c）（d）拉伸后表面形貌

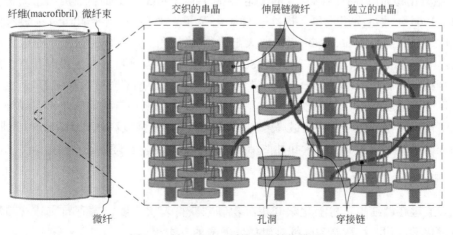

图 2-32 UHMWPE 纤维的微结构模型

表 2-21　UHMWPE 纤维的主要应用领域

应用领域	绳索	纺织织物	复合材料
军工国防	海上布雷网、降落伞绳	软质防弹衣、硬质防弹头盔、防弹背心、防刺衣、降落伞、伪装网	盾牌、运钞车和装甲坦克防弹甲板、直升机装甲防护板、雷达防护外罩壳、导弹罩、防弹头盔
航空航天	飞船海上救捞网	航天飞机着陆用降落伞	飞机驾驶舱内壁、飞机座舱防弹门、飞机翼尖结构、飞船结构
海洋产业	负力绳索、重载绳索、救捞绳、拖拽绳、帆船索、船舶、平台、灯塔固定锚绳、远洋捕鱼拖网	船帆、渔具、海上挡油堤、抗风浪养殖网箱	船体及构件
体育器材	登山绳、钓鱼线、球拍网线、风筝线、射箭弓弦	安全帽、运动衣、击剑服	滑雪板、滑雪橇、钓竿、球拍、赛车、滑翔板、赛艇、帆船
医疗卫生	手术缝线、整形缝合材料、人造肌	医用手套	人造关节、人造韧带、牙托材料、医用移植物、X 射线抗屏蔽工作台
建筑行业	建材吊绳	防护网、吊货网	墙体、隔板结构、增强水泥复合材料、建筑加固复合材料、安全帽
其他行业	光缆加强芯、柔性集装箱起吊绳、车辆牵引绳	森林防护服、防切割布、手套、传递带、过滤材料	轻质耐压容器、汽车缓冲板、抗冲击容器、电缆线

2.8　硼纤维增强体

2.8.1　硼纤维的发展历史

硼纤维是高性能复合材料重要的纤维增强体之一，是用化学气相沉积法使硼沉积在钨丝或碳纤维芯材上制得的直径为 $100\sim200\mu m$ 的连续单丝。

美国 TEI（Texaco Experiment Incorporated）于 1956 年最早制成硼纤维样品；1959 年 Tally 使用卤化物为原料获得高强度的无定形硼纤维。1963 年 TEI 制成可用于复合材料的硼纤维。1964 年改进涂层设备，提高了自动化程度，并于当年生产出 454kg 硼纤维，其平均强度为 $206\sim245MPa$，1966 年在航天工业得到应用。美国研制硼纤维的最大厂家是 AVCO 公司，其次是 CTI 公司。20 世纪 80 年代，苏联、法国和日本也相继开展了硼纤维及其复合材料的研制。1985 年日本真空冶金公司采用的传感器独立反应管控制法，使 1m 以上的反应管温度在 1000℃ 时能均匀控制在 ±10℃ 以内，从而有效地防止钨芯硼纤维表面裂纹的出现，获得了当时世界上最高强度的硼纤维（拉伸强度高达 5.1GPa）。自那时起，把轻而强的硼纤维作为航空航天和其他结构件使用的兴趣一直持续着。

2.8.2　硼纤维的制造

一般通过在超细的芯材上化学气相沉积硼来获得表层为硼、含有异质芯材的复合纤维。通过化学气相沉积法制备硼纤维包括以下两种方法[12]。

（1）氢化硼热解法。利用氢化硼为原料制备硼纤维沉积温度较低，可以使用经过钨涂层或碳涂层的石英纤维作为基底。利用此种芯材制备的硼纤维，比使用碳纤维或钨纤维芯材制得的硼纤维的热膨胀性能好，同时，降低了密度，提高了比模量。然而，用这种方法制造的硼纤维，外层硼与芯材之间结合弱，而且其中含有气体，因此强度偏低。

（2）卤化硼反应法。三卤化硼的气体与氢气混合通入沉积炉反应生成硼，并沉积在芯材基底上，其反应式为：

$$2BX_3 + 3H_2 \rule{1cm}{0.4pt} 2B + 6HX$$

式中，X 为卤素原子。在这种以卤化物为原料的沉积反应中，所需沉积温度较高（约1160℃）。为此常用高熔点金属钨丝作为芯材基底。制备硼纤维反应器一般为多级反应器，可以是水平的也可以是竖直的。在多级反应器中，第一级反应器只通入高纯氢气，用于清洁钨丝表面，第二、三级反应器通入反应气体。在用三氯化硼作为反应气体的工艺中，细的钨丝（直径一般为 $10 \sim 12 \mu m$）由反应器的一端通过一个汞密封装置进入，并从另一端通过另一个汞密封装置拉出，这个汞密封装置对于利用电阻加热的载体丝同时起着电触点作用。卤化硼是一种昂贵的化工产品，并且在此反应中只有大约 10% 的卤化物转化成硼。因此，有效回收没有完全反应的卤化物，可以使硼纤维制造成本显著降低。

为了获得性能和结构俱佳的硼纤维，存在一个临界沉积温度。低于该温度，硼沉积为无定形结构，而高于该温度，将出现结晶硼（从力学性能角度，这是所不希望的）。若反应器是静止的，该临界温度大约为 1000℃；如果芯材纤维为移动的，则临界温度随丝的移动速度而增加。

在碳单丝上沉积硼，需要先用热解石墨层对碳丝进行涂覆。涂层的目的是为了调节在硼沉积过程中所引起的应变。

硼纤维的结构和性能取决于硼的沉积条件、温度、气体的成分、反应器中温度场和流场等。在1200℃以上气相沉积时，硼形成 β-菱形六面体的结晶。在低于1200℃时，如果还能产生结晶硼，一般是 α-菱形六面体结晶。通过化学气相沉积法制备硼纤维，一般希望具有无定形结构。根据 X 射线衍射分析和电子衍射分析，无定形结构实际上是晶粒直径为 2nm 量级的微晶结构。如果温度过高，也将出现晶态硼，将使硼纤维强度下降，因此，沉积温度应控制在 1300℃以下。

因为硼的表面能高，所以在制备复合材料时硼纤维容易被基体材料润湿，同时容易与多数金属基体强烈反应。由于反应产物脆性较大导致这类复合材料强度严重损失。已经研究出几种避免硼纤维氧化和减少硼纤维与金属界面反应的涂层，包括氮化硼、碳化硅和碳化硼涂层。这些涂层均可以采用化学气相沉积法获得。

2.8.3 硼纤维的性能

表 2-22 给出了几种硼纤维的性能[12]。由表可见硼纤维具有高强度、高模量和低密度，为此比强度和比模量较高。

表 2-22 硼纤维典型性能

纤维类别	直径/μm	体积密度/g·cm⁻³	拉伸强度/MPa	拉伸模量/GPa	线膨胀系数/℃⁻¹
B（W）	100	2.6	3400	400	4.9×10^{-6}
B（W）	140	2.48	3600	400	4.9×10^{-6}

续表 2-22

纤维类别	直径/μm	体积密度/g·cm⁻³	拉伸强度/MPa	拉伸模量/GPa	线膨胀系数/℃⁻¹
B（W）	200	2.4	3600	400	$4.9×10^{-6}$
B（C）	100	2.22	4000	360	
B（C）	140	2.28	4000	360	

2.8.4　硼纤维的应用

硼纤维主要用于增强金属材料。硼纤维增强复合材料最初用于罗可韦尔国际公司的 B-1 轰炸机和拉格玛公司的 F-14 战斗机。硼纤维增强金属铝复合材料的韧性是铝合金的 3 倍，质量仅为铝合金的 2/3。

硼纤维与铝复合时一般带有碳化硅涂层，以避免硼纤维与铝、镁等基体之间的反应产生有害界面相。硼纤维增强金属铝复合材料板材和型材通常采用扩散结合工艺生产。

硼纤维增强金属钛时需碳化硼涂层，基体常采用 Ti-6Al-4V 或 Ti-15V-3Cr-3Sn-3Al。硼纤维增强钛复合材料主要用于制作航空发动机压气机叶片和工作温度 550~650℃ 的耐热零件。

2.9　晶　　须

晶须为单晶增强体，通常长径比超过 20。晶须高度的结构完整性起源于其单晶体形貌和小的直径（通常为亚微米级）。这就赋予晶须很高的杨氏模量和强度，可达到材料的理论强度：

$$\sigma_{max} = \left(\frac{E\gamma}{\alpha} \right)^{\frac{1}{2}}$$

式中，E 为杨氏模量；γ 为每单位面积的表面能；α 为原子面的平衡间距。碳晶须在所有现有的增强体中具有最高的比强度和比杨氏模量。晶体的无缺陷性也形成较好的蠕变阻力，因此，同它们的同类纤维相比，晶须具有较好的高温性能。许多种陶瓷纤维已经被制造出来，主要用于陶瓷和金属基体中。

2.9.1　晶须的生长机制

晶须是在一个过饱和度很低甚至接近平衡蒸汽压条件下生长的。它与块状晶体的区别在于：晶须是仅一维方向生长，块状晶体属二维生长。

（1）晶须生长的 VLS 机制。VLS 机制（V 代表提供的气体原料，L 为液体触媒，S 为固体晶须）是晶须生长的最重要机制。许多有价值的晶须，特别是陶瓷类晶须的生长几乎都遵循 VLS 方式。该机制是 Wagne 和 Ellis 在研究硅晶须生长时提出的。他们认为，该系统中存在的触媒液滴是气体原料和固体产物之间的媒介。形成晶须的气体原料通过气-液界面输入小液滴中，使小液滴成为含有晶须气体原料的熔体，当熔体达到一定的过饱和度时析出晶体并沉积在液滴与基体的界面上。随着气源的连续供给，晶须连续长出，而将小液滴抬起，直到停止生长，最后小液滴残留在晶须的顶端，构成 VLS 机制的晶须形貌特征，如图 2-33 所示[1]。

由于液体对气体的容纳系数比固体对气体的容纳系数高，因此触媒液滴将成为低过饱和度下接纳原子的择优位置，使晶须生长率接近于理想生长率。

VLS 机制生长的优点在于：生长可依触媒的位置和类型加以控制和限制，较大的触媒颗粒产生直径较大的晶须，而且触媒颗粒的化学组成对所生成晶须的直径大小亦有影响。在触媒颗粒大小相同时，某些能在较宽的范围内润湿基质的触媒会产生较大的晶须。VLS法制备 SiC 晶须显微形貌见图 2-34[1]。

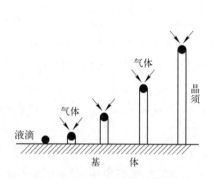

图 2-33　VLS 生长机理示意图

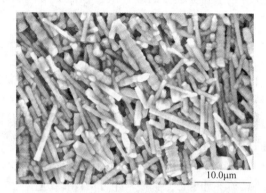

图 2-34　VLS 法制备 SiC 晶须显微形貌

（2）其他生长机制。用 TEM（透射电镜）观察液相法或气相法生长的晶须时，可看到平行于轴向的螺位错和在晶须顶端显露出的生长台阶，这足以证明晶须的生长是沿螺位错进行的。显露的台阶给晶体生长提供了能量"优惠区"，使在很低的过饱和度条件下晶体就能沿轴向生长并能保持边缘的光滑。因此，人们在用液相法或气相法制备晶须时，常向系统中引入杂质为晶核，以使晶须在杂质的螺位错台阶上形核并生长。应该指出，由于晶须中的螺位错是亚稳平衡态，在晶须生长过程中受热激活的作用，螺位错会不断地扩散和滑移而消失。特别是多个单轴螺错位的交互作用，会由于方向不同而互相抵消，因此观察晶须时，常常只有少数晶须可以看到有螺位错。

此外，还有其他的生长机制，如添加毒化剂限制扩散的液相生长；在外场作用下增加晶体的极性的液相或气相生长，如在电场作用下使晶体沿电场方向以纤维状生长；在一定温度梯度的温度场作用下通过气体蒸发与凝聚的气相生长机制等。还有些晶体本身就具有高度各向异性结构，因此在气相和液相生长时，会表现出单方向生长而成为晶须。

2.9.2　晶须的制备方法

晶须可采用化学分解或电解的方法从过饱和的气体、液体、熔体生长，也可从固体中生长，即通常所指的气相法和液相法、固相法。气相法中又分为蒸发-凝聚法和化学气相法。液相法通常包括低温蒸发、电解、晶化、添加剂、化学沉淀、胶体和高温熔体等方法。固相法包括应力诱导和析出法。诸多方法中以气相生长法最为重要。

按着晶须生长状况可分为三个级别：（1）生长单一材料的晶须；（2）在单晶体基体上沿某结晶学取向控制生长；（3）在基体上控制生长出具有一定直径、高度、密度和排列的晶须。通常作为复合材料增强剂的晶须，只需要第一级简单水平。对于某些特殊用途的半导体材料才需要第二、三级生长水平。现已从 100 种以上的材料制备出相应的晶须，其中包括金属、氧化物、碳化物、卤化物、氮化物、石墨以及有机化合物。

制备方法按晶须材料种类划分可分为：

（1）金属晶须的制备。通常采用两种办法：一种是金属盐的氢还原法，所选择的最佳还原温度接近或稍高于原料金属的熔点。多数金属晶须如镍、铜、铁及其合金都采用此法制备；另一种是利用金属的蒸气和凝聚制备晶须。先将金属在高温区汽化，然后把气相金属导至温度较低的生长区，以低的过饱和条件凝聚并生长成晶须。此法常用于熔点较低的金属，如锌、镉等金属晶须的制备。

（2）氧化物晶须的制备。最简单制备氧化物晶须的方法是蒸汽传递法，即将金属在潮湿的氢气、惰性气体或空气中加热，使其氧化，在炉子的较低部位沉积出晶须，如晶须 Al_2O_3、MgO 的制备。然而经常采用的方法是化学气相生长法：它通过气态原料或由固态原料转化的气体中间物的化学反应，而生成固相晶须。晶须的形核常发生在所引入的杂质微粒上或 VLS 液滴中。该法的关键是选择满足于热力学条件的化学反应及适宜晶体形核的核源和触媒介质。

（3）其他化合物晶须的制备。在诸多材料晶须中，最有实用价值的是高温陶瓷材料的晶须，如 SiC、Si_3N_4、TiN、TiB_2、AlN 等。这类化合物晶须通常采用化学气相法制备，并且按 VLS 机制生长。

由于晶须更易于润湿和黏合低熔点金属基体和聚合物基体，有利于材料复合，同时晶须生长对条件变化的敏感性较小，使晶须在产品均匀性和扩大生产的潜力大大增加。在 20 世纪 80 年代初形成晶须的工业化规模生产，其制备工艺见图 2-35[1]。

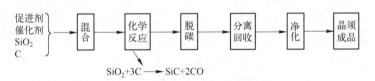

图 2-35　工业制备碳化硅晶须的工艺流程

2.9.3　晶须的性能

由于晶须的结构完整，不含有通常材料中存在的缺陷，诸如孔洞、位错和晶界等，因此密度、强度都接近晶体的理论值，并具有理想的弹性模量和特殊的物理性能，见表 2-23[1]。

表 2-23　几种常见晶须的物理性能

晶　须	密度/$g \cdot cm^{-3}$	熔点/℃	抗张强度/GPa	弹性模量/GPa
Al_2O_3	3.9	2081	13.8~27.6	482.3~1033.5
AlN	3.3	2199	13.8~20.7	344.5
BeO	1.8	2549	13.8~19.3	689.5
B_4C	2.5	2449	6.9	447.9
石墨	2.25	3593	20.7	978.4

晶 须	密度/g·cm^{-3}	熔点/℃	抗张强度/GPa	弹性模量/GPa
MgO	3.6	2799	24.1	310.1
α-SiC	3.15	2316	6.9~34.5	482.3
β-SiC	3.15	2316	6.9~34.5	551.2~827.9
Si$_3$N$_4$	3.2	1899	3.4~10.3	379

一般晶须的伸长率与玻璃纤维相当，而拉伸模量与硼纤维相当，兼具这两种纤维的最佳性能。大多数晶须的强度与直径有关。晶须直径小于 10μm 时，其强度急剧增加，而与所采用的制备技术无关。此外晶须具有保持高温强度的性能，在温度升高时，晶须比常用的高温合金强度损失少得多，这是由于晶须不存在引起滑移的不完整结构。

2.9.4 硼酸铝晶须

硼酸铝晶须具有两种结构：9Al$_2$O$_3$·2B$_2$O$_3$和2Al$_2$O$_3$·B$_2$O$_3$。前者已成为商品。硼酸铝晶须是一种性能优异的增强体，用它制备的铝基复合材料，在强度和模量上可与晶须增强铝相媲美，而线膨胀系数更小，耐磨性能更好，特别是价格低廉（仅为 SiC 的 1/20~1/10），但它容易发生界面反应特别是合金基体含 Mg 时更为严重。

2.9.4.1 制备方法

硼酸铝制备方法有如下几种：

(1) 熔融法，即将 Al$_2$O$_3$ 与 B$_2$O$_3$ 在 2100℃ 融化，在缓冷析出晶须。

(2) 气相法，即将 B$_2$O$_3$ 在 1000~1400℃ 气态的氟化铝气氛中通入水蒸气，使之起反应生成硼酸铝晶须。

(3) 内溶剂法，即用 B$_2$O$_3$ 和高硼酸钠做溶剂在 1200~1400℃ 下反应生成。

(4) 适用于工业化生产的外熔剂法，即在 Al$_2$O$_3$ 与 B$_2$O$_3$ 中加入仅作溶剂的金属氧化物、碳酸盐或硫酸盐，加热到 800~1000℃ 可得到 2Al$_2$O$_3$·B$_2$O$_3$，进一步加热到 1000~1200℃ 则得到 9Al$_2$O$_3$·2B$_2$O$_3$，但这种方法得到的晶须制品需进一步进行解纤处理。

2.9.4.2 硼酸铝晶须的结构与性能

硼酸铝晶须属斜方晶系，其横截面呈棱镜状八面体结构、4 个宽边和 4 个窄边，由于窄面及边角处原子排列松散不规整，所以容易发生界面反应。

晶须的平均直径为 0.5~5μm，长度为 10~100μm，密度为 2.93g/cm^3，熔点为 1950℃，拉伸强度为 8GPa，拉伸模量为 400GPa、线膨胀系数为 1.9×10^{-6}K^{-1}，此外还有良好的电绝缘性。

2.9.5 晶须的应用与前景

晶须主要用作复合材料的增强体，以增强金属、陶瓷、树脂及玻璃等。

在航空航天领域金属基和树脂基的晶须复合材料由于质量轻，比强度高，可用作直升飞机的旋翼、机翼、尾翼、空间壳体、飞机起落架及其他宇宙航天部件。

在建筑业，用晶须增强塑料，可以获得截面极薄、抗张强度和破坏耐力很高的构件。

在机械工业中，陶瓷基晶须复合材料 SiC(W)/Al_2O_3 已用于切削刀具，在镍基耐热合金的加工中发挥作用；塑料基晶须复合材料可用于零部件的黏结接头，并局部增强零件某应力集中承载力大的关键部位、间隙增强和硬化表面。

在汽车工业上，玻璃基晶须复合材料 SiC(W)/SiO_2 已用作汽车热交换器的支管内衬。发动机活塞的耐磨部件已采用材料 SiC(W)/Al，大大提高了使用寿命。正在研究开发晶须塑料复合材料的汽车车身和基本构件。

作为生物医学材料，晶须复合材料已试用于牙齿、骨骼等。

2.10　碳　纳　米　管

2.10.1　碳纳米管及其分类

1991 年日本 Iijima 教授在高分辨透射电镜下发现了碳纳米管，标志着碳家族又增加了新的成员。碳纳米管是由单层或多层石墨片围绕中心轴按一定的螺旋角卷曲而成的无缝纳米级管。每层碳原子是由一个碳原子通过 sp^2 杂化与周围三个碳原子完全键合后所构成的六边形平面组成的圆柱面，其平面六角晶胞边长为 0.246nm，最短的 C—C 键长为 0.142nm，接近原子堆垛距离（0.139nm）。圆柱体的两端以五边形或七边形进行闭合。石墨片层卷成圆柱体的过程中，边界上的悬空键随机结合，从而导致了纳米碳管管轴方向的随机性。因此，在一般的碳纳米管中，碳原子六角格子的排列是绕成螺旋形的，纳米管具有一定的螺旋度。

根据碳纳米管中碳原子的层数不同，碳纳米管可分为单壁碳纳米管（Single Wall Carbon Nanotubes，SWCNs）、双壁碳纳米管（Double Wall Carbon Nanotubes，DWCNs）和多壁碳纳米管（Mulity Wall Carbon Nanotubes，MWCNs）。卷曲矢量方向影响了碳纳米管的手性和旋光性质。按照矢量方向的不同，碳纳米管可以分为扶手椅型（Armchair）、锯齿型（Zigzag）和手性碳纳米管，手性碳纳米管又可分为左旋和右旋碳纳米管[21]。图 2-36 给出不同手性碳纳米管的结构模型[22]。

2.10.2　碳纳米管的制备与生成机理

为实现碳纳米管的实际应用，其制备方法应满足连续批量生产、纯度高、结构分布均匀且可控、成本低、环境友好。常用的碳纳米管制备方法包括电弧放电法、激光烧蚀法、化学气相沉积（CVD）法，如图 2-37 所示[23~25]。电弧放电法设备主要由电源、石墨电极、真空系统和冷却系统等组成，如图 2-37（a）所示。制备时在反应器内通入惰性气体，以石墨棒作阴阳电极，通入直流电后，阳极汽化形成碳纳米管，并以煤烟的形式沉积在阴极表面及腔壁周围。在电极放电过程中，反应室内的温度可达 2700~3000℃，生成的碳纳米管高度石墨化。但该方法制备的碳纳米管空间取向不定，易烧结，杂质含量较高。研究表明稳定的放电状态是得到高产量、高质量碳纳米管的关键。采用旋转匀速推进的阴极或阳极能较好地改善放电条件，可连续稳定地大规模制备碳纳米管。

激光烧蚀法，有的文献也称激光蒸发法。在惰性气氛下，通过高能激光使固体石墨汽化来制备碳纳米管（图 2-37（b））。相比于电弧放电法，该方法更有利于单壁碳纳米管的

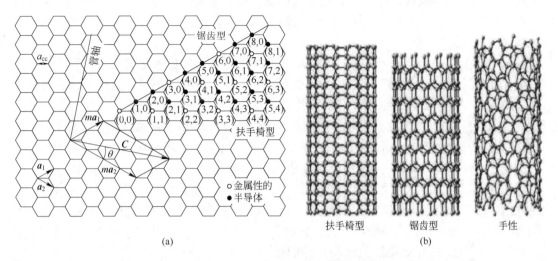

图 2-36　不同手性碳纳米管结构模型

（a）单壁碳纳米管手性矢量描述；（b）手性碳纳米管的结构模型

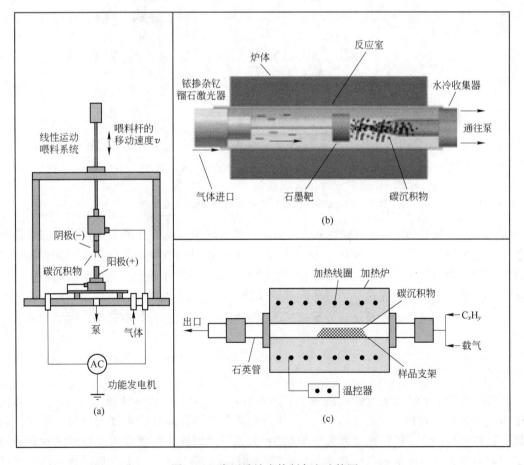

图 2-37　常用碳纳米管制备方法简图

生长。用高能 CO_2 或 Nd/YAG 激光蒸发掺由铁、钴、镍或合金的碳靶制备单壁碳纳米管或单壁碳纳米管束，管径可由激光脉冲来控制。激光烧蚀法的主要缺点是单壁碳纳米管的纯度较低，易缠结。

化学气相沉积（CVD）法是将烃类或含碳氧化物引入含有催化剂的高温管式炉中经过催化分解后形成碳纳米管。与前两种方法相比，CVD 法可以在较低温度下合成碳纳米管。CVD 法设备主要包括水平反应炉、流化床反应炉、垂直反应炉等。目前最常用的是水平反应炉，如图 2-37（c）所示。研究表明，CVD 法所使用的碳源以及反应温度对碳纳米管的结构有重要影响。研究发现，在碳纳米管生长过程中，不同碳源以不同的速率供给碳纳米管生长所需的碳，进而影响碳纳米管的手性角度。

一般选用铁、钴、镍及其合金作为催化剂，黏土、二氧化硅、硅藻土等作为载体，乙炔、丙烯以及甲烷等作为碳源，氢气、氩气、氮气或氨气作为稀释气体，在 530~1130℃温度范围内，碳氢化合物裂解产生的含碳物质在催化剂作用下生成单壁碳纳米管或多壁碳纳米管。图 2-38 给出碳纳米管 VSL 生成机理[24]。

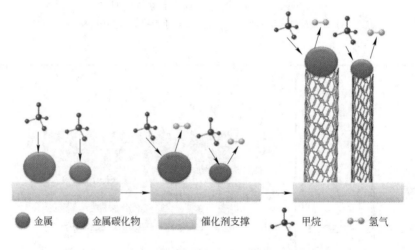

金属　　金属碳化物　　催化剂支撑　　甲烷　　氢气

图 2-38　气相沉积过程中碳纳米管 VLS 生成机理

奥本大学的 Baker 等提出碳纳米管顶部生长和底部生长模型（图 2-39）[25]。如果催化剂与基底之间作用力较弱，催化剂则会被不断生长的碳纳米管托起，使得催化剂颗粒始终处于碳纳米管的顶端。相反，如果催化剂与基底之间有强的作用力，催化剂会始终附着在基底上，碳原子则从底部向上扩散形成碳纳米管，即底部生长模型。不论是顶部生长还是底部生长模型，碳原子在催化剂表面的扩散速率始终大于内部的扩散速率，因此形成了中空的管状结构。

2.10.3　碳纳米管的性能

碳纳米管由于结构的特殊性表现出了优异的力学、导电和传热性能，其理论抗拉强度达 50~200GPa，密度却只有 $1.3g/cm^3$，是目前制得的具有最高比强度的材料。同时，它具有超高的长径比，长径比通常大于 10000；碳原子之间较强的键合力及稳固的六方结构又使得电荷很容易在纳米管中移动，从而赋予其较高的电导率；规则的原子排布可以通过一定的方式振动来传播热量，使其具备较高的热导率。从理论计算可知，单根碳纳米管的

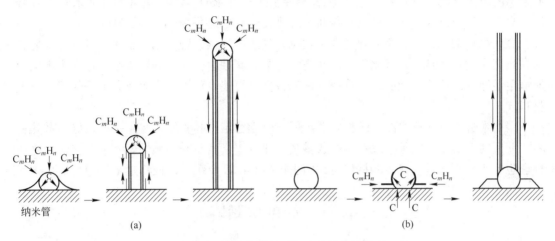

图 2-39　碳纳米管的顶部和底部生长模型

（a）顶部生长模式；（b）底部生长模式

强度几乎可以达到钢的 200 倍，导电能力达铜的 5 倍，导热能力达铜的 15 倍。此外，碳纳米管还具有线膨胀系数低、化学稳定性好、耐腐蚀等众多优点。表 2-24 给出碳纳米管与传统结构材料性能对比[23]。

表 2-24　碳纳米管与传统结构材料性能对比

材料	密度/g·cm⁻³	强度/GPa	弹性模量/GPa	热导率/W·(m·K)⁻¹	电阻率/μΩ·cm
SWCNTs（理论）	1.3	65	1000	约 6000	100
碳纤维（M55J）	2.2	4	550	70	800
碳纤维复材	1.6	2.1	152	30	2000
钛合金	4.5	0.9	103	12	127
铝合金	2.7	0.5	69	180	4.3
镁合金	1.8	0.4	47	54	—
铜合金	8.9	—	—	400	1.7

2.10.4　碳纳米管的应用

碳纳米管的应用思路主要有三类：第一类是结构增强，第二类是轻质导电，第三类是高效热管理。

碳纳米管轻质高强以及高长径比的特性使其在航天器结构领域展现出巨大的应用前景。碳纳米管分散物对于金属、陶瓷、聚合物等材料都具有较好的增强作用。研究表明，当在聚苯乙烯中添加质量分数为 1% 的多壁碳纳米管时，材料的弹性模量提高了 36% ~ 42%，与此同时强度提高了 25%。在复合材料中加入碳纳米管除了可增加材料的拉伸强度外，还可以降低材料的线膨胀系数，减小材料因高低温引起的变形，这对于具有高精度指向要求的卫星天线非常适用。当将碳纳米管制作成纤维时，不仅保留了碳纳米管本身轻质、高强的优异特性，而且还具有普通碳纤维复合材料近乎 10 倍的断裂应变。

金属性碳纳米管所具有的导电性与载流容量远超过银、铜、铝等金属，其导热性能超高，热交换能力优异，并且化学稳定性高，耐酸碱腐蚀，受环境的影响小。这些突出的性能满足了导电线芯的性能要求，使得碳纳米管极有可能取代铜、铝等成为下一代新型导电材料。

碳纳米管具有导热率高、线膨胀系数低、化学稳定性高等特点，是一种较好的散热材料，能帮助大功率微电子集成系统耗散多余的热量。又由于其柔韧性好，因而被认为是一种理想的热界面材料。热界面材料通常用于连接热源和热沉，以便将热量快速传递出来。

2.11　纤维预制体

2.11.1　纤维预制体的分类

结合线性度、整体性和连续性等方面综合考虑，可将纤维预制体分为四类：非连续结构、一维连续结构、二维平面结构和三维整体结构，如图 2-40 所示[26]。

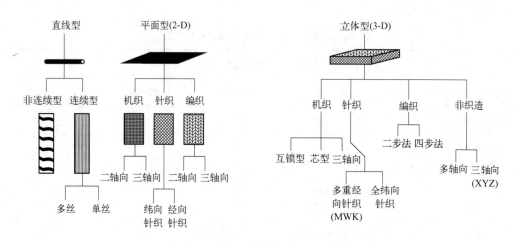

图 2-40　纤维预制体的几种基本结构

第一类非连续的纤维预制体主要是以短纤维、晶须等组成的各种毡。由于在宏观尺度上无法控制纤维和晶须的排列方向，因此由这类预制体所构成的复合材料具有各向同性的特点，但力学性能较低，很少作为结构件使用。第二类是由连续纤维或纤维束沿同一方向排列而成的预制体，显然由这种结构得到的复合材料具有明显的各向异性。沿纤维排列方向的性能较高，而垂直于纤维方向的性能较低。第三类预制体是由纤维布叠加而成，与第二类结构相似，由于纤维布之间缺乏纤维连接，复合材料层间剪切强度较低。第四类为三维空间结构，纤维束分布于三维空间，所得复合材料具有十分优异的力学性能。

2.11.2　纤维预制体的二维织造工艺

从工艺上可将预制体的织造分为三类：机织、针织和编织。

2.11.2.1　二维机织工艺

机织（Woven）是两组纱线分别沿 0°和 90°延伸并且相互交织在一起形成织物的过程。在织物内与边缘平行的 0°排列的纱线称为经线，与边缘垂直成 90°排列的纱线称为纬线，经线和纬线在织物中相互浮沉，进行交织以形成织物。图 2-41 为机织工艺原理图和机织织物[26]。机织可用于管状和平面编织。

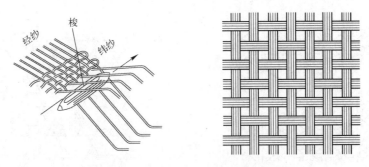

图 2-41　机织工艺原理图和机织织物

机织织物在平面内的特性优于无纬布，其在单层内双向增强提高了抗冲击性。机织操作简单且费用低，其缺点是层合的贴合性受限，面内剪切强度低以及由于纱线的弯曲强度降低了纤维张力传递效率。

2.11.2.2　二维针织工艺

针织（Knit）是纱线沿 0°或 90°采用成圈的方法交织在一起形成织物的过程。纱线沿 0°方向的针织称为经向针织，也称为经编；沿 90°方向的针织称为纬向针织，也称为纬编。图 2-42 为两种针织结构[26]。

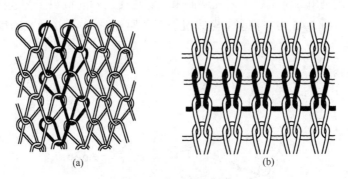

图 2-42　两种针织结构
（a）经向针织结构；（b）纬向针织结构

简单的经编和纬编可以在各个方向拉伸变形，因此，如要使某方向织物的尺寸稳定，则可以在该方向加入不参与针织的直纱线。在纬编中插入经编可增加织物的柔性。如在纬编中插入经编，同时加入经向直纱线，则可以获得比机织更高的纤维传递效率和更大的面内剪切强度。图 2-43 为加直纱线的经编和纬编的针织织物结构[26]。

2. 11. 2. 3　二维编织工艺

编织（Braid）是一组纱线沿 0°方向延伸，并且所有的纱线都偏移一个适当角度，然后相互交织在一起形成织物的过程。

2. 11. 2. 4　三轴机织工艺

三轴机织（Triaxial Woven）是三组纱线（两组经线一组纬线）相互成 60°交织在一起形成织物的过程。图 2-44 为三轴机织织物结构[26]。

 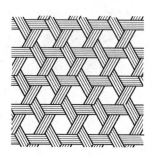

图 2-43　加直纱线的经编和纬编的针织织物结构　　　　图 2-44　三轴机织织物结构

2. 11. 3　三维纺织工艺

复合材料三维纺织技术是一种高新纺织技术。随着航天工业的发展，其部件和结构要求具有承受多向载荷应力和热应力的能力，需探索出多向增强复合材料，于是复合材料三维纺织技术应运而生。三维纺织技术分为机织、针织、编织和非织造。

2. 11. 3. 1　三维机织工艺

三维机织工艺是由二维机织工艺发展而来。除正交三轴向机织工艺之外，还发展了芯型、角互锁型等。图 2-45 为一种多层经线机织工艺原理图[26]。几种三维机织纤维结构见图 2-46[26]。

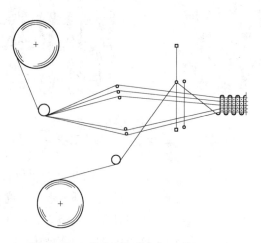

图 2-45　一种多层经线机织工艺原理图

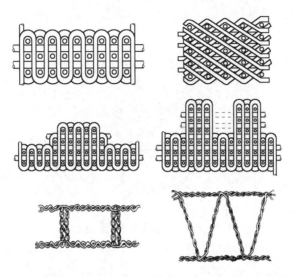

图 2-46　几种三维机织纤维结构

2.11.3.2　三维针织工艺

三维针织是在二维针织基础上发展起来的。有多轴经向针织（MWK）、全纬针织等。图 2-47 为一种多层经向针织工艺原理图[26]。图 2-48 为三维针织纤维结构[26]。

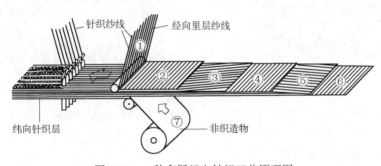

图 2-47　一种多层经向针织工艺原理图

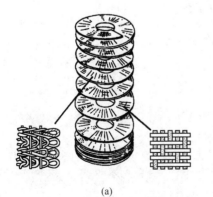

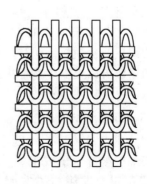

(a)　　　　　　　　　　　　　　　　(b)

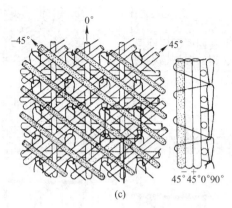

图 2-48 三维针织纤维结构

（a）一种纬向针织；（b）0°和90°增强的纬向针织；（c）MWK

2.11.3.3 三维编织工艺

最早的三维编织机不能编织复杂截面形状，所以在应用上受到限制。为了解决上述问题，研究出了多种新型三维编织工艺。图 2-49 为矩形三维编织机原理图[26]，图 2-50 为一种三维编制纤维结构[26]。

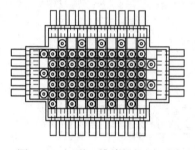

图 2-49 矩形三维编织机原理图

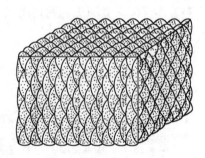

图 2-50 一种三维编织纤维结构

2.11.3.4 多层连接编织工艺

多层连接编织工艺是在二维编织的基础上发展起来的，其主要结构特点是纤维结构中只是相邻层之间连接。多层连接编织避免了分层现象，是一种新型的三维编织工艺。图 2-51 是一种多层连接编织工艺的轨迹和角齿轮轮廓[26]。多层连接编制的层数可以根据织物要求的厚度而定，最少为两层。

2.11.3.5 正交非织造工艺

正交非织造工艺是将一组纱线固定不动，另两组纱线正交地交替穿返形成织物。图 2-52 是一种传统的替代法正交非织造工艺原理图[26]，图 2-53是一种直接正交法非织造工艺原理图[26]，图 2-54 为三维正交非织造的纤维结构[26]。

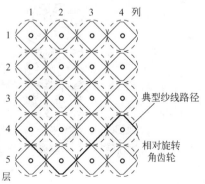

图 2-51 多层连接编织工艺和角齿轮轮廓

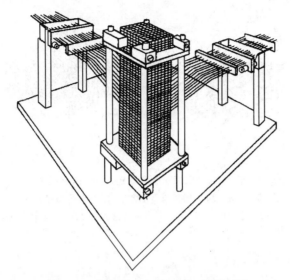

图 2-52 替代法正交非织造工艺原理图

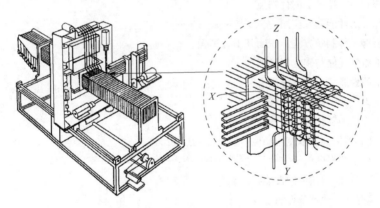

图 2-53 直接正交法非织造工艺原理图

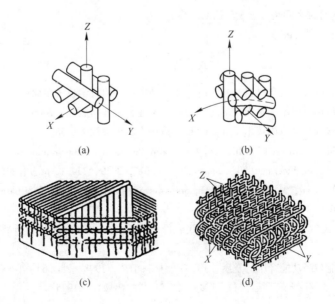

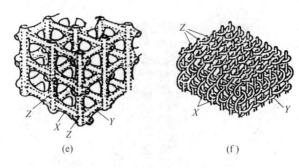

(e)   (f)

图 2-54   三维正交非织造的纤维结构

(a) 简单矩形 XYZ 单元; (b) 简单圆形 XYZ 单元; (c) 三维结构面内多向增强;
(d) 非线性法平面增强; (e) 一种开放式格状结构; (f) 一种柔性结构

思 考 题

2-1 比较坩埚法和池窑拉丝法的优缺点。

2-2 说明玻璃纤维的性能点及应用。

2-3 碳纤维主要有几种制备方法，说明其工艺过程。

2-4 解释碳纤维力学性能与碳化温度的关系。

2-5 说明碳纤维的性能特点及其应用。

2-6 为什么氧化铝质纤维高温强度较低?

2-7 比较氧化铝纤维和碳化硅纤维的性能特点。

2-8 为什么 Nicalon 碳化硅纤维使用温度一般不能超过 1200℃?

2-9 分析芳纶纤维压缩强度低于拉伸强度的原因。

2-10 综合比较几类纤维增强体的性能特点。

2-11 碳化硅晶须有哪几种制备方法?

2-12 简述 VLS 制备碳化硅晶须的机理。

2-13 对比分析芳纶纤维和超高分子量聚乙烯纤维。

2-14 分析碳纳米管的增强机理。

参 考 文 献

[1] 尹洪峰, 任耘, 罗发. 复合材料及其应用 [M]. 西安: 陕西科学技术出版社, 2003.

[2] 王燕谋. 中国玻璃纤维增强水泥 [M]. 北京: 中国建材工业出版社, 2000.

[3] 汤佩钊. 复合材料及其应用技术 [M]. 重庆: 重庆大学出版社, 1998.

[4] Elisabetta Monaldo, Francesca Nerilli, Giuseppe Vairo. Basalt-based fiber-reinforced materials and structural applications in civil engineering [J]. Composite Structures, 2019, 214 (Apr.): 246-263.

[5] Xing Dan, Xi Xiongyu, Ma Pengcheng, Factors governing the tensile strength of basalt fiber [J]. Composites Part A, 2019, 119: 127-133.

[6] 齐风杰, 李锦文, 李传校, 等. 连续玄武岩纤维研究综述 [J]. 高科技纤维与应用, 2005, 31 (2): 41-48.

[7] 吴人洁. 高性能与高功能纤维的发展 [J]. 宇航材料工艺, 1998, 28 (6): 1-6.

[8] 贺福, 王茂章. 碳纤维及其复合材料 [M]. 北京: 科学出版社, 1995.

［9］ Erik Frank, Lisa M. Steudle, Denis Ingildeev, et al, Carbon fibers: precursor systems, processing, structure, and properties ［J］. Angew. Chem. Int. Ed. 2014, 53 （21）: 5262-5298.

［10］ Cooke T F. Inorganic fibers-a literature review ［J］. J. Am. Ceram. Soc., 1991, 74 （12）: 2959.

［11］ 罗益锋. 世界高科技纤维发展动向 ［J］. 高科技纤维与应用, 1998, 23 （1）: 1-6.

［12］ 吴人洁. 复合材料 ［M］. 天津: 天津大学出版社, 2000.

［13］ Wang Pengren, Liu Fengqi, Wang Hao, et al, A review of third generation SiC fibers and SiC$_f$/SiC composites ［J］. Journal of Materials Science & Technology, 2019, 35 （12）: 2743-2750.

［14］ 曹田. 超高分子量聚乙烯纤维纺织过程中结构演变机理研究 ［D］. 合肥: 中国科学技术大学, 2018.

［15］ 李建利, 张新元, 贾哲昆, 等. 超高分子量聚乙烯纤维的性能及生产现状 ［J］. 针织工业, 2016 （6）: 1-5.

［16］ Pennings Albert J, Smook Jan. Mechanical property of UHMWPE fiber in relation to structural changes and chain scissioning upon spinning and hot-drawing ［J］. Journal of Materials Science, 1984, 19: 3443-3450.

［17］ Strawhecker Kenneth E, Sandoz-Rosado Emil J, Stockdale Taylor A, et al. Interior morphology of high-performance polyethylene fibers revealed by modulus mapping ［J］. Polymer, 2016, 103: 224-232.

［18］ Yeh Jen-Taut, Lin Shuichuan, Tu Chengwei, et al. Investigation of the drawing mechanism of UHMWPE fibers ［J］. Journal of materials Science, 2008, 43: 4893-4900.

［19］ Dijkstra D J, Torfs J C M, Pennings A J. Temperature-dependent fracture mechanism of UHMWPE fibers ［J］. Colloid and Polymer Science, 1989, 267: 866-875.

［20］ 益小苏, 杜善义, 张立同. 中国材料工程大典 ［M］. 第10卷, 复合材料工程. 北京: 化学工业出版社, 2006.

［21］ 王惠芬, 刘刚, 曹康丽, 等. 碳纳米管材料在航天器上的应用研究现状及展望 ［J］. 材料导报, 2019, 33 （1）: 78-63.

［22］ 张树辰, 张娜, 张锦. 碳纳米管可控制备的过去、现在和未来 ［J］. 物理化学学报, 2020, 36 （1）: 1-16.

［23］ 王文雨, 张帅国, 冯宇. 碳纳米管制备技术的研究进展 ［J］, 天然气化工, 2020, 45 （4）: 123-129.

［24］ Georgakilas Vasilios, Perman Jason A, Tucek Jiri, et al. Broad family of carbon nanoallotropes: classification, chemistry, and applications of fullerenes, carbon dots, nanotubes, graphene, nanodiamonds, and combined superstructures ［J］. Chem. Rev., 2015, 115: 4744-4822.

［25］ See Chee Howe, Harris Andrew T. A review of carbon nanotube synthesis via fluidized-bed chemical vapor deposition ［J］. Ind. Eng. Chem. Res., 2007, 46: 997-1012.

［26］ 杨桂, 敖大新, 张志勇, 等. 编织结构复合材料制作、工艺及工业实践 ［M］. 北京: 科学出版社, 1999.

3 聚合物基复合材料

第3章数字资源

3.1 概　　述

3.1.1 聚合物基复合材料的发展[1]

聚合物基复合材料（Polymer Matrix Composites，PMC）是目前结构复合材料中发展最早、研究最多、应用最广、规模最大的一类复合材料，其发展经历了五个阶段。最初的PMC-玻璃纤维/不饱和聚酯树脂，即玻璃纤维增强塑料（Glass Fiber Reinforced Plastic，GFRP）于1942年在美国问世，直至20世纪60年代中期，是聚合物基复合材料发展的第一阶段。这一阶段聚合物基复合材料主要应用于航空航天、船舶、化工、建筑、车辆、电子、电气等领域。随着GFRP制造技术的成熟，其产品质量有了质的飞跃，从原来主要在附件上使用发展到作为部分主要结构件使用。特别是S玻璃纤维的出现和应用，GFRP性能有了明显的提高，使得这种高强度、高模量、低成本的复合材料在各领域得到了广泛应用。目前，GFRP仍是用量最大、技术最成熟、低成本的聚合物基复合材料。

1965年，碳纤维在美国诞生，到1970年碳纤维的拉伸强度和弹性模量分别达到2.76GPa和345GPa，比强度$12.8×10^6$cm和比模量$12.8×10^9$cm位于当时各材料之首。自此，以碳纤维为增强体的高比模、高比强先进聚合物基复合材料得到各国军方和工业部门的高度重视，迅速在空间技术、航空航天、武器装备、工业领域得到了重点研究和广泛应用。这是聚合物基复合材料发展的第二阶段。

第三阶段是以Kevlar纤维增强聚合物的复合材料为代表。1972年，美国杜邦公司研制出高强度高模量的有机纤维-聚芳酰胺纤维（商品名Kevlar）。这种热熔性液晶聚合物纤维强度和模量分别为3.4GPa和130GPa，加上其突出的韧性和回弹性，使得聚合物基复合材料的发展和应用更为迅速。Kevlar纤维目前仍是最具发展潜力的增强材料之一。

20世纪80年代后期，美国Allied公司商品化的以Spectra-900和Spectra-1000为代表的具有超高强度和模量的高拉伸聚乙烯纤维，其拉伸强度可达3.5GPa，弹性模量达125GPa，比强度比碳纤维大4倍、比芳纶纤维大50%，而且密度最小为$0.92kg/m^3$，并具有透射雷达波、介电性能好、结构强度高的特点，因此在军事工业和航空航天领域具有重要应用，以其为增强相构成的聚合物基复合材料成为PMC发展的第四阶段。

聚合物基复合材料第五阶段，是以美国道化学公司和日本东洋纺织公司合作研制的顺聚对苯撑苯并二噁唑（Poly（p-phenylene benzobisoxazole），PBO）纤维及其复合材料的发展为代表的。PBO纤维被称为21世纪的超级纤维。该纤维无熔点（高温下不熔融），空气中热分解温度高达650℃，与火焰接触不收缩，移去火焰后基本无残焰，密度为1.54~1.56g/cm³，拉伸强度为5.8GPa，弹性模量为280GPa。因此PBO纤维具有出色的力学性能和耐高温、耐火特性。当年一问世即被视为航空航天及军事等领域的新一代先进结构复合材料，迅速在航天航空和汽车工业中开始应用。用它制成的防火、防弹服装在火焰中不燃烧、不收缩，非常柔软，并且利用纤维可原纤化吸收冲击能的特性，开发了 PBO 纤维在防弹抗冲击吸能材料领域的应用。另外，该纤维还可用于新型高速交通工具、宇宙空间器材、深层海洋开发及高级体育运动竞技用品等领域。

目前，这些不同阶段的聚合物基复合材料品种已形成共用局面，其材料应用研究不断深入，技术装备逐步提高，生产规模不断扩大，品种丰富，为军事国防和其他各工业领域的结构设计和产品开发提供了重要的高性能先进材料。

3.1.2 聚合物基复合材料的定义和分类

一般来讲，聚合物基复合材料是由一种或多种微米级或纳米级增强材料，分散于聚合物基体中，并通过适当的制造工艺制备的复合材料[2,3]。按增强材料的几何形状，通常可将聚合物基复合材料分为：长纤维（连续）增强聚合物基复合材料，以及颗粒、晶须、短纤维（不连续）增强聚合物基复合材料[1]。前者以高模量、高强度的高性能长纤维作为主要的载荷承载材料而起到增强作用，可最大限度地发挥纤维的性能，因而通常具有很高的强度和模量；后者通过增强相自身阻止基体变形和裂纹扩展起到增强作用。对于聚合物基复合材料，应用中以纤维增强聚合物基复合材料居多，特别是长纤维增强聚合物基复合材料。因此本章下面的内容将以纤维增强聚合物基复合材料为重点进行介绍。纤维增强聚合物基复合材料根据纤维的种类可分为：玻璃纤维增强聚合物基复合材料、碳纤维增强聚合物基复合材料、芳纶纤维增强聚合物基复合材料、芳香族聚酰胺合成纤维增强聚合物基复合材料等类型。

实际应用中，聚合物基复合材料通常也按聚合物基体的性质分类。一类是具有热固性树脂基体（Thermosetting Polymeric Matrix，如环氧树脂、酚醛树脂、聚酯树脂、聚酰亚胺、氰酸酯等）的复合材料，另一类是具有热塑性树脂基体（Thermoplastic Polymeric Matrix，如尼龙、聚醚醚酮、聚苯硫醚、聚醚砜等）的复合材料。热固性树脂基体是利用树脂大分子的相互交联反应的化学变化，达到固化成型的目的，成型后基体材料不溶不熔，加工过程不可逆。热塑性树脂基体的成型是利用树脂的融化、流动、冷却、固化的物理过程变化来实现的，其过程具有可逆性，能再次成型加工。

颗粒增强聚合物基复合材料，可在有效降低材料成本的基础上，改善聚合物基体的各种性能（如增加表面硬度、减小成型收缩率、消除成型裂纹、改善阻燃性、改善外观、改进热性能和导电性等），或不明显降低主要性能。弹性体材料可通过添加炭黑或硅石以改进其强度和耐磨性，同时保持其良好的弹性。在热固性树脂中添加金属粉末则构成硬而强的低温焊料或称导电复合材料；在塑料中加入高含量的铅粉可起到隔声和屏蔽辐射的作用；而将金属粉末用在碳氟聚合物（常作为轴承材料）中可增加导热性、降低线膨胀系数，并大大减小材料的磨损率。

短纤维增强聚合物的性能除了依赖纤维含量外，还强烈依赖纤维的长径比、短纤维排列取向。通常有二维无序或三维空间随机取向分布的短纤维增强聚合物基复合材料，其强度和模量与基体材料相比均有大幅提高。

多处复合材料相关的文献和书籍中提到的先进聚合物基复合材料，通常指以碳纤维、Kevlar 纤维、聚乙烯纤维以及高性能玻璃纤维为增强体，或以聚酰亚胺（Polyimide，PI）、双马来酰亚胺等高性能（Bismaleimide，BMI）树脂为基体的复合材料。

3.1.3 聚合物基复合材料的特点

聚合物基复合材料具有如下特点：

(1) 突出的比强度和比模量。聚合物基复合材料的突出优点是比强度和比模量高。比强度是材料的强度与密度的比值，比模量是材料的模量与密度的比值，其量纲均为长度。在质量相等前提下，比强度和比模量是衡量材料承载能力和刚度特性的指标，对于航空航天材料来说，它们无疑是非常重要的力学性能指标[2,3]。由表 3-1 可知，大多数聚合物基复合材料的密度仅有 $1.4 \sim 2.0 \text{g/cm}^3$，只有普通钢的 $1/5 \sim 1/4$，钛合金的 $1/3 \sim 1/2$，而机械强度却达到甚至超过金属材料。因此，聚合物基复合材料的比强度和比模量是金属材料所无法比拟的，如碳纤维增强聚合物基复合材料（Carbon Fiber Reinforced Polymer, CFRP)[4~6]的比强度是钛合金、钢和铝合金的 5 倍多，比模量是它们的 3 倍。此外，高强度碳纤维 T800H/环氧复合材料的强度达 3.0GPa，弹性模量为 160GPa，其比强度和比模量分别为钢的 10 倍和 3.7 倍，铝合金的 11 倍和 4 倍；超高模量碳纤维 P100S 增强环氧树脂复合材料强度为 1.2GPa，弹性模量超过 420GPa，其比强度和比模量分别为铝合金的 4 倍和 9 倍。比强度和比模量对于飞行器、空间技术，新能源汽车是极为重要的制造和设计参数，因而在这些领域用聚合物基复合材料取代大部分金属材料可以达到明显的减重、增效作用。

表 3-1　各种单向连续纤维增强聚合物基复合材料（$V_f = 60\%$）与金属性能的性能对比

性能	GFRP	CFRP	KFRP	BFRP	AFRP	SFRP	钢	铝	钛
密度/g·cm⁻³	2.0	1.6	1.4	2.1	2.4	2.0	7.8	2.8	4.5
拉伸强度/GPa	1.2	1.8	1.5	1.6	1.7	1.5	1.4	0.48	1.0
比强度/MPa·cm³·g⁻¹	600	1120	1150	750	710	650	180	170	210
弹性模量/GPa	42	130	80	220	120	130	210	77	110
热导率/kcal①·(m·h·K)⁻¹	5	43	2.4	5.4	2		65	160	53
线膨胀系数/K⁻¹	8×10⁻⁶	0.2×10⁻⁶	1.8×10⁻⁶	4.0×10⁻⁶	4×10⁻⁶	2.6×10⁻⁶	12×10⁻⁶	23×10⁻⁶	9.0×10⁻⁶
比模量/GPa·cm³·g⁻¹	21	81	57	104	54	56	27	27	25

① 1cal = 4.1868J。

(2) 可设计性[2,7]。聚合物基复合材料的可设计性表现在，不仅可以按照通用复合材料体系选择增强纤维类型、铺层方式、多层复合、改进界面来对复合材料结构和性能进行优化设计，而且由于树脂基体自身良好的可塑造性，使得聚合物基复合材料具有比其他类型基体复合材料更大的自由设计空间。聚合物树脂是一种可改变其原来种类、数量比例的材料，可根据最终制品的应用要求和使用环境，优化设计原材料配方或采用改性技术（如掺混、合金化、复合化等手段），配置出适应于不同要求的材料体系。对于有耐腐蚀性能要求的产品，设计时可以选用耐腐蚀性能好的基体树脂和增强材料，对于其他一些性能要求，如介电性能、耐热性能等，都可以通过选择合适的原材料来满足，以满足不同的使用环境和技术要求。

复合材料本身是非均质、各向异性材料，而且复合材料不仅是材料，更确切地说是结构。复合材料设计可分为三个层次：单层材料设计、铺层设计、结构设计。单层材料设计包括正确选择增强材料、基体材料及其配比，该层次决定单层板的性能；铺层设计包括对铺层材料的铺层方案做出合理安排，该层次决定层合板的性能；结构设计则最后确定产品结构的形状和尺寸。这三个设计层次互为前提、互相影响、互相依赖。因此，复合材料及其结构的设计打破了材料研究和结构研究的传统界限。材料设计和结构设计必须同时进行，并在设计方案中同时考虑[1,2]。

以纤维增强的层合结构来说，从固体力学角度，可将其分为三个"结构层次"，即一次结构、二次结构、三次结构。

一次结构：由基体和增强材料复合而成的单层材料，其力学性能取决于组分材料的力学性能、相几何（各相材料形状、分布、含量）和界面区的性能。

二次结构：由单层材料层合而成的层合体，其力学性能取决于单层材料的力学性能和铺层几何（各层厚度、铺层方向、铺层序列）。

三次结构：工程结构（产品结构），其力学性能取决于层合体的力学性能和结构几何。

（3）线膨胀系数低，极好的尺寸稳定性[1]。聚合物基复合材料具有比金属材料低得多的线膨胀系数（接近于零），而且通过适当的铺层设计，可使线膨胀系数进一步降低。热固性树脂基复合材料由于加工过程中受热或固化剂作用，其分子结构发生交联反应而形成三维网络状结构，制品尺寸稳定性极好，成型后的收缩也很小。热固性树脂基复合材料在长时间的连续荷载作用下蠕变量（形状和尺寸变化量）极小，并且优于热塑性树脂基复合材料。利用这些特点，聚合物基复合材料可以用制造尺寸精密、结构稳定的量具、卫星及空间仪器的结构材料构件，不但可以保持构件尺寸的高度稳定性和高精度，而且质轻高强。

（4）卓越的耐腐蚀性。聚合物基复合材料的腐蚀机理与金属材料不同，其在电解质溶液中不会溶解出离子，因而在相当宽的 pH 值范围内对一般的腐蚀性介质均具有良好的化学稳定性。并且聚合物基复合材料和化学介质接触时，很少有腐蚀产物生成，也很少结垢，因此被广泛应用于制造化工合成设备及其内衬；当用于制造化工、石油、天然气方面的流体防腐管道时，其管道内表面阻力很小、摩擦系数低，从而可节约大量动力。聚合物基复合材料还可制作抵抗海水侵蚀的船舶和海岸构件，耐候性优良的建筑装饰构件等，发挥良好的耐腐蚀作用，并且其在很多场合下的应用主要是考虑优良防腐性能。

（5）耐疲劳[1,3]。金属材料的疲劳极限往往仅为其本身拉伸强度的 30%~50%，而聚合物基复合材料的疲劳极限可达 70%~80%。这与复合材料固有的纤维、基体和界面结构有关，聚合物基复合材料在大量反复荷载作用下对产生的微裂纹不敏感，同时聚合物基体韧性很高，因此其具有良好的耐疲劳特性。并且聚合物基复合材料的破坏有明显预兆，可以用于事先预防和处理，而金属材料的疲劳破坏则是突然性的。

（6）阻尼减振性好[2]。受力结构的自振频率除了与结构本身形状有关以外，还与结构材料的比模量平方根成正比。所以复合材料有较高的自振频率，其结构一般不易产生共振。同时，纤维/基体界面有较大地吸收振动能量的能力，致使材料的振动阻尼很高，一旦振起来，在较短时间内也可停下来。例如，汽车减震系统轻合金梁需 9s 停止振动，而碳纤维复合材料只需 2.5s 停止同样大小振动。

此外聚合物基复合材料还具良好的加工特性、优越的耐热性、较低的综合成本，以及过载安全性高等特点。同时聚合物基复合材料还具有多种功能材料特性，如良好的耐烧蚀性（可作为隔热材料和瞬间耐高温材料），优越的摩擦性能（包括摩阻特性及减阻特性，常用于摩阻材料），优良的电性能（用于高压输电线的绝缘杆、印刷电路板），特殊的光学和电磁学等特性（透过雷达波或吸收特定波段的雷达波）。

另外，与金属材料比，聚合物基复合材料也存在一些明显的缺点[1]：

（1）部分原材料昂贵。一些用于先进聚合物基复合材料的基体原料或高性能纤维，由于技术含量和生产费用较高，以及发达国家的技术垄断，其价格非常高昂，导致某些种类的聚合物基复合材料制品成本较高，比如丙烯酸酯橡胶价格极其昂贵，因而一些先进聚合物基复合材料的应用也受到一定限制。

（2）机械化程度低。聚合物基复合材料工艺方法的自动化、机械化程度低，材料性能的一致性和产品质量的稳定性差，质量检测方法不完善。

（3）湿热环境下性能变化。由聚合物基体或增强纤维带来的吸湿及老化现象是聚合物基复合材料的一个明显缺点。吸湿不但增加了结构的质量、导致制品尺寸变化，而且使复合材料性能退化，不能达到材料的初始设计要求或限制了复合材料的应用环境。

与金属材料的历史相比，聚合物基复合材料才诞生半个多世纪，人们对其认识和了解还很浅肤，积累的数据和经验也较少，随着新型树脂材料的不断开发与改性技术（纳米改性、互穿网络改性等）的发展，新型增强纤维的不断使用（聚乙烯纤维、PBO纤维、功能陶瓷纤维、纳米纤维等），最新的材料和技术成果将会把聚合物基复合材料应用水平和整体性能提升到一个新的高度。

3.2　聚合物基体

3.2.1　概述[1]

3.2.1.1　基体的基本组分及其作用[3]

聚合物基体树脂是聚合物基复合材料的重要组成部分。在复合材料成型过程中基体经过复杂的化学变化和加工过程，与增强体纤维复合成具有一定形状的整体材料体系。聚合物基体的组分、组分的作用及组分间的关系复杂，一般来说，基体很少是单一的聚合物，往往还包含其他的辅助剂。聚合物是基体的主要组分，它对复合材料的技术性能、成型工艺及产品的价格等都有直接的影响。用作复合材料的合成树脂首先要具有较高的力学性能、介电性能、耐热性能和耐老化性能，并且要工艺简单，具有良好的工艺性能。

为了改进树脂的工艺性能以及固化后制品的性能，或者为了降低成本，需要在基体中加入适当的辅助剂。（1）固化剂、引发剂与促进剂：环氧树脂本身是热塑性线形结构，必须用固化剂使它交联成网状结构大分子，成为不溶不熔的固化产物。不饱和聚酯树脂的固化可以在加热条件下采用引发剂，或者在室温条件下使用引发剂和促进剂固化的办法来进行。（2）稀释剂：稀释剂一般分为非活性和活性两大类。非活性稀释剂不参与树脂的固化反应，通常在浸胶烘干过程除去，常用的有丙酮、乙醇、甲苯和苯等溶剂，用量一般为树脂质量的 $10\% \sim 60\%$。（3）增韧剂、增塑剂：为了降低固化后树脂的脆性，提高冲击强度而加入的组分称为增韧剂或增塑剂。常用的增塑剂有邻苯二甲酸酯、磷酸酯等，它们不参与固化反应，只起降低交联密度导致刚性下降的作用，同时又导致强度和耐热性下降。(4) 触变剂：提高基体在静止状态下的黏度，适用于涂刷大型制件，尤其在垂直面上使用。常用的触变剂为活性二氧化硅，加入量一般为 1%~3%。(5) 填料：树脂中加入一定量的填料，以达到降低成本、降低树脂固化收缩、增加复合材料表面硬度、提高耐磨性等目的。常用的填料有瓷土、石英粉、云母等。(6) 颜料：为增加树脂基复合材料色彩，必须在树脂基体中加入一定量的颜料。所使用的颜料需满足颜色鲜明、耐热性和耐光性良好、不妨碍树脂的固化、不影响制品性能、价格低廉等要求。

聚合物基体的主要作用包括：将增强纤维黏合成整体并使纤维位置固定，在纤维之间传递载荷，并使载荷均衡；决定复合材料的一些性能，如复合材料的高温使用性能（耐热性）、横向性能、剪切性能、压缩性能、疲劳性能、断裂韧性、耐腐蚀性、耐水性等；聚合物类型决定着复合材料的成型工艺方法及工艺参数的选用；保护纤维免受各种损伤。聚合物基复合材料的耐热性、耐腐蚀性、阻燃性、抗辐射性等其他性能也都取决于基体。

3.2.1.2 分类[1]

复合材料聚合物基体有多种分类方法，如按聚合物的热加工特性可分为热固性和热塑性树脂两大类。热塑性基体如聚丙烯、聚酰胺、聚碳酸酯、聚醚酮、聚丙烯腈-丁二烯-苯乙烯（Acrylic Nitrile-Butadiene-Styrene，ABS）等，它们是一类具有线形或支链结构的有机高分子化合物，其特点是遇热软化或熔融而处于可塑状态，冷却后又变坚硬。利用这样的特性，热塑性基体的成型可通过树脂的熔融、流动、冷却和固化的物理过程来实现。而物理状态变化的可逆性，使得热塑性树脂材料可反复加工使用。按聚集态结构不同，这类高分子有非晶和结晶两类，通常结晶度在 20%~85% 范围，特殊情况可达到 98%（线型聚合物固化时可以结晶，但由于分子链运动较困难，结晶不完全）。因此晶态聚合物实际为分子有规律排列的结晶区和分子无规律排列的非晶区两相结构（图 3-1），结晶区与非晶区相互穿插，紧密相连。热固性基体如不饱和聚酯、环氧树脂、酚醛树脂、双马来酰亚胺、聚氨酯、有机硅、聚丙烯树脂等，它们是先进聚合物基复合材料中应用较多的基体类型，形成了良好的成型加工和应用技术。热固性树脂材料在制成最终产品前，通常为相对分子质量较小的含有反应性基团的线型略带支链的低聚物，经加热或固化剂作用，发生小分子交联反应，形成不溶不熔的具有三维网状分子结构的固化树脂，且通常是非晶的。

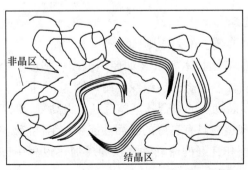

图 3-1　晶态聚合物分子结晶区和非晶区示意图

按树脂性能特点和用途分类：一般用途树脂、耐热树脂、耐候性树脂、阻燃树脂等。

按成型工艺分类：手糊用树脂、喷射用树脂、胶衣用树脂、缠绕用树脂、拉挤用树脂、树脂传递模型（Resin Transfer Molding，RTM）用树脂、压缩成型法（Compression Molding of Sheet Molding Compound，SMC）用树脂等。由于不同的成型方法对树脂的要求不同，如黏度、适用期、胶凝时间、固化温度等，因而不同工艺选用的树脂型号也不同。

3.2.1.3　固态高聚物的性能[1]

固态高聚物的力学性能强烈依赖于温度和加载速率。高聚物存在三个特征温度：玻璃化转变温度 T_g、熔点 T_m 和黏流温度 T_f。在 T_g 以下，高聚物为硬而韧或硬而脆的固体（玻璃态），模量随温度变化很小；非晶聚合物温度达到 T_g 附近时，转变成软而有弹性的橡胶态（高弹态），温度继续升高，则达到黏流温度 T_f，聚合物转变为黏流态（图3-2（a））；半晶或结晶聚合物当温度逐渐升高，达到熔点 T_m，也会转变为高黏度的黏流态流体，但没有高弹态过程（图3-2（b））。

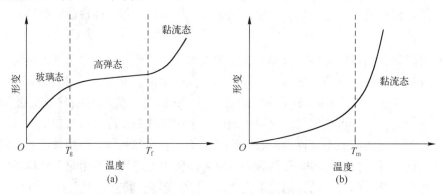

图 3-2　聚合物玻璃态、高弹态、黏流态随温度的转变关系
（a）非晶聚合物；（b）半晶或结晶聚合物

热塑性聚合物的玻璃化温度 T_g 是基本固定的，热固性聚合物的玻璃化温度 T_g 随交联程度的增加而增加，当交联度很高时，热固性高聚物达到玻璃化温度 T_g 后也可能无明显的软化现象。固化后热固性聚合物则由于不能熔融而在比较高的温度下分解。

加载速率也会对聚合物的力学性能产生影响。在高加载速率下，聚合物表现出玻璃态的硬而脆的特征，而在比较低的加载速率下，聚合物则表现出高弹态（橡胶态）软而韧的特性。

3.2.1.4　基体的选择[1]

对聚合物基体的选择应遵循下列原则：

（1）能够满足制品的应用技术要求（如使用温度、强度、模量、蠕变特性等）和某些特殊使用要求（如耐腐蚀、耐烧蚀、绝缘、耐冲刷等），低毒性、低刺激性。具有高的弹性模量、拉伸强度和断裂韧性的聚合物基体有利于提高复合材料的综合力学性能。

（2）对纤维、织物和填料具有良好的浸润性能和黏结性能。

（3）具有合适的黏度和良好的流动性，在加压加热过程中，易于充满腔体的各个部位，便于制品成型。

（4）固化条件适当，应在室温、中温，无压或低压下固化。

（5）制品脱模性好，在使用内外脱模剂后，可轻易完整脱模。

（6）原料价格合理。

固化是指线型树脂在固化剂存在或加热条件下发生化学反应而转变成不溶、不熔、具有体形结构的固态树脂的全过程。在固化过程中，树脂由黏流态转变为具有一定硬度的固态，因此也称硬化，所以固化既指树脂在转化过程中的物理状态变化，又指过程中发生的化学变化[3]。热固性树脂材料最大特点是具有良好的加工工艺性能，固化前黏度很低的含有反应性基团的线型略带支链低聚物，易于在常温下浸渍纤维，并在较低的温度和压力下固化成型；固化后具有良好的化学稳定性和抗蠕变性；但是热固性树脂的预浸料需要低温冷藏且储存期有限，加工成型周期较长和固化后材料韧性较差。

热塑性树脂材料的优点在于较高的断裂韧性（高断裂应变和高冲击强度），使得热塑性树脂复合材料具有很高的损伤容限。此外，热塑性树脂复合材料还具有预浸料无须冷藏且储存期限长、成型周期短、可再成型、易于修补、废品及边角料可再生利用等优点。但是，热塑性树脂材料的应用也因多方面原因而受到一定限制：（1）热塑性树脂熔体或溶液黏度较高，纤维或织物浸渍困难，预浸料制备及成型需要在高温高压下进行；（2）聚碳酸酯、尼龙等一些热塑性树脂，由于耐热性、抗蠕变性或化学稳定性等方面问题而使其应用受到部分限制。

3.2.2 热固性基体[1]

常用的热固性树脂基体主要有不饱和聚酯树脂、环氧树脂、酚醛树脂、氰酸酯树脂、聚酰亚胺树脂、双马来酰亚胺树脂、聚氨酯树脂、有机硅等，这是聚合物基复合材料制造中应用较多的树脂类型，并已积累了丰富的加工成型技术。其中，不饱和聚酯树脂、酚醛树脂主要用于玻璃纤维增强复合材料，不饱和聚酯树脂用量最大，约占总用量的80%，环氧树脂一般用于耐腐蚀性领域。几种热固性树脂典型的物理及力学性能见表3-2。

表 3-2　常见热固性树脂材料物理性能[3]

性　能	聚酯树脂	环氧树脂	酚醛树脂	双马来酰亚胺	聚酰亚胺	有机硅
密度/g·cm^{-3}	1.10~1.40	1.2~1.3	1.30~1.32	1.22~1.40	约1.32	1.70~1.90
拉伸强度/MPa	34~105	55~130	42~64	41~82	41~82	21~49
弹性模量/GPa	2.0~4.4	2.75~4.10	约3.2	4.1~4.8	约3.9	约1
断裂伸长率/%	1.0~3.0	1.0~3.5	1.5~2.0	1.3~2.3	1.3~2.3	约1
24h吸水率/%	0.15~0.60	0.08~0.15	0.12~0.36	—	—	—
热变形温度/℃	60~100	100~200	78~82			
线膨胀系数/℃$^{-1}$	$(5.5~10)×10^{-5}$	$(4.6~6.5)×10^{-5}$	$(6~8)×10^{-5}$			$30.8×10^{-5}$
固化收缩率/%	4~6	1~2	8~10	—	—	4~8

3.2.2.1 不饱和聚酯树脂 (Unsaturated Polyester Resins，UPR)[2,3,8]

不饱和聚酯树脂是指分子链上具有不饱和键（如双键）的聚酯高分子。不饱和二元酸（或酸酐）、饱和二元酸（或酸酐）与二元醇（或多元醇）在一定条件下进行缩聚反应合成不饱和聚酯，不饱和聚酯溶解于一定量的交联单体（如苯乙烯）中形成的液体树脂即为不饱和聚酯树脂。不饱和聚酯树脂加入引发体系可反应形成立体网状结构的不溶不熔高分子材料，因此不饱和聚酯树脂是一种典型的热固性树脂。此外，通过在常见的聚酯树脂基本成分上添加一些其他的聚合物，可改变最终聚合物分子结构，获得多种类型的不饱和聚酯树脂。

不饱和聚酯树脂从黏流态树脂体系发生交联反应到转变成为不溶不熔的具有体型网络结构的固态树脂的全过程，称为树脂的固化。线型聚酯分子与乙烯基型单体（如苯乙烯、乙酸乙烯、甲基丙烯酸甲酯等）的共聚作用，就其历程分为自由基聚合和离子型聚合两类。聚酯固化一般是通过引发剂（或固化剂）或光、热等使单体引发产生自由基，故聚酯的固化一般遵循自由基共聚反应机理。

自由基加聚反应的历程可分为链引发、链增长、链终止和链转移4个阶段。（1）链引发。自由基聚合的活性中心是自由基，它可以通过引发剂的热分解、氧化-还原反应或光化学反应来得到。所生成的自由基能引发不饱和聚酯和交联剂的交联固化反应。光敏剂可根据其引发作用的特点和制版工艺的要求来进行选择。（2）链增长。单体分子经引发成单体自由基后，立即与其他分子反应，进行链聚合，形成长链自由基。（3）链终止。链终止反应主要是双基终止。用苯乙烯单体时，耦合终止是主要倾向。由于线型不饱和聚酯分子中含有多个双键，可看作是官能度很高的反应物分子，当共聚反应进行到一定程度时，会形成三向网状结构的分子，出现凝胶现象。此时会发生自动加速效应，使总的聚合速率剧增，体系急剧放热，温度升至150~200℃，最后由于进一步共聚，使三向网状结构变得更为紧密，限制了单体的扩散速率，使总的聚合速率下降。为了进一步充分固化，常需要采取较长时间的加热过程，以促使其聚合反应尽可能趋于完全。（4）链转移。一个增长着的大的自由基能与其他分子，如溶剂分子抑制剂发生作用，使原来的活性链消失，成为稳定的大分子，同时原来不活泼的分子变为自由基，这一过程称为链的转移。

聚酯树脂是目前复合材料领域中用量最大的一类树脂基体。在树脂品种方面，传统的通用树脂、胶衣树脂、耐化学树脂、阻燃树脂、板材树脂、浇注树脂、模压树脂等仍为树脂的主要品种，但通过配方改进和树脂改性不断出现了新型的 UPR 树脂。国际上不饱和聚酯的技术发展方向主要集中在降低树脂收缩率、提高制品表面质量、提高与添加剂的相容性、增加对增强材料的浸润作用以及提高加工性能和力学性能等方面。不饱和聚酯树脂的性能取决于单体类型和比例，饱和二元酸与不饱和二元酸比例越大，则树脂韧性越好，但耐热性越差。表3-3为通用树脂浇注体和玻璃钢的基本性能。

表 3-3 　通用树脂浇注体和玻璃钢的基本性能[2]

特 性	浇 注 体	玻 璃 钢
相对密度	1.10~1.46	1.6~1.8
折射率 (n_D)	1.53~1.57	

续表3-3

特 性		浇 注 体	玻 璃 钢
力学性能	拉伸强度/MPa	50~100	220~290
	拉伸弹性模量/GPa	2~4	
	压缩强度/MPa	90~190	140~250
	弯曲强度/MPa	50~100	200~400
	冲击强度/kJ·m⁻²	10~50	150~300
	断裂伸长率/%	1~3	0.9~1.0
	巴柯硬度	45~50	50~60
热性能	热变形温度/℃	50~80	100~200
	热导率/W·(m·K)⁻¹	0.2	0.2~0.3
	线膨胀系数/℃⁻¹	$(80~100)×10^{-6}$	
	比热容/kJ·(kg·℃)⁻¹	2.3	3.0
电性能	介电常数（50Hz）	3.0~4.36	4.5
	介电常数（5MHz）	2.8~4.1	
	介电损耗角正切值	0.02~0.04	0.013~0.025
	介电强度/kV·mm⁻¹	18~22	16~28

虽然固化体积收缩率较大，耐热性较差，但由于价格较便宜，制造方便，因而作为常用树脂基复合材料（如 GF/UP 玻璃钢）仍占市场主导地位，广泛用于电器、建筑、防腐、交通等诸多领域。

3.2.2.2 环氧树脂（Epoxy Resins，EP）[1,3,8,9]

环氧树脂是一种分子中含有两个或两个以上活性环氧（—CH — CH—）基团的低聚物或化合物。环氧基团可以位于分子链的末端、中间或成环状结构。由于分子结构中含有活泼的环氧基团，因此它们可以与多种类型的固化剂发生交联反应而形成不溶、不熔的具有三维网状结构的高聚物。环氧树脂具有适应性强（可选用的品种、固化剂、改性剂等种类繁多）、固化方便、黏附力强、成型收缩率低（表3-4）、力学性能优良（表3-5）、尺寸稳定、绝缘性能好、化学稳定性好、耐霉菌等一系列优异特点，因而用量大，使用广泛。

表 3-4 几种纯热固性树脂的固化收缩率

树脂名称	固化收缩率/%	树脂名称	固化收缩率/%
酚醛树脂	8~10	有机硅树脂	4~8
聚酯树脂	4~6	环氧树脂	1~2

表 3-5 一般未增强的环氧树脂浇注件力学性能

项目	数据	项目	数据
拉伸强度/MPa	45.12	杨氏弹性模量/MPa	22

项目	数据	项目	数据
弯曲强度/MPa	88.29	冲击强度/Pa	98.1
压缩强度/MPa	85.34	相对密度/g·cm^{-3}	1.12

环氧树脂按分子结构，大体可分为缩水甘油醚类、缩水甘油酯类、缩水甘油胺类、线性脂肪族类和脂环族类等；按官能团数也可以分为普通环氧（二官能团）、多官能环氧（三个以上官能团）；按耐热性分为通用环氧、耐热环氧、耐高温环氧等。

缩水甘油醚类（Glycidyl Ether）环氧树脂由含活泼氢的酚类或醇类与环氧氯丙烷缩聚而成，是目前复合材料工业使用量最大的环氧树脂品种，而其中又以二酚基丙烷型环氧树脂（简称双酚 A 型环氧树脂，也称标准环氧树脂）为主。其次为缩水甘油胺类、酚醛多官能环氧树脂，此外少量还有丙三醇、季戊四醇、多缩二元醇等类型环氧树脂。双酚 A 型环氧是由双酚 A 与环氧氯丙烷经缩聚而成的低聚物，具有一般聚合物的通性，平均相对分子质量一般在 300~2000，其结构式如下：

其中，结构式中的重复单元数 $n = 0 \sim 19$，当 $n = 0$ 时，为浅黄色液态树脂，$n \geq 2$ 时，得到的是固态高相对分子质量树脂。目前双酚 A 型环氧树脂约占环氧树脂总产量的 90%，广泛用于浇注、胶黏剂、涂料、油漆、复合材料等方面，但其使用温度相对较低。耐热性好的为酚醛环氧树脂，是由高邻位线型酚醛树脂上的酚羟基与环氧氯丙烷反应而成，固化后产物交联度大。

缩水甘油胺类树脂可以从脂族或芳族伯胺或仲胺和环氧氯丙烷合成，这类环氧树脂的特点是多官能团、环氧当量高、交联密度高，耐热性显著提高，主要缺点之一是有一定脆性。其中最重要的树脂是 AFG-90 环氧树脂，学名为 1-缩水甘油醚-4-二缩水甘油胺。脂肪族环氧树脂是一类由脂环族烯烃的双键经环氧化而制得的环氧化合物，固化后具有较高的抗拉、抗压强度，耐热性好、耐电弧性和耐候性好等特点，典型品种为二氧化双戊二烯。

环氧树脂本身是热塑性的线形结构，不能直接使用，必须再向树脂中加入固化剂，在一定温度条件下进行交联固化反应，生成体形网状结构的高聚物后才能使用。环氧树脂的固化可以通过催化剂使环氧基相互连接而固化，也可以用有能与环氧基反应的官能团的反应性固化剂固化，常用固化剂包括脂肪族或芳香族胺类，有机多元酸或酸酐等。脂肪族和芳香族伯胺被广泛用作聚合物基复合材料的固化剂，由它们固化的环氧树脂基体具有良好的耐热性和耐化学腐蚀性。酸酐作为环氧树脂固化剂广泛用于浇注体、黏合剂及复合材料中，是一类地位仅次于胺类的固化剂。广泛用于聚合物基复合材料预浸料的是纳狄克甲基酸酐，它具有室温使用期长、耐热性好的优点，多用作中温固化系统固化。环氧树脂也可以被路易斯酸或碱催化固化，固化反应是催化剂引发的阴离子或阳离子聚合反应。

单纯的环氧树脂固化后是脆性较高，为了改善这一性能，常向体系中加入增韧剂，它不但能改善树脂的冲击强度和耐热冲击性能，还能减少固化时的反应热和收缩率，但增韧剂的加入会导致树脂耐热性、电性能、耐化学腐蚀性及某些力学性能的下降。目前增韧环氧树脂的途径主要有：（1）橡胶弹性体增韧；（2）热塑性树脂增韧；（3）热致液晶增韧；（4）核壳结构聚合物增韧；（5）刚性纳米粒子增韧。

端羧基液体丁腈橡胶（CTBN）是聚合物基复合材料基体的常用的活性增韧剂，属橡胶弹性体增韧，常用于低温或中温固化环氧树脂体系，可有效地提高环氧树脂韧性，而对其他性能影响较小。对高交联的环氧树脂，橡胶增韧的效果并不明显，且橡胶增韧会使树脂高温性能降低、吸湿量增加，因此不适合飞机、宇航等领域的结构复合材料。近年来，已成功地使用耐热的热塑性树脂如 PSF、PES、PEI 等增韧热固性树脂，在提高韧性的同时不降低树脂高温性能。

3.2.2.3 聚酰亚胺树脂（Polyimide，PI）[1,2,7,8]

聚酰亚胺是指主链上含有酰亚胺环的一类聚合物，这类聚合物早在 1908 年就有报道，一般结构为：

聚酰亚胺树脂可分成缩聚型、加成型和热塑性三种类型。

缩聚型聚酰亚胺树脂是由芳香族四酸二酐与芳香族二胺经缩聚反应形成聚酰胺酸，再进一步脱水环化得到的一类耐高温树脂。根据不同的二酐和二胺，可得到多种聚酰亚胺树脂，它们的 T_g 一般在 $230 \sim 275℃$，耐高温性能优异，使用温度可达 $180 \sim 316℃$，个别甚至高达 $371℃$。此外，聚酰亚胺树脂还具有突出的力学性能，因此在航空航天领域具有重要的应用，但是其也存在工艺性差，预浸料质量控制困难等缺点。实际上有两类由聚酰亚胺树脂派生、用于聚合物基复合材料的树脂体系：一类是由活性单体封端的热固性聚酰亚胺树脂，如双马来酰亚胺树脂、PMR-15；另一类是谓热塑性聚酰亚胺树脂，如 NR-150 系列、PEI 等。

双马来酰亚胺树脂（Bismale Imide，BMI）是由马来酸酐与芳香族二胺反应生成预聚体，再高温交联而成的一类综合性能优异的热固性树脂，综合了聚酰亚胺和环氧树脂的特点，具有良好的耐高温（玻璃化温度 T_g 为 $250 \sim 300℃$，使用温度范围在 $-65 \sim 230℃$ 之间）、耐辐射、耐湿热、模量高、吸湿率低和热膨胀系数小等优良特性，而且具有良好的工艺性，其性价比在各类热固性树脂中是最高的。但是 BMI 树脂自身也有一些缺点：如脆性较大、断裂韧性低、固化温度高、熔点高、溶解性差等，因此需要进一步改性才能达到使用要求。BMI 树脂的固化产物是不溶不熔的，具有相当高的密度（$1.35 \sim 1.4g/cm$），断裂伸长率低于 2%，BMI 树脂的吸湿率与环氧树脂相当（质量分数为 4%～5%），但是吸湿饱和比环氧树脂快，表 3-6 列出了 BMI 树脂的性能。国内外聚合物材料研究者通过不断地改变二胺的结构，利用各种增韧、改性技术，合成出各种性能优异的 BMI 树脂，已广泛应用于航空航天结构材料等高技术领域，并且在汽车、体育用品和电气设备等方面也具有广泛的应用前景。目前应用较多的是二苯甲烷双马来酰亚胺树脂，以及 Kerimid 等各种牌号的商品树脂。随着 BMI 改性技术的不断发展和成本的逐步降低，其有可能取代环氧树脂，在聚合物复合材料工业中得到广泛应用。

表 3-6　BMI 树脂的性能[2]

性能		最高值	BMI 树脂牌号	性能	最高值	BMI 树脂牌号
T_g/℃	干态	400	Kerimid FE70003	拉伸断裂伸长率/%		
	湿态	297	Ciba-Geigy XU-295	干态（25℃）	2.9	Narmco 5245C
拉伸强度/MPa	干态（25℃）	90	Technochemie H795	干态（177℃）	3.3	Hysol EA9102
	湿态（25℃）	88	Ciba-Geigy XU-295	断裂韧性/J·m⁻²	210	Ciba-Geigy XU-295

PMR 聚酰亚胺（以单体反应形成的聚合物）是美国 NASA 的 Lewis 研究中心发展出的一种加成性聚酰亚胺。PMR-15 是最常用的 PMR 聚酰亚胺，采用 Nadic 酸单甲酯（NE），4，4'-二氨基二苯甲烷（MDA）和 3，3'，4，4'-二苯甲酮四羧酸二甲酯（BTDE）作为反应单体，其物质的量比为 NE∶MDA∶BTDE = 2.000∶3.087∶2.087 时，所得到的预聚体相对分子质量为 1500。改变单体物质的量比可获得不同预聚相对分子质量的 PMR 聚酰亚胺，固化后形成高度交联的热固性聚合物。PMR 具有较 BMI 和环氧更为优异的综合力学性能。PMR-15 的玻璃化温度 T_g 达 360℃，可在 316℃ 的高温下保持很高的强度。第二代 PMR-Ⅱ 的耐热性更好，在 316℃ 时使用寿命比 PMR-15 还要高两倍。

3.2.2.4　酚醛树脂[8]

酚醛树脂是由酚类（主要是苯酚）和醛类（主要是甲醛）聚合生成的一类树脂，它是最早工业化的热固性树脂，其合成方便，价格低廉。酚醛树脂与其他热固性树脂比较，其固化温度较高，固化树脂的力学性能、耐化学腐蚀性可与不饱和聚酯相当，但不及环氧树脂；酚醛树脂的脆性比较大、收缩率高、不耐碱、易潮、电性能差，不及聚酯和环氧树脂。酚醛树脂与不饱和聚酯、环氧树脂相比，酚醛树脂的马丁耐热温度、玻璃化转变温度均比前两者高，尤其是在高温下，力学强度明显高于前两者。在 300℃ 以上开始分解，逐渐炭化，800~2500℃ 在材料表面形成炭化层，使内部材料得到保护，因此广泛用作火箭、导弹、飞机、飞船上的耐烧蚀材料[2,3]。

酚醛树脂的固化可以分为三个阶段。第一阶段（A 阶段）热固性酚醛树脂是体型缩聚控制在一定程度内的产物，在合适的反应条件下可以促使体型缩聚继续进行，固化成体型高聚物，在这一阶段生成线型、支链少的低分子混合物，该树脂的平均相对分子质量较低，在 300~1000 范围内，表现出可溶性质，即易溶于乙醇、丙酮等溶剂中。常温下具有流动性，加热后能变成 B、C 阶段。第二阶段（B 阶段），是由第一阶段树脂经过热处理或酸催化进一步缩聚而成，在加热时具有橡胶似的弹性，能拉成丝，不黏；常温下不溶于乙醇和丙酮之中，仅能溶胀，或加热时部分溶解，这是树脂固化的中间状态，具有加热变软的特点。第三阶段（C 阶段），是第二阶段树脂经过加热或酸催化进一步缩合成体型网状结构的树脂，属于不溶不熔的固体物质，是加热固化的最终状态[2,3]。

为提高酚醛树脂的性能，各国研究者开展了深入的改性研究，出现了聚乙烯醇缩醛改性酚醛、聚酰胺改性酚醛、环氧改性酚醛、有机硅改性酚醛、二甲苯改性酚醛、二苯醚改性酚醛，以及硼、钼元素改性酚醛等品种。表3-7为热固性树脂及复合材料的主要特性和用途。

表3-7 热固性树脂及复合材料的主要特性和用途

名称	特性	成型性能	用途
酚醛树脂	电绝缘性能、力学性能优良，耐水性、耐酸性和耐烧蚀性能优良	优	绝缘制品，机械零部件，黏结材料、涂料
环氧树脂	黏结性能、力学性能优良，耐化学药品性良好，电绝缘性好，固化收缩率低，可在室温、接触压力下固化成型	优	力学性能要求高的机械零部件，绝缘制品，黏结材料、涂料
不饱和聚酯树脂	低压固化成型，力学性能、耐化学性、电绝缘性能优良，固化收缩率大	良	建材、结构材料、汽车、电气零部件、纽扣、涂料等
有机硅树脂	耐热性和电绝缘性能优异，疏水性好，力学性能差	良	绝缘材料、疏水剂、脱模机
聚氨酯	耐热、耐油、耐溶剂性好，强韧性、黏结性和弹性优良	优	隔热材料、缓冲材料、合成皮革、发泡制品
脲醛树脂	无色，着色性好，电绝缘性好，耐水性差	中	电气元件、食品器具、黏结剂
三聚氰胺树脂	无色，着色性好，硬度高、耐磨损性好，电绝缘性和耐电弧性优良	差	电气元件、机械零部件、黏结剂、涂料等
醇酸树脂	黏结包覆性能好，耐候性好，涂膜强韧	中	涂料，特别是耐烧蚀涂料
二烯丙酯树脂	电绝缘性和尺寸稳定性好	优	绝缘电气元件、精密电子器件
呋喃树脂	耐化学药品性优良，热稳定性和电绝缘性能良好	中	电气元件、耐化学药品制品

3.2.3 热塑性基体

高性能热塑性树脂基体克服了一般热塑性树脂使用温度低、刚性差及耐溶剂性差的弱点。与热固性树脂相比，高性能热塑性树脂基体具有优异的韧性、损伤容限，良好的耐环境性、耐湿热性能，低吸湿率、低热释放速率及烟密度，以及成型周期短、可多次熔融、重复成型等特点，主要包括聚酮类树脂、聚芳硫醚树脂、热塑性聚酰亚胺、聚醚酰亚胺、聚酰胺酰亚胺、聚砜、热致液晶高分子、聚苯并咪唑等。

3.2.3.1 聚酮类树脂[1]

聚酮类树脂的主要产品为聚醚醚酮（Poly（Ether-Ether-Ketone），PEEK）。PEEK是一种半结晶性热塑性树脂，具有良好的加工性能，可采用注射、挤出、压制、旋转等成型方法，其玻璃化转变温度为143℃，熔点为334℃，热变形温度为160℃，并具有良好的热稳定性，在空气中420℃×2h失重只有2%。聚醚醚酮在160~310℃范围内趋向结晶化，225℃时结晶速度最快，结晶度一般在20%~40%，最大结晶度为48%，晶态和非晶态的密度分别为1.320g/cm³和1.265g/cm³。

PEEK具有优异的力学性能和耐热性，其在空气中的热分解温度达650℃，加工成型温度为 370~420℃，以 PEEK 为基体的复合材料可在 250℃ 的高温下长期使用。在室温下，PEEK 的模量与环氧树脂相当，强度优于环氧，而断裂韧性极高（断裂伸长率大于40%）。PEEK 耐化学腐蚀性可与环氧树脂媲美，而吸湿性比环氧低得多。PEEK 耐绝大多数有机溶剂和酸碱，除液体氢氟酸、浓硫酸等个别强质子酸外，它不为任何溶剂所溶解。此外，PEEK 还具有优秀的阻燃性、极低的发烟率和有毒气体释放率，以及极好的耐辐射性。

碳纤维增强 PEEK 单向预浸料的耐疲劳性超过碳纤维/环氧复合材料，耐冲击性好，在室温下具有良好的抗蠕变性，层间断裂韧性很高（>1.8kJ/m²）。由于 PEEK 具有良好的综合性能，主要用来制造原子能发电用导线、飞机发动机部件和作为先进复合材料基体。

3.2.3.2　聚芳硫醚树脂

聚芳硫醚树脂最具代表性的树脂为聚苯硫醚（Polyphenylene Sulfide，PPS）。聚苯硫醚是一种半结晶性聚合物，具有优异的耐化学腐蚀性（仅次于氟塑料）、耐热性、耐蠕变性、介电性能、阻燃性能和易加工性。聚苯硫醚是以对二氯苯和硫化钠为原料，在一定温度下制成的聚合物，只能在高温下有限地溶解在某些芳烃、氯代芳烃或杂环化合物中，而在室温下不溶于任何有机溶剂，但是强氧化剂能够将其氧化，具有良好的阻燃性能，耐燃等级为 V-0 级。PPS 具有良好的力学性能和热稳定性，可在 240℃ 下长期使用，410℃×2h失重 10%。但是在 410℃ 以上长期使用，PPS 会被空气中的氧氧化而发生交联反应，结晶度降低，甚至失去热塑性。由于韧性较差，PPS 较少用作连续纤维增强的复合材料基体，但是短纤维及其他填料增强 PPS 应用广泛[2]。

3.2.3.3　聚砜[1,2]

根据分子结构不同，聚砜（Polysulfone，PSU）树脂包括三类：聚砜（Polysulfone，如 UdeD）、聚芳醚砜或聚苯砜（Polyphenylsulfone 或 Polyarylethersulfone，如 Radel R）、聚醚砜（Polyethersulfone，如 Radel A、Vitrex PES）。

聚醚砜（Polyethersulfone，PES）是一种透明琥珀色非晶聚合物，其玻璃化转变温度高达 225℃，在 180℃ 温度下可长期使用，在 -100~200℃ 温度区间内，弹性模量变化很小（特别是在 100℃ 以上时比其他热塑性树脂都好），具有突出的抗蠕变性能；其线膨胀系数随温度变化很小，无毒、不燃、发烟率低、耐辐射性好，耐 150℃ 蒸汽，耐酸碱和油类，但可被浓硝酸、浓硫酸、卤代烃等腐蚀或溶解，在酮类溶剂中开裂。无论是使用普通级还是增强级聚醚砜作为基体，短切玻璃纤维或碳纤维复合材料多采用注射成型进行加工，成型温度在 360~380℃，其长纤维复合材料通常用溶液预浸或膜层叠技术制造。由于 PES 的耐溶剂性较差，限制了其在飞机结构等领域的应用，主要用来制作电器线圈骨架、绝缘材料、轴承支撑架、发动机齿轮等；但 PES 复合材料在电子产品、雷达天线罩、靶机蒙皮等方面得到大量应用，也用于宇宙飞船的关键部件。

3.2.3.4　聚醚酰亚胺[1]

聚醚酰亚胺（Polyetherimide，PEI）是一种性能类似于 PES 的热塑性聚酰亚胺，具有良好的耐热性、尺寸稳定性、耐腐蚀性、耐水解性和加工工艺性，长期使用温度为180℃，可溶于卤代烷、DMF 等溶剂中。与聚醚醚酮相比，具有较高的玻璃化温度、使用温度及较低的成型加工温度，多用于电子产品和汽车领域。

3.2.3.5 热致液晶高分子

热致液晶高分子树脂多为聚酯类高分子。这是一种耐高温的液晶高分子，阻燃性能非常好。液晶区在分子中的存在对非晶区域有增强作用，在熔融状态下呈现有序结构，按一定的方向取向，易于流动，因此，熔体的黏度及收缩率远小于一般的聚合物，具有优良的力学性能，冲击性能也很高。表 3-8 为一些新型高性能热塑性聚合物。

表 3-8　新型高性能热塑性聚合物

树脂	缩写及商品牌号	形态	$T_g/℃$	$T_m/℃$	成型温度 /℃	厂家
聚醚醚酮	PEEK	半结晶	143	343	400	ICI
聚醚酮	PEK	半结晶	165	365	400~450	BASF
聚醚醚酮	PEKK	半结晶	156	338	380	Du Pont
聚芳基酮	PAK（PXM8505）		265			Amoco
聚芳基酮	PAK（APC-HTX）	半结晶	205	368	420	ICI
聚苯硫醚	PPS（Ryton）	半结晶	90	290	343	Philips Pet
聚芳基硫醚	PAS（PAS-2）	无定形	215		329	Philips Pet
聚酰胺	PA（J-1）	半结晶	145	279	343	Du Pont
聚酰胺	PA（J-2）	无定形	145		300	Du Pont
聚酰胺酰亚胺	PAI（Torlon）		275		400	Amoco
聚酰胺酰亚胺	PAI（Torlon AIX638）		243		350	Amoco
聚醚酰亚胺	PEI（Uitem1000-6000）	无定形	217		350~400	GE
聚醚酰亚胺	PEI（P-IP）	半结晶	270	380	380~420	Mitsui Toatsu
聚酰亚胺	PI（Avimid K-Ⅰ）	无定形	295		370	Du Pont
聚酰亚胺	PI（Avimid K-Ⅱ）	无定形	250~280		360	Du Pont
聚酰亚胺	PI（Avimid K-Ⅲ）	无定形	250		343~360	Du Pont
聚酰亚胺	PI（Avimid N）	无定形	340~370			Du Pont
聚酰亚胺	PI（LaRc-TPI）	无定形	264	325	350	Mitsui Toatsu
聚酰亚胺砜	PIS（PISO₂）		273		343	Hig Tech Service
聚砜	PUS（UDEL P-1700）	无定形	190		300	Amoco
聚砜	PUS（RADEL A400）	无定形	220		330	Amoco
聚醚砜	PES（HTA）	无定形	260		400~450	ICI
聚醚砜	PES（VICTREX 4100G）		230		300	ICI
聚酯	XYDAR SRT-300	液晶	350	421	400	Dartco

3.3 聚合物基复合材料界面[2]

聚合物基复合材料不同于其他结构材料，其特征是界面使两类性质不同、不能单独作为结构材料使用的材料形成一个整体，从而显示出优越的综合性能。而界面的形成、界面的结构和界面的作用等对这种复合材料性能有重要的影响。界面的形成大体分为两个阶段。第一阶段是基体与增强材料的接触与润湿过程。由于增强材料对基体分子的各种基团或基体中各种组分的吸附能力不同，它总是要吸附那些能降低其表面能的物质，并优先吸附那些能够较多地降低它的表面自由能的物质。因此界面聚合物层在结构上与聚合物本体结构有所不同，第二阶段是聚合物的固化过程。在这个过程中聚合物通过物理的或化学的变化使其分子处在能量降低、结构最稳定的状态，形成固定的界面，上述两个过程是连续进行的。

3.3.1 复合结构的类型

由于各种组分的性质、状态和形态的不同，可以制造出不同复合结构的复合材料。正是由于存在着复合结构，使所得到的复合材料不仅保持了原有组分的性能，而且具有原组分所没有的特殊性能。复合结构按其织态结构一般可分为以下 5 个类型（图 3-3）。

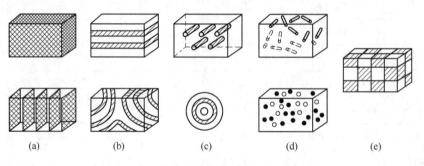

    (a)   (b)   (c)   (d)   (e)

图 3-3   复合材料的复合结构类型[2]

（1）网状结构。网状结构是指在复合材料组分中，一相是三维连续，另一相为二维连续的或者两相都是三维连续的，如图 3-3（a）所示，这种复合结构在共混的聚合物基复合材料中很常见。如丁腈橡胶和聚氯乙烯共混，它们彼此虽是相容体系，但实际仍是机械混合，用电子显微镜可清楚地观察到两相形成连续网络的情况。甚至将其他种类的单体浸透在有架桥的聚合物分子中，然后进行聚合反应也可得到这种网状复合结构的复合材料。从这里得到启示，人们已能通过人工培制或编织三维网络的增强材料与聚合物复合的网络结构。如在碳纤维上进行培制分枝技术、碳纤维及玻璃纤维的三维编织技术等。

（2）层状结构。层状结构是两组分均为二维连续相，所形成的材料在垂直于增强相和平行于增强相的方向上，其力学等性质是不同的，特别是层间剪切强度低。此种结构的复合材料是用各种片状增强材料制造的复合材料，如图 3-3（b）所示。

（3）单向结构。单向结构是指纤维单向增强及筒状结构的复合材料，如图 3-3（c）所示。这种结构在工业用复合材料中是常见的，如各种纤维增强的单向复合材料。

（4）分散状结构。分散状结构是指以不连续相的粒状或短纤维为填料的复合材料，如图3-3（d）所示。在这种结构的复合材料中，聚合物为三维连续相，增强材料为不连续相，这种结构的复合材料是比较常见的。

（5）镶嵌结构。这是一种分段镶嵌的结构，作为结构材料使用是很少见的。它是由各种粉状物质通过高温烧结而形成不同相而结合形成的，对制备各种功能材料有着重要价值，如图3-3（e）所示。

3.3.2 复合效果

由单一材料转化为复合材料，目的在于取得单一材料所没有的性能和经济效果。因此，不仅注重原材料、复合过程和复合结构，更重要的是要看最后的复合效果。基于此把复合效果分为以下几类。

（1）组分效果。组分效果是在已知组分的物理、力学性能的情况下，不考虑组分的形状、取向、尺寸等状态复杂的变量影响，而只把组成（体积分数、质量分数等）作为变量来考虑所产生的效果。组分效果又分为两种情况，即加和效果和相补效果。

相补效果是加和效果的特殊情况。相补效果适用于具有不同的物理性质和使用功能的组分材料。复合之后组分材料的性质相互弥补而起到扬长避短的效果。如增强塑料的优点就是塑料的特性和增强材料的特殊相补效果的反映。此外，对于一些只有某种用途的材料，也可以通过与其他材料的功能相补而开创材料的新用途。

（2）结构效果。结构效果是指复合物性能仅用组分性质及组成作为 Y 的函数描述时，必须考虑连续相和分散相的结构形状、取向、尺寸等因素。当结构确定的情况下，把这些因素之间的函数关系用数学式表示是不那么困难的。但是在结构没有确定时，要引入结构参数也是不可能的。结构效果又可分为形状效果、取向效果和尺寸效果三类。

1）形状效果。该效果也可称为相的连续和不连续效果。对于结构效果其决定的因素是组成的两相（基体与填料）哪一相是连续相。如果分散相是大小相同的球状粒子，其最紧密的六方填充体积分数为0.74。若分散相接触变成连续相，其断面为圆形的棒状粒子且平行排列的话，其最紧密填充的体积分数可达0.9。因此，复合物的性质在不考虑界面效果的情况下，主要取决于连续相的性质。如以分散粒子填充的复合物，它的性能，特别是力学性能起支配作用的是基体，而以连续纤维填充的复合物则其性能，特别是力学性能主要取决于连续纤维。

2）取向效果。取向效果的典型例子是层压板。层压板在平行于层压平面或垂直于层压平面而施加外力时，杨氏模量如下。

并联结合时：
$$E = \Phi_A E_A + \Phi_B E_B \tag{3-1}$$

串联结合时：
$$1/E = \Phi_A E_A + \Phi_B E_B \tag{3-2}$$

两式的综合式：
$$E^n = \Phi_A E_A^n + \Phi_B E_B^n, \quad -1 \leqslant n \leqslant 1 \tag{3-3}$$

n 近似于1时并联占优势，近似于−1时串联占优势，n 也可以说是一种结构参数。

一般来说，在加和性 $X = \Phi_A X_A + \Phi_B X_B$ 的偏差情况中，像式（3-3）那样，除了表示强度因子（X_B、X_B）中引入结构参数的做法外，也有表示组分量因子（Φ_A、Φ_B）中引入结构参数的方法。如把分散相的体积分数 Φ_B，作为纵横的分率 λ 与 Φ 的积 $\Phi_B = \lambda\Phi$，且设 λ（或 Φ）为变量，也可以说是表示串联或并联的结构参数。在处理这些问题时，重要的是两相间的黏结要完全。分散相的形状和取向效果是非常复杂的。纤维状和棒状的分散相，甚至只有很小的组分相互接触，也可具有一定的结构。即使是球形粒子，一旦凝结便可以得到棒状、纤维状、网状结构。

3）尺寸效果。如果改变尺寸，也将引起几个方面的变化，从而影响材料某些性能，如尺寸变化引起表面积的改变、表面能的改变，以及表面应力的重新分布等。

（3）界面效果。复合效果主要是界面效果，由于界面的存在显示出复合材料的各种性能，并由界面结构的变化而引起复合材料性能的变化。

3.3.3 界面结构

复合材料不是把基体和增强材料两种组分简单地混合在一起，而是最少有一种组分是溶液或熔融状态，能使两组分接触、润湿，最后通过物理的或化学的变化形成复合材料。一定意义上来说，又形成了一个新的组分界面。界面的结构不同于原来两个组分的结构。界面的结构同界面的形成一样比较复杂，以下从几个方面进行简要介绍。

3.3.3.1 树脂抑制层与界面区的概念

A 树脂抑制层

热固性树脂的固化反应大致可分为借助于固化剂进行固化和靠树脂本身官能团进行反应两类。在借助固化剂固化的过程中，树脂中固化剂所在的位置就成为固化反应的中心，固化反应从中心以辐射状向四周延伸，结果形成了中心密度大、边缘密度小的非均匀固化结构，密度大的叫"胶束"或"胶粒"，密度小的叫"胶絮"，固化反应后，在胶束周围留下了部分反应的或完全没有反应的树脂。在依靠树脂本身官能团反应的固化过程中，开始固化时，同时在多个反应点进行固化反应，在这些反应点附近反应较快，固化交联的密度较大，随着固化反应的进行，固化反应速率逐渐减慢，因而后交联的部位交联密度较小，这样也形成了高密度区与低密度区相间的同化结构，高密度区类似胶束，低密度区类似胶絮。

在复合材料中，越接近增强材料的表面，微胶束排列得越有序；反之，则越无序。在增强材料表面形成的树脂微胶束有序层称为"树脂抑制层"。在载荷作用下，抑制层内树脂的模量、变形等将随微胶束的密度及有序性的变化而变化。树脂抑制层受力示意图如图3-4所示。

B 界面区

界面区可理解为是由基体和增强材料的界面再加上基体和增强材料表面的薄层构成的。基体和增强材料的表面层是相互影响和制约的，同时受表面本身结构和组成的影响，表面层的厚度目前尚不十分清楚，估计基体的表面层约比增强材料的表面层厚20倍。基体表面层的厚度是一个变量，它在界面区的厚度不仅影响复合材料的力学行为，而且还影响其韧性参数。有时界面区还应包括偶联剂生成的耦合化合物，它是与增强材料的表面层、树脂基体的表面层结合为一个整体的。从微观角度来看，界面区可被看作是由表面原子及亚表面原子构成的，影响界面区性质的亚表面原子有多少层，目前还不能确定。基体和增强材料表面原子间的距离，取决了原子间的化学亲和力、原子和基团的大小，以及复合材料制成后界面上产生的收缩量。

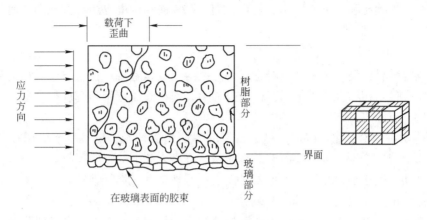

图 3-4　树脂抑制层受力示意图[2]

界面区的作用是使基体与增强材料形成一个整体，通过它传递应力。如果增强材料表面没有应力集中，而且全部表面都形成了界面，则界面区传递应力是均匀的。实验证明，应力是通过基体与增强材料间的黏合键传递的。若基体与增强材料间的润湿性不好，胶接面不完全，那么应力的传递面积仅为增强材料总面积的一部分。因此，为使复合材料内部能均匀地传递应力，显示出优良的性能，要求在复合材料的制备过程中形成一个完整的界面区。

3.3.3.2　界面结构的形成

A　粉状填料复合材料的界面结构

根据填料的表面能 E_a 和树脂基体的内聚能密度 E_d 的相对大小，可把填料分为活性填料和非活性填料。$E_a > E_d$ 为活性填料，$E_a < E_d$ 为非活性填料。

当填料是活性填料时，则在界面力的作用下界面区形成"致密层"。在"致密层"附近形成"松散层"。对于非活性填料，则仅有"松散层"存在。因此界面结构可描述为以下形式：

活性填料：基体/松散层/致密层/活性填料。

非活性填料：基体/松散层/非活性填料。

界面区的厚度取决于基体聚合物链段的刚度、内聚能密度和填料的表面能。此外，一定体系的界面区厚度与填料粒子大小和填料含量的变化是无关的。

界面区结构对材料性能的影响，较多的是对模量的影响。界面层中填料含量的提高，或填料粒子尺寸的减小，都有利于模量的提高。

界面层结构对动态性能也有影响。这主要是由于填充以后界面层内的聚合物与未填充的聚合物具有不同的松弛时间和玻璃化转变温度，因此影响到动态性能。

从热力学角度来看，填料浓度增加，填料粒子间的基体的厚度降低，界面层内分子链被固定，链段流动性减少，结果使松弛过程的活化熵和熵均减小。

引入非活性填料，复合材料的强度没有改善。而引入活性填料，只有当填料到达一定含量时，才有可能使复合材料强度得到提高。这是由于界面层形成三维网络的结果。

B　连续纤维增强复合材料的界面结构

连续纤维增强复合材料的结构与粉状填料复合材料不同。前者为两个连续相的复合，而后者为一个连续相和一个分散相的复合。因此在界面结构上也会有所差别，而在总体上或微观结构上基本是一致的。

3.3.3.3 界面作用机理

在组成复合材料的两相中，一般总有一相以溶液或熔融流动状态与另一相接触，然后进行固化反应使两相结合在一起。在这个过程中，两相间的作用和机理一直是人们所关心的问题，从已有的研究结果可总结为以下几种理论。

(1) 化学键理论。化学键理论是最古老的界面形成理论，也是目前应用较广泛的一种理论。化学键理论认为基体表面上的官能团与纤维表面上的官能团起化学反应，因此在基体与纤维间产生化学键的结合，形成界面。这种理论在玻璃纤维复合材料中，因偶联剂的应用而得到证实，故也称"偶联"理论。

化学键理论一直比较广泛地被用来解释偶联剂的作用。它对指导选择偶联剂有一定的实际意义。但是，化学键理论不能解释为什么有的偶联剂官能团不能与树脂反应，却仍有较好的处理效果。

(2) 浸润理论。浸润理论认为两相间的结合模式属于机械黏结与润湿吸附。机械黏结模式是一种机械铰合现象，即在树脂固化后，大分子物进入纤维的孔隙和不平的凹陷之中形成机械铰链。物理吸附主要是范德华力的作用，使两相间进行黏附。实际往往这两种作用同时存在。两组分间如能实现完全浸润，则树脂在高能表面的物理黏附所提供的黏结强度，将大大超过树脂的内聚强度。

要获得好的表面浸润，基体起初必须是低黏度，且其表面张力低于无机物表面临界表面张力。一般无机物固体表面具有很高的临界表面张力。但很多亲水无机物在大气中与湿气平衡时，都被吸附水所覆盖，这将影响树脂对表面的浸润。

(3) 减弱界面局部应力作用理论。当聚合物基复合材料固化时，聚合物基体产生收缩。而且，基体与纤维的线膨胀系数相差较大，因此在固化过程中，纤维与基体界面上就会产生附加应力。这种附加应力会使界面破坏，导致复合材料性能下降。此外，由外载荷作用产生的应力，在复合材料中的分布也是不均匀的。从复合材料的微观结构可知，纤维与树脂的界面不是平滑的，结果在界面上某些部位集中了比平均应力高的应力，这种应力集中将使纤维与基体间的化学键断裂，然后使复合材料内部形成微裂纹，这样也会导致复合材料的性能下降。

增强材料经偶联剂处理后，能减缓上述几种应力的作用。因此一些研究者对界面的形成及其作用提出了几种理论：一种理论认为，偶联剂在界面上形成了一层塑性层，它能松弛界面的应力，减小界面应力的作用，这种理论称为"变形层理论"；另一种理论认为，偶联剂是界面区的组成部分，这部分是介于高模量增强材料和低模量基体之间的中等模量物质，能起到均匀传递应力，从而减弱界面应力的作用，这种理论称为"抑制层理论"。还有一种理论称为"减弱界面局部应力作用理论"，认为处于基体与增强材料之间的偶联剂，提供了一种具有"自愈能力"的化学键，这种化学键在外载荷（应力）作用下，处于不断形成与断裂的动态平衡状态。低分子物（一般是水）的应力浸蚀，将使界面的化学键断裂，同时在应力作用下，偶联剂能沿增强材料的表面滑移，滑移到新的位置后，已断裂的键又能重新结合成新键，使基体与增强材料之间仍保持一定的黏结强度，这个变化过程的同时使应力松弛，从而减弱了界面上某些点的应力集中。这种界面上化学键断裂与再生的动平衡，不仅阻止了水等低分子物的破坏作用，而且由于这些低分子物的存在，起到了松弛界面局部应力的作用。

（4）摩擦理论。摩擦理论认为基体与增强材料间界面的形成完全是由于摩擦作用。基体与增强材料间的摩擦系数决定了复合材料的强度。这种理论认为偶联剂的作用在于增加了基体与增强材料间的摩擦系数，从而使复合材料的强度提高。对于水等低分子物浸入后，复合材料的强度下降，但干燥后强度又能部分恢复的现象，这种理论认为这是由于水浸入界面后，基体与增强材料间的摩擦系数减小，界面传递应力的能力减弱，故强度降低，而干燥后界面内的水减少，基体与增强材料间的摩擦系数增大，传递应力的能力增加，故强度部分地恢复。

有关界面形成和界面作用的理论，除了上述几种外，还有吸附理论、静电理论等。在复合材料中，基体与增强材料间界面的形成与破坏，是一个复杂的物理及物理化学的变化过程，因此与此过程有关的物理及物理化学因素，都会影响界面的形成、结构及其作用，从而影响复合材料的性质。

3.4 聚合物基复合材料的制备工艺

聚合物基复合材料的制备工艺通常有一步法和两步法之分。一步法是由纤维增强体直接浸渍树脂，并成型固化的方法；两步法是预先将纤维等增强材料与树脂混合、浸渍、加工，使之形成复合材料半成品，然后再由半成品加工成型复合材料制品的方法。聚合物基复合材料加工成型的典型工艺流程如图 3-5 所示。早期制造聚合物基复合材料都是采用一步法制备工艺，如成型模压制品是将纤维或织物置于模具中，在倒入配制好的树脂胶液加压成型。一步法虽然工艺简便、设备简单，但是溶剂、水分等挥发物不易去除，残留在基体中形成孔洞。而两步法预先将纤维浸渍树脂，经过一定烘干处理使浸渍物成为一种干态或略带黏性的材料，再成型复合材料制品，可降低制品孔隙率，并较好地控制含胶量和解决分布不均的问题，确保复合材料质量。

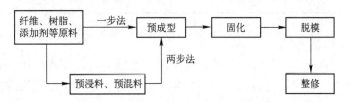

图 3-5 聚合物基复合材料加工成型的典型工艺流程[3]

为提高聚合物基复合材料性能，基体中往往加入微粒填料和添加剂，形成多相复合材料。这些添加剂、填料，以及纤维，通常是预先与树脂混合制成成型用半成品，然后再经压制、注射等成型工艺制成复合材料制品。对于热塑性树脂，习惯上把这种成型用材料叫做粒料；对于热固性树脂，叫做模塑料（粒料和模塑料也统称为预混料）；对于连续纤维增强树脂，则称为预浸料。它们是制备复合材料制品的重要中间环节，其质量直接影响成型的工艺条件和最终产品性能，不仅取决于树脂及添加剂的种类和配比，而且还与其制造方法有极大的关系。

聚合物基复合材料制造方法很多,随着树脂基复合材料工业迅速发展和日渐完善。新的高效生产方法不断出现,在生产中采用的成型方法主要有:手糊成型、模压成型、层压或卷制成型、缠绕成型、拉挤成型、离心浇注成型、树脂传递成型、夹层结构成型、喷射成型、真空浸胶成型、挤出成型、注射成型、热塑性片状模塑料热冲压成型等[1]。

3.4.1　复合材料预浸料、预混料的制备[10,11]

预浸料、预混料是复合材料生产过程中由增强纤维、树脂、填料和添加剂,经混合或浸渍并加工而成的复合材料半成品,可由它们直接通过各种成型工艺制成最终构件或产品。预浸料通常是指定向排列的连续纤维(单向、织物)等浸渍树脂后所形成的厚度均匀的薄片状半成品。预混料是指由不连续纤维浸渍树脂或与树脂混合后所形成的较厚的片状、团状或粒状半成品,包括片状模塑料(Sheet Moulding Compound,SMC)、玻璃纤维毡增强热塑性塑料片材(Glass Mat Reinforced Thermoplastics,GMT)、团状模塑料(Dough Molding Compounds,DMC)、散状模塑料(Bulk Molding Compound,BMC)、注射模塑料(Injection Molding Compounds,IMC)等[7]。表3-9是预浸料和预混料的基本特征。

表 3-9　预浸料和预混料的基本特征[10]

项　目	预浸料		预混料		
	单向织物	纱束	GMT	SMC、BMC	IMC
适用工艺	袋压、层压模压	缠绕拉挤	冲压模压	模压	注射、挤压
适用结构	高性能结构		—	普通结构	中、小制品
常用纤维	碳、Kevlar、玻璃		—	玻璃	玻璃、碳
纤维长度	连续		—	10~50mm	约6mm
纤维含量 V_f/%	50~70		—	15~40	15~40
常用基体类型	热固性:EP、PF、BMI 等 热塑性:PEEK、PPS 等		PP、PC PET 等	UP、PF 等	多数 TP、少数 TS

3.4.1.1　预浸料制造

预浸料是用树脂基体在严格控制的条件下浸渍连续、短纤维或织物,制成的树脂基体与增强体的组合物,制造复合材料的中间材料,是具有一定力学性能的结构单元,复合材料设计师进行结构设计。目前预浸料的制造已经成为一种专门的工艺技术,由专业化工厂进行生产,制造技术有了很大提高,质量控制得到加强,工艺过程自动化,以保证预浸料产品的性能稳定。预浸料的原材料包括增强体和基体,主要辅助材料是离型纸和压花聚乙烯薄膜。预浸料用增强体主要是碳纤维、芳纶、玻璃纤维及其织物等,如图3-6所示;预浸料用树脂包括热塑性树脂和热固性树脂,结构复合材料常用的树脂基体如图3-7所示。

制备预浸料采用的工艺方法很多,随树脂基体类型的不同而异。热固性树脂基体预浸料的制备方法比较成熟,而热塑性树脂基体预浸料的制造技术发展较晚,因树脂熔点较高、熔融黏度大,没有适当的低沸点溶剂可溶,与热固性树脂基体预浸料的工艺方法有明显的不同。

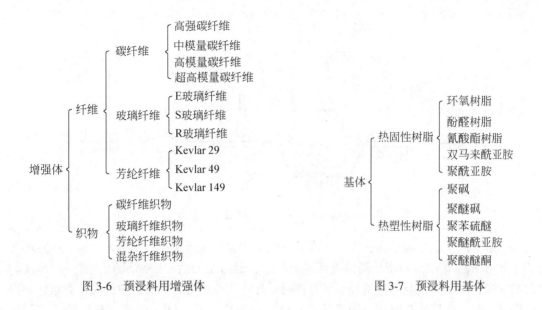

图 3-6 预浸料用增强体 　　　　　图 3-7 预浸料用基体

A 热固性预浸料制造

热固性树脂预浸料的制备主要采用两种工艺方法：溶液浸渍法和热熔法。

溶液浸渍法是把树脂基体各组分按规定的比例，溶解于低沸点溶剂中，使其成为一定浓度的溶液，然后将纤维束或织物以规定的速度通过树脂基体溶液，使其浸渍上定量的树脂基体，并通过加热去除溶剂，使树脂得到合适的黏性。溶液浸渍法还可分为辊筒缠绕法或织物连续浸渍法。辊筒缠绕法是将纤维束通过树脂溶液胶槽，经过几组导向辊，去除多余的树脂，随后缠绕在辊筒上，待绕满辊筒后停机，沿辊筒纵向切开，即可得到一张单向预浸料，其工艺原理如图 3-8 所示。

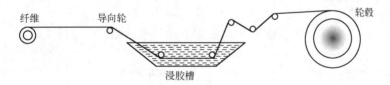

图 3-8 辊筒缠绕法工艺原理图[7]

多束纤维或织物连续浸渍法工艺过程为：从纱架引出纤维束，调节每束纤维张力使之基本相等，经过整径、分散和展平。进入进胶槽，通过挤胶去除多余的树脂。随后进入烘干炉，使溶剂挥发，再经检测装置检查树脂含量和预浸料质量，最后用离型纸或压花聚乙烯薄膜覆盖并收卷。多束纤维或织物连续浸渍工艺可采用卧式预浸机或立式预浸机，由于前者占地面积大，加热通道距离长，工艺控制困难，因此目前采用立式工艺和设备，工艺示意图如图 3-9 所示。

溶液浸渍法过程中，增强材料容易被树脂基体浸透，可以制造薄型预浸料，也可制造厚型预浸料，并且设备造价也较低廉。但是预浸料往往残留一定量的溶剂，成型时易形成孔隙，影响复合材料的性能。

热熔法是在溶液浸渍法的基础上发展起来的，以免溶液浸渍法因溶剂问题带来的缺

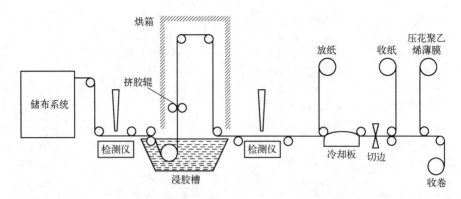

图 3-9　溶液浸渍法立式预浸过程示意图[9]

点。热熔法因工艺步骤不同，可分为直接熔融法和胶膜压延法。直接熔融法工艺示意图如图 3-10 所示，熔融态树脂从漏槽流到隔离纸上，通过刮刀后在隔离纸上形成一层厚度均匀的胶膜，经导向辊与经过整径后平行排列的纤维或织物叠合，通过热鼓时树脂熔融并浸渍纤维，再经辊压使树脂充分浸渍纤维，冷却后收卷。图 3-11 为胶膜压延法的工艺示意图，与直接熔融法相似，一定数量的纱束经整理排布后，加于胶膜之间，成夹芯状，再通过加热辊挤压，使纤维浸嵌于树脂膜中，最后加隔离纸载体压实，即可分卷。

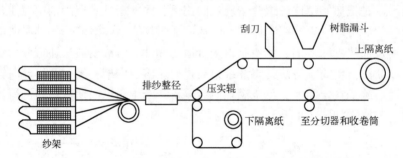

图 3-10　直接熔融法制备预浸料示意图[9]

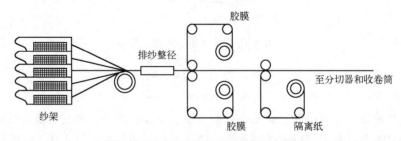

图 3-11　胶膜压延法制备预浸料示意图

　　热熔法的优点是工艺过程效率高，树脂含量容易控制，没有溶剂，预浸料挥发分含量低，工艺安全，预浸料外观质量好；缺点在于厚度大的织物难于浸透，高黏度树脂难于浸渍。

　　B　热塑性预浸料制造

先进复合材料用高性能热塑性树脂一般熔点较高（超过 300℃），黏度较大，而且黏度随温度的变化很小，因此制备热固性预浸料的方法不能用于制造热塑性预浸料。近20多年来，国内外开展了大量的研究工作，采取了多种工艺方法，获得了不少成果。热塑性复合材料预浸料制造，可简单地分为预浸渍技术和后浸渍技术两大类。预浸渍技术包括溶液浸渍法和熔融浸渍法两种，其特点是：预浸料中树脂完全浸渍纤维。后浸渍技术包括膜层叠、粉末浸渍、纤维混杂、纤维混编等，其特点是：预浸料中树脂是以粉末、纤维或包层等形式存在，对纤维的完全浸渍要在复合材料成型过程中完成。常用的工艺方法有溶液浸渍法、熔融浸渍法、薄膜层叠法、粉末浸渍法、纤维混编或混纺技术等。

溶液浸渍法是将热塑性高分子溶于适当的某一溶剂或混合溶剂中，使其可以采用类似于热固性树脂的浸渍技术进行浸渍，将溶剂除去后即得到浸渍良好的预浸料。这种工艺优点是可以使纤维完全被树脂浸渍并获得良好的纤维分布，可采用传统的热固性树脂的设备和类似的浸渍工艺，但需要熔炉使树脂熔融并黏附在增强材料上。缺点是成本较高并造成环境污染，残留溶剂很难完全除去，影响制品性能，只适于一部分非结晶型树脂[10]。

熔融浸渍法是将熔融态树脂由挤出机挤出到专用的模具中，树脂呈流态，再将增强材料从熔融树脂中连续通过，随后经辊压，形成预浸料，如图3-12所示。原理上这是一种最简单和效率最高的方法，适合所有的热塑性基体。但是，要想使高黏度的熔融态树脂（黏度高达10^3Pa·s以上）在较短的时间内完全浸润纤维是困难的。要获得理想的浸润效果，就要求树脂的熔体黏度要足够低，且在高温下足够长的时间内稳定性要好。因而PPS（高温易氧化交联）、PES（熔体黏度高）等树脂实际上难以采用这种方法预浸渍[10]。此外熔融浸渍法也可采用类似热固性树脂的工艺，将增强纤维连续通过树脂熔融浴中，用刮刀或计量辊筒控制树脂含量；也可将树脂涂在离型纸，制成规定厚度的胶膜，使树脂、纤维和离型纸形成夹芯结构，经过加热和辊压将融化的树脂转移到纤维上，并使树脂充分浸透纤维。

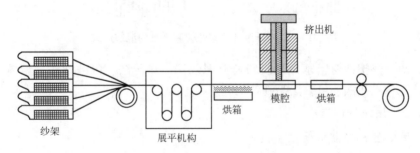

图3-12　熔融浸渍法制备预浸料示意图

薄膜层叠法是将增强剂与树脂薄膜交替铺层，在高温、高压下使树脂熔融并浸渍纤维，制成平板或其他一些形状简单的复合材料制品（图3-13）。增强剂一般采用织物，这样在高温、高压浸渍过程中不易变形。这一工艺具有适用性强、工艺及设备简单等优点；也存在纤维浸渍状态和分布不良、制品性能不高，需要高温、高压长时间的成型，以及不能制造复杂形状和大型制品的缺点[10]。

粉末浸渍法是将热塑性树脂制成粒度与纤维直径相当的微细粉末，再以各种不同的方式施加到增强体上。一般热熔浸渍阶段被保留在复合材料成型阶段，这样使预浸料保持一定柔软性以利于铺层[10]。这种方法生产效率高、预浸料柔软、铺层工艺好，比膜层叠技术浸渍质量高，成型工艺性好，是一种被广泛采用的纤维增强热塑性聚合物复合材料制造技术。根据工艺过程的不同，粉末浸渍法可分为悬浮液浸渍工艺、流态化床浸渍工艺和静电流态化床工艺。其中流态化床浸渍工艺是将每束纤维或织物通过树脂粉末的流态化床，含有悬浮树脂粉末的气流在压力下穿过纤维，并沉积在纤维表面，随后经过加热使树脂融化黏附在纤维上，再经过冷却成型，并使其表面均匀、平整后收卷。

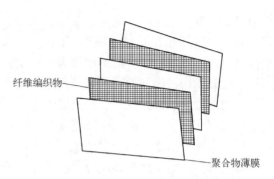

图 3-13 薄膜层叠法制备的预浸料结构

纤维混编或混纺技术是将基体先纺成纤维，再使其与增强纤维共同纺成混杂纱线或编织成适当形式的织物；在物品成型过程中，树脂纤维受热熔化并浸渍增强纤维，见图 3-14。该技术工艺简单，预浸料有柔性、易于铺层操作；但与膜层叠技术一样，在制品成型阶段，需要足够高的温度、压力及足够长的时间，且浸渍难以完成。同时，树脂基体能制成纤维或能劈分的薄膜是实现这种工艺技术的先决条件[10]。

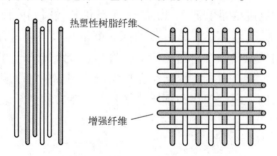

图 3-14 增强纤维和热塑性树脂纤维的混纺形式

此外，对于热塑性树脂基体预浸料还有泥浆法、热压法、包缠纱法、熔体注射浸渍法、水溶液泡沫浸渍法、包黏法等制备工艺。

3.4.1.2 预混料制造

A 片状模塑料和散状模塑料的制造

片状模塑料（SMC）是一类可以直接进行模压成型而不需要事先固化、干燥等其他工序的一类纤维增强热固性（通常为不饱和聚酯树脂）模塑料。其组成包括短切玻璃纤维（3.2~32mm）、树脂（常用聚酯树脂）、引发剂、固化剂或催化剂、填料（常用碳酸钙）、内脱模剂（常用硬脂酸锌）、颜料、增稠剂（CaO 或 MgO）、热塑性低收缩率添加剂。制备工艺过程如图 3-15 所示，在不饱和聚酯树脂中加入上述原料（除短纤维），经混合制成树脂糊，在 SMC 机中浸渍短切玻璃纤维毡等片状增强材料（两面用聚乙烯薄膜包覆），然后经压辊压实，再经烘炉烘干形成毡片。使用时将薄膜撕去，按成品的尺寸裁切叠层，放入压模中加温、加压，经一定时间即得制品。

按增强纤维的分布形态不同，片状模塑料可分为：SMC-R（无规则纤维片状模塑料）、SMC-C（连续纤维片状模塑料）、SMC-D（定向纤维片状模塑料）、SMC-R/C、XMC

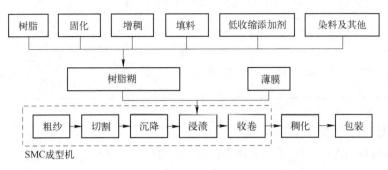

图 3-15 片状模塑料生产工艺流程图[9]

（高强度片状模压料）等品种[10]，如图 3-16 所示。大部分国内生产的 SMC 产品为 SMC-R 型。片状模塑料具有价格低廉、使用方便、工艺性能好的特点，能够用来加工不同规格和形状的制品，具有尺寸稳定、力学强度高、表面粗糙度好的优点。各种典型 SMC 复合材料的性能如表 3-10 所示。

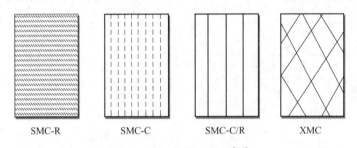

图 3-16 各种类型 SMC[10]

表 3-10 各种 SMC 复合材料的性能

性 能	SMC-R25	SMC-R50	SMC-R65	SMC-C20R30	XMC-3
密度/g·cm⁻³	1.83	1.87	1.82	1.81	1.97
E-GF 含量（质量分数）/%	25	50	65	50	75
填料含量（质量分数）/%	46	16		16	
树脂含量（质量分数）/%	29	34	35	34	25
拉伸强度/MPa	82.4	164	227	289/84	561/70
拉伸模量/GPa	13.2	15.8	14.8	21.4/12.4	35.7/12.4
断裂伸长/%	1.34	1.73	1.67	1.73/1.58	1.66/1.54
压缩强度/MPa	183	225	241	306/166	480/160
弯曲强度/MPa	220	314	403	645/165	973/139
弯曲模量/GPa	14.8	14.0	15.7	25.7/5.9	84.1/6.8
层间剪切强度/MPa	30	25	45	41	55

续表 3-10

性　能	SMC-R25	SMC-R50	SMC-R65	SMC-C20R30	XMC-3
线膨胀系数/K^{-1}	23.2×10^{-6}	14.8×10^{-6}	13.7×10^{-6}	11.3×10^{-6}/ 24.6×10^{-6}	8.7×10^{-6}/ 28.6×10^{-6}

注：XMC-3 含 50%（质量分数）的连续粗纱和 25%（质量分数）、25.4mm 长的短切纱。在斜线前后的数据分别为复合材料的纵向和横向性能。

散状模塑料（BMC）是在不饱和聚酯树脂中加入增稠剂、低收缩添加剂、填充剂、脱模剂、着色剂等组分组成树脂糊，再与短切玻璃纤维在捏合混炼设备中混匀后制成的散装、团状预浸料，其生产工艺流程如图 3-17 所示。短切玻璃纤维的长度控制在 3~25mm，含量为 10%~30%，树脂含量为 20%~28%。BMC 具有优良的力学性能、电绝缘性、耐热性、低的成型收缩率，以及模塑压力低等优点，其制品主要用于电气、家用电器、仪表、机械制造、化工设备和建筑门窗等领域。

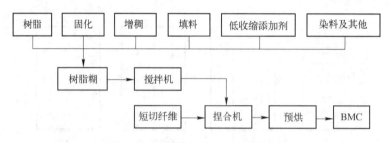

图 3-17　散状模塑料生产工艺流程图

B　玻璃纤维毡增强热塑性塑料片材的制造

玻璃纤维毡增强热塑性塑料片材（Glass Mat Reinforced Thermoplastics，GMT）是一种类似于热固性 SMC 的复合材料半成品，具有热固性 SMC 相似甚至更好的力学性能，可一次性加工成复杂制品，冲击韧性好，刚度高，并且具有生产过程无污染、成型周期短，废品及制品可回收利用等优点，具有广泛的应用，绝大部分用于汽车材料。GMT 有两种：一种是连续玻璃纤维毡或针刺毡与热塑性树脂层合而成，其玻璃纤维的含量一般在 20%~45%（图 3-18）；另一种是随机分布的中长纤维与粉末热塑性树脂制成的片材（图 3-19）。所采用的增强剂是无碱玻璃纤维无纺毡或连续纤维。最常用的热塑性树脂是聚丙烯，其次为热塑性聚酯和聚碳酸酯，其他如聚氯乙烯等也有使用[10]。

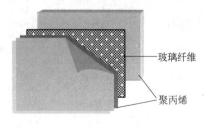

图 3-18　层合片材结构

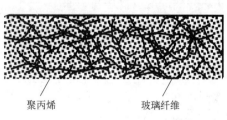

图 3-19　随机分布纤维片材结构

GMT 的制造工艺主要有两类，即熔融浸渍法和悬浮沉积法。熔融浸渍法是最普通的 GMT 制造工艺，其工艺原理如图 3-20 所示。两层玻璃毡与三层聚丙烯树脂膜叠合在一起，在高温（树脂熔点以上）高压下使树脂熔化并浸渍纤维，冷却后即得 GMT。熔融浸渍可采用不连续的层压方法，也可采用连续的双带碾压机碾压的方法[10]。

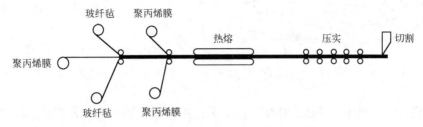

图 3-20 GMT 的熔融法制造工艺原理图

悬浮沉积法也称造纸法，它是利用造纸机，采用类似于造纸的工艺。将玻纤切成长 6~25mm 的短切纤维，分散在含有粉末热塑性树脂的水中，添加絮凝剂时，各原材料呈悬浮状态。再将悬浮液在筛网上过滤，形成湿片。湿片经干燥后，高温、辊压处理，使树脂熔融并浸渍纤维，冷却后即为 GMT[10]，如图 3-21 所示。

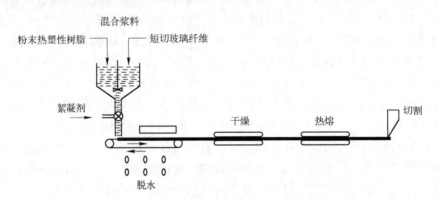

图 3-21 GMT 的悬浮浸渍法工艺原理图

3.4.2 手糊成型[7,11]

手糊成型（Hand Lay-up）是用于制造热固性树脂复合材料的一种最早、最简单的成型工艺。用手将增强材料的纱或毡铺放在模具中或模具上，然后通过浇、刷或喷的方法加上树脂，纱或毡也可以在铺放前在树脂浸渍；用橡皮辊或涂刷的方法赶出包埋的空气；如此反复添加增强剂和树脂，直到所需厚度。固化通常在常压和常温下进行，也可适当加热，或者常温时加入催化剂或促进剂以加快固化。手糊成型的工艺示意图和工艺流程图分别见图 3-22 和图 3-23。

手糊成型是一种劳动密集型工艺，通常用于性能和质量要求一般的玻璃钢制品。具有操作简便、设备投资少、能生产大型及复杂形状制品、制品可设计性好等优点；同时也存在生产效率低、制品质量难以控制、生产周期长、制品性能较低等缺点。

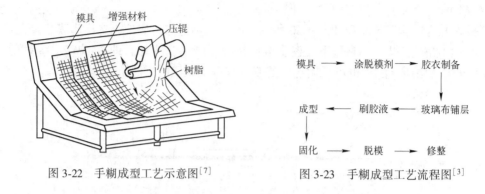

图 3-22　手糊成型工艺示意图[7]　　　　图 3-23　手糊成型工艺流程图[3]

手糊成型一般使用无碱玻璃纤维，包括无捻粗纱布、短切毡、布带及短纤维等形式。纤维含量一般较低，对短切毡为 25%～35%，粗纱布为 45%～55%，混合为 35%～45%。树脂主要为不饱和聚酯树脂，少量用环氧树脂。一般树脂黏度控制在 0.2～0.8Pa·s 之间。黏度过高会造成涂胶困难，不利于增强剂的浸渍；黏度过小会产生流胶现象，导致制品缺胶，降低制品质量。

为了解决树脂基复合材料表面质量差（因 UP 固化收缩导致玻璃布纹凸出来）的问题，通常在制品表面特制面层，称为表面层。表面层可采用玻璃纤维表面毡或加颜料的胶衣树脂（称胶衣层）制备。表面层树脂含量高，故也称为富树脂层。表面层不仅可美化制品外观质量，而且可保护制品不受周围环境、介质的侵蚀，提高其耐候、耐水、耐化学介质性和耐磨等性能，具有延长制品使用寿命的功能。胶衣层的好坏直接影响产品的外观质量和表面性能，选择高质量的胶衣树脂和颜料糊以及正确的涂刷方法非常关键。胶衣层不宜太厚或太薄，太薄起不到保护制品作用，太厚容易引起胶衣层龟裂。胶衣层的厚度控制在 0.25～0.5mm，或者用单位面积用胶量控制，即为 300～500g/m²。

固化度表明热固性树脂固化反应的程度，通常用百分率表示。控制固化度是保证制品质量的重要条件之一，固化度越大，表明树脂的固化程度越高。一般通过调控树脂胶液中固化剂含量和固化温度来实现。对于室温固化的制品，都必须有一段适当的固化周期，才能充分发挥玻璃钢制品的应有性能。手糊制品通常采用常温固化，糊制操作的环境温度应保证在 15℃以上，湿度不高于 80%，低温高湿度都不利于不饱和聚酯树脂的固化。制品凝胶后，需要固化到一定程度才可脱模。脱模后继续在高于 15℃的环境温度下固化或加热处理。手糊聚酯玻璃钢制品一般在成型后 24h 可达到脱模强度，脱模后再放置一周左右即可使用，但要达到高强度值，则需要较长时间[7]。

3.4.3　喷射成型[2,3]

喷射成型是通过喷枪将短切纤维和雾化树脂同时喷射到开模表面，经辊压、固化制取复合材料制件的方法。其模具的准备与材料准备等与手糊成型基本相同，主要改变是使用一台喷射设备，将手工裱糊与叠层工序变成了喷枪的机械连续作业。图 3-24 为喷射工艺示意图。

喷射成型一般将分装在两个罐中的混有引发剂的树脂和促进剂的树脂，由液压泵或压缩空气按比例输送从喷枪两侧（或在喷枪内混合）雾化喷出，同时将玻璃纤维无捻粗纱

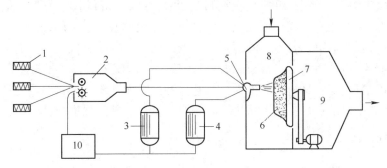

图 3-24　喷射工艺示意图[3]

1—无捻粗纱；2—玻璃纤维切断器；3—甲组分树脂储罐；4—乙组分树脂储罐；5—喷枪；
6—喷射的产品；7—回转模台；8—隔离室；9—抽风罩；10—压缩空气

用切割机切断并由喷枪中心喷出，与树脂一起均匀沉积到模具上。待沉积到一定厚度，用手辊滚压，使纤维浸透树脂、压实并除去气泡，再继续喷射，直到完成坯件制作，最后固化成型。喷射成型工艺流程如图 3-25 所示。

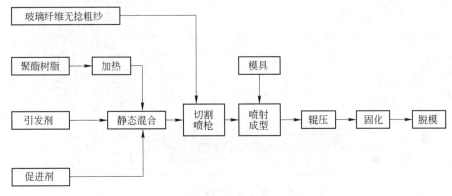

图 3-25　喷射成型工艺流程图[2]

喷射成型有各种分类方法，按胶液喷射动力可分为气动型和液压型[3]。气动型是空气引射喷涂系统，靠压缩空气的喷射将胶液雾化并喷涂到芯模上。由于空气污染严重，这种形式已很少使用了。液压型是无空气的液压喷涂系统，靠液压将胶液挤成滴状并喷涂到模具上，因为没有压缩空气喷射造成的扰动，所以没有烟雾，材料浪费少。按胶液混合形式可分为内混合型、外混合型及先混合型。内混合型是将树脂与引发剂分别送到喷枪头部的紊流混合器充分混合，引发剂不与压缩空气接触，不产生引发剂蒸气，但缺点是喷枪易堵，必须用溶剂及时清洗。外混合型是引发剂和树脂在喷枪外的空中相互混合。由于引发剂在同树脂混合前必须与空气接触，而引发剂又容易挥发，因此既浪费材料又引起环境污染。先混合型是将树脂、引发剂和促进剂先分别送至静态混合器充分混合，然后再送至喷枪喷出。

喷射成型对原材料有一定的要求。例如，树脂体系的黏度应适中（0.3~0.8Pa·s），容易喷射雾化、脱除气泡、润湿纤维而又不易流失以及不带静电等。最常用的树脂是不需加压在室温或稍高温度下即可固化的不饱和聚酯树脂等，含胶量约为 60%。纤维选用经前处理的专用无捻粗纱，制品纤维含量控制在 28%~33%，纤维长度为 25~50mm[3]。

　　喷射成型是为改进手糊成型而创造的一种半机械化成型方法。用以制造汽车车身、船身、浴缸、异形板、机罩、容器、管道与储罐的过渡层等。喷射成型的优点：生产效率比手糊提高 2~4 倍，生产率可达 15kg/min；可用较少设备投资实现中批量生产；且用玻璃纤维无捻粗纱代替织物，材料成本低，产品整体性好，无接缝；可自由调变产品壁厚、纤维与树脂比例。主要缺点是：现场污染大；树脂含量高，制品强度较低[2]。

3.4.4　袋压成型[2]

　　干法手糊层贴预成型后的复合材料固化成型，按加压方式的不同主要有真空袋成型、气压室（压力袋）成型、真空袋-热压罐成型、模压成型、层压成型几种成型工艺。

　　袋压成型是借助成型袋与模具之间抽真空形成的负压或袋外施加压力，使复合材料坯料紧贴模具，从而固化成型的方法。袋压成型的最大优点是开模成型（或称半模成型），仅用一个阳模或阴模，就可以得到形状复杂、尺寸较大、质量较好的制件，也能制造夹层结构件。典型袋系统如图 3-26 所示，袋压成型工艺流程图如图 3-27 所示。根据加压方式的不同可分为真空袋成型、压力袋成型和真空袋-热压罐三种成型方式。

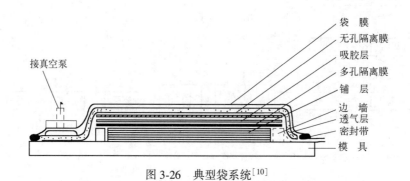

图 3-26　典型袋系统[10]

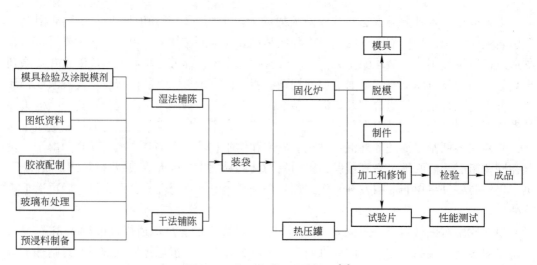

图 3-27　袋压成型工艺流程图[3]

真空袋成型的主要设备是烘箱或其他能提供热源的加热空间、成型模具以及真空系统。真空袋成型是在固化时利用抽真空产生的大气负压对制品施加压力的成型方法。其工艺过程为：将铺叠好的制件毛坯密闭在真空袋与模具之间，然后抽真空形成负压，大气压通过真空袋对毛坯加压。真空袋应具有延展性，由高强度的尼龙薄膜等材料制成，用黏性的密封胶条与模具黏结在一起，在真空袋内通常要放有透气毡以使真空通路通畅。固化完全后脱模取出制件。该方法适用于大尺寸产品的成型，如船体、浴缸及小型的飞机部件。由于真空袋法产生的压力最多也只能 0.1MPa，故该法只适用于厚度为 1.5mm 以下的复合板材。

图 3-28 是压力袋成型示意图。它是在真空袋法基础上发展起来的，为的是成型一些需要压力大于 0.1MPa，而压力又不必太大的结构件。薄蒙皮的成型和蜂窝夹层结构的成型是该法的主要使用对象。用压力袋固化成型制品，是借助于橡皮囊构成的气压室（压力袋），通过向气压室通入压缩空气实现毛坯加压，所以也称气压室成型。压力可达 0.25~0.5MPa，由于压力较高，对模具强度和刚度的要求也较高，还需考虑热效率，故一般采用轻金属模具，加热方式通常用模具内加热。该法同真空袋法一样，具有设备简单、投资较少、易于作业的优点。

真空袋-热压罐成型是一种广泛用于成型先进复合材料结构的工艺方法。热压罐系统如图 3-29 所示。真空袋-热压罐成型的工作原理是利用热压罐内部的程控温度的静态气体压力，使复合材料预浸料叠层坯料在一定的温度和压力下完成固化。当前要求高承载的绝大多数复合材料结构件依然采用热压罐成型。这是因为由这种方法成型的零件、结构件具有均匀的树脂含量、致密的内部结构和良好的内部质量。由热固性树脂构成的复合材料，在固化过程中，作为增强剂的纤维是不会起化学反应的，而树脂却经历复杂的化学过程，经历了黏流态、高弹态到玻璃态等阶段。这些反应需要在一定的温度下进行，更需要在一定的压力下完成。

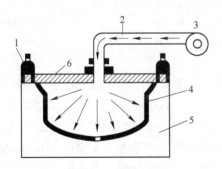

图 3-28　压力袋成型示意图[3]
1—密封夹紧装置；2—压缩空气；3—空气压缩机；
4—压力袋；5—模具；6—盖板

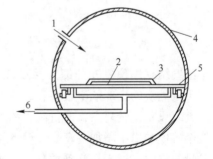

图 3-29　热压罐系统[3]
1—压缩气体；2—零件；3—真空袋；
4—热压罐体；5—模板；6—抽真空

热压罐由罐体、真空泵、压气机、储气罐、控制柜等组成。真空泵的作用是在制件毛坯封装后进行预压实吸胶时造成低压环境，压气机和储气罐为热压罐进行加压的充气系统。罐内的温度由罐内的电加热装置提供，压力由压气机通过储气罐进行气体充压，一般情况下使用空气。复合材料制件工艺过程为：首先按制件图纸对预浸料下料及铺叠，铺叠完毕后按样板对边缘轮廓进行基准修切，并标出纤维取向的坐标，然后进行封装，封装的目的是将铺叠好的毛坯形成一真空系统，进而通过抽真空以排出制件内部的空气和挥发物，然后加热到一定温度再对制件施加压力进行预压实，最后进行固化。

热压罐法虽能源利用率较低，设备投入昂贵，又必须配有相辅的空压机和压缩空气储气罐及热压罐本身的安全保障系统，但由于其内部的均匀温度和均匀压力，模具相对简单，又适合于大面积复杂型面的蒙皮、壁板、壳体的制造，因此航空复合材料结构件大多仍采用该法。

3.4.5　缠绕成型

缠绕成型（Filament Winding）是把连续的纤维浸渍树脂后，在一定的张力作用下，按照一定的规律缠绕到芯模上，然后通过加热或常温固化成型，可制备一定尺寸（直径6mm~6m）复合材料回转体制品的工艺技术。根据缠绕时树脂所具备的物理化学状态不同，在生产上将缠绕成型分为干法、湿法和半干法三种缠绕形式。湿法缠绕是最普通的缠绕方法，湿法缠绕要求树脂系统挥发分含量要低于防止构件内产生气泡，室温下的黏度要在一定的范围内，适用期足够长（至少几个小时）及凝胶时间要适当，其工艺原理如图3-30所示。

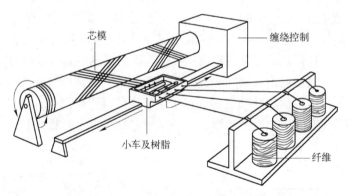

图 3-30　湿法缠绕的工艺原理图[10]

干法缠绕采用预浸纱（带），缠绕时在缠绕机上对预浸纱（带）加热软化再缠绕在芯模上。干法缠绕的生产效率较高，缠绕速率可达 100~200m/min，工作环境也较清洁，但是干法缠绕设备比较复杂，造价高，缠绕制品的层间剪切强度也较低。半干法是在纤维浸胶到绕至芯模的途中增加一套烘干设备，将纱带胶液中的溶剂基本上清除掉。半干法制品的含胶量与湿法一样不易精确控制，但制品中的气泡、空隙等缺陷大为降低[3]。

缠绕成型的基本材料是纤维、树脂、芯模和内衬。纱线从纱架上引出后，经集束后进入胶槽浸渍树脂后，经刮胶器挤出多余的树脂，再由小车上的绕丝头铺放在旋转的芯模上。在缠绕成型过程中，纱线必须遵循一定的路径、满足一定的缠绕线型。基本缠绕线型包括环向缠绕、纵向缠绕和螺旋缠绕三种。纱片与芯模线的交角称为缠绕角，通过调整芯模的旋转和小车移动的速度，可使缠绕角在接近 0°（纵向缠绕）至接近 90°（环向缠绕）之间变化。芯模结构既有简单的也有复杂的，其所用材料的种类繁多。采用何种材料及结构，取决于制品的形状、体积、质量、内腔表面粗糙度、固化规范及生产制品数量。常见种类有隔离板式、分片组合式、管式等。内衬是在缠绕前加在芯模外部，缠绕固化后黏附于制品内表面的一层材料。其主要作用是防止高压气体逸漏（如高压气瓶），满足制品的高、低温性能要求（如火箭发动机壳体），满足制品的防腐要求（如化工储罐）。内衬材料一般为铝（如高压气瓶内衬）、橡胶或塑料等。

缠绕成型具有纤维铺放的高度准确性和重复性，能制造小到几十毫米，大到几十米的回转体，纤维含量高（一般在 70%~75%），原材料消耗小，无废料的特点，还可进行球形容器、弯管制品的缠绕加工。常用的纤维包括玻璃纤维、碳纤维和 Kevlar 纤维，常用树脂为环氧树脂和聚酯树脂。缠绕机是缠绕成型的主要设备。从机械式缠绕机、程序控制缠绕机、微机控制缠绕机到机器人控制（智能）缠绕机，结构由简单到复杂，功能从少到多，但各有特色、各有应用。机械式由于结构简单、维修方便、成本低，仍是国内缠绕机的主体，大量用于生产结构简单的定型制品，其主要结构是芯模机构和小车（绕丝头）机构两部分。根据两机构的位置或相对运动方式分卧式缠绕机、立式缠绕机、斜卧式缠绕机等。卧式缠绕机的芯模水平放置，可绕轴线旋转，环链条链轮机构带动小车沿芯模轴线往复运动，能进行基本线型缠绕。

缠绕规律是描述纱片均匀稳定连续排布芯模表面以及芯模与导丝头间运动关系的规律。纤维缠绕成型主要是制造压力容器和管道，虽然容器形状规格繁多，缠绕形式也千变万化，但是任何形式的缠绕都是由导丝头（亦称绕丝嘴）和芯模的相对运动实现的。如果纤维无规则地乱缠，则势必出现纤维在纤维表面重叠或纤维滑线不稳定的现象。显然，这不能满足设计和使用要求的。因此，缠绕线型必须满足如下两点要求：纤维既不重叠又不离缝，均匀连续布满芯模表面；纤维在芯模表面位置稳定，不打滑[2]。

缠绕线型可分为环向缠绕、纵向缠绕和螺旋缠绕三类[2]。

（1）环向缠绕。芯模绕自轴匀速转动，导丝头在筒身区间做平行于轴线方向运动。芯模转一周，导丝头移动一个纱片宽度，如此循环，直至纱片均匀布满芯模筒身段表面为止。环向缠绕只能在筒身段进行，不能缠封头。

（2）螺旋缠绕。芯模绕自轴匀速转动，导丝头依特定速度沿芯模轴线方向往复运动。纤维缠绕不仅在圆筒段进行，而且也在封头上进行。

（3）纵向缠绕又称平面缠绕。导丝头在固定平面内做匀速圆周运动，芯模绕自轴慢速旋转。导丝头转一周，芯模转动一个微小角度，反映在芯模表面为近似一个纱片宽度。纱片依次连续缠绕到芯模上，各纱片均与极孔相切，相互间紧挨着而不交叉。纤维缠绕轨迹近似为一个平面单圆封闭曲线。

缠绕成型应用范围广，在宇航及军事领域用于制造火箭发动机壳体级间连接件、雷达罩、气瓶、各种兵器（如小型导弹、鱼雷、水雷等）、直升飞机部件（如螺旋桨、起落架、尾部构件、稳定器）。商业领域用于各种储罐（如石油或天然气储罐）、防腐管道、压力容器、烟囱管或衬里、车载升降台悬臂、避雷针、化学储存或加工容器、汽车板簧及驱动轴、汽轮机叶片等。

3.4.6 拉挤成型

拉挤成型（Pultrusion）是一种连续生产固定截面型材的成型方法，是将浸渍了树脂胶液的连续纤维，通过成型模具，在模腔内加热固化成型，在牵引机拉力的作用下，连续拉拔出型材制品的一种高效自动化工艺技术，其工艺原理如图 3-31 所示，主要步骤包括：纤维输送、纤维浸渍、成型与固化、夹持、拉拔和切割。该工艺适用于制造各种不同截面形状的管、棒、角形、工字形、槽形、板材等型材制品，具有设备造价低、生产效率高、可连续生产任意长度的各种异型制品、原材料利用率高的优点，但是制品方向性强，剪切强度较低。

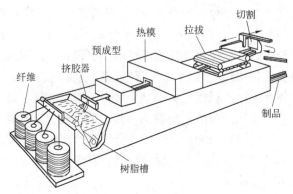

图 3-31　拉挤成型工艺原理

模具是拉挤成型的关键部件，由于产品形状和结构的不同，模具也是多种多样的。对实心产品，仅有外膜即可；而空心产品同时需要外膜和芯模。同一个模具还分为预成型模和成型模两段；预成型模不加热，也称为冷模，用于浸有树脂的玻璃纤维的预成型，并排除纤维中多余的树脂和气泡；成型模需要加热，使产品最后定型、固化。

拉挤成型用量最多的增强材料为玻璃纤维无捻粗纱，也有使用碳纤维或芳纶纤维的。为提高复合材料性能、降低成本，有时也使用混杂纤维，如碳/玻璃纤维。树脂主要为不饱和聚酯树脂，90%以上的拉挤成型制品为玻璃纤维增强不饱和聚酯。少量用环氧树脂、丙烯酸酯树脂、乙烯基酯树脂等。热塑性的聚丙烯、ABS、尼龙、聚碳酸酯、聚砜、聚醚砜、聚亚苯基硫醚等用于拉挤成型热塑性玻璃钢，可以提高制品的耐热性和韧性，降低成本[2]。

拉挤成型工艺根据所用设备的结构形式可分为卧式和立式两大类。而卧式拉挤成型工艺由于模塑牵引方法不同，又可分为间歇式牵引和连续式牵引两种。由于卧式拉挤设备比立式拉挤设备简单，便于操作，故采用较多，现分述如下[2]：

（1）间歇式拉挤成型工艺。间歇式就是牵引机构间断工作，浸胶的纤维在热模中固化定型。然后牵引出模。下一段浸胶纤维再进入热模中固化定型后，再牵引出模。如此间歇牵引，而制品是连续不断的，制品按要求的长度定长切割。

间歇式牵引法主要特点是：成型物在模具中加热固化，所用树脂的范围较广，但生产效率低，制品表面易出现间断分界线，若采用整体模具时，仅适用于生产棒材和管材类制品；采用组合模具时，可配有压机同时使用，而且制品表面可以装饰，成型不同类型的花纹。但控制型材时，其形状受到限制，而且模具成本较高。

（2）连续式拉挤成型工艺。所谓连续式，就是制品在拉挤成型过程中，牵引机构连续工作。连续式拉挤工艺的主要特点是：牵引和模塑过程是连续进行的，生产效率高，在生产过程中控制胶凝时间和固化程度、模具温度和牵引速度的调节是保证制品质量的关键，此法所生产的制品不需要二次加工，表面性能良好，可生产大型构件，包括空心型等制品。

（3）立式拉挤成型工艺。此法是采用熔融或液体金属代替钢制的热成型模具，这就克服了卧式拉挤成型中钢制模具价格较贵的缺点，其余工艺过程与卧式拉挤完全相同，立式拉挤成型主要用于生产空腹型材，因为生产空腹型材时，芯模只有一端支撑，采用此法可避免卧式拉挤芯模悬臂下垂所造成的空腹型材壁厚不均等缺陷。

拉挤成型的最大特点是连续成型，制品长度不制，力学性能尤其是纵向力学性能突出，结构效率高，制造成本低，自动化程度高，制品性能稳定，生产效率高，原材料利用率高，不需要辅助材料。它是制造高纤维体积含量（40%～80%）、高性能低成本复合材料的一种重要方法。因此，拉挤复合材料可以取代金属、塑料、木材、陶瓷等材料，在石油、建筑、电力、交通、运输、体育用品、航空航天等工业领域得到广泛应用[3]。

3.4.7 模压成型

模压成型（Matched-die Molding）又称压制成型，他是将模塑料（粉料、粒料或纤维预浸料等）置于阴模型腔内，合上阳模，借助压力和热量作用，使物料融化充满型腔，形成与型腔形状相同的制品，再加热使其固化，冷却后脱模，便制得模压制品（图3-32）。模压成型的主要设备是压机和模具，其中模具分为溢料式模具（开口式）、半溢料式模具（半密封式）和不溢料式模具（密封式）。工艺过程包括：放置嵌件（对制品起增强作用）、加料、闭合模具、排气、保压固化、脱模、清理模具等步骤（图3-33），其中预压、

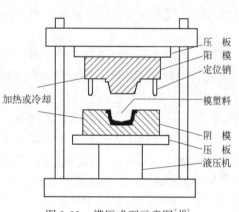

图3-32　模压成型示意图[10]

预热和模压是三个关键工艺过程。预压是将模塑中纤维预浸料或其他织物结构等预先压制成一定形状的过程，其目的是改善制品质量，提高模具效率；预热是把模塑料在成型前先行加热的操作，目的是改进模塑料的加工性能，缩短成型周期；模压是将计量的物料加入模具型腔内，闭合模具，排放气体，在规定的模塑温度和压力下保持一段时间，然后脱模的过程。

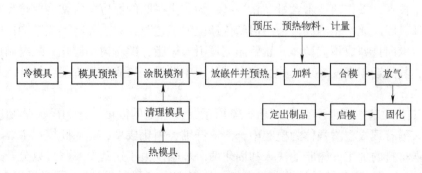

图3-33　模压成型工艺过程示意图

　　模压成型与热压罐成型的不同之处是成型过程不像热压罐那样毛坯被置于一个似黑匣子的罐子里，它具有良好的可观察性，并且压力调节范围大，结构内部质量易于保证，有精确的几何外形，因而广泛用于形状复杂结构件的制造。

　　模压成型工艺适合热固性聚合物基体，如酚醛、环氧、氨基塑料、不饱和聚酯树脂和聚酰亚胺等，以及某些热塑性聚合物基复合材料制品的加工生产；根据加工的原料类型分为坯料模压、SMC 模压和块状模塑料模压。

　　坯料模压工艺是将预浸料或预混料先做成制品的形状，然后放入模具中压制（通常为热压）成制品。这一工艺适合尺寸精度要求高、需要量大的制品生产。SMC 模压工艺一般包括在模具上涂脱模剂、SMC 剪裁、装料、热压固化成型、脱模、修整等几个主要步骤。关键步骤是热压成型，要控制好模压温度、模压压力和模压时间三个工艺参数。模压温度取决于树脂体系、制品厚度、制品结构的复杂程度及生产效率，其必须保证树脂有足够的固化速度并在一定时间内完全固化。模压压力取决于 SMC 增稠强度，制品结构、形状、尺寸。简单制品，仅需 2~3MPa，复杂形状制品，模压压力高达 14~20MPa。模压时间取决于模压温度、引发体系、固化特征、制品厚度等，一般以 40s/mm 设计，通常为1~4min。

　　模压成型优点：较高的生产效率，制品尺寸准确、表面光洁，多数结构复杂的制品可一次成型、无需有损制品性能的二次加工，制品外观及尺寸的重复性好，容易实现机械化和自动化等。模压工艺的主要缺点是模具设计制造复杂，压机及模具投资高，制品尺寸受设备限制，一般只适合制造批量大的中、小型制品[7]。

　　由于模压成型工艺具有上述优点，其已成为复合材料重要的成型方法之一。近年来由于片状模塑料（SMC）、块状模塑料（BMC）和各种模塑料的出现以及它们在汽车工业上的广泛应用，而实现了专业化、自动化和高效率生产，制品成本不断降低，其使用范围越来越广泛。模压制品主要用作结构件、连接件、防护件和电器绝缘件，并广泛应用于工业、农业、交通运输、电气、化工、建筑和机械等领域。由于模压制品质量可靠，在兵器制造飞机、导弹、卫星上也都得到了应用[2]。

3.4.8　树脂传递模塑成型

　　树脂传递模塑成型（Resin Transfer Molding，RTM）是从湿法铺层和注塑工艺中演变而来的一种新的复合材料成型工艺。它是一种适宜多品种、中批量、高质量复合材料制品的低成本技术。由于不采用预浸料从而大大降低了复合材料的制造成本。制备预浸料需要昂贵的设备投资，操作的技术含量又相当高；为防止树脂的反应又常常需要将预浸料存放于低温条件，因此成本相当高。采用树脂传递模塑工艺时，只需要将形成结构件的相应纤维按一定的取向排列成预成型体，然后向毛坯引入树脂，随着树脂固化，最终制成复合材料结构件，其是近年来发展迅速的适宜多品种、中批量、高质量先进复合材料制品生产的成型工艺[3]。

　　RTM 工艺的基本原理示意图如图 3-34 所示，在一定的温度、压力下，低黏度的液体树脂被注入铺有预成型增强体的模腔中，浸渍纤维，固化成型，然后脱模；主要过程包括预成型增强材料的加工、树脂的注入和固化两个步骤。由于这两个步骤可以分开进行，所以说 RTM 工艺具有高度的灵活性和组合性，便于实现"材料设计"，同时操作工艺简单。

RTM最常用的树脂是不饱和聚酯树脂，其次为乙烯酯树脂，制品性能要求较高时用环氧树脂。树脂系统中还有低收缩剂、引发剂、填料等成分，黏度一般小于0.5Pa·s，固化时间一般为1min左右。

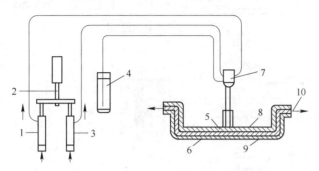

图3-34 RTM工艺基本原理示意图[3]

1—比例泵；2—树脂泵；3—催化剂泵；4—冲洗剂；5—树脂基体；
6—增强材料毛坯；7—混合器；8—阳模；9—阴模；10—排气孔

RTM工艺是目前综合指标最佳的聚合物基复合材料成型工艺，与其他工艺相比，具有以下优点：

（1）所需操作空间小，原材料利用率高；

（2）制品表面光洁度好，尺寸精确，孔隙率低（<0.5%）；

（3）可使用多种形式的增强材料，如不定向材料、纤维和编织物，纤维含量可高达50%~60%，特别适合厚度较大的三维织物增强的聚合物基复合材料成型；

（4）制品设计自由度大，可采用计算机辅助设计，大大缩短制造周期；

（5）成型过程在密闭条件下进行，可减少有害挥发物的排放。

3.4.9 注射成型

注射成型是以树脂为基体，掺入不同类型的纤维增强材料、填料和各种助剂，预先制成预浸粒料或粉料，然后再用注射机成型加工成复合材料或制品；或者不用预先加工成预浸粒料或粉料，直接用注射机成型加工成复合材料制品的一种成型工艺。注射成型是聚合物基复合材料成型加工最常用的工艺方法，生产周期短、适应性强、生产效率高，并且易于实现自动化生产，适合加工除氟塑料以外的几乎所有热塑性树脂和部分热固性树脂。注射成型工艺过程如图3-35所示，其工艺过程包括加料、塑化、注射、冷却、脱模和制件后处理五个步骤。塑化是物料在料筒内经加热和螺杆推挤达到熔融状态而具有良好可塑性的过程。一定的温度是物料变形、熔融和塑化的必要条件，而剪切作用则以机械力的方式强化了混合和塑化过程，使混合和塑化深入聚合物分子水平，并使物料熔体的温度分布、物料组成和分子形态都趋于均匀化。

反应注射成型（Reaction Injection Molding, RIM）是集聚合与加工于一体的聚合物加工方法，其基本原理是将两种反应物（高活性的液状单体或齐聚物）精确计量，经高压碰撞混合后充入模具，混合物在模具型腔内迅速发生聚合反应固化成型[2,3]。RIM工艺的突出特点是生产效率高、能耗低。该技术始于20世纪60年代末，最早用于聚氨酯材料的

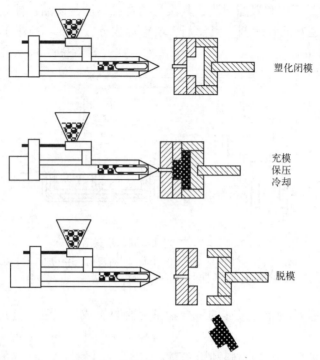

图 3-35 注射成型工艺过程示意图

加工，自 1974 年美国大量采用 RIM 工艺生产聚氨酯制件以来，RIM 聚氨酯化学体系经历了聚氨酯→聚氨酯-脲→聚脲的革新。随着 RIM 技术的发展，RIM 工艺已扩展到其他树脂上，如尼龙、聚双环戊二烯、聚碳酸酯、不饱和聚酯、酚醛、环氧等。

RIM 与热塑性塑料注射成型的区别在于成型过程的同时发生化学反应。由于原料是液态，注射压力低，从而降低了机器合模力和模具造价；反应注射成型与一般注射成型比较，不需塑化，因此无塑化装置，注射量受设备限制较少；原料黏度低，注射压力低，锁模力小，故锁模结构简单；由于液态单体在模具中发生聚合反应时放热，故不需外界再提供热能，成型时耗能少。由于成型时物料流动性好，故可以成型壁厚变化和形状复杂的制品，制品表面光洁度也高[3]。

增强反应注射成型（Reinforced Reaction Injection Molding，RRIM）是短切纤维或片状增强材料增强的 RIM，它是在反应注射成型基础上发展起来的，在单体中加入增强材料，即反应单体与增强材料一同通过混合头注入模具型腔（混合头要求纤维应短）制备复合材料制品。增强材料主要有短切纤维与磨碎纤维。短切纤维的长度一般为 1.5～3mm，增强效果比磨碎纤维的要好[3]。

3.4.10 热塑性树脂基复合材料的成型[2]

热塑性复合材料（Fiber Reinforced Thermoplastics，FRTP）是指以热塑性树脂为基体，以各种纤维为增强材料而制成的复合材料。热塑性树脂的品种很多，性能各异，用于制造不同品种的树脂基复合材料时，其工艺参数相差很大，制成的复合材料性能也有很大区别。热塑性复合材料的性能特点，可概括为以下几点。

（1）密度小、强度高。钢材的密度为 $7.88g/cm^3$，热固性复合材料的密度为 $1.7 \sim 2.0g/cm^3$，热塑性复合材料的密度为 $1.1 \sim 1.6g/cm^3$，仅为钢材的 $1/6 \sim 1/5$，比热固性玻璃钢的密度还要小。因此，它能够以较小的单位质量获得更高的机械强度。一般来讲，普通塑料用玻璃纤维增强后，可以代替工程塑料应用，而工程塑料增强后，则可提高档次使用。

（2）性能可设计性。热塑性复合材料的物理性能、化学性能及力学性能都可以根据使用要求，通过合理地选择材料种类、配比、加工工艺及纤维铺设方式等进行设计。与热固性复合材料相比，热塑性树脂的种类较多，选材的自由度更大些。

（3）耐热性。一般热塑性塑料的使用温度只能在 100℃ 以下，用玻璃纤维增强后可以提高到 100℃ 以上，有些品种甚至可以在 150 ~ 200℃ 下长期工作。例如尼龙6，其热变形温度为 50℃ 左右，增强后可提高到 190℃ 以上，高性能热塑性复合材料的耐热性可达 250℃ 以上，这是热固性复合材料所不及的。热塑性复合材料的线膨胀系数比未增强塑料低 $1/4 \sim 1/2$，这可以降低制品成型过程中的收缩率，使产品的尺寸精度提高。热塑性复合材料的热导率为 $0.3 \sim 0.36W/(m \cdot K)$，与热固性复合材料相似。

（4）耐化学腐蚀性。复合材料的耐化学腐蚀性能，一般都取决于基体材料的特性，由于热塑性树脂的耐腐蚀品种较热固性树脂多。因此，目前所遇到的化学腐蚀介质，都可以根据使用条件等要求，通过合理选择树脂基体材料来解决。耐腐蚀性好的热塑性树脂有氟塑料、聚苯硫醚、聚乙烯、聚丙烯、聚氯乙烯等。而以氟塑料耐腐蚀性最好，选材时可参照塑料防腐性能进行比较。热塑性复合材料的耐水性普遍比热固性复合材料好，如玻璃纤维增强聚丙烯的吸水率为 $0.01\% \sim 0.05\%$，而聚酯玻璃钢的吸水率则为 $0.05\% \sim 0.5\%$，就是耐水性好的环氧玻璃钢的吸水率 $0.04\% \sim 0.2\%$ 也不如热塑性复合材料。

（5）电性能。复合材料的电性能取决于树脂基体和增强材料的性能，其电性能可以根据使用要求进行设计。一般来讲，热塑性复合材料都具有良好的介电性能，不受电磁作用，不反射无线电电波、透微波性良好等。在需要增加复合材料的导电性能时，可加入导电填料或导电纤维，如金屑粉和碳纤维材料等。

（6）加工性能。热塑性复合材料的工艺性能优于热固性复合材料。它可以多次成型，废料可回收利用等，可以减少生产过程中的材料消耗和降低成本。

热塑性复合材料的加工性能与所选用的增强材料关系极大。用短切玻璃纤维增强复合材料适用于挤出和注射成型，连续玻璃纤维增强复合材料的成型工艺可选用缠绕、拉挤和模压成型工艺。热塑性片状模塑料的成型方法常采用热冲压工艺，其特点是成型周期短（0.3 ~ 1.0min/次）、易于实现快速机械化生产，而且需要的成型压力比热固性 SMC 小。此外，还有废料可回收利用、对模具要求不高等优点。

热塑性复合材料的工艺性能主要取决于树脂基体，因为纤维增强材料在成型过程中不发生物理和化学变化，仅使基体的黏度增大，流动性降低。

热塑性树脂的分子呈线型，具有长链分子结构。这些长链分子相互贯穿，彼此重叠和缠绕在一起，形成无规线团结构。长链分子之间存在着很强的分子间作用力，使聚合物表现出各种各样的力学性能，在复合材料中长链分子结构包裹于纤维增强材料周围，形成具有线型聚合物特性的树脂纤维混合体，使之在成型过程中表现出许多不同于热固性树脂纤维混合体的特征。

FRTP 的成型过程通常包括：使物料变形或流动，充满模具并取得所需要的形状，保持所取得的形状成为制品。因此，必须对成型过程中所表现的各种物理化学变化有足够的了解和认识，才能找出合理配方，制订相应的工艺路线及对成型设备提出合理的要求。

FTTP 成型的基础理论包括树脂基体的成型性能、聚合物熔体（树脂加纤维）的流变性、成型过程中的物理变化和化学变化。热塑性树脂的成型性能表现为良好的可挤压性、可模塑性和可延展性等。可挤压性是指树脂通过挤压作用变形时获得形状并保持形状的能力。在挤出、注射、压延成型过程中，树脂基体经常受到挤压作用。因此，研究树脂基体的挤压性能，能够帮助正确选择和控制制品所用材料的成型工艺。可模塑性是指树脂在温度和压力作用下，产生变形充满模具的成型能力，取决于树脂流变性、热性能和力学性能等。高弹态聚合物受单向或双向拉伸时的变形能力称为可延展性。线型聚合物的可延展性取决于分子长链结构和柔顺性，在 $T_g \sim T_s$（或 T_m）温度范围内聚合物受到大于屈服强度的拉力作用时，产生大的形变。

线型聚合物的黏流态可以通过加热、加入溶剂和机械作用而获得。黏流温度是高分子链开始运动的最低温度，它不仅和聚合物的结构有关，而且还与相对分子质量的大小有关。相对分子质量增加，大分子之间的相互作用随之增加，需要较高的温度才能使分子流动。因此，黏流温度随聚合物相对分子质量的增加而升高。如果聚合物的分解温度低于或接近黏流温度，就不会出现黏流状态。这种聚合物成型加工比较困难。例如聚四氟乙烯树脂的黏流温度高于分解温度，用一般塑料的成型方法就无法使它成型，故需采用高温烧结法制造聚四氟乙烯制品。

3.5　聚合物基复合材料的力学性能

复合材料的力学性能主要包括静态力学性能（包括拉伸、压缩、弯曲、剪切、扭转等）和动态力学性能（包括断裂韧性、蠕变特性、疲劳强度、冲击韧性等）。常见主要的聚合物基复合材料包括玻璃纤维、碳纤维及芳酰胺纤维增强聚合物（GFRP、CFRP 和 KFRP）。考虑到聚合物基体的多样性，纤维增强聚合物基复合材料品种可能相当多。决定复合材料力学性能的主要因素是纤维的类型、纤维体积分数、纤维形式、基体聚合物类型及其界面的黏结状况，要详细说明原材料的数据和成型工艺参数，如树脂基体的结构、组成、配比以及制成树脂浇注体的基本力学性能数据，纤维直径、捻度、支数、股数、织物厚度、经纬密度、热处理、表面化学处理前后的经纬向弧度、成型工艺方法、温湿度、树脂含量、固化条件、后期热处理、固化度等[2]。

3.5.1　静态力学性能

代表性聚合物基复合材料的静态力学性能如表 3-11 所示。与传统材料不同，复合材料是不均匀的，其性能依赖于位置和方向，图 3-36 为复合材料强度和纤维方向的关系示意图。

表 3-11　典型单向聚合物基复合材料的性能[10]

性能	符号	单位	K-49	E-GF	S-GF	T300	BF
纤维体积含量	V_f	%	60	60	60	60	50

续表 3-11

性能	符号	单位	K-49	E-GF	S-GF	T300	BF
密度	ρ	g/cm^3	1.38	1.99	1.97	1.55	2.0
0°拉伸强度	σ_{Lu}	MPa	1380	1200	1340	1800	1323
纵向弹性模量	E_L	GPa	76	42	50	134	207
断裂伸长率		%	1.7	2.7	2.7	1.1	0.65
泊松比	μ_{TL}		0.34	0.27	0.27	0.30	0.21
90°拉伸强度	σ_{Tu}	MPa	30~40	30~50	30~50	40~60	72
横向弹性模量	E_T	GPa	5	15	16	10	19
0°压缩强度	σ_{Lu}	MPa	约250	765	890	约1200	2100
90°压缩强度	σ_{Tu}	MPa	50	约150	约150	约240	—
面内剪切强度	τ_{LT}	MPa	—	42	55	75	1.5
面内剪切模量	G_{LT}	MPa	2.3	4.9	5.5	5~7	4.8
层间剪切强度	ILSS	MPa	30~60	40~80	40~80	50~110	90

　　树脂基体力学性能受自身结构（如刚性大小、交联密度高低）的影响，也与环境温度和外载荷的大小密切相关。较低温度、较小载荷发生的是键长、键角变化的普弹形变，较高温度、较大载荷则产生高弹形变，甚至塑性形变直至破坏。树脂基体的强度和模量较增强纤维低得多，强度约为玻璃纤维的1/40，模量约为玻璃纤维的1/20，所以在复合材料中增强纤维是主要承载材料。

　　纤维增强聚合物基复合材料的断裂一般都是完全弹性的，没有屈服点或塑性区。从图3-37的应力-应变曲线中可看到，聚合物基复合材料的断裂应变一般较小；与金属材料相比，断裂功小、韧性差。

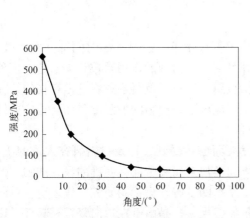

图 3-36　单向碳纤维复合材料拉伸强度
随纤维方向的变化关系示意图[10]

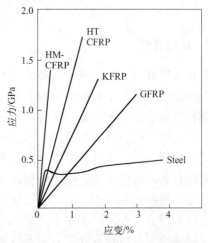

图 3-37　典型复合材料及低碳钢
拉伸应力-应变曲线[10]

在纤维含量一定的条件下，纤维增强聚合物基复合材料的纵向拉伸强度和弹性模量由纤维控制，其纵向压缩强度受纤维类型、纤维准直度、界面黏结情况、基体模量等因素影响较大。除了个别复合材料品种外，绝大多数聚合物基复合材料的纵向压缩强度都低于其拉伸强度。在 $v_f = 60\%$ 时，一般 GFRP 的纵向压缩强度在 $500 \sim 800$MPa，CFRP 的纵向压缩强度在 $1000 \sim 1500$MPa。纤维增强聚合物基复合材料的横向拉伸强度，由于受基体或和纤维与基体界面控制存在应力集中，一般低于树脂基体强度。CFRP 为 $40 \sim 60$MPa，KFRP 的横向拉伸强度较低，为 $30 \sim 40$MPa，GFRP 居中。由基体及界面黏结状况控制的层间剪切强度一般也以 CFRP 为最大（100MPa），GFRP 次之（$70 \sim 80$MPa），KFRP 最小（约 40MPa）。

纤维增强聚合物基复合材料的高温力学性能主要受基体控制，基体的热变形温度高、模量的高温保持率高，则复合材料的高温性能越好。图 3-38 为典型聚合物基复合材料的弯曲模量随温度的变化关系图。由图可见，聚酰亚胺和耐热热塑性基体复合材料具有最好的高温性能，不饱和聚酯复合材料耐热性较低。半晶聚合物（如 PEEK、PPS）复合材料在其玻璃化温度区间性能出现明显的下降，但在其后比较高的温度下（240℃以上）仍保持足够高的性能。

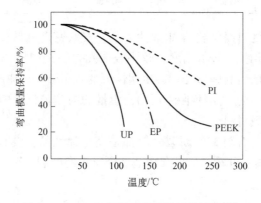

图 3-38　FRP 在高温下弯曲模量保持率[10]

3.5.2　疲劳性能[3]

所有材料在低于静态强度极限的动态载荷反复作用下，经过一定时间都要发生破坏，破坏时的强度一般低于其相应的静态强度，并且与动态荷载的作用次数有关，这一现象被称为材料的疲劳。这种现象对所有的材料包括金属、塑料以及复合材料都是存在的。在实际应用中，疲劳载荷常不可避免，因此人们不仅应该了解材料的静强度，而且也应更好地掌握它的疲劳特性，以此作为设计的依据。

复合材料的疲劳性能，由于应用的日益发展而已经受到设计及材料研究人员的重视，并开展了大量的研究工作。虽然至今还未建立起类似金属疲劳那样明确的设计准则，但是对复合材料疲劳过程的许多基本特点已经有了基本的了解。大量的研究工作表明，单向连续纤维增强的复合材料在纤维方向有卓越的抗疲劳性。这是由于在单向复合材料里，疲劳载荷主要是由和载荷方向一致的纤维所承担的。图 3-39 是一些单向纤维复合材料和铝合金疲劳性能的比较。从图中可以看出高模量纤维增强复合材料，如芳纶、硼纤维和碳纤维增强的复合材料，其疲劳性能远远优于铝合金材料和玻璃纤维复合材料。碳纤维或硼纤维环氧复合材料的拉-拉载荷疲劳 S-N 曲线较其他结构材料（包括玻璃纤维复合材料）要高得多，并且温度的影响也不显著。这表明它在稍低于静态强度的应力水平上，可使试样达到较高的循环数[3]。

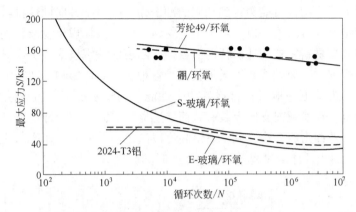

图 3-39　一些单向纤维复合材料和铝合金疲劳性能的比较（1ksi=6.89MPa）[3]

在实际应用中，复合材料往往以多向层板形式使用，以适应结构里的多向应力需要。由于层板里的各层的强度不同，在疲劳过程的早期（约10%寿命）就开始出现横向裂纹损伤。随着循环数的增加，裂纹的长度和数量也相应增加，还会出现分层、界面脱胶、纤维断裂或屈曲等损伤形式。这种损伤的出现，占疲劳寿命的较大部分，并不影响材料或者结构的安全使用。金属材料则不同，一旦出现裂纹，很快就断裂了；复合材料疲劳过程早期就出现损伤，但扩展慢，直到疲劳寿命的90%才迅速断裂，最终破坏可事先判明，所以复合材料的破损安全性极好。

疲劳实验的结果通常以施加应力与应力循环次数的关系曲线（S-N曲线）给出。纵坐标是应力的幅值，以普通标尺表示。横坐标是对于固定应力循环到试样破坏的循环次数，用对数坐标。对于所有的材料，S-N曲线的位置与形状可能不同，位置越高、下降越平缓表明该材料的疲劳性能好。复合材料的 S-N 曲线受各种材料和实验参数影响，如纤维类型及体积分数、基体类型、铺层形式、界面性质、载荷形式、平均应力、交变应力频率、环境条件等。

3.5.3　冲击和韧性[3]

复合材料在应用过程中难免受冲击载荷或发生高速变形，尤其是那些表观上不使复合材料破坏的低能冲击，往往造成复合材料的内部损伤，从而使其性能大大下降，在复合材料中，玻璃钢和 Kerlar 纤维复合材料的冲击性能好，而广泛用于结构件的碳纤维复合材料的冲击性能低，因此很有必要了解复合材料的冲击性能和能量吸收机理。

评价冲击性能的一个最普通的方法，是通过测量破坏一个标准试样所需的能量来确定冲击韧性。Charpy 和 Izod 冲击实验，是针对各向同性材料发展起来的，前者是简支梁加载，后者是悬臂梁加载。试样冲击破坏以后，在刻度盘上可读出摆锤能量损失，将它除以试样的截面积即为冲击韧性或冲击强度。量纲为［力］/［长度］。这种实验结果得到的韧性数据只是在一定程度上的定性结果。原因在于：

（1）摆锤冲击时所造成的能量损失既包括材料损伤与断裂所吸收的能量，还包括消耗在实验机上的能量损失、断裂碎块的飞出功和声能等。

（2）反映不出材料冲击破坏过程的损伤历程，给出的只是一个笼统的结果。不同材料，试样的断裂形式不同，可能会得到相同的冲击强度。对于各向同性材料，其破坏形式简单，这两种冲击实验方法均可以。对于复合材料，由于破坏现象复杂，这两种冲击实验不足以提供反映复合材料完整的冲击特性的数据。断裂的特定模式决定着材料受冲击过程不同的能量吸收机理；断裂模式和能量吸收又受各种实验参数影响，如纤维方向、试样尺寸和冲击速率等。为了更好地了解材料的冲击性能，现在发展了装有记录装置的 Charpy 或落锤冲击实验机。在摆锤或支座上装有载荷传感器，同时能改变冲击刀口的形状和变换冲锤质量以调节有效冲击能大小，调整下落高度以满足不同的冲击速率。获得冲击过程的 $P\text{-}t$（载荷-时间）曲线及冲击过程的 $E\text{-}t$（能量-时间）曲线（图 3-40）。

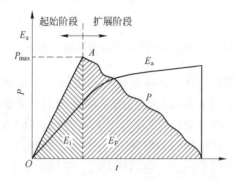

图 3-40　冲击过程中的载荷-时间和能量-时间曲线示意图[3]

$P\text{-}t$ 曲线可以划分为两个不同的区域，断裂起始区和断裂扩展区。在断裂起始阶段，载荷增长只是在试样中存储弹性应变能，没有宏观破坏发生。当在断裂起始阶段的末尾达到临界载荷 $P_{\max}$（A 点）时，复合材料试样可能拉伸破坏，也可能剪切破坏，这取决于材料的拉伸和层间剪切强度的相对数值。在这一点上，断裂的扩展或是以突然"脆断"方式进行，或是在较大的载荷下以连续吸收能量的渐变方式进行。$P\text{-}t$ 曲线下的面积反映材料吸收的能量。由 $P\text{-}t$ 曲线可以知道起始能量 E_i 和扩展能量 E_p，总冲击能 E_t 是 E_i 和 E_p 的和。对于高强度脆性材料，E_i 大、E_p 小；低强度韧性材料的 E_i 小而 E_p 大。两种材料可能有相同的总冲击能，所以只了解 E_t 值对于解释材料的冲击断裂特性是不够的。我们定义 $\mathrm{DI}=E_p/E_i$，称之为韧性指数，DI 值大说明该材料的韧性高。

复合材料冲击性能的影响因素主要包括两个方面：实验参数和材料性质。实验参数包括冲击速率、冲锤质量、刀口形式、跨高比和支撑情况等。材料性质包括纤维种类、基体韧性、纤维体积分数和界面黏结状况等。纤维断裂的数目对总冲击能无直接显著影响，但它非常显著地影响破坏模式，因而也就影响了总冲击能。通常韧性纤维，如玻璃纤维、K 纤维增强塑料具有比较高的冲击强度，而脆性纤维复合材料如 CFRP 或 BFRP 冲击强度较低，见表 3-12。因而常采用韧性的 GF 或 KF 与脆性的 CF 或 BF 混杂的方法来改善 CFRP 或 BFRP 的脆性。基体变形要吸收比较多的能量，热固性基体通常较脆，变形小，因而冲击强度低，而热塑性基体通常可产生较大的塑性变形，因而具有比较高的冲击强度。

表 3-12 各种材料的典型冲击强度[10]

材 料	纤维体积分数/%	冲击强度/kJ·m²
Modmor Ⅱ 石墨/EP	55	114
Kevlar-49/EP	65	693
S-GF/EP	72	693
BF/EP	60	78
4130 合金钢		592
4340 合金钢		215
2024-T3 铝合金		84
6061-T6 铝合金		153
7075-T6 铝合金		67

纤维与基体界面黏结强度强烈影响聚合物基复合材料的冲击破坏模式，包括纤维的断裂、脱胶、分层等。纤维脱黏会吸收大量能量，因而，如果聚合物基复合材料的脱黏程度较大，则明显增加冲击能。当纤维断裂的裂纹没有能力扩展到韧性基体中时，纤维常常可从基体中拔出并引起基体变形，它们明显增加断裂能。分层裂纹通常吸收比较大的能量，分层的增加会显著提高冲击能。

思 考 题

3-1 简述树脂基复合材料的发展历程。

3-2 简述热固性与热塑性树脂基体的性能区别。

3-3 简述环氧树脂、酚醛及而饱和聚酯树脂各自的性能特点。

3-4 双酚 A 型环氧树脂有什么特点？试写出其结构式。

3-5 若要使环氧树脂在室温固化，可采用哪几种固化剂？

3-6 列举三种高性能的热塑性树脂基体。

3-7 简述树脂基复合材料的界面结构。

3-8 简述袋压成型和模压成型的工艺区别。

3-9 简述热固性与热塑性树脂基复合材料在成型工艺方面的主要区别。

3-10 什么是树脂传递模塑工艺？

3-11 为什么单向连续纤维增强的复合材料在纤维方向有较好的抗疲劳性能？

3-12 简述评价复合材料冲击性能的方法。

参 考 文 献

[1] 王荣国，武卫莉，谷万里 . 复合材料概论 [M]. 哈尔滨：哈尔滨工业大学出版社，2015.

[2] 陈宇飞，马成国 . 聚合物基复合材料 [M]. 北京：化学工业出版社，2020.

[3] 王汝敏，郑水蓉，郑亚萍 . 聚合物基复合材料 [M].2 版 . 北京：科学出版社，2011.

[4] 张志谦，张德庆，魏月贞 . 碳纤维的冷等离子体连续表面接枝工艺及其复合材料的研究 [J]. 宇航材料工艺，1991（2）：41.

[5] 王彦，魏月贞 . 连续阳极氧化处理碳纤维的研究 [J]. 宇航材料工艺，1993（6）：28.

[6] 张复盛，胡卢广 . 碳纤维表面的电聚合改性 [J]. 复合材料学报，1997，14（2）：12.

［7］ 倪礼忠，陈麒 . 聚合物基复合材料 ［M］. 上海：华东理工大学出版社，2007.

［8］ 赵玉庭，姚希曾 . 复合材料聚合物基体 ［M］. 武汉：武汉工业大学出版社，1992.

［9］ 汤佩钊 . 复合材料及其应用技术 ［M］. 重庆：重庆大学出版社，1998.

［10］ 陈华辉，邓海金，李明，等 . 现代复合材料 ［M］. 北京：中国物资出版社，1998.

4 金属基复合材料

4.1 概　述

4.1.1 金属基复合材料的发展

随着现代科学技术的飞速发展，人们对材料的要求越来越高。在结构材料方面，不但要求高强度，还要求质量轻，在航空航天领域尤其如此。金属基复合材料正是为了满足上述要求而诞生的，与传统的金属材料相比，它具有较高的比强度和比刚度；而与树脂基复合材料相比，它又具有优良的导电性和耐热性；与陶瓷材料相比，它又具有高韧性和高抗冲击性能。从复合材料的使用温度和比强度考虑，聚合物基复合材料在室温附近具有优势，Al 基和 Ti 基等金属基复合材料在中温区域，金属间化合物基复合材料在高温领域，而陶瓷基复合材料则在更高温度具有优势[1]。图 4-1 比较了结构用金属材料与复合材料的比强度和使用温度的关系。可以看到，通过复合技术金属结构材料的比强度和使用温度都大大提高了[2]。

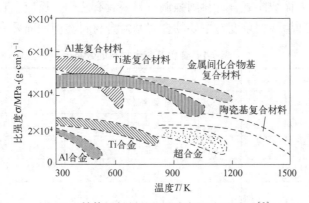

图 4-1　结构用材料的比强度与温度的关系[2]

金属基复合材料（Metal Matrix Composites，MMCs）是以连续长纤维、短纤维、晶须及颗粒等为增强材料，以金属（如铝、镁、钛、镍、铁、铜、钴等）或其合金为基体材料，通过合适的工艺制备而得。1963 年，美国国家航空和宇宙航行局（NASA）成功地制备出 W 丝增强 Cu 基复合材料，成为纤维增强金属基复合材料研究和开发的标志性起点，之后又有 SiC/Al、Al_2O_3/Al 复合材料的研究报道。由于金属基复合材料具有极高的比强度、比模量和高温强度，首先在航空航天得到应用。1978 年美国就首先报道了 B/Al 金属复合材料在哥伦比亚航天飞机上的应用。1964 年 Kraft 证实了通过对共晶/近共晶或共析成分的合金定向凝固也可制备金属基复合材料，并且这种自生复合材料界面结合良好。利用定向凝固技术制备的 Ni-Ni_3Al、Ni-Ni_3Si 已成功应用于航空发动机领域。随后 20 世纪

80 年代，金属基复合材料进入蓬勃发展的阶段，研究内容开始注重颗粒、晶须和短纤维增强金属基复合材料，尤其是 Al 基复合材料，并且开始在汽车、体育用品等领域得到了应用。1982 年日本丰田公司率先报道了 $Al_2O_3 \cdot SiO_2/Al$ 复合材料在汽车发动机活塞上的应用，开创了金属基复合材料用于民用产品的先例。1983 年日本本田公司推出陶瓷短纤维增强 Al 基复合材料局部活塞，使金属基复合材料在汽车工业领域的应用得到突破性进展。此后，该领域研究日趋活跃，相继研究了多种类型金属基复合材料，如 C/Cu、C/Mg 等，极大地推动了金属基复合材料民用商品化的进程。20 世纪 90 年代后期，随着电子产品和技术的迅速发展，具有低膨胀性、高强度和高导热性的金属基复合材料在电子产品上得到迅速应用，以满足电子元件高导热性、导电性和低膨胀性的要求。而近年来，功能金属基复合材料和纳米金属基复合材料研究强劲发展，也已成为复合材料研究的热点之一。随着相应研究工作和开发的不断深入，金属基复合材料在航空航天、军事技术、交通工具、电子仪表等行业中显示出巨大的应用潜力[3,4]。

4.1.2　金属基复合材料的分类[2,3]

金属基复合材料可根据增强相、基体种类或用途进行分类。按基体类型分有 Al 基复合材料、Mg 基复合材料、Ti 基复合材料等；而按增强体则可分为颗粒增强复合材料、层状复合材料、纤维增强复合材料等。表 4-1 列出了常见的三种金属基复合材料的分类。由于复合材料发展的多样化和新型复合材料的不断发展，这些分类方法将界限变得模糊，其中功能复合材料和智能复合材料容易混淆。从作用上讲，功能复合材料偏重材料的电、热、磁等功能特性，而智能复合材料则强调材料要具有感知、反应、自检测、自修复等特性。下面将从基体和增强相角度对主要的金属基复合材料类型做简要介绍。

表 4-1　金属基复合材料的分类

增　强　体	基　体	用　途
长纤维增强复合材料	Al 基复合材料	结构复合材料
短纤维增强复合材料	Cu 基复合材料	功能复合材料
晶须增强复合材料	Ti 基复合材料	智能复合材料
颗粒增强复合材料	Ni 基复合材料	
纳米复合材料	Mg 基复合材料	
层合复合材料	Fe 基复合材料	
表面复合材料	金属间化合物基复合材料	
混杂增强复合材料		

4.1.2.1　按用途分类

按用途不同，金属基复合材料分为：

（1）结构复合材料。比强度高、比模量高、尺寸稳定性好、耐高温等是其主要性能特点。结构复合材料用于制造各种航天、航空、汽车、先进武器系统等高性能结构件。

（2）功能复合材料。高导热性、高导电性、低线膨胀系数、高阻尼、高耐磨性等物理性能的优化组合是其主要特性。功能复合材料用于电子、仪器、汽车等工业。

（3）智能复合材料。其具有自感知、自调节、自检测、自修复、免维护等智能特性。

4.1.2.2　按基体分类

按基体不同，金属基复合材料分为铝基、镁基、锌基、铜基、钛基、铅基、镍基、铁基、钴基、耐热金属基、金属间化合物基等复合材料。目前铝基、镍基、钛基复合材料的发展比较成熟，已在航空、航天、电子、汽车等工业中应用。下面将对铝基、镍基、钛基复合材料进行简要介绍。

（1）铝基复合材料。由于铝为面心立方结构，因此具有良好的塑性和韧性，再加之它具有的易加工性、工程可靠性及价格低廉等特点，为其在工程应用创造了有利条件，它是金属基复合材料中应用最广的一种。在制造铝基复合材料时通常并不是使用纯铝而是用各种铝合金。这主要是由于与纯铝相比铝合金具有更好的综合性能，至于选何种铝合金作为基体则往往根据实际中对复合材料的性能要求而定。

纤维增强铝基复合材料，因其具有高比强度和比刚度，在航空航天工业中不仅可以大大改善原来采用铝合金部件的性能，而且可以代替中等温度下使用的昂贵的钛合金部件。在汽车工业中，用铝和铝合金基复合材料代替钢铁的前景被人们普遍看好，可望起到节约能源的作用。

（2）镁基复合材料。镁合金是密度最小的工程结构材料。镁基复合材料不仅结构性能优异（低密度、高比强度/比刚度、抗震耐磨、抗冲击、尺寸稳定性和铸造性能），而且还有良好的阻尼和电磁屏蔽等功能特性，是极具竞争力的结构功能一体化轻金属基复合材料。大多数镁基复合材料为颗粒与晶须增强，如 SiC_p 或 SiC_w/Mg 和 B_4C_p、Al_2O_{3p}/Mg。但石墨纤维增强镁基复合材料，与碳纤维、石墨纤维增强铝相比，密度和线膨胀系数更低，强度和模量也较低，并具有很高的导热/热膨胀比值，在温度变化环境中，是一种尺寸稳定性极好的宇宙空间材料。镁基复合材料的基体主要有 AZ31（Mg-3Al-Zn）、AZ61（Mg-6Al-Zn）、ZK60（Mg-6Zn-Zr），以及 AZ91（Mg-9Al-Zn）等。

（3）钛基复合材料。钛比任何其他的结构材料具有更高的比强度，并且在中温时比铝合金能更好地保持其强度。因此，对飞机结构来说，当速度从亚声速提高到超声速时，钛比铝合金显示出了更大的优越性。随着速度的进一步提高，还需要改变飞机的结构设计，采用更细长的机翼和其他翼型，为此需要高刚度的材料，而纤维增强钛可满足这种对材料刚度的要求。钛基复合材料中最常用的增强体是硼纤维，是由于钛与硼的线膨胀系数较接近，见表 4-2。

表 4-2　基体和增强体的线膨胀系数[3]

基体	线膨胀系数/K^{-1}	增强体	线膨胀系数/K^{-1}
铝	23.9×10^{-6}	硼	6.3×10^{-6}
钛	8.4×10^{-6}	涂 SiC 的硼	6.3×10^{-6}
铁	11.7×10^{-6}	碳化硅	4.0×10^{-6}
镍	13.3×10^{-6}	氧化铝	8.3×10^{-6}

（4）镍基复合材料。镍基复合材料是以镍或镍合金为基体制造的。由于镍的高温性能优良，因此这种复合材料主要是用于制造高温下工作的零部件。镍基复合材料中加入适

当的增强相，进一步提高其耐热性和抗蠕变能力，制作燃汽轮机叶片，以进一步提高燃汽轮机的工作温度。

4.1.2.3 按增强体分类

按增强体不同，金属基复合材料分为：

（1）连续纤维增强金属基复合材料。连续纤维增强金属基复合材料是指利用高强度、高模量、低密度的碳（石墨）纤维、硼纤维、碳化硅纤维、氧化铝纤维、金属合金丝等增强金属基体而形成的高性能复合材料。通过对基体、纤维类型、纤维排布、含量、界面结构的优化设计组合，可获得各种高性能。在连续纤维增强金属基复合材料中，纤维具有很高的强度、模量，是复合材料的主要承载体，增强基体金属的效果明显。基体金属主要起固定纤维、传递载荷、部分承载的作用。连续纤维增强金属因纤维排布有方向性，其性能有明显的各向异性，可通过不同方向上纤维的排布来控制复合材料构件的性能。沿纤维轴向（纵向）具有高强度、高模量等性能，而横向性能较差，在设计使用时应充分考虑。连续纤维增强金属基复合材料要考虑纤维的排布、含量、分布等，制造过程难度大，制造成本高。

（2）非连续增强金属基复合材料。非连续增强金属基复合材料是由短纤维、晶须、颗粒为增强体与金属基体组成的复合材料。增强体在基体中随机分布，其性能是各向同性的。非连续增强体的加入，明显提高了金属的耐磨性、耐热性，提高了高温力学性能、弹性模量，降低了线膨胀系数等。非连续增强金属基复合材料最大的特点是可以用常规的粉末冶金、液态金属搅拌、液态金属挤压铸造、真空压力浸渗等方法制造，并可用铸造、挤压、锻造、轧制、旋压等加工方法成型，制造方法简便，制造成本低，适合于大批量生产，在汽车、电子、航空、仪表等工业中有广阔的应用前景。

（3）层状复合材料。层状复合材料是指在韧性和成型性较好的金属基体材料中含有重复排列的高强度、高模量片层状增强体的复合材料。片层的间距是微观的，所以在正常的比例下，材料按其结构组元看，可以认为是各向异性的和均匀的。这类复合材料是结构复合材料，因此不包括各种包覆材料。由于薄片增强的强度不如纤维增强相高，因此层状复合材料的强度受到了限制。然而在增强平面的各个方向上，薄片增强体对强度和模量都有增强效果，它与纤维单向增强的复合材料相比具有明显的优越性。

4.1.3 金属基复合材料的性能特点[2,3,5~7]

通过对金属基复合材料的基体合金、增强相类型和含量、界面结构等因素进行合理配置和优化组合，可以获得既具有金属特性，又具有高比强度、高比模量、耐高温、耐磨损等优异性能的金属基复合材料。归纳来讲，金属基复合材料主要有以下性能特点：

（1）比强度和比模量高。在基体合金中加入高性能的纤维、晶须等增强相，可极大地提高基体材料的比强度和比模量（图4-2），特别是高性能的连续纤维，如碳纤维的强度可高达7000MPa，比铝合金基体高出近10倍。石墨纤维的模量为230~830GPa。硼纤维密度为2.4~2.6g/cm³，强度为2300~8000MPa，模量为350~450GPa。碳化硅纤维密度为2.5~3.4g/cm³，强度为3000~4500MPa，模量为350~450GPa。加入30%~50%的高性能纤维作为复合材料的主要承载体，金属基复合材料的比强度和比模量通常成倍地高于基体合金，其制成的复合材料构件具有质量轻、刚度好、强度高的特点，是航空航天领域理想的结构材料。

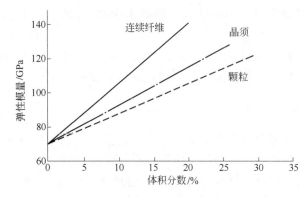

图 4-2 不同增强体复合材料的性能对比[7]

（2）疲劳性能和断裂韧性好。金属基复合材料的疲劳性能和断裂韧性取决于增强相与基体之间的界面结合状态，最佳的界面结合状态既能有效地传递荷载，又可阻止裂纹的扩展，提高材料断裂韧性。并且金属基复合材料的疲劳强度通常高于基体材料，如玻璃纤维增强 Al 基复合材料的疲劳强度与拉伸强度之比为 0.7 左右，远高于基体 Al 合金的疲劳强度与拉伸强度之比。

（3）高温性能良好。由于作为增强材料的陶瓷纤维、晶须和陶瓷颗粒，在高温下具有很高的高温强度和模量，因此金属基复合材料具有比基体金属高得多的高温性能。特别是连续纤维增强金属基复合材料，长纤维在复合材料中起主要承载作用，而纤维强度在高温下基本不下降，因此连续纤维增强金属基复合材料的高温性能可保持到接近金属熔点，比金属基体的高温性能高许多。例如，钨丝增强耐热合金在 1000℃×100h 的高温持久强度为 207MPa，而基体合金的高温持久强度只有 48MPa。

（4）线膨胀系数小，尺寸稳定性好。由于增强材料（碳纤维、SiC 纤维、晶须、陶瓷颗粒等）通常具有较小的线膨胀系数和较高的弹性模量。当一定体积分数的增强材料加入基体合金中，可使金属基体的线膨胀系数明显下降，并且可通过改变增强相体积分数、界面结构、纤维排布等方式调节复合材料线膨胀系数，以满足不同的使用要求。例如，石墨纤维增强 Mg 基复合材料，当石墨纤维的体积分数达到 48% 时，该复合材料的线膨胀系数接近于零，特别适合制作卫星结构件、精密量具等复合材料制品。

（5）导热性和导电性好。金属基复合材料一方面基体保持着良好的导电性和导热性，另一方面采用高导热或导电性的增强材料，可进一步提高金属基复合材料的导热和导电性能，使复合材料具有比金属基体更为优越的导热、导电性。可用于制作集成电路封装材料，以解决电子器件的散热问题。

此外，金属基复合材料还具有优异的耐磨性能、良好的加工特性，以及其他一些特殊的性能。这些优异的性能使得金属基复合材料在航空航天、新能源汽车、电子技术、精密机械等领域具有广泛的应用前景。

4.2　金属基复合材料的基体

基体材料是金属基复合材料的主要组成，基体在复合材料中占有很大的体积分数。在连续纤维增强金属基复合材料中基体体积分数占 50%~70%，一般占 60% 左右最佳。晶须、短纤维增强金属基复合材料基体体积分数达 70% 以上，一般在 80%~90%。而颗粒增强金属基复合材料中根据不同的性能要求，基体体积分数可在 25%~90% 范围内变化，多数颗粒增强金属基复合材料的基体体积分数为 80%~90%[3]。

4.2.1　基体的选用原则[3]

金属基体的选择对复合材料的性能有决定性的作用，金属基体的密度、强度、塑性、导热性、导电性、耐热性、耐蚀性等，均将影响复合材料的比强度、耐高温性、导热性、导电性等。因此在设计和制备复合材料时，需充分了解和考虑金属基体的化学特性、物理特性以及与增强体的相容性等，以便于正确合理地选择基体材料和制备方法。

基体金属对金属基复合材料的使用性能有着举足轻重的作用。基体金属的选择首先根据不同工作环境对金属基复合材料的使用性能要求，既要考虑金属基体本身的各种性能，还要考虑基体与增强体的配合及其相容性，达到基体与增强体最佳的复合和性能的发挥。

目前可用做金属基复合材料基体的合金有铝合金、镁合金、钛合金、镍基合金、铜合金及金属间化合物等。金属材料品种繁多，如何正确地选择基体合金，对于充分发挥金属基复合材料的综合性能至关重要，其主要遵循以下原则。

4.2.1.1　金属基复合材料的使用要求

金属基复合材料构件的使用性能要求是选择金属基体材料最重要的依据。在宇航、航空、先进武器、电子、汽车等技术领域和不同的工况条件下，对复合材料构件的性能要求有很大的差异，要合理选用不同基体的复合材料。作为飞行器和卫星构件宜选用密度小的轻金属合金——镁合金、铝合金作为基体，与高强度、高模量的石墨纤维、硼纤维等组成石墨/镁、石墨/铝、硼/铝复合材料，可用于航天飞行器、卫星的结构件。

高性能发动机在高温、氧化性气氛中工作，要求复合材料不仅有高比强度、高比模量性能，还要求复合材料具有优良的耐高温性能。一般的铝、镁合金就不合适，而需选择钛基合金、镍基合金以及金属间化合物作为基体材料，如碳化硅/钛、钨丝/镍基超合金复合材料可用于喷气发动机叶片、转轴等重要零件。

在汽车发动机中要求其零件耐热、耐磨、导热，具有一定的高温强度等，同时又要求成本低廉，适合于批量生产，则选用铝合金作为基体材料，与陶瓷颗粒、短纤维组成颗粒(短纤维)/铝基复合材料。如碳化硅/铝复合材料、碳纤维、氧化铝/铝复合材料可制作发动机活塞、缸套等零件。

电子工业集成电路需要高热导率、低线膨胀系数的金属基复合材料作为散热元件和基板。选用具有高热导率的银、铜、铝等金属为基体，与高热导率、低线膨胀系数的超高模量石墨纤维、金刚石纤维、碳化硅颗粒复合成具有低线膨胀系数和高热导率、高比强度、高比模量等性能的金属基复合材料，可能成为高集成电子器件的关键材料。

4.2.1.2　金属基复合材料的组成特点

金属基复合材料有连续增强和非连续增强金属基复合材料，由于增强体的性质和增强机制的不同，在基体材料的选择原则上有很大差别。对于连续纤维增强金属基复合材料，纤维是主要承载物体。纤维本身具有很高的强度和模量，而金属基体的强度和模量远远低于纤维的性能。因此在连续纤维增强金属基复合材料中，基体的主要作用应是以充分发挥增强纤维的性能为主，基体本身应与纤维有良好的相容性和塑性，而并不要求基体本身有很高的强度。如碳纤维增强铝基复合材料，以纯铝或含有少量合金元素的铝合金作为基体比高强度铝合金要好得多，高强度铝合金作为基体组成的复合材料性能反而低。在研究碳/铝复合材料基体合金优化过程中，发现铝合金的强度越高，复合材料的性能越低，这与基体与纤维的界面状态、脆性相的存在、基体本身的塑性有关。图4-3所示为不同铝合金和复合材料性能的对应关系。

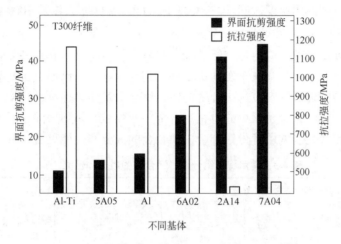

图4-3　不同铝合金和复合材料性能的对应关系[3]

对于非连续增强（颗粒、晶须、短纤维）金属基复合材料，基体的强度对非连续增强金属基复合材料具有决定的影响。因此要获得高性能的金属基复合材料，必须选用高强度的铝合金作为基体，这与连续纤维增强金属基复合材料基体的选择完全不同。如颗粒增强铝基复合材料一般选用高强度的铝合金为基体，如 A356、6082、7075 等高强铝合金。

4.2.1.3　金属基体与增强材料的相容性

在金属基复合材料制备过程中，金属基体与增强体在高温复合过程中会发生不同程度的界面反应，基体金属中往往含有不同类型的合金元素，这些合金元素与增强体的反应程度不同，反应后生成的反应产物也不同，需在选用基体合金成分时充分考虑，尽可能选择既有利于金属与增强体浸润复合，又有利于形成合适稳定的界面的合金元素。如碳纤维增强铝基复合材料中，在纯铝中加入少量的钛、锆等元素明显改善了复合材料的界面结构和性质，大大提高了复合材料的性能。

铁、镍等元素是促进碳石墨化的元素，用铁、镍作为基体，碳纤维作为增强体是不可取的。镍、铁元素在高温时能有效地促使碳纤维石墨化，破坏了碳纤维的结构，使其丧失了原有的强度，做成的复合材料不可能具备高的性能。因此，在选择基体时应充分考虑与增强体的相容性，特别是化学相容性。

4.2.2　各类金属基体

用于各种航天、航空、汽车、先进武器等结构件的复合材料，一般均要求有高的比强度和比刚度，高的结构效率，因此大多选用铝及铝合金和镁及镁合金作为基体金属。目前研究发展较成熟的金属基复合材料主要是铝基、镁基复合材料，用它们制成各种高比强度、高比模量的轻型结构件，广泛用于航天、航空、汽车等领域。

在发动机，特别是燃气轮机中所需要的结构材料，是耐热结构材料，要求复合材料零件在高温下连续安全工作，工作温度为650~1200℃，同时要求复合材料有良好的抗氧化、抗蠕变、耐疲劳和良好的高温力学性质。铝、镁复合材料一般只能用在450℃左右，而钛合金基体复合材料可用到650℃，而镍、钴基复合材料可在1200℃条件下使用。

结构复合材料的基体大致可分为轻金属基体和耐热合金基体两大类。根据使用温度的不同大致可分为三个使用温度区间：450℃以下、450~1000℃，以及1000℃以上。

4.2.2.1　450℃以下使用的轻金属基体——铝、镁合金

目前研究发展最成熟、应用最广泛的金属基复合材料是铝基和镁基复合材料，用于航天飞机、人造卫星、空间站、汽车发动机零件、制动盘等，并已形成工业规模生产。

对于不同类型的复合材料应选用合适的铝、镁合金基体。连续纤维增强金属基复合材料一般选用纯铝，或含合金元素少的单相铝合金，而颗粒、晶须增强金属基复合材料则选择具有高强度的铝合金。常用牌号铝合金、镁合金的成分和性能见表4-3。

表4-3　常用牌号铝合金、镁合金的成分和性能[4]

合金牌号	主要成分（质量分数）/%						密度 /g·cm⁻³	线膨胀系数 /K⁻¹	热导率 /W·(m·K)⁻¹	抗拉强度 /MPa	弹性模量 /GPa
	Al	Mg	Si	Zn	Cu	Mn					
1050A	99.5	—	0.08	—	0.015	—	2.6	$(22\sim25.6)\times10^{-6}$	218~226	60~108	70
5A06	余量	5.8~6.8	—	—	—	0.5~0.8	2.64	22.8×10^{-6}	117	330~360	66.7
2A12	余量	1.2~1.8	—	—	3.8~4.9	0.3~0.9	2.8	22.7×10^{-6}	121~198	172~549	68~71
7A04	余量	1.8~2.8	—	5~7	1.4~2.0	0.2~0.6	2.85	23.1×10^{-6}	155	209~618	66~71
6A02	余量	0.45~0.9	0.5~1.2	—	0.2~0.6	—	2.7	23.5×10^{-6}	155~176	347~379	70
2A14	余量	0.4~0.8	0.6~1.2	—	3.9~4.8	0.4~1.0	2.8	22.5×10^{-6}	159	411~504	71
ZAlSi7Mg	余量	0.2~0.4	6.5~7.5	0.3	0.2	0.5	2.66	23.0×10^{-6}	155	165~275	69
ZAlSi9Mg	余量	0.17~0.3	8.0~10.5	—	—	—	2.65	21.7×10^{-6}	147	255~275	69
A240M	0.3~0.4	余量	0.2~0.8	—	—	0.15~0.5	1.78	26×10^{-6}	96	245~264	40
ZK61M	—	余量	—	5.0~6.0	—	—	1.83	20.9×10^{-6}	121	326~340	44
ZMgAl8Zn	7.5~9.0	余量	—	0.2~0.8	—	0.15~0.5	1.81	26.8×10^{-6}	78.5	157~254	41

4.2.2.2　450~1000℃使用的金属基体

A　钛及钛合金[8,9]

钛及钛合金具有质量轻、比强度高、耐高温、耐腐蚀以及良好的低温韧性等特点。钛的密度为 4.4g/cm³，熔点高达 1678℃，纯钛的线膨胀系数低，仅为（7.35~9.5）×10⁻⁶K⁻¹。钛的导电和导热性能差，其导热系数只有铜的 1/17 和铝的 1/10，比电阻为铜的 25 倍。钛及其合金具有优异的耐蚀性，在硫酸、盐酸硝酸和氢氧化钠等介质中都很稳定。钛在固态时有两种同素异构体，882.5℃以下为密排六方结构，称为 α-Ti；882.5℃以上至熔点为体心立方结构，称为 β-Ti。在 882.5℃时的同素异构体转变对钛及钛合金的强化有很重要的意义。

纯钛的塑性极好，容易加工成型，强度偏低，但含氢、碳、氧、铁和镁等杂质元素的工业纯钛拉伸强度可提高到 700MPa，并仍能保持较好的塑性和韧性。纯钛的强度可通过冷作硬化和合金化而得到显著的提高，如 50% 的冷变形可使强度提高 60%，适当合金化和热处理，则拉伸强度可达 1200~1400MPa，因此钛合金的比强度高于其他常用金属材料，这也是钛合金作为金属基复合材料基体的重要原因。纯钛虽然高温强度差，但合金化后的耐热性显著提高，可以作为高温结构材料使用，如航空航天的压气转子叶片等，长期使用温度已达 540℃。

钛合金一般按合金元素加入后在退火组织中的作用，分为 α 型、β 型和 α+β 型三种，我国牌号分别为 TA、TB 和 TC 加上编号来表示。表 4-4 为钛基复合材料中常用的钛及钛合金的成分和基本性能。

表 4-4　钛基复合材料中常用钛及钛合金成分及性能[8]

牌号	中国	TA3	TA7	TB1	TC4		
	对应美国牌号	Ti75A	Ti-5Al-2.5Sn	Ti-13V-11Cr-3Al	Ti-6Al-4V		
合金类型		工业纯钛 α	α	β	α+β		
主要化学成分	Ti	99	余量	余量	余量		
	Al	—	4.0~6.0	2.0~4.0	5.5		
	Cr	—	—	10.5~12.0	—		
	V	—	—	12.0~13.5	3.5~4.5		
	Sn	—	2.0~3.0	—	—		
力学性能	室温	状　态	退火	退火	退火	退火	
		拉伸强度/MPa	550	830	860	900	
		伸长率/%	15	10	15	15	
	高温	温度/℃	315	315　427	316	316	427	538
		拉伸强度/MPa	254	580　530	760	660	610	480
		伸长率/%	38	15　15	20	17	18	27

钛合金中合金元素对钛的两种同素异构体的作用在于提高钛同素异构体的转变温度。扩大 α 相区和增加 α 相稳定性的合金元素为 α 稳定化元素，如铝、碳、氮、氧和硼等元

素，其中只有铝元素在实际中得到应用。能降低钛的同素异构体转变温度，扩大 β 相区，并在复相合金中优先溶于 β 相内的合金元素为 β 稳定化元素，是强化 β 相的主要元素，如钼、铬、钒和铌等。而锡、锆等元素对转变温度的影响不明显，称为中性元素。

为了获得最佳的力学性能，钛合金需进行适当的热处理。常用的热处理方式是各类退火、淬火和时效。退火可以用于各类钛及钛合金，而且是 α 型钛合金和 β 稳定化元素较少的 α+β 型合金的唯一处理方式。退火的目的是消除内应力，提高塑性和稳定组织以及消除加工硬化。消除应力退火时温度一般为 450~650℃，空冷；钛合金再结晶退火时温度为 750~800℃，空冷。

β 型和 β 稳定化元素较多的 α+β 型钛合金可以进行淬火和时效处理，以提高合金强度。这类合金淬火时的淬火温度一般选在 α+β 两相区的上部范围，淬火时部分 α 相保留下来，细小的 β 相转变为介稳定的 β 相，加热时效后介稳定的 β 相析出细小弥散的 α 相（在合金中）或针状的 α 相（在 α+β 合金中）。经淬火和时效后合金可获得好的综合力学性能。一般淬火温度为 750~950℃，水中冷却；一般时效温度为 450~550℃，时间为几小时至几十小时。钛合金的淬火时效机制与铝合金类似，但又有区别。主要区别在于铝合金固溶时，得到过饱和固溶体，而钛合金得到的是 β 稳定化元素欠饱和固溶体；铝合金时效强化是依靠过渡相，而钛合金时效强化依靠的是弥散分布的平衡相强化。钛合金热处理时应注意防止污染和氧化，并要防止过热，如果加热至 β 单相区，β 晶粒极容易长大，热处理后的合金韧性很低，并且再用热处理方法也无法挽救。

B　铁及铁合金[10]

金属基复合材料中使用的铁，主要是铁基高温合金，可在 600~900℃ 使用，按加工工艺分为变形高温合金和铸造高温合金。

铁基变形高温合金是奥氏体可塑性变形高温合金，主要成分为：Fe 15%~60%、Ni 25%~55%、Cr 11%~23%，此外还有多种其他合金元素。铁基变形高温合金按强化方式可分为三类：（1）碳化物、氮化物和碳氮化物强化合金（Ⅰ类）。其 Ni 含量较低（≤25%），添加钨、钼、铌、钒等合金元素，用于早期航空发动机热端部件，但其综合强度较低，热稳定性差，使用温度在 650℃ 以下。（2）金属间化合物强化合金（Ⅱ类）。通过加入钛、铝形成强化相，使用温度可达 750℃ 左右，其中温强度较高、易于加工、价格低廉，广泛应用于燃气涡轮发动机和汽轮机的叶片、涡轮盘等主要构件。（3）固溶强化合金（Ⅲ类）。通过加入铬元素（20%），和钨、钼、铝、钛、铌等合金元素进行强化，其使用温度在 800~950℃ 之间，但综合力学性能较低。

铁基铸造高温合金是面心立方结构的奥氏体，通过铸造工艺成型的高温合金。铁基铸造高温合金可与钨、钼、钛、铝等合金元素形成固溶强化和沉淀强化，与硼元素形成晶界强化，其使用温度在 600~900℃。

4.2.2.3　1000℃ 以上使用的金属基体[10]

用于 1000℃ 以上使用的金属基体材料主要有镍基高温合金、金属间化合物等，铌基合金作为更高温度下使用的复合材料基体正处于研究阶段。

A　镍基高温合金

金属基复合材料中使用的镍基高温合金与铁基合金类似，按照加工工艺的不同可分为镍基变形高温合金和镍基铸造高温合金。

镍基变形高温合金是以金属镍为主的、具有可塑性的变形高温合金，其在 650～1000℃下具有良好的强度、抗氧化性和燃气腐蚀能力。按强化方式镍基变形高温合金分为固溶强化型和沉淀强化型。固溶强化的元素有钨、钼、钴等，其合金用于制造工作温度较高的燃气轮机燃烧室。沉淀强化的元素有铝、钛、铌等，其合金具有较高的高温蠕变强度、抗疲劳强度，良好的抗氧化、抗腐蚀性能，用于制造发动机叶片、涡轮盘等。

镍基铸造高温合金是以金属镍为主的、使用铸造工艺成型的高温合金，可在 600～1100℃的氧化和燃气腐蚀气氛中承受复杂应力，并能长期可靠地工作。由于其优异的高温性能，镍基铸造高温合金在燃气涡轮发动机上得到了广泛应用，主要作为涡轮转子叶片和导向叶片。按强化方式镍基铸造高温合金分为固溶强化型、沉淀强化型和晶界强化型。不同的强化类型通过添加不同的合金元素来实现：固溶强化型主要添加铬、钴、钨、钼、铌、钽等合金元素；沉淀强化型主要添加铝、钛、铌、钽、铪等；晶界强化添加有硼、锆和稀土元素等，通过填补晶界的原子空位，提高晶界合金化程度，减缓晶界扩散，使在高温应力作用下合金的薄弱环节得以加强。表 4-5 为高温金属基复合材料用基体合金的性能。

表 4-5　高温金属基复合材料用基体合金的性能[3]

基体合金及成分	密度/g·cm⁻³	持久强度 (1100℃，100h)/MPa	高温比强度 (1100℃，100h) /MPa·cm³·g⁻¹
Zh36 Ni-12.5-7W-4.8Mo-5Al-2.5Ti	12.5	138	112.5
EPD-16 Ni-11W-6Al/6Cr-2Mo-1.5Nb	8.3	51	63.5
Nimocast713C Ni-12.5Cr-2.5Fe/2Nb-4Mo-6Al-1Ti	8.0	48	61.3
Mar-M322E Co-21.5Cr-25W-10Ni-3.5Ta-0.8Ti		48	
Ni-25W-15Cr-2Al-2Ti	9.15	23	25.4

B　金属间化合物

金属间化合物品种繁多，而用于金属基复合材料的金属间化合物通常是一些高温合金（如铝化物、硅化物、铍化物等，其中以铝化物研究最多），使用温度可达 1600℃。金属间化合物高温合金是晶体结构中组成元素的原子以长程有序的方式排列，兼有金属较好的塑性和陶瓷良好的高温强度的一种高温合金。与铁基、镍基高温合金相比，其原子间结合力强，除金属键外，还有一部分共价键，因而具有一系列优异的性能，如高强度、高弹性模量、较低的蠕变速率、较高的形变硬化率、较低的自扩散系数、稳定的组织结构，有些金属间化合物还具有屈服强度的反常温度关系和良好的抗氧化腐蚀性能，使用温度仅次于高温结构陶瓷材料。金属间化合物的缺点是韧性较低，原因在于组织中低的对称性导致滑移系不足和晶体界面结合较弱。在冶金过程中采用快速凝固法和向 Ni_3Al 一类金属间化合物种添加硼元素，可增加金属间化合物的韧性。表 4-6 为部分金属间化合物的性能。

表 4-6　金属间化合物的性能

金属间化合物	熔点/℃	密度/$g \cdot cm^{-3}$	弹性模量/GPa
FeAl	1250~1400	5.6	263
Fe_3Al	1540	6.7	—
NiAl	1640	5.9	206
Ni_3Al	1390	7.5	33.7
TiAl	1460	3.9	94
Ti_3Al	1600	4.2	210
$MoSi_2$	2030	6.3	—

4.3　金属基复合材料的制造方法

金属基复合材料由于金属基体的耐热性和延展性给复合材料增添了许多新的特点，但其加工性能不如树脂基复合材料好。金属基体由于加工温度高、制备工艺复杂、界面反应控制困难，因此在制造金属基复合材料过程中应注意以下关键技术点[3]：

（1）高温制备过程易发生不利的化学反应。复合材料加工成型温度高，其合金基体与增强材料之间易发生不利的化学反应。加工过程中，为确保基体金属的润湿性和流动性，通常采取较高的加工成型温度（接近或高于金属熔点），因此合金基体与增强材料之间易发生化学反应，形成过强界面结合或在界面处形成脆性反应产物。

（2）合金基体与增强材料之间的润湿性差。绝大多数金属基复合材料（如碳纤维增强铝基复合材料、碳纤维增强镁基复合材料、碳化硅纤维增强铝基复合材料等），基体金属对增强材料的润湿性较差。可采取的措施包括：1）添加合金元素。添加合金元素可有效减小基体金属表面张力、固-液界面能及化学反应，从而改善基体对增强材料的润湿性。常用的合金元素有钛、锆、铌、铈等。2）对增强材料进行表面处理。采用表面处理能改变增强材料的表面状态及化学成分，从而改善增强材料与基体间的润湿性。常用的表面处理方法有化学气相沉积、物理气相沉积、溶胶-凝胶和电镀或化学镀等。3）提高液相压力。渗透力与毛细压力成正比。提高液态金属压力，可促使液态金属渗入纤维的间隙内。

（3）增强材料的分布状态。控制增强材料按所需方向均匀地分布于基体中是获得预期性能的关键。然而，增强材料的种类较多，如短纤维、晶须、颗粒等，还有直径较粗的单丝、直径较细的纤维束等，并且在尺寸、形态、理化性能上也有很大差异，使得增强材料均匀地或按设计强度的需求分布显得非常困难。可采取的措施包括：1）对增强材料进行适当的表面处理，以加快其浸润基体速度；2）加入适当的合金元素来改善基体的分散性；3）施加适当的压力，使基体分散性增大。

金属基复合材料的制造方法类型较多，根据基体金属在成型过程中所处的状态，以及增强相、基体相的形成方法，金属基复合材料大致可分为固态法、液态法、原位复合法，以及其他制造方法。表 4-7 所示为金属基复合材料的主要制备方法和应用范围。

表 4-7 金属基复合材料主要制备方法和应用范围[2]

类别	制备方法	使用的金属基复合材料体系		相应的复合材料品种
		增强材料	金属基体	
固态法	粉末冶金	SiC_p、Al_3O_2、SiC_w、B_4C_p	Al、Cu、Ti 等	SiC_p/Al、SiC/Al、TiB_2/Ti、Al_3O_2/Al 等
	热压固结	B、SiC、C（Gr）、W	Al、Cu、Ti、Mg、耐热合金	B/Al、SiC/Al、$SiC/TiC/Al$、C/Mg 等
	热等静压	B、SiC、W	Al、Ti、超合金	B/Al、SiC/Ti
	热轧、热拉法	C、Al_3O_2	Al	C/Al、Al_3O_2/Al
液态法	挤压铸造	各种类型的纤维、短纤维、晶须	Al、Zn、Mg、Cu 等	SiC_p/Al、SiC_w/Al、C/Al、C/Mg、Al_3O_2/Al 等
	真空压力浸渗	各种类型的纤维、短纤维、晶须	Al、Mg、Cu、Ni 等	C/Al、C/Cu、C/Mg、SiC_p/Al、SiC_w+SiC_p/Al 等
	搅拌法	颗粒、短纤维、SiC_p	Al、Mg、Zn	铸件、铸坯
	共喷沉淀法	SiC_p、Al_3O_2、B_4C、TiC 等颗粒	Al、Ni、Fe 等	SiC_p/Al、Al_3O_2/Al 等
	真空铸造法	C、Al_3O_2 等连续纤维	Al、Mg	C/Al、C/Mg、Al_3O_2/Al 等
其他方法	反应自生成法	基体中反应生成	Al、Ti	铸件
	电镀和化学镀法	SiC_p、Al_3O_2、B_4C、颗粒、碳纤维	Ni、Cu 等	表面复合层
	热喷涂法	SiC_p、TiC	Ni、Fe	管、棒等

4.3.1 固态法[3]

固态法是指基体处于固态下制造金属基复合材料的方法。在整个制造过程中，温度控制在基体合金的液相线和固相线之间，尽量避免金属基体和增强材料之间的界面反应。固态法包括粉末冶金法、热压扩散结合法、热等静压法、轧制法、挤压法、拉拔法、爆炸焊接法等。下面就一些主要的固态法进行简要介绍。

4.3.1.1 粉末冶金技术

粉末冶金成型法是制备金属基复合材料，尤其是非连续纤维增强复合材料的主要工艺方法之一。广泛用于制造各种颗粒、片晶、晶须及短纤维增强的铝、铜、银、钛、高温合金等金属及各种金属间化合物基复合材料。某些情况下也用于制备长纤维增强金属基复合材料，其先将长纤维做成预制体，再将金属基体浆料注入，或将纤维束、预制体通过含有基体粉末浆料，经过整形后进行干燥，然后加热烧结，粉末冶金技术制造金属基复合材料的工艺流程如图 4-4 所示。用粉末冶金技术可以制造金属基复合材料坯料，并通过挤压、轧制、锻压、旋压等二次加工制成零部件，也可直接制成复合材料零件。美国 DWA 公司用此技术制造了不同成分的铝合金基体和不同颗粒（晶须）含量的复合材料及各种零件、管材、型材和板材，它们具有很高的比强度、比模量和耐磨性，已用于汽车、飞机和航天器等。

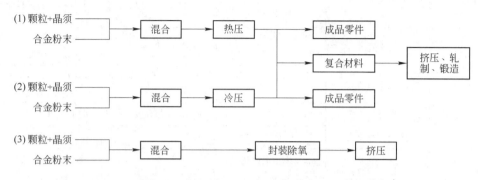

图 4-4　粉末冶金技术制造金属基复合材料的工艺流程[3]

粉末冶金技术也被用来制造钛基、金属间化合物基复合材料。例如，TiC 颗粒的体积分数为 10%的 TiC/Ti-6Al-4V 复合材料，其 650℃的高温弹性模量提高了 15%，使用温度可提高 100℃，基体粉末和颗粒（晶须）增强材料的均匀混合以及防止基体粉末的氧化是整个工艺的关键，必须采取有效措施。

与搅拌铸造技术相比，在粉末冶金技术中颗粒（晶须）的含量不受限制，尺寸也可以在较大范围内变化，但材料的成本较高，制造大尺寸的零件和坯料有一定困难。该工艺适于制造 SiC_p/Al、SiC_w/Al、Al_2O_3/Al、TiB_2/Ti 等金属基复合材料零部件、板材或锭坯等。常用增强材料有 SiC_p、Al_2O_3、SiC、W、B_4C_p 等颗粒、晶须及短纤维等，常用基体金属有 Al、Cu 和 Ti 等。

4.3.1.2　热压扩散结合法

热压扩散结合法是一种在加压状态下，通过固态焊接工艺，使同类或不同类的金属集体，在高温条件下相互扩散黏结在一起的方法，是连续纤维增强金属基复合材料最具有代表性的一种固态复合工艺。图 4-5 为热压扩散工艺过程示意图。

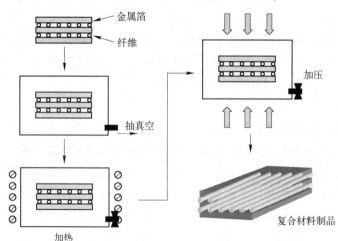

图 4-5　热压扩散工艺过程示意图

扩散黏结过程分为三个阶段：第一阶段是黏结表面之间的最初接触，由于加热和加压使表面发生变形、移动、表面膜破坏；第二阶段是随着时间的进行发生界面扩散、渗透，使接触面形成黏结状态；第三阶段是扩散结合界面最终消失，黏结过程完成。扩散结合工艺通常将纤维与金属基体（金属箔）制成复合材料与制片，然后将制片按设计要求切割成型，叠层排布后放入模具内，加热、加压并使其成型，冷却脱模后即得所需产品。为提高热压产品的质量，加热、加压过程可在惰性气氛下进行[10]。

热压扩散工艺也可通过在纤维表面包一层金属粉末的方法，使增强材料与金属基体结合，然后排列起来进行热压成型，如图 4-6 所示。

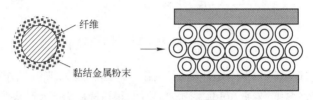

图 4-6　纤维表面包覆金属粉末的热压扩散结合法

热压扩散结合法的特点是利用静压力扩散结合，若条件适当可能不损伤纤维的力学性能，并具有良好的界面结合，在一定的纤维体积分数时能够得到接近于复合定律的预测强度。温度、压力、保温时间和气氛，是热压扩散结合法的重要工艺参数。例如高弹性模量碳纤维与金属铝的反应性较小，故对其进行热压复合时，可用 $550 \sim 570℃$，$10 \sim 20MPa$；而与铝容易发生反应的高强度碳纤维与金属铝复合时，只能用 500℃ 的温度，并需要 $80 \sim 100MPa$ 的压力。在真空条件下热压时，由于氧的分压低，可减少纤维与基体金属在高温下的氧化，有利于得到较好的复合效果，所以热压一般在真空中进行。增大压力、延长加压时间、提高温度，有利于纤维和基体的焊合，但要估计纤维因此而受到的损伤。热压扩散结合法的主要设备是液压机，要求加压平稳，保压稳定。热压时间一般为 $10 \sim 20min$。热压扩散结合法工艺参数易于精确控制，纤维在制件中的空间位置可按构件受力情况进行精确铺排，制件质量好，但是由于模具加压的单向性，使该工艺限于制作形状较为简单的板材，某些型材或叶片，同时整个焊接过程需要若干小时才能完成[11]。

热压扩散结合法在实际工艺中主要分为热压法和热等静压法，后者主要采用惰性气体加压。热等静压技术也是热压的一种，用惰性气体加压，工件在各个方向上受到均匀压力的作用。热等静压的工作原理及设备如图 4-7 所示，即在高压容器内设置加热器，将金属基体（粉末或箔）与增强材料（纤维、晶须、颗粒）按一定比例混合或排布后，或用预制片叠层后放入金属包套中，抽气密封后装入热等静压装置中加热、加压，复合成金属基复合材料。热等静压装置的温度可在几百摄氏度到 2000℃ 范围内选择，工作压力可高达 $100 \sim 200MPa$。

热等静压制造金属基复合材料过程中温度、压力、保温保压时间是主要工艺参数。温度是保证工件质量的关键因素，一般选择的温度低于热压温度，以防止严重的界面反应。压力根据基体金属在高温下变形的难易程度而定，易变形的金属压力低一些，不易变形的金属压力高一些。保温保压时间主要根据工件大小确定，工件越大，保温时间越长，一般为 30min 到数小时。

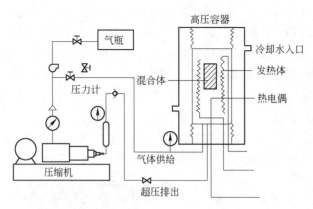

图 4-7　热等静压工作原理及设备[3]

热等静压工艺有三种：（1）先升压后升温，其特点是无须将工作压力升到最终所要求的最高压力，随着温度升高，气体膨胀，压力不断升高直至达到需要压力，这种工艺适合于金属包套工件的制造；（2）先升温后升压，此工艺对于用玻璃包套制造复合材料比较合适，因为玻璃在一定温度下软化，加压时不会发生破裂，又可有效传递压力；（3）同时升温升压，这种工艺适合于低压成型、装入量大、保温时间长的工件制造。

热压技术适用于制造基体金属容易制成粉末的各类金属基复合材料，如 B/Al、SiC/Al、SiC/TiC/Al、C/Mg 等复合材料零部件、管材和板材等。常用的基体金属有 Al、Ti、Cu、耐热合金等，常用的增强材料有 B、SiC、C 和 W 等。

热等静压技术适用于多种复合材料的管、筒、柱及形状复杂零件的制造，特别适用于铝、钛、超合金基复合材料，如各种类型的 B/Al、SiC/Ti 管材等。产品的组织均匀致密、无缩孔、气孔等缺陷，形状、尺寸精确，性能均匀。热等静压法的主要缺点是设备投资大，工艺周期长，成本高。该技术常用的基体金属有 Al、Ti 和超合金等，常用的增强材料有 B、SiC、W 等。

4.3.2　液态法

液态法是指制备温度高于基体合金熔点的金属基复合材料制备方法，包括挤压铸造成型、压铸成型法、真空吸铸成型法、喷射铸造成型法、半固态搅溶铸造成型法、电磁场铸造成型法、熔模精铸成型法等。液相法是目前制备颗粒、晶须和短纤维增强金属基复合材料的主要工艺，与固态法相比，液态法的工艺和设备相对简单易行，和传统金属材料的成型工艺如铸造、压铸等方法非常相似，制备成本较低[3]。

4.3.2.1　挤压铸造成型

挤压铸造成型是液态或半液态颗粒增强金属基复合材料在压力作用下充满铸型并凝固的铸造工艺方法。其特点是在零件成型和凝固过程中，铸型加压部分或冲头处于可移动状态，可使零件在压力下结晶并产生一定的变形，可获得细密的组织和较高的力学性能。在制取复合材料挤铸件时，可重熔颗粒增强铝，按普通铝合金相同的工艺成型，也可将增强介质预制件放入铸型型腔，然后通过冲头直接将基体合金熔液加压（压力一般在 100MPa 以上），克服毛细作用摩擦阻力并促使溶液对陶瓷增强体的润湿而渗入预制件的孔隙形成复合制件，其制备工艺流程如图 4-8 所示。挤压铸造的应用在较大程度上受零件形状尺寸和设备条件限制，主要用于制造形状简单而性能质量要求高的复合铸件。

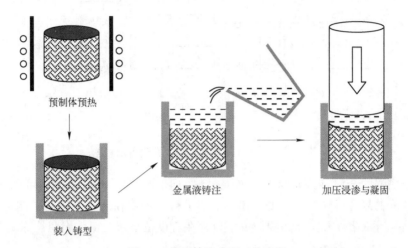

预制体预热

装入铸型

金属液铸注

加压浸渗与凝固

图 4-8 挤压铸造成型工艺流程

4.3.2.2 真空吸铸成型法[11]

真空吸铸成型是在铸型内形成一定负压条件下，使液态金属自下而上吸入型腔预制体空隙中并凝固的金属基复合材料制备方法，其原理示意图如图 4-9 所示。颗粒增强金属基复合材料也可直接被抽吸入型腔，并凝固后形成铸件。真空吸铸工艺可用于可重熔颗粒增强铝的铸造，其工艺与普通铝合金相似，浇铸真空度一般为 0.06~0.08MPa。采用真空吸铸可提高复合材料的可铸性，满足航空航天产品复杂薄壁零件成型的

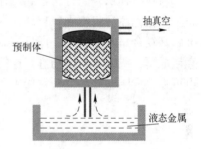

抽真空

预制体

液态金属

图 4-9 真空吸铸成型原理示意图

要求，并减少金属流动充型过程形成的气孔夹杂缺陷。该方法主要用于形状简单的板、管、棒等复合材料型材的制备。

4.3.2.3 真空压力浸渍成型法[11]

真空压力浸渍成型是在真空和惰性气体的共同作用下，使熔体金属浸渗入预制件中制造金属基复合材料的方法。它综合了真空吸铸和压力铸造的优点，经过不断改进，现已经发展成为能够控制熔体温度、预制件温度、冷却速率、压力等工艺参数的复合材料制备方法。

真空压力浸渍成型工艺设备如图 4-10 所示。首先将增强材料预制件放入模具，基体金属装入坩埚，然后将装有预制件的模具和装入基体金属的坩埚分别放入浸渍炉的预热炉和熔化炉内，密封和紧固炉体，将预制件模具和炉腔抽真空，当炉腔内达到预定真空度后开始通电加热预制件和熔化金属。控制加热过程使预制件和熔融金属达到预定温度，保温一定时间，然后通过高压惰性气体，在真空和惰性气体高压的共同作用下，液态金属浸入预制体中形成复合材料。

真空压力浸渍成型的主要优点在于：适用面广，可制造连续纤维、短纤维、晶须、颗

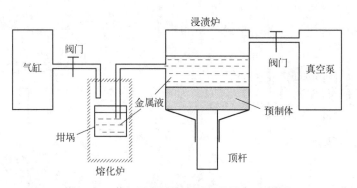

图 4-10　真空压力浸渍成型工艺设备示意图

粒以及混杂增强的金属基复合材料；增强材料的形状、尺寸不受限制；可以制造形状复杂、尺寸精确的复合材料制件；浸渍在真空中进行，凝固在压力下进行，制件组织致密，无气孔、缩孔等缺陷。真空压力浸渍成型也存在着设备复杂、工艺周期长等缺点[10]。

4.3.2.4　共喷沉积法

共喷沉积法是一种将金属熔体，利用特殊的喷嘴在惰性气体的作用下雾化成细小的液态金属流，然后将增强颗粒加入雾化的金属流中，共同喷射沉积到基板上或模具内，制得金属基复合材料的方法，详见图 4-11。共喷沉积法可以使其喷射混合物在水冷的金属模内直接成型，或对其喷射物进行连续的轧制，还可以在水冷盘上得到中等尺寸大小的板材，也可以喷成铝包覆陶瓷颗粒粉末，用粉末挤压或等静压成型[10]。

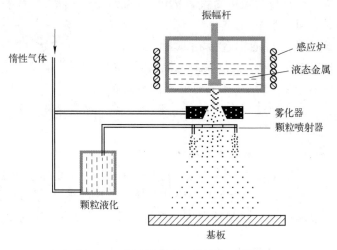

图 4-11　共喷沉积法工艺原理示意图

喷射铸造法对增强体的尺寸和形状有一定的要求。一般细颗粒与熔体共喷射效果较好；而对于大尺寸片状颗粒，或长径比较大的短纤维或晶须的喷射则较困难，主要是容易堵塞喷口，由于在共喷射过程中增强体受到热冲击和机械冲击而产生冲击破碎效应，原始颗粒会裂成尺寸更小的粒子，晶须或短纤维产生折断与破碎。因此，喷射得到的复合材料中增强体的长径比不大，而且易得到增强物体积分数较高的复合材料，一般常用于颗粒增强复合材料的制备。

共喷沉积法结合粉末冶金和快速凝固技术的优点，保证了增强颗粒在基体中的分布均匀性，同时因冷却速度很快，避免了增强颗粒与金属基体之间界面反应，对界面的润湿性要求不高，并且其生产工艺简单、效率较高，可适用于铝、铜、镁、金属间化合物等多种基体和 SiC、Al_2O_3、TiC 等多种陶瓷颗粒。但是共喷沉积法制备的金属基复合材料气孔率较大（2%~5%），可采用挤压处理予以消除。

4.3.2.5 半固态铸造成型[11]

半固态铸造成型是制造颗粒、晶须和短纤维增强金属基复合材料最常用的方法之一，具有高效、节能、近净成型，以及成型件高性能等诸多优点。金属合金在正常凝固条件下，初晶以枝晶方式长大，当固相率达到 0.2 左右时，枝晶就形成连续网络骨架，失去宏观流动性。而当金属合金在强烈搅拌状态下逐渐凝固时，则使正常凝固时易于形成的树枝晶网络骨架被打碎而保留分散的颗粒状组织形态，悬浮于剩余液相中。这种颗粒状非枝晶的显微组织，在固相率达 0.5~0.6 时仍具有一定的流变性。利用半固态铸造成型法，制造金属基复合材料就是利用合金半固态时的高黏度和流动性，可以不依赖于液体金属与增强体的润湿性，使之混合均匀。

主要工艺步骤是，首先在金属合金的固液两相区内搅拌，形成含有一定初生固相的半固态金属熔体；其次在不断搅拌的情况下，向熔体中加入增强颗粒或其他增强物，使之在基体合金熔体中均匀分布；然后升温至全液态，重力浇铸或压铸。压铸又分为两种形式：浆液压铸或锭块升温软化后半固态压铸。由于不断搅拌，大大增加了环境气氛与合金液的接触频率和面积，造成合金液的氧化和气体搅入金属液中，所以最好有惰性气氛或氮气保护，复合完毕再进行除气处理。为了得到形状复杂的铸件，还可以将复合铸锭快速重熔浇铸。

半固态搅溶铸造法的首要条件是对半固态金属合金进行充分的搅拌，除机械搅拌法外，近几年又开发了电磁搅拌法、电磁脉冲加载法、旋涡法、回转运动搅拌混合法、超声波搅拌法、弯曲通道强迫流动法、应变诱发熔化激活法、喷射沉积法、控制合金浇铸温度法等。

4.3.2.6 熔模精铸成型[11]

熔模精铸成型是应用传统的熔模精密铸造技术制取高精度和良好表面质量的金属基复合材料工艺方法。其制件结构形状不受限制，可制成无余量或少余量铸件毛坯（近净成型）。对于可重熔的颗粒增强金属基复合材料，可按普通熔模铸造工艺制备复合材料制品。熔模铸造还可用于制造局部增强的金属基复合材料构件，即将增强材料预先固定或铺设于成型要求部位，然后压制熔模（蜡模），制成铸型。其增强材料预留在熔模铸型内，随后在真空或压力作用下使基体合金复合熔体渗入熔模腔内形成复合材料铸件。熔模精铸成型工艺步骤相对较为复杂，生产成本相对较高，主要用于制造航空航天产品壳体、支架等复杂薄壁零件。

4.3.3 原位复合法[8]

在金属基复合材料制备过程中，往往会遇到增强材料与金属基体之间的相容性问题。同时无论固相法还是液相法，增强体与金属基体之间在界面总是会存在界面反应、润湿性、界面应力或界面层等问题。而增强体与金属基体之间的界面相容性，往往直接决定着金属基复合材料的制备工艺、主要性能和应用稳定性。如果增强体能从金属基体中直接原位生成，则上述相容性问题可以得到很好解决。原位生成增强相与金属基体界面结合良好，生成相的热力学稳定性好，不存在基体与增强体之间的润湿和界面反应等问题。并且原位复合方法在陶瓷基复合材料和聚合物基复合材料均得到应用。目前原位复合法主要有定向凝固法、直接金属氧化法、自蔓延高温合成法、原位反应生成法等。

4.3.3.1　定向凝固法

增强材料以共晶的形式从基体中凝固析出，通过控制冷却方向，在基体中生长出排列整齐的类似纤维的条状或片层状共晶增强材料。定向凝固法制备的复合材料称为定向凝固共晶自生复合材料。共晶合金定向凝固法要求合金成分为共晶或接近共晶成分，最初是二元合金，后扩展为三元单变度共晶，以及有包晶或偏晶反应的两相结合。由于定向凝固共晶复合材料相间结合良好，故在接近共晶熔点的高温下仍能保留高强度、良好的抗疲劳和抗蠕变性能。如 Ni、Ta、Co、Nb 基体与碳化物构成的高温合金，其性能超过常见的高温合金，有"共晶高温合金"之称。这种在高温接近平衡状态下制备的自生复合材料，与固相法和液相法制备的金属基复合材料相比，具有明显的优点：

（1）增强相是在凝固过程中结晶析出的，故两相在界面处结合较为牢固，利于应力传递，同时可避免人工复合时的润湿、化学反应或相溶性等问题。

（2）由于两相是热力学平衡条件下缓慢生长而成的，处于低界面能状态，因此有良好热稳定性。

（3）增强相分布均匀，没有固相法和液相法制备金属基复合材料时纤维分散的问题。

定向凝固时，参与共晶反应的 α 和 β 两相同时从液相中生成，其中一相以棒状或层片状规则排列生成，如图 4-12 所示。

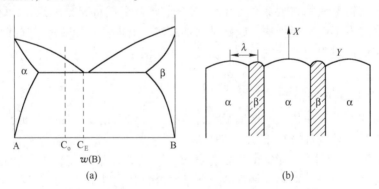

图 4-12　定向凝固共晶合金两相排列生成示意图[8]

（a）二元共晶相图；（b）两相平面稳定生长

定向凝固共晶复合材料的凝固组织是层片状还是棒状（纤维）取决于共晶中含量较少的组元的体积分数，在二元共晶合金中当 $v_f < 32\%$（$1/\pi$）时呈纤维状，当 $v_f > 32\%$ 时为层片状。

在一定温度梯度的条件下，层片（纤维）间距 λ 与凝固速度 v_1 之间存在以下关系：

$$\lambda^2 \times v_1 = K$$

式中，K 为常数。

在满足平面凝固生长的条件下，增加定向凝固时的温度梯度，可以加快定向组织的生长速度，同时可以降低层片或纤维间距，有利于提高定向凝固共晶复合材料的性能。

定向凝固共晶复合材料主要是作为高温结构材料用于发动机叶片和涡轮叶片。这种复合材料不但要求共晶有良好的高温性能，而且基体也应该有优良的高温性能。常用的基体合金主要为镍基和钴基合金，其增强材料主要是耐热性好、热强度高的金属间化合物。有三元共晶合金 Al-Ni-Nb，形成 α 和 β 相为 Ni_3Al 和 Ni_3Nb；单变度共晶合金 C-Co-Cr，其形成的 α 和 β 相分别为（Co，Cr）和（Cr，Co）$_7C_3$。镍基、钴基定向凝固共晶复合材料已得到应用，金属间化合物基定向凝固共晶复合材料目前还处于研究阶段。此外定向凝固共晶复合材料还可作为功能材料使用，主要应用于磁、电和热相互作用或叠加效应的压电、电磁和热磁等功能元器件，如 InSb-NiSb 定向凝固共晶复合材料可以制作磁阻无触点开关，不接触位置和位移传感器。$Ni-Ni_3Si$ 定向凝固共晶复合材料可制作场发射器件等。

4.3.3.2　Lanxide 技术（直接金属氧化法）[3,8]

利用液相法制备金属基复合材料已取得了很多进展，但由于润湿条件、高温界面反应，以及界面控制方面的问题，限制了液相法的部分应用。而采用定向凝固技术制备共晶复合材料，在合金成分的选择却较窄，促使人们进一步开发新的技术。Lanxide 公司在 20世纪 80 年代末期开发的 Lanxide 技术，利用了气液反应的原理，是一种可以制备金属基复合材料和陶瓷基复合材料的原位复合工艺。Lanxide 技术根据是否有预成型体，分为直接金属氧化法（DIMOX^{TM}）和金属无压浸渗法（PRIMEX^{TM}）。

DIMOX^{TM}法的原理是，让高温金属液（Al、Ti、Zr 等）暴露于空气中，使其表面首先氧化形成一层氧化膜（Al_2O_3、TiO_2、ZrO_2），里层金属再通过氧化层逐渐向表层扩散，暴露空气后又被氧化，如此反复，最终形成金属氧化增强的 MMC 或 CMC。如在DIMOX^{TM}工艺中，制备 Al_2O_3/Al 复合材料，可以通过铝液的氧化来获取增强相 Al_2O_3。当熔化温度上升 900~1330℃，远超过铝的熔点 660℃ 时，加入促使氧化反应的合金元素Si 和 Mg，使熔化金属通过显微通道渗透到氧化层外边，并顺序氧化，即铝被氧化，但液铝的渗透通道未被堵塞。该工艺可以根据氧化程度来控制 Al_2O_3 的量。如果这一工艺过程几乎所有金属被氧化之前停止的话，则所制备的复合材料就是致密的、含有 5%~30%Al的、互连的 Al_2O_3 陶瓷基复合材料。DIMOX^{TM}工艺还可以直接氮化、获得 AlN/Al、ZrN/Al和 TiN/Ti 等金属基复合材料。

PRIMEX^{TM}法的原理是，基体合金放在可控气氛的加热炉中加热到基体合金液相线以上温度，将增强相陶瓷颗粒预制体浸在基体熔体中。在大气压力下发生两个过程：一是液态合金在环境气氛的作用下向陶瓷预制体中渗透；二是液态合金与周围气体反应而生成新的粒子。可将含有质量分数 3%~10%Mg 的 Al 锭和 Al_2O_3 预制件一起放入 N_2 和 Ar 的混合气氛中，当加热到 900℃ 以上并保温一段时间后，上述两个过程同时发生，冷却后即获得原位生成的 AlN 粒子与预制件中原有的 Al_2O_3 粒子增强的 Al 基复合材料。并且复合材料的组织和性能容易通过调整熔体的成分、N_2 的分压和处理温度而得到有效控制。

目前 Lanxide 技术法主要用于制备 Al 基复合材料和陶瓷基复合材料，增强相的体积分数可达 60%，其种类有 Al_2O_3、AlN、SiC、MgO 等粒子。该方法工艺简单，原材料成本低，可近净成型，其制品已在汽车、燃气涡轮机和热交换机上得到一定应用。

4.3.3.3　自蔓延高温合成法（SHS）

自蔓延高温合成法是苏联科学家 A. G. Merzhanov 等在研究 Ti 和 B 混合压实燃烧时提出的，并相继获得了多国的专利。其基本原理是：将增强相的组分原料与金属粉末混合后压坯成型，然后在真空或惰性气氛中预热引燃，使组分之间发生放热化学反应，并且放出的热量引起临近部分继续反应，直至反应完全完成。反应后的生成物即为增强相，呈弥散分布在基体中，其颗粒尺寸可达亚微米级。它借助于反应剂在一定条件下发生热化学反应，产生高热，燃烧波自动蔓延下去形成新的化合物。其特点是反应迅速、耗能少、设备相对简单、产品质量高、适用范围广[3]。

自蔓延高温合成需要一定的条件：（1）组分之间的化学反应热效应应达到167KJ/mol；（2）反应过程的热损失应小于反应放热的增加量；（3）某一反应物在反应过程中应能形成液态或气态，便于扩散传质。

近年来，在 SHS 过程的计算机模拟方面，尤其是在固-固燃烧过程的研究中，取得了巨大的成就。从一维模型、二维模型到三维模型成功地描述了燃烧波的结构特征及其变化规律，分析了燃烧动力学和耗散结构动力学原因。场激发 SHS 是利用外加电场或磁场对SHS 过程的强化作用，实现在一般条件下难于进行或虽能进行而不彻底的反应。目前，外场已经被看作 SHS 过程中的一个工艺参数。研究表明，外场会对燃烧波的模式（稳态燃烧/非稳态燃烧）、速度、温度和相变均产生影响，同时外加场还会影响燃烧产物的微观结构和性能[12]。

4.3.3.4　XD™技术[8]

XD™技术（原位反应生成法）是1983年美国公司开发并申请专利的一种制备金属基复合材料工艺，是在自蔓延高温合成法（SHS）的基础上改进而来的，可以制备颗粒、晶须增强，以及混合增强的金属基复合材料。这种工艺制备的金属基复合材料可以通过传统金属材料的加工方法（如挤压、轧制等）进行二次加工。其基本原理是：将增强相组分物料与金属基粉末按一定的比例混合均匀，冷压或热压成型后制成坯块，然后以一定的加热速率预热试样，在一定的温度下（通常是高于基体的熔点而低于增强相的熔点）增强相各组分之间进行放热化学反应，生成弥散分布的微观增强颗粒、晶须和片晶等增强相等[3]。其工艺工程如图 4-13 所示。

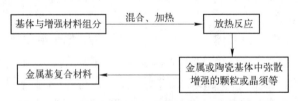

图 4-13　XD™技术制备金属基复合材料示意图

在 XD™技术中，可以根据生成的增强相类别和形态，选择所需的原材料，如一定粒度的金属粉末，硼或炭粉，按一定比例混合。例如一定粒度的铝粉、钛粉和硼粉以一定比例混合成型，加热后由以下反应生成 TiB$_2$，形成 TiB$_2$ 增强的铝基复合材料：

$$Al + Ti + 2B \longrightarrow TiB_2 + Al$$

XD™法不仅可以粉末反应生成复合材料，也可以在熔融的合金中导入参加反应的粉末或气体而生成复合材料。如在熔融的 Al-Ti 合金中导入含碳气体，反应生成 TiC 形成 TiC 增强铝基复合材料：

$$Al + Ti + C \longrightarrow TiC + Al$$

XD[TM]工艺有如下特点：（1）增强相是原位生成，具有热稳定性；（2）增强相的类型、形态可以选择和设计；（3）各种金属或金属间化合物均可以作为基体；（4）复合材料可以采用传统金属加工方法进行二次加工。XD[TM]材料包括 Al、Ti、Fe、Cu、Pb 和 Ni 基复合材料。增强相包括硼化物、氮化物和碳化物等。

目前利用 XD[TM]技术已经制备了 TiC/Al、TiB$_2$/Al、TiB$_2$/Al-Li 等复合材料。

4.4　金属基复合材料的界面

金属基复合材料的基体一般是金属合金，合金既含有不同化学性质的组成元素和不同的相，同时又具有较高的熔化温度。因此，此种复合材料的制备需在接近或超过金属基体熔点的高温下进行。金属基体与增强体在高温复合时易发生不同程度的界面反应；金属基体在冷却、凝固、热处理过程中还会发生元素偏聚、扩散、固溶、相变等。这些均使金属基复合材料界面区的结构十分复杂。界面区的组成、结构明显不同于基体和增强体，受到金属基体成分、增强体类型、复合工艺参数等多种因素的影响[2,3]。

在金属基复合材料界面区出现材料物理性质（如弹性模量、线膨胀系数、导热率、热力学参数）和化学性质等的不连续性，使增强体与基体金属形成了热力学不平衡体系。因此，界面的结构和性能对金属基复合材料中应力和应变分布，导热、导电及热膨胀性能，载荷传递、断裂过程都起着决定性作用。针对不同类型的金属基复合材料，深入研究界面微细结构、界面反应规律、界面微结构及性能对复合材料各种性能的影响，界面结构和性能的优化与控制途径，以及界面结构性能的稳定性等，是金属基复合材料发展中的重要内容[3]。

金属基复合材料的界面结合形式可分为四类：（1）化学结合。它是金属基体与增强体两相之间发生界面反应，在界面上形成化合物所形成的结合形式，化学键提供结合力。典型代表为 Al-C 和 Ti-B 复合材料体系。但是若工艺条件或界面反应控制不当，会生成大量的脆性反应物，反而降低材料性能。（2）物理结合。它是基体与增强体之间发生润湿，并伴随着一定程度的相互溶解的界面结合形式，依靠两相间原子中电子的交互作用产生的。（3）扩散结合。某些复合体系的基体与增强体虽无界面反应但可发生原子的相互扩散作用，此作用也能提供一定的结合力。（4）机械结合。由于增强体表面存在粗糙度，当与熔融金属基体浸渗而凝固后，出现机械的锚合作用，以及基体收缩产生的摩擦力，共同提供结合力。（5）混合结合。这是金属基复合材料最普遍、最重要的结合形式。一般情况下，以界面的化学结合为主，并伴随有两种或两种以上界面结合方式[8,9]。

4.4.1　界面结构及界面反应[2]

金属基复合材料界面是指金属基体与增强体之间因化学成分和物理、化学性质的明显不同，构成彼此结合并能起传递载荷作用的微小区域。界面微区的厚度可以从一个原子层厚到几个微米。由于金属基体与增强体的类型、组分、晶体结构、化学物理性质有巨大差别，以及在高温制备过程中有元素的扩散、偏聚、相互反应等，从而形成复杂的界面结构。界面区包含了基体与增强体的接触连接面，基体与增强体相互作用生成的反应产物和析出相，增强体的表面涂层作用区，元素的扩散和偏聚层，近界面的高密度位错区等。

界面微区结构和特性对金属基复合材料的各种宏观性能起着关键作用。清晰地认识界面微区、微结构、界面相组成、界面反应生成相、界面微区的元素分布、界面结构和基体相、增强相结构的关系等，无疑对指导制备和应用金属基复合材料具有重要意义。

国内外学者利用高分辨率电镜、分析电镜、能量损失谱仪、光电子能谱仪等现代材料分析手段，对金属基复合材料界面微结构表征进行了大量的研究工作。对一些重要的复合材料，如碳（石墨）/铝、碳（石墨）/镁、硼/铝、碳化硅/钛、钨/铜、钨/超合金等金属基复合材料的界面结构进行了深入研究，并已取得了重要进展。这些复合材料的界面微结构，界面结构与组分、制备工艺的关系已基本清楚。

4.4.1.1　有界面反应产物的界面微结构

多数金属基复合材料在制备过程中发生不同程度的界面反应。轻微的界面反应能有效地改善金属基体与增强体的浸润和结合；严重的界面反应将造成增强体的损伤和形成脆性界面层，十分有害。界面反应通常是在局部区域发生的，形成粒状、棒状、片状的反应产物，而不是同时在增强体和基体相接触的界面上发生层状物。只有严重的界面反应才能形成界面反应层。

碳（石墨）/铝复合材料是研究最早、性能优异的复合材料之一。碳（石墨）纤维的密度低（$1.8 \sim 2.1 \mathrm{g/cm^3}$）、强度高（$3500 \sim 7000 \mathrm{MPa}$）、模量高（$250 \sim 910 \mathrm{GPa}$）、导热性好、线膨胀系数接近于零。用它来增强铝、镁金属复合材料，综合性能优异。但是碳纤维与铝基体在500℃以上会发生界面反应，有效地控制界面反应十分重要。碳/铝复合材料典型界面结构如图4-14所示。当制备工艺参数控制合适时，界面反应轻微，界面形成少量细小的 Al_4C_3 反应物，如图4-14（a）所示。制备温度过高、冷却速度过慢将发生严重的界面反应，形成大量条块状 Al_4C_3 反应产物，如图4-14（b）所示。

碳/铝、碳/镁、氧化铝/镁、硼/铝、碳化硅/铝、碳化硅/钛、硼酸铝/铝等一些主要类型的金属基复合材料，都存在界面反应问题。它们的界面结构中一般都有界面反应产物。

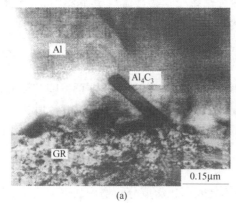
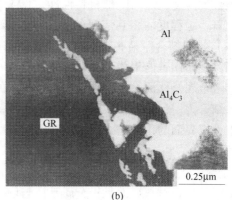

(a)　　　　　　　　　　　(b)

图4-14　碳/铝复合材料典型的界面微观结构[3]

(a) 快速冷却（23℃/min）；(b) 慢速冷却（6.5℃/min）

4.4.1.2 有元素偏聚和析出相的界面微结构

金属基复合材料的基体常选用金属合金，很少选用纯金属。基体合金中含有各种合金元素，用以强化基体金属。有些合金元素能与基体金属生成金属化合物析出相，如铝合金中加入铜、镁、锌等元素会生成细小的 Al_2Cu、Al_2CuMg、Al_2MgZn 等时效强化相。由于增强体表面吸附作用，基体金属中合金元素在增强体的表面富集，为在界面区生成析出相创造了有利条件。在碳纤维增强铝或镁基复合材料中均可发现界面上有 Al_2Cu、$Mg_{17}Al_{12}$ 化合物析出相存在。图 4-15 为碳/镁复合材料界面析出物形貌，可清晰看到界面上条状和块状的 $Mg_{17}Al_{12}$ 析出物。

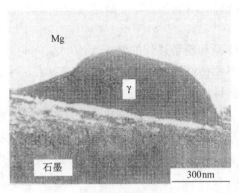

图 4-15 碳/镁复合材料界面析出物形貌[3]

4.4.1.3 增强体与基体直接进行原子结合的界面结构

由于金属基复合材料组成体系和制备方法的特点，多数金属基复合材料的界面结构比较复杂，存在不同类型的界面结构，即界面不同的区域存在增强体与基体直接结合的清洁、平直界面结构，有界面反应产物的界面结构，也有析出物的界面结构等。只有少数金属基复合材料（主要是自生增强体金属基复合材料）才有完全无反应产物或析出相的界面结构。增强体和基体直接原子结合的界面结构，如 $TiB_2/NiAl$ 自生复合材料。图 4-16 所示为 $TiB_2/NiAl$ 原位复合材料的界面高分辨率电子显微镜图。TiB_2 与 $NiAl$ 的界面为原子结合，界面平直，无中间相存在。C/Cu 电沉积热压扩散结合复合材料的界面也为原子直接结合，界面平直，无反应物和中间相存在。在大多数金属基复合材料中，既存在大量的原子直接结合界面，又存在反应产物等其他类型的界面结构。

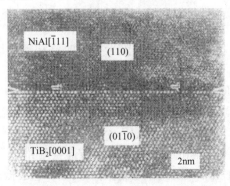

图 4-16 $TiB_2/NiAl$ 原位复合材料 HRTEM[3]

4.4.1.4　其他类型的界面结构

金属基复合材料基体合金中不同合金元素在高温制备过程中会发生元素的扩散、吸附和偏聚，在界面微区形成合金元素浓度梯度层。元素浓度梯度的厚度、浓度梯度的大小与元素的性质、加热过程的温度和时间有密切关系。如用电子能量耗损谱测定经加热处理的碳化钛颗粒增强钛合金复合材料的碳化钛颗粒表面，发现存在明显的碳浓度梯度。碳浓度梯度层的厚度与加热温度有关。经 800℃加热 1h，碳化钛颗粒中碳浓度由 50%降到 38%，其梯度层约为 1000nm；而经 1000℃加热 1h，其梯度层厚度为 1500nm。

金属基体与增强体的强度、模量、线膨胀系数有差别，在高温冷却时还会产生热应力，在界面区产生大量位错。位错密度与金属基复合材料体系及增强体的形状有密切关系。

由于金属基复合材料体系和制备过程的特点，有时会同时存在反应结合、物理结合、扩散结合的界面结构，对界面微结构起决定性作用，并对宏观性能有明显的影响。

4.4.1.5　金属基复合材料的界面反应

金属基复合材料在制备过程中会发生不同程度的界面反应，形成复杂界面结构。这是金属基复合材料研制、应用和发展的重要障碍，也是金属基复合材料所特有的问题。由于金属基复合材料的大部分制备方法均是在超过金属熔点或接近熔点的高温下进行的，因此不可避免地发生不同程度的界面反应及元素扩散作用，界面反应和反应程度决定了界面结构和特性，产生的结果主要有：

（1）增强金属基复合材料的界面结合强度。界面结合强度一般随界面反应的强弱程度而变，强界面反应造成强界面结合，弱界面反应造成弱界面结合，但有些情况强界面反应也会造成弱界面结合。理想的复合材料需要适中的界面结合，以最大发挥增强材料的增强、增韧效果。同时残余应力、应力分布也都对复合材料界面结合强度产生影响，进而影响复合材料的性能。

（2）产生脆性的界面反应产物。界面反应结果往往会形成脆性金属化合物，如 Al_4C_3、AlB_2、AlB_{12}、$MgAl_2O$ 等，其在增强相表面上呈块状、棒状、针状、片状不均匀分布，严重影响金属基复合材料的综合性能，界面反应程度较大时，在纤维颗粒等增强体表面形成围绕纤维的脆性层。

（3）造成增强体损伤和改变基体成分。界面反应后高性能纤维或其他增强体被侵蚀，使增强体强度降低，同时反应还可能改变基体的成分，如碳化硅与铝液反应使铝合金中的硅含量明显升高。

除界面反应外，在高温和冷却过程中界面区还可能发生元素偏聚和析出相，如在界面区析出 $CuAl_2$、$Mg_{17}Al_{12}$ 等新相。所析出的脆性相有时将相邻的增强体连接在一起，形成脆性连接，导致脆性断裂。

综上所述，可以将界面反应程度分为三类：

第一类为弱界面反应。在纤维增强金属基复合材料中，增强纤维具有极高的强度和模量，纤维是主要的承载体，界面起着有效传递荷载、调节应力分布、阻止裂纹扩展的作用。弱界面结合过弱，载荷不能通过界面有效地传递到纤维上，纤维的增强作用不能发挥，纤维和集体发生界面脱黏，导致基体提前断裂失效，造成低应力破坏。

第二类为中等程度界面反应。当界面结合强度适中时，界面可以有效传递荷载，当主裂纹间断作用在界面上时，纤维和基体在界面处发生脱黏，裂纹沿界面扩展，消耗了部分裂纹扩展能，钝化了裂纹尖端，减少了应力集中程度。当主裂纹继续向前扩展时，出现纤维桥连现象，此时纤维可充分发挥增强功能。

第三类为强界面反应。有大量界面反应产物，形成聚集的脆性相和界面反应产物脆性层，造成纤维等增强体的严重损伤，强度下降，同时形成强界面结合。复合材料的性能急剧下降，甚至低于没有增强的金属基体的性能。当主裂纹尖端作用在界面上时，界面处不发生脱黏，裂纹穿过纤维，造成材料低应力脆断。

界面反应程度主要取决于金属基复合材料组分的性质、工艺方法和参数。随着温度的升高，金属基体和增强体的化学活性均迅速增加。温度越高和停留时间越长，反应的可能性越大，反应程度越严重。因此在制备过程中，严格控制制备温度和高温下的停留时间是制备高性能复合材料的关键。

由以上分析可知，制备高性能金属基复合材料时，界面反应程度必须控制合适的界面结合强度。

一些学者在计算界面层对力学性能的影响时，提出了不同界面反应层厚度对金属基复合材料强度的影响。实际上界面反应往往发生在局部区域，反应产物分布在增强体表面，将明显提高界面的结合强度，并足以使复合材料发生脆性破坏，所以用反应层厚度并不能说明力学性能的情况。

4.4.2 界面对复合材料性能的影响[6]

在金属基复合材料中，界面结构和性能是影响基体和增强体性能充分发挥，形成最佳综合性能的关键因素。不同类型和用途的金属基复合材料界面的作用和最佳界面结构性能有很大差别。

对于连续纤维增强金属基复合材料，增强纤维均具有很高的强度和模量，纤维强度比基体合金强度要高几倍甚至高1个数量级，纤维是主要承载体。因此要求界面能起到有效传递载荷、调节复合材料内的应力分布、阻止裂纹扩展、充分发挥增强纤维性能的作用，使复合材料具有最好的综合性能。界面结构和性能要具备以上要求，界面结合强度必须适中，过弱不能有效传递载荷，过强会引起脆性断裂，纤维作用不能充分发挥。图4-17是纤维增强复合材料的断裂模型。当复合材料中某一根纤维发生断裂产生的裂纹到达相邻纤维的表面时，裂纹尖端的应力作用在界面上。如果界面结合适中，则纤维和基体在界面处脱黏，裂纹沿界面发展，如图4-17（a）所示，钝化了裂纹尖端，如图4-17（b）所示，当主裂纹越过纤维继续向前扩展时，纤维呈"桥接"现象，如图4-17（c）所示。当界面结合很强时，界面处不发生脱黏，裂纹继续发展穿过纤维，造成脆断，如图4-17（d）所示。

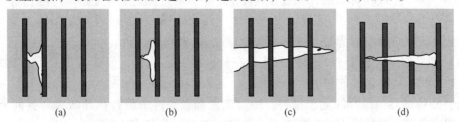

图 4-17　纤维增强脆性基体复合材料的微观断裂模型

（a）界面脱黏，裂纹沿界面发展；（b）裂纹尖端钝化；（c）"桥接"现象；（d）裂纹穿过纤维

颗粒、晶须等非连续增强金属基复合材料，基体是主要承载体，增强体的分布基本上是随机的，也应保持适当界面结合强度，才能发挥最佳增强效果。

4.4.2.1　连续纤维增强金属基复合材料的低应力破坏

大量研究发现，连续纤维增强金属基复合材料存在低应力破坏现象。即在制备过程中纤维没有损伤，纤维强度没有变化，但复合材料的抗拉强度远低于理论计算强度，纤维的性能和增强作用没有充分发挥。例如，碳纤维增强铝基复合材料，在纤维没有受损伤并保持原有强度的情况下，抗拉强度下降 26%。

导致低应力破坏的主要原因是，500℃加热处理所发生的界面反应使铝基基体界面结合强度增强，强界面结合使界面失去调节应力分布、阻止裂纹扩展的作用；裂纹尖端的应力使纤维断裂，造成脆性断裂。解决的办法是：通过适当冷热循环松弛和改善界面结合，可改善低应力破坏现象。M40/LD2 复合材料经冷热循环以后由于碳纤维与铝基体的线膨胀系数相差较大，在循环过程中界面产生热应力交变变化，松弛和改善了界面结合，经 10 次循环以后，减弱了强的界面结合，使材料抗拉强度比循环处理前提高了 25%~40%，较充分地发挥了纤维的增强作用，使实测抗拉强度接近混合定律佔计值，证明了界面结合强度对断裂过程的影响。

导致低应力破坏的另一个重要原因是，纤维在基体中分布不均匀，特别是某些纤维相互接触，使复合材料内部应力分布不均匀。在复合材料受力时，由于材料各部分强度和模量差异，极易产生微裂纹。当应力集中较为严重时，裂纹会迅速扩展并导致材料断裂，造成复合材料的低应力破坏。纤维与基体之间，因界面反应形成的脆性化合物和合金中析出的金属间化合物，也是裂纹产生的重要源头。材料受到荷载时，形成裂纹流或在增强体之间形成脆性连接，引起低应力破坏。

4.4.2.2　界面对金属基复合材料力学性能的影响

界面结合强度对复合材料的弯曲、拉伸、冲击和疲劳等性能有明显影响，界面结合适中的 C/Al 复合材料的弯曲压缩载荷高，是弱界面结合的 2~3 倍，材料的弯曲刚度也大大提高。

弯曲破坏分为材料下层的拉伸破坏区和上层的压缩破坏区。在拉伸破坏区内出现基体和纤维之间脱黏以及纤维的轻微拔出现象；在压缩区具有明显的纤维受压崩断现象。可见界面结合适中，纤维不但发挥了拉伸增强作用，还充分发挥了压缩强度和刚度。由于纤维的压缩强度和刚度比其拉伸强度和刚度更大，因此对提高弯曲性能更为有利。强界面结合的复合材料弯曲性能最差，受载状态下在边缘处一旦产生裂纹，便迅速穿过界面扩展，造成材料脆性弯曲破坏。

界面结合强度对复合材料的冲击性能影响较大。纤维从基体中拔出，纤维与基体脱黏后产生的位移会造成相对摩擦，有效吸收冲击能量，并且界面结合还影响纤维和基体的变形能力。

实验发现，三种典型的复合材料冲击断裂过程如图 4-18 所示。

（1）弱界面结合的复合材料，虽然具有较大的冲击能量，但其冲击载荷值比较低，刚性很差，整体抗冲击性能差。

（2）适中的界面结合的复合材料，冲击能量和最大冲击载荷都比较大。界面一方面能有效传递载荷，使纤维充分发挥高强、高模的作用，提高抗冲击能力；另一方面又能使纤维和基体脱黏，使纤维产生大量拔出，通过相互摩擦提高塑性能量吸收量。

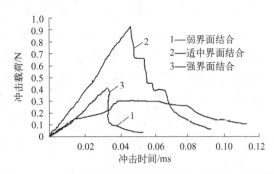

图 4-18　三种典型复合材料冲击载荷-时间关系曲线[3]

（3）强界面结合的复合材料明显呈脆性破坏特征，冲击能量差。

界面区存在脆性析出相对复合材料的性能也有明显影响。复合材料通常用铝合金作为基体合金，而铝合金中的时效强化相在复合材料制备中于界面处析出，甚至在两根纤维之间析出，形成连接两根纤维的脆性相，更易使复合材料发生脆性断裂，如高强铝合金中的 $CuAl_2$ 相在界面区形成就十分有害。

4.4.2.3　界面对金属基复合材料微区性能的影响

界面结构和性能对复合材料内微区域，特别是近界面微区域的性能有明显影响。由于金属基体和增强体的物理性能及化学性质等有很大差别，通过界面将其结合在一起，会产生性能的不连续性和不稳定性。强度、模量、线膨胀系数、热导率的差别会引起残余应力和应变，形成高位错密度区等。复合材料内，特别是近界面微区，明显存在性能的不均匀性分布。利用超显微硬度在扫描电镜中对复合材料界面微区和基体区域的硬度进行了测定，发现复合材料内部存在微区超显微硬度分布的不均匀性，硬度的分布有一定的规律性，界面结构和性能对其有明显影响。超显微硬度值在界面区明显升高，越接近界面硬度值越高，并与界面结合强度和界面微区结构有密切关系。当采用冷热循环处理，界面结合松弛后，近界面微区的超微硬度值与基体的硬度值趋于一致。

4.4.3　界面优化与界面反应控制[6]

如何改善金属基体与增强体的浸润性和控制界面反应，并形成最佳的界面结构，是金属基复合材料制备过程界面控制的关键问题。界面优化的目标是，形成能有效传递载荷、调节应力分布、阻止裂纹扩展的稳定的界面结构。解决途径主要有：纤维等增强体的表面涂层处理、金属基体合金化及制备工艺和参数控制。

4.4.3.1　纤维增强体的表面涂层处理

纤维表面涂层处理可以有效地改善浸润性和阻止严重的界面反应。用化学镀或电镀在增强体表面镀铜、镀镍，或用化学气相沉积法在纤维表面涂覆 Ti-B、SiC、B_4C、TiC 等涂层，以及 C/SiC、C/SiC/Si 复合涂层，或选用溶胶-凝胶法在纤维增强体表面涂覆 Al_2O_3、SiO_2、SiC、Si_3N_4 等陶瓷涂层。其涂层厚度一般在几十纳米到 $1\mu m$，有明显改善浸润性和阻止界面反应的作用，其中效果较好的有 Ti-B、SiC、B_4C、C/SiC 等涂层。特别是用化学气相沉积法，控制其工艺过程能获得界面结构最佳的梯度复合涂层。如 Textron 公司生产的带有 C、SiC、Si 复合涂层的碳化硅纤维、SCS-2、SCS-6 等。

4.4.3.2　金属基体合金化

在液态金属中加入适当的合金元素改善金属液体与增强体的浸润性，阻止有害的界面反应，形成稳定的界面结构，是一种有效、经济的优化界面及控制界面反应的方法。

金属基复合材料增强机制与金属合金强化机制不同，金属合金中加入合金元素主要起固溶强化和时效强化金属基体相的作用。如铝基体中加入 Cu、Mg、Zn、Si 等元素，经固溶时效处理后，在铝基体中生成时效强化相 Al_2Cu（θ 相）、Mg_2Si（β 相）、$MgZn_2$（η 相）、Al_2CuMg（S 相）、Al_2MgZn_3（T 相）等金属间化合物，有效地起到时效强化铝基体相的作用，提高了铝合金的强度。

对金属基复合材料，特别是连续纤维增强金属基复合材料，纤维是主要承载体，金属基体主要起固结纤维和传递载荷的作用。金属基体组分选择不在于强化基体相和提高基体金属的强度，而应着眼于获得最佳的界面结构和具有良好塑性的合适的基体性能，使纤维的性能和增强作用得以充分发挥。因此金属基复合材料中，应尽量避免选择易参与界面反应生成界面脆性相、造成强界面结合的合金元素。如铝基复合材料基体中 Cu 元素易在界面产生偏聚，形成 $CuAl_2$ 脆性相，严重时脆性相将纤维桥连在一起，造成复合材料低应力脆性断裂。针对金属基复合材料最佳界面结构要求，选择加入少量能抑制界面反应、提高界面稳定性和改善增强体与金属基体浸润性的元素。例如在铝合金基体中加入少量的 Ti、Zr、Mg 等元素，对抑制碳纤维和铝基体的反应，形成良好界面结构，获得高性能复合材料有明显作用。

在相同制备方法和工艺条件下，含有的 0.34%Ti 铝基体与石墨纤维反应轻微，在界面上很少看到 Al_3C_4 反应产物，抗拉强度为 789MPa，而纯铝基体界面上有大量反应产物 Al_3C_4，抗拉强度只有 366MPa，仅为前者的一半。此结果说明，加入少量 Ti 在抑制界面反应和形成合适的界面结构上效果显著，方法简单。

合金元素的加入对界面稳定性有明显效果。例如在铝合金中加入 0.5%Zr，可明显提高界面稳定性和抑制高温下的界面反应，使复合材料在较高温度下仍能保持高的力学性能。表 4-8 所示为在铝中加入 0.1%~0.5%Zr 的复合材料在 400℃、600℃加热保温的拉伸强度。加入 0.5%Zr 可以有效阻止高温下碳和铝的反应，形成稳定的界面，600℃加热 1h，抗拉强度与纯铝基体复合材料的室温强度相近，显示出明显的效果。

表 4-8　不同合金元素对碳/铝复合材料拉伸性能的影响[3]

基体类型	拉伸强度/MPa		
	室温	400℃、1h	600℃、1h
纯 Al	1155.4	1014.3	748.7
Al+0.1%Zr	1095.6	1032.1	862.4
Al+0.5%Zr	1224	1232.8	1102.5

4.4.3.3　优化制备方法与工艺参数

金属基复合材料界面反应程度主要取决于制备方法和工艺参数。因此优化制备工艺方法和严格控制工艺参数是优化界面结构和控制界面反应最重要途径。由于高温下金属基体和增强体元素的化学活性均迅速增加，温度越高反应越剧烈，在高温下停留时间越长越严重，因此在制备工艺方法和工艺参数的选择上首先考虑制备温度、高温停留时间和冷却速度。在确保复合完好的情况下，制备温度尽可能低，复合过程和复合后在高温下的保持时间尽可能短，在界面反应温度区冷却尽可能快，低于反应温度后冷却速度应减小，以避免造成大的残余应力，影响材料性能。

另外，金属基复合材料的界面优化和界面反应控制途径与制备方法有密切联系，因此必须考虑方法的经济性、可操作性和有效性，对不同类型的金属基复合材料要有针对性选择界面优化和控制界面反应的途径。

4.5 金属基复合材料的性能与应用

与传统金属材料相比，金属基复合材料具有较高的比强度、比刚度和耐磨性；与树脂基复合材料相比，金属基复合材料具有优良的导电性、导热性，高温性能好，可焊接；与陶瓷基复合材料相比，金属基复合材料具有高韧性、高冲击性能、线膨胀系数小的特点。实用的金属基复合材料应表现出低的密度和能与当前工程材料相比的力学性能。因为，大部分研究结果在与铝合金、钛合金等比较时，多采用比强度的概念来表示[3]。

金属基复合材料的优异性能是多方面的。增强体使金属基复合材料的屈服强度和抗拉强度大幅度提高。例如，飞机的降落架就要求比强度高并且有高的低频疲劳抗力。特别当金属基复合材料因高刚度使得工件薄壁断面上承受高应力时，高强度和高韧性就特别重要。金属基复合材料有良好的高温性能，如高的蠕变抗力，这在长纤维强化金属基复合材料中表现尤为突出。在金属基体中加入不同的增强体后，大大提高了材料的耐磨性，磨损率可降低1个数量级。金属基复合材料加入的增强体的密度低，因而材料的密度可显著降低。利用陶瓷的线膨胀系数，使用它为增强体，可用来调节金属基复合材料的线膨胀系数，从而获得与多种材料相匹配的复合材料。例如，哈勃太空望远镜上的纤维天线支撑杆结构要求有极高的轴向刚度，同时有零线膨胀系数，使得在反复出入日照的条件下保持尺寸稳定性[13]。

连续纤维增强金属基复合材料的比强度、比模量，均比未加增强体的基体材料显著提高，断裂伸长率明显下降，高温强度明显提高，断裂韧性有所降低，疲劳性能提高。影响连续纤维增强金属基复合材料性能的因素主要有基体种类、纤维种类、纤维横截面形状、纤维体积分数、纤维取向、界面结合状态、制备工艺等。

4.5.1 铝基复合材料[3,8,13,14]

4.5.1.1 长纤维增强铝基复合材料

目前主要的长纤维增强铝基复合材料是硼-铝复合材料、碳-铝复合材料、碳化硅-铝基复合材料、氧化铝-铝基复合材料等。

A 硼/铝复合材料

硼纤维具有高的力学性能，性能重复性较好，单丝的制造工艺较成熟。为防止硼与铝的界面反应，已有三种硼纤维的化合物涂层，它们是 SiC、B_4C 和 BN。铝/硼复合材料的制造方法为：先用等离子体喷涂法获得铝/硼无纬带，再将其用热压法制成零件。由于固态热压温度较低，界面反应较轻，不会过分影响复合材料的性能。硼纤维增强铝基复合材料由于比强度和比模量高，尺寸稳定性好，主要用于航天器、卫星、空间站的结构；由于其线膨胀系数与半导体芯片非常接近，可做多层半导体芯片的支座散热板。

　　随着硼纤维体积分数增加，铝基复合材料的抗拉强度和弹性模量增高。图 4-19 为复合材料的纵向抗拉强度和弹性模量与直径为 95μm 硼纤维的体积分数的关系。不同成分铝基合金与硼纤维的复合材料的室温性能见表 4-9。由图 4-19 和表 4-9 可见，复合材料的抗拉强度和弹性模量均明显高于铝合金基体。从图 4-20 可见，当温度升高，硼/铝复合材料仍保持很高的抗拉强度。

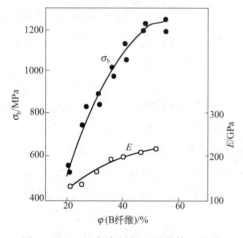

图 4-19　B/Al 复合材料硼纤维体积分数
与拉伸强度和弹性模量的关系[14]

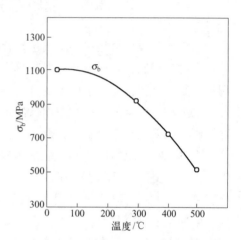

图 4-20　B/Al 复合材料纵向拉伸强度
与温度的关系[14]

表 4-9　硼/铝长纤维复合材料的室温纵向拉伸性能[14]

基　体	硼纤维体积分数/%	抗拉强度/MPa	弹性模量/GPa	纵向断裂应变/%
2024	47	1421	222	0.795
	64	1528	276	0.72
2024T6	46	1459	229	0.81
	64	1924	276	0.775
6061	48	1490		
	50	1343	217	0.695
6061T6	51	1417	232	0.735

　　硼/铝复合材料有优异的疲劳强度，含硼纤维体积分数为 47% 时，10^7 循环后室温疲劳强度约为 550MPa。

　　对铝基复合材料的断裂韧性来说，硼纤维的直径越粗，复合材料的断裂韧性越高。基体铝合金的性能对复合材料的断裂韧性影响很大，基体的抗拉强度越高，断裂韧性越低。表 4-10 为基体合金对硼/铝复合材料韧性的影响。其中纯铝的韧性最高，而 2024 铝合金的韧性最低。

表 4-10 铝基体对硼/铝复合材料韧性的影响[14]

基 体	夏氏冲击功/kJ·m^{-2}	基 体	夏氏冲击功/kJ·m^{-2}
1100	200~300	6061	80
5052	170	2024	40

硼/铝复合材料在航天器上首次也是最著名的成功应用是，美国 NASA 采用硼纤维增强铝基（50%B/6061）复合材料作为航天飞机轨道器中段（货舱段）机身构架的加强桁架的管形支柱（图 4-21），整个机身构架共有 300 件带钛套环和端接头的 B/Al 复合材料管形支撑件。与拟采用铝合金的原设计方案相比，减重达 145kg，减重效率为 44%。

图 4-21 航天飞机轨道器中机身硼/铝复合材料构架图[3]

B 碳/铝复合材料

碳（石墨）纤维具有密度小、力学性能优异的特点。铝与碳纤维发生明显作用的温度为 400~500℃，界面生成 Al$_4$C$_3$，纤维的石墨化程度高，其反应程度也稍高。T300 碳纤维与铝反应生成 Al$_4$C$_3$ 的温度高于 400℃，而 M40 石墨纤维反应的温度高于 500℃。因而在制成复合材料中，界面不可避免产生 Al$_4$C$_3$ 影响了材料的性能。为减少界面反应，可在碳纤维上陶瓷涂层，起到阻碍界面反应的作用。利用化学气相沉积法在碳纤维上生成涂层，一般 SiC 涂层效果最好，TiN 涂层次之，也可在碳纤维表面涂覆钽、镍、银等涂层。为改善与熔融铝之间的润湿性，往往在 SiC 涂层外再涂一层铬。

碳纤维的长度与直径比例对铝/碳复合材料的性能有很大的影响。在 Al-Si/C 纤维复合材料中，当长径比由小增大时，抗拉强度开始增加；当长径比继续增加到较高时，抗拉强度又开始下降。存在一个最佳长径比，如 Al-Si/50%（体积分数）碳纤维复合材料，当长径比由 8 加到 100 时，抗拉强度由 550MPa 增加到 770MPa；当长径比增加到 1000 时，又下降到 300MPa。又如碳纤维表面经 SiC 和 Cr 双重涂层后，当碳纤维的长径比从 6.5 增加到 400 时，复合材料的抗拉强度从 800MPa 增加到 940MPa。若继续增加长径比，抗拉强度开始下降，达到 1180 时，即降为 650MPa。

碳纤维经石墨化处理得到的石墨纤维增强铝基复合丝，界面反应产生的 Al$_4$C$_3$ 较少，可使复合丝的抗拉强度与理论值比较接近，可达 78%~94%；而碳纤维制得的复合丝因

Al_4C_3 含量高，使复合丝的抗拉强度仅为理论值的 28%。因此，碳纤维必须经表面涂层后方能用做铝基复合材料的增强体。

铝合金基体中不同的元素对碳/铝复合材料的性能有不同影响。铝合金中高硅含量可保护碳纤维，减少界面 Al_4C_3 含量。含铜时，$CuAl_2$ 析出于界面，改变界面结构，也降低复合材料性能。铝基体中加入一定量钛，使界面反应的激活能增加，反应速度显著减慢，界面生成 TiC 和 TiO_2，保护碳纤维。与纯铝基体相比，Al-Ti 合金为基体的复合材料有较高的室温抗拉强度，并随升高温度开始软化。

由于使用了不同类型的碳纤维和基体铝合金，不同的制造工艺，加上纤维性能的离散，所得到的碳纤维增强铝基复合材料的性能值较分散。表 4-11 为人造丝基 Thornel50 石墨纤维增强的不同铝基复合材料的力学性能。铝合金有 Al3（纯铝）、6061（LD2）。

表 4-11　石墨纤维增强铝基复合材料的力学性能[14]

基体合金	纤维体积含量/%	热压温度/℃	伸长率/%	拉伸模量/GPa	拉伸强度/MPa	弯曲模量/GPa	弯曲强度/MPa
Al3	36.8	—	1.20	179	686	160	682
	36.9	—	0.68	155	488	169	750
	37.1	645	1.03	163	537	166	886
	42.8	—	0.73	189	543	162	670
6061	26.7	675	1.03	142	447	—	—
	30.0	685	0.93	154	525	157	574
	42.5	670	0.83	215	641	169	760

Al 合金/60% 碳纤维复合材料具有轴向刚度高，密度低，超低轴向热膨胀，被成功地用于哈勃太空望远镜（图 4-22）的高增益天线悬架（也是波导），这种悬架长达 3.6m（图 4-23），具有足够的轴向刚度和超低的轴向线膨胀系数，能在太空运行中使天线保持正确位置。由于这种复合材料的导电性好，所以具有良好的波导功能，保持飞行器和控制系统之间进行信号传输，并抗弯曲和振动。上述 Al-C 纤维复合材料最合适，它比原来使用铝和

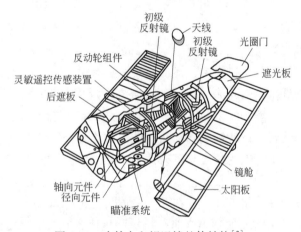

图 4-22　哈勃太空望远镜整体结构[3]

碳/树脂复合材料设计质量减轻 30%，并有较大的环境稳定性，避免树脂材料在有离子放射性作用时的化学降解作用。它同样可用于人造卫星抛物面天线，照相机波导管和镜筒、红外发射镜等。

图 4-23　哈勃太空望远镜石墨纤维/铝复合材料悬架[3]

C　碳化硅/铝复合材料

碳化硅纤维具有优异的室温和高温力学性能和耐热性，与铝的界面状态较好。由于有芯碳化硅纤维单丝的性能突出，复合材料的性能较好。有芯 SCS-2 碳化硅长纤维增强 6061 铝合金基复合材料在碳化硅体积分数为 34% 时，室温抗拉强度为 1034MPa，拉伸弹性模量为 172GPa，接近理论值。其抗压强度高达 1896MPa，压缩模量为 186GPa。无芯 Nicalon 碳化硅纤维增强铝基复合材料在碳化硅体积分数为 35% 时的室温抗拉强度为 800~900MPa，拉伸弹性模量为 100~110GPa，抗弯强度为 1000~1100MPa，在室温到 400℃ 之间能保持很高的强度。碳化硅/铝纤维复合材料可用于飞机、导弹结构件以及发动机构件。

D　氧化铝/铝复合材料

氧化铝长纤维增强铝基复合材料具有高刚度和高强度，并有高蠕变抗力和高疲劳抗力。氧化铝纤维的晶体结构有 α-Al_2O_3 和 γ-Al_2O_3 两种。不同结构的氧化铝纤维强化的铝基复合材料在性能上有差别。Al/50%α-Al_2O_3 复合材料和 Al/50%γ-Al_2O_3 复合材料性能特点比较见表 4-12。含少量锂的铝锂合金可抑制界面反应和改善对氧化铝的润湿性。氧化铝纤维增强铝基复合材料在室温到 450℃ 范围保持很高的稳定性。如 Al/50%γ-Al_2O_3 复合材料在 450℃ 抗拉强度仍保持在 860MPa，拉伸强度只由 150GPa 改变到 140GPa。

表 4-12　50% 氧化铝纤维增强铝基复合材料性能比较[14]

纤维种类	体积密度 /g·cm^{-3}	抗拉强度 /MPa	弹性模量 /GPa	抗弯强度 /MPa	剪切模量 /GPa	抗压强度 /MPa
α-Al_2O_3	3.25	585	220	1030	262	2800
γ-Al_2O_3	2.9	860	150	1100	135	1400

4.5.1.2　短纤维增强铝基复合材料

短纤维增强体主要有氧化铝和硅酸铝。氧化铝短纤维增强的铝基复合材料的室温强度并不比基体铝合金高，但在较高温度范围的强度保持率明显优于基体铝合金。短纤维增强表现在复合材料的室温和高温下的弹性模量有较大提高，耐磨性改善，有良好的导热性，而线膨胀系数有所降低。图 4-24 为氧化铝短纤维增强 Al-Si-Cu 合金抗拉强度与温度的关系。温度在 200℃ 以上随机取向的氧化铝短纤维有最好的高温强度。

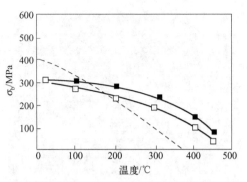

图 4-24   氧化铝短纤维增强 Al-Si-Cu 合金复合材料强度与温度的关系[14]

表 4-13 中列出粉末冶金法和压力铸造法制造的 Al/Al₂O₃ 短纤维复合材料的室温性能。氧化铝短纤维增强铝合金复合材料已大量应用于柴油机活塞、缸体等。在柴油机中，预防活塞环与上环槽及孔的胶合，活塞环附近用了一种镍硬铸铁的衬套，这样会妨碍热流、增加质量和加速磨损。丰田汽车公司把内衬改为挤压铸造 5%Al₂O₃ 短纤维增强铝合金复合材料，使质量减轻了 5%~10%。与基体合金相比，磨损减少到原来的 1/5，胶滞应力增加 1 倍，导热系数为镍硬铸铁的 4 倍，有良好的导热性，衬套寿命比镍硬铸铁衬套都长。内燃缸体用 12%Al₂O₃ 短纤维加 9%碳纤维增强过共晶合金复合材料制造，是一种突破性进展，发动机的效能有所提高。

表 4-13   粉末冶金法和压力铸造法制造的 Al/Al₂O₃ 短纤维复合材料的室温性能[14]

制造方法	纤维取向	体积含量 /%	弹性模量 /GPa	屈服强度 /MPa	弯曲强度 /MPa	断裂应变 /%
粉末冶金	二向随机	20	89.3	349	392	0.9
		30	97.1	380	417	0.8
粉末冶金 挤 压	轴向	20	93.5	383	475	1.9
	横向	30	91.2	378	434	1.5
压力铸造	二向随机	20	90.2	321	425	1.2

4.5.1.3   晶须和颗粒增强铝基复合材料

晶须和颗粒增强铝基复合材料由于优异的性能，生产制造方法简单，其应用规模越来越大。目前应用的晶须和颗粒增强体主要是碳化硅和氧化铝。增强体的存在既影响基体铝合金的形变和再结晶过程，又影响时效析出行为。由于铝基复合材料形变后基体的储存能比相同的未增强合金的高，所以它的再结晶温度更低。图 4-25 显示用粉末法制备 Al/SiCₚ 的复合材料经 60%变形后的 50%再结晶温度随 SiC 增强体体积分数增加而降低，这是由于增强体体积含量增高，储存能增

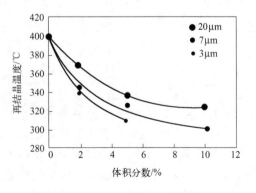

图 4-25   Al/SiCₚ 复合材料的再结晶温度与体积分数和 SiC 颗粒尺寸的关系[6]

大，形核点数目随 SiC 增强体颗粒直径减小而增加，效应增强，使再结晶温度降低。

在基体铝合金中，Al-Cu 系中的 θ′ 相和 2024 合金中的 S′ 相的析出会因为增强体颗粒的含量逐渐增加而逐渐降低 θ′ 相或 S′ 相的形成温度，加速时效硬化过程。

SiC 晶须增强 Al-Cu-Mg-Mn 系的 2124 铝合金复合材料随着 SiC 晶须含量增加，抗拉强度和弹性模量都增加，温度对强度的影响见图 4-26。材料经固溶处理及自然时效。由于基体铝合金的强度高，SiC 晶须增强后复合材料的强度高。温度对弹性模量的影响见图 4-27，SiC 晶须对室温和 150℃ 以下弹性模量有较大增加。SiC 晶须增强铝基复合材料可经受挤压加工成型材。

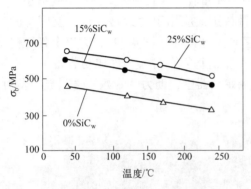

图 4-26　不同体积含量的 SiC 晶须增强 2124-T4 铝合金复合材料的强度与温度的关系[12]

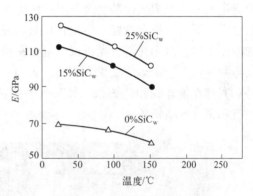

图 4-27　不同体积含量的 SiC 晶须增强 2124-T4 铝合金复合材料的弹性模量与温度的关系[14]

SiC 晶须增强铝基复合材料用于制造导弹和航天器的构件和发动机部件、汽车的汽缸、活塞、连杆、飞机尾翼平衡器等。碳化硅颗粒增强铝基复合材料的制造方法有浆体铸造法、粉末冶金法。制成坯件后再经过热挤压，也可以将两者机械混合后直接热挤压成复合材料。

碳化硅颗粒增强铝基复合材料由于比强度和比刚度高，可用来制造航天器结构件、汽车零部件等。洛克希德公司用 6061Al/-25%SiC 复合材料制造飞机上放置电器设备的架子（图 4-28），其刚度比所替代的 7075 铝合金高 65%，以防止在飞机转弯和旋转时重力引起的弯曲。由于其耐磨性好、密度低、导热性好，用来制作制动器转盘。以铝硅铸造合金为基体，增强体为 20%SiC 颗粒，采用挤压铸造方法制作这种制动器转盘。也用 2124Al/20%SiC 复合材料来制造自行车支架，车架不仅比刚度好，而且疲劳持久抗力良好。另外微电子器件基座要求机械的、热的和电的稳定性，Al 合金/20-65%SiC 复合材料由于热膨胀匹配、导热率高、密度低、尺寸稳定性好并适用于钎焊，用来制造支撑微电子器件的 Al₂O₃ 陶瓷基底的基座，使继成件质量减轻。

图 4-28　飞机上承放电子设备的铝基复合材料支架[3]

氧化铝颗粒增强铝基复合材料同样具有密度低、比刚度高的优点，韧性也满足要求。以 20% Al_2O_3 抗力增强的 6061 铝合金复合材料来制造飞机驱动轴，主要考虑其有高刚度和低密度，复合材料坯由芯杆穿孔后以无缝挤压成管状轴杆，使轴杆的最高转速提高约 14%。

在我国金属基复合材料也于 2000 年前后正式应用在航天器上。哈尔滨工业大学研制的 SiC/Al 复合材料管件用于某卫星天线丝杠，北京航空材料研究院研制的三个 SiC_p/Al 复合材料精铸件（镜身、镜盒和支撑轮）用于某卫星遥感器定标装置，并且成功地试制出空间光学反射镜坯缩比件。上海交通大学研制了高性能的 SiC 颗粒增强铝基复合材料及原位自生纳米颗粒增强铝基复合材料，两类材料不但质量轻，而且在外力作用下变形小，宽温度变化下尺寸稳定性好，阻尼性能好，这些材料正式应用于"天宫二号"空间实验室的冷原子钟、激光通信、光谱仪、量子密钥等多种关键构件（图 4-29），为以上各种精密仪器和机构的稳定运行提供了保障。此外，高性能铝基复合材料构件成功装备于"玉兔号"月球车的车轮和"嫦娥三号"的多种遥测遥感仪器中，助力"嫦娥三号"成功发射、运行和完成各项任务。

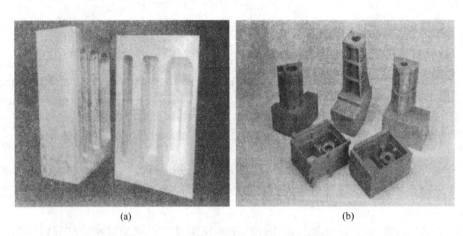

(a)　　　　　　　　　　　　　　(b)

图 4-29　"天宫二号"空间实验室上装备的铝基复合材料构件[3]

(a) SiC 颗粒增强铝基复合材料构件；(b) 原位自生铝基复合材料构件

4.5.2　镁基复合材料[5,8,15]

镁是金属复合材料基体中密度最小的一种金属，其比强度和比模量很高，同时尺寸稳定性好，在某些介质中耐蚀性能优异，因此具有良好的应用前景。而且由于其密度低、刚性好，在汽车工业中具有很大的应用潜力。用于做基体的镁合金有 AZ31、AZ91D、Z6（Mg-6Zn）等多种牌号，增强体有硼纤维、碳纤维，SiC、Al_2O_3 陶瓷颗粒等。

以长纤维增强镁基复合材料为例，含硼纤维 40%~45% 的硼/镁复合材料的拉伸强度为 1100~1200MPa，弹性模量为 220GPa，断裂伸长率为 0.5%，泊松比为 0.25，表 4-14 为含硼纤维 70% 的四种不同镁基体的复合材料的性能。表 4-15 为碳纤维增强镁基复合材料铸锭的典型性能。由于石墨纤维增强镁基复合材料在金属基复合材料中具有最高的比强度和比模量、最好的抗热变形阻力，是理想的航天结构材料，已被用于制造卫星的 10m

直径的抛物面天线及其支架，它能使由环境引起的结构热变形限制在容许的公差范围内，使天线能在高的频带上工作，大大提高了工作效率，它的工作频率范围几乎是石墨/环氧和石墨/铝基复合材料的 5 倍。采用纤维缠绕及真空铸造法制造了用于美国星球大战计划的石墨/镁基复合材料 T 型桁架结构、进气接头及附件。具有零膨胀的石墨/镁基复合材料可用于航天飞机的大面积蜂窝结构蒙皮材料，石墨/镁基复合材料还可以用于空间动力回收系统的构件、民用飞机的天线支架（拉拔无缝管）、转子发动机机箱。

表 4-14　硼/镁复合材料的力学性能（液态浸渍工艺制造 $v_f = 70\%$）[5]

性　能	B/Mg	B/AZ318	B/ZK	B/HZK
纵向拉伸强度/MPa	1055	—	1084	1089
纵向弹性模量/GPa	276~296	285	275~196	269~300
纵向弯曲强度/MPa	2324	2255	1758	1784
纵向剪切强度/MPa	121	165	131	160
纵向剪切模量/GPa	49	62	51	60
横向弯曲强度/MPa	167	254	—	283
横向弹性模量/GPa	121	124	—	143

表 4-15　碳纤维增强镁基复合材料铸锭的典型性能[5]

纤维	纤维体积含量(%)/取向(°)	铸锭形态	纤维预成型方法	拉伸强度/MPa		弹性模量/GPa		线膨胀系数/K⁻¹
				纵向	横向	纵向	横向	
P55	40/0	棒	缠绕	720	—	172	—	—
P100	35/0	棒	缠绕	720		248		
P75	40/±16+9/90	空心柱	缠绕	450	61	179	86	1.3×10^{-6}
P100	40/±16	空心柱	缠绕	560	380	228	30	-0.07×10^{-6}
P55	40/0	板	预浸处理	480	20	159	21	3.3×10^{-6}
P55	30/0+10/90	板	预浸处理	280	100	83	34	4.5×10^{-6}
P55	20/0+20/90	板	预浸处理	450	240	90	90	—

除了长纤维外，颗粒和晶须增强镁基复合材料也进行了研究，表 4-16 示出碳化硅颗粒含量对碳化硅颗粒增强镁基复合材料室温力学性能的影响，可见随颗粒体积分数的增加，复合材料的弹性模量、屈服强度、拉伸强度提高，而断裂伸长率降低。但对同一增强相含量而言，随着温度的升高，复合材料的屈服强度、抗拉强度、弹性模量都有所降低，伸长率有所提高，温度对材料的性能有较大影响。另外，对于铸态复合材料进行压延，可使力学性能得到较大提高。这是因为压延后，陶瓷颗粒在金属基体内分布更加均匀，消除了气孔、缩孔等缺陷。

表 4-16　压铸 SiC 颗粒增强 AZ91 镁基复合材料的室温拉伸性能[5]

SiC_p 含量/%	弹性模量/GPa	屈服强度/MPa	拉伸强度/MPa	断裂伸长率/%
0	37.8	157.5	198.8	3.0
6.7	46.2	186.9	231	2.7

续表 4-16

SiC_p 含量/%	弹性模量/GPa	屈服强度/MPa	拉伸强度/MPa	断裂伸长率/%
9.4	47.6	191.1	231	2.3
11.5	47.6	196	228.9	1.6
15.1	53.9	207.9	235.9	1.1
19.6	57.4	212.1	231	0.7
25.4	65.1	231.7	245	0.7

　　表 4-17 为采用不同黏结剂的压铸态 SiC_w/AZ91 镁基复合材料的力学性能。与基体合金 AZ91 相比，SiC_w/AZ91 的屈服强度、抗拉强度和弹性模量均大大提高，而伸长率下降。黏结剂对 SiC_w/AZ91 镁基复合材料的力学性能有显著影响，采用酸性磷酸铝黏结剂的复合材料具有最高的屈服强度、抗拉强度和伸长率；而采用硅胶黏结剂的复合材料的性能较差，不采用任何胶黏剂的 SiC_w/AZ91 复合材料的性能也较低。

表 4-17　采用不同黏结剂的 SiC_w/AZ91 镁基复合材料的力学性能[15]

材　　料	体积分数/%	屈服强度/MPa	抗拉强度/MPa	伸长率/%	弹性模量/GPa
AZ91	0	102	205	6.00	46
SiC_w/AZ91 （酸性磷酸铝黏结剂）	21	240	370	1.12	86
SiC_w/AZ91 （硅胶黏结剂）	21	236	332	0.82	80
SiC_w/AZ91	22	223	325	1.08	81

4.5.3　钛基复合材料[3,5,8]

　　钛合金密度小、强度高、耐腐蚀，在 450~650℃ 温度范围仍具有高强度。除此之外，钛还有两个优点：（1）钛合金的线膨胀系数比其他绝大多数结构材料小，接近于硼；（2）钛的强度高，因而在制造复合材料时，非纵轴的增强物的用量就可以少于基体的需要量。利用纤维强化和颗粒强化后，钛基复合材料可进一步提高使用温度。

　　硼纤维是最初用来增强钛合金的，但由于硼钛之间界面反应严重，所以早期的硼/钛复合材料没有研究成功。随着人们对界面反应认识的提高，以及对界面反应控制手段的增加，硼/钛复合材料在制备工艺方面才取得重大突破。另外一种是碳化硅纤维增强钛基复合材料，其中典型的基体钛合金为 Ti-61Al-4V。由表 4-18 可以看出，用 SCS-6SiC 纤维增强的钛基复合材料的室温性能和经高温处理后的性能都明显高于基体合金的。近年来，SCS-6SiC/Ti-24Al-23Nb 复合材料体系是研究的重点。这种复合材料发展的原因在于增强的机械强度、优化的微观组织和可接受的断裂韧性，以及增加的热疲劳响应和优于近 α 合金的抗氧化能力。SCS-6 增强的钛基复合材料可用于制造涡轮发动机的叶轮和空心叶片压缩机的叶轮及叶片，发动机的驱动轴及火箭发动机机箱等。

表 4-18　SCS-6SiC 增强钛基复合材料的性能[5]

材　料	拉伸强度/MPa	弹性模量/GPa	断裂伸长率/%
SiC/Ti-61Al-4V(35%)	1690	186.2	0.96
905，7h 热处理	1434	190.3	0.86
SiC/Ti-15V-3Sn-3Cr-3Al(38~41)	1572	197.9	—
480，16h 热处理	1951	213.0	—

　　与纤维增强钛基复合材料相比，颗粒增强钛基复合材料取得了更快的发展。目前采用冷热等静压与热等静压相结合的 CHIP 法，已成为制造钛基复合材料的较为经济的方法。该方法首先将基体粉末与增强颗粒混合，然后在测量弹性用的模具内冷等静压到近净成型的形状。将所得预制件从模具中取出，用真空烧结法致密到约 95% 的理论密度，再用热等静压获得进一步的密度提高。

　　例如，添加 10%TiC$_p$ 的 Ti-6Al-4V 复合材料与 Ti-6Al-4V 相比，弹性模量从室温到 650℃可提高 15%，加 20% 的又可再提高 10%。复合材料的蠕变速度可以降低 1 个数量级左右。由于高温性能与刚度的改善，复合材料的使用温度比 Ti-6Al-4V 可提高 110℃左右。表 4-19 列出了钛合金和颗粒增强钛基复合材料的室温力学性能。从表中可以看出，颗粒增强钛基复合材料的性能优势十分显著，尤其是高温性能比钛合金提高很多。目前美国已生产出 TiC 增强的 Ti-6Al-4V 导弹壳体，导弹尾翼和发动机部件的原型件。研究结构表明，选用新的陶瓷增强体或改进钛合金的成分，有可能进一步提高钛合金的高温强度。

表 4-19　钛合金和颗粒增强钛基复合材料的室温力学性能[3]

材料	增强相体积分数/%	制备工艺	弹性模量/MPa	屈服强度/MPa	抗拉强度/MPa	伸长率/%
Ti	0	熔铸	108	367	474	8.3
TiC/Ti	37	熔铸	140	444	573	1.9
TiB$_2$/Ti-62222	4.2	熔铸（原位）	129	1200	1282	3.2
TiC-TiB$_2$/Ti	15	SHS、熔铸	137	690	757	2.0
Ti-6Al-4V	0	热压	—	868	950	9.4
Ti-6Al-4V	0	真空热压	120	—	890	—
TiC/Ti-6Al-4V	10	热压	—	944	999	2.0
TiC/Ti-6Al-4V	20	冷压、热压	139	943	959	0.3
TiB$_2$/TiAl	7.5	XD 法	—	793	862	0.5
Ti-6Al-4V	0	快速凝固	110	930	986	1.1
TiB$_2$/Ti-6Al-4V	3.1	快速凝固	121	1000	1107	7.0
TiB$_2$/Ti-6Al-4V	10	粉末冶金	133.5	1004	1124	1.97

4.5.4　金属间化合物基复合材料[14,16]

　　金属间化合物强度高，抗氧化和抗硫化腐蚀性能优良，优于不锈钢和钴基、镍基合金等传统的高温合金，而其韧性又高于普通的陶瓷材料，因此金属间化合物被公认为是航空材料和高温结构材料领域内具有重要应用价值的新材料。在 Fe_2Al 金属间化合物基体中加入连续或非连续的增强相，如 Al_2O_3、SiC、TiB_2 等陶瓷或 W、Mo、Nb 等难熔金属的长/短纤维、颗粒、晶须等。由于金属间化合物熔点很高，在金属间化合物基复合材料的液态成型过程中，多数增强相在熔融金属间化合物中的稳定性显著降低，导致增强相溶解，复合材料的成分发生变化。另外，含有大量增强相的熔体黏度较高，流动性低，成型性能差。因此，采用液态成型工艺制造非连续增强金属间化合物基复合材料受到一定的局限。相比之下，采用粉末固相成型工艺制备这类复合材料更为常见。

连续长纤维增强的金属间化合物基复合材料主要采用压力铸造、液体渗透等液态成型工艺和热压、箔纤维箔及粉末布技术等固态成型工艺制备。非连续增强的金属间化合物基复合材料的制备工艺有很多种，主要包括熔铸、无压渗透等液态成型工艺以及粉末共混成型、机械合金化、反应固化等固态工艺。由于金属间化合物的熔点很高，采用液态工艺成型有较大的难度，因此这方面的报道较少。采用类似箔叠法的工艺制备连续 Ti 纤维增强 TiAl 基复合材料。该复合材料采用真空热压工艺（1200℃，10MPa，2.5h，真空度 $1.3×10^{-2}Pa$）固化成型。为抑制热压成型过程中 Ti 与 TiAl 基体的反应，采用物理气相沉积法在 Ti 纤维表面涂覆 $2.5\mu m$ 厚的 Al_2O_3 或 Y_2O_3 涂层。复合材料具有较高的弯曲强度，但弯曲挠度变化不大（表 4-20）。

表 4-20 TiAl 及连续 Ti 纤维增强 TiAl 基复合材料的弯曲性能[16]

材　　料	弯曲强度/MPa	弯曲挠度/mm
TiAl	450	0.40
$Ti_f/TiAl$	449	—
$Ti(Y_2O_3)_f/TiAl$	526	0.35
$Ti(Al_2O_3)_f/TiAl$	573	0.36

采用熔铸法制造了增强相分别为 SiC、Al_2O_3、TiB_2 颗粒（摩尔分数为 5%）的三种 Fe-28Al-5Cr 基复合材料。Al_2O_3 颗粒在 Fe_3Al 中有很好的化学稳定性，TiB_2 颗粒与基体发生部分反应，而 SiC 颗粒与基体反应严重。复合材料的高温强度均比基体有较大幅度的提高，600℃ 屈服强度提高 30%~60%，700℃ 屈服强度提高 20%~40%。三种复合材料的室温强度以 SiC、TiB_2 颗粒增强复合材料的增幅最大（屈服强度比基体提高近 60%），但伸长率比基体略有降低。

由于金属间化合物基复合材料在使用过程中要经历长时间的高温处理过程，在高温状态下，增强相在基体中的大量溶解或与基体的激烈反应不仅会导致增强相的损失，同时也会造成复合材料成分的变化及性能的变化。因此增强相与基体界面的化学相容性也是金属间化合物基复合材料一个极为重要的问题。增强相与基体界面的化学相容性不仅与系统的组成有关，还与复合材料的成分及成型工艺参数（如温度、添加剂等）相关。

4.5.5 混杂增强金属基复合材料[15]

近年来，材料研究工作者逐渐把目光投向混杂增强的金属基复合材料，以满足设计和结构形式的广泛需要。其目的在于保持复合材料优异性能的同时，降低材料的成本，提高材料的实用性。对 $SiC_w \cdot Al_2O_{3p}/6061Al$ 复合材料的强化行为进行研究发现，当保持增强体总体积分数不变，通过调整 SiC_w 与 Al_2O_{3p} 的比例，可以使混杂增强的复合材料抗拉强度达到 507MPa，与 $SiC_w/6061Al$ 和 $Al_2O_{3p}/6061Al$ 比较，其抗拉强度有较大提高。颗粒的加入提高了晶须的分散性，减少了晶须的折断，从而使复合材料的抗拉强度得到提高。表4-21 是纳米 SiC 颗粒含量对 $SiC_w \cdot SiC_p/2024Al$ 复合材料室温力学性能的影响。结果表明，SiC 颗粒的加入可有效提高复合材料的抗拉强度和弹性模量。

表 4-21　纳米 SiC 颗粒含量对 $SiC_w \cdot SiC_p/2024Al$ 复合材料室温力学性能的影响[15]

复合材料	抗拉强度/MPa	弹性模量/GPa	伸长率/%
20%SiC_w/Al	452.1	112.10	0.83
20%SiC_w+2%SiC_p/Al	464.0	128.80	0.72
20%SiC_w+5%SiC_p/Al	470.2	124.10	0.85
20%SiC_w+7%SiC_p/Al	612.8	126.60	0.80

在原有复合材料的基础上添加第三相粒子，以提高复合材料的耐磨性，或利用"混杂效应"将耐磨增强体和具有减磨性的增强体混杂，也是金属基复合材料研究的一大趋势。另外，混杂增强的金属基复合材料可以通过选择不同的增强体或调整增强体的体积分数，实现材料的热物理性能的设计。表4-22 可以看出，混杂增强的铝基复合材料既保持了较低的线膨胀系数，又具有比单一增强复合材料好的导热性能。

表 4-22　材料的物理性能[15]

材　　料	线膨胀系数/K^{-1}	热导率/$W \cdot (m \cdot K)^{-1}$	弹性模量/GPa
6061Al	23.0×10^{-6}	201	69
50%C_f/6061Al	5.68×10^{-6}	102	112.10
50%C_f+1%SiC_p/6061Al	5.55×10^{-6}	152	128.80

混杂增强的金属基复合材料还具有较好的高温性能，更适合于高温环境下使用，所以探索其在高温条件下服役的变形规律，对于研究复合材料在高温下的力学性能、扩大复合材料的工作温度范围，以及改进材料的二次成型加工工艺，都可以提供有效的理论依据。

思 考 题

4-1　什么是金属基复合材料？为什么要发展金属基复合材料？

4-2　金属基复合材料按用途可分为哪两类？主要用于哪些领域？

4-3　金属基复合材料有哪些性能特点？

4-4　金属基复合材料基体的选用原则是什么？

4-5　根据使用温度的不同，金属基复合材料基体大致可分为哪三个使用温度区间？典型的金属基体分别有哪些？

4-6　金属基复合材料的制造方法中固态法和液态法有什么区别？

4-7　说明粉末冶金技术制备金属基复合材料的工艺过程和特点。

4-8　说明热压扩散结合法的工艺过程。

4-9 请举例说明几种金属基复合材料的液态法制备工艺方法。

4-10 简述定向凝固法制备金属基复合材料的原理。

4-11 简述金属基复合材料的界面结合形式、界面结构和界面反应。

4-12 简述界面对金属基复合材料力学性能的影响规律。

4-13 简述金属基复合材料界面优化与界面反应控制的方法。

4-14 简述铝基复合材料的分类、性能特点和主要应用领域。

4-15 硼/铝复合材料有哪些性能优势？

4-16 简述镁基、钛基和金属间化合物基复合材料的性能特点和应用。

参 考 文 献

[1] 鲁云，朱世杰，马明图，等. 先进复合材料 [M]. 北京：机械工业出版社，2004.

[2] 薛云飞，等. 先进金属基复合材料 [M]. 北京：北京理工大学出版社，2019.

[3] 赵玉涛，陈刚. 金属基复合材料 [M]. 北京：机械工业出版社，2019.

[4] 赵乃勤，何春年，等. 原位合成碳纳米相增强金属基复合材料 [M]. 北京：科学出版社，2014.

[5] 张国定，赵昌正. 金属基复合材料 [M]. 上海：上海交通大学出版社，1996.

[6] 于化顺. 金属基复合材料及其制备技术 [M]. 北京：化学工业出版社，2006.

[7] 王国荣，武卫莉，谷万里. 复合材料概论 [M]. 哈尔滨：哈尔滨工业大学出版社，1999.

[8] 陈华辉，邓海金，李明，等. 现代复合材料 [M]. 北京：中国物资出版社，1998.

[9] 邹祖伟. 复合材料的结构和性能 [M]. 北京：科学出版社，1999.

[10] 倪礼忠，陈麒. 复合材料科学与工程 [M]. 北京：科学出版社，2002.

[11] 汤佩钊. 复合材料及其应用技术 [M]. 重庆：重庆大学出版社，1998.

[12] 孟祥东. 自蔓延高温合成软磁铁氧体粉的研究进展 [J]. 材料导报，2009，23（11）：46-49.

[13] 吴人洁. 复合材料 [M]. 天津：天津大学出版社，2000.

[14] 吴承建，陈国良，强文江. 金属材料学 [M]. 北京：冶金工业出版社，2001.

[15] 赵玉涛，戴起勋，陈刚. 金属基复合材料 [M]. 北京：机械工业出版社，2007.

[16] 汤文明，唐红军，郑治祥，等. Fe_2Al 金属间化合物基复合材料的研究进展 [J]. 中国有色金属学报，2003，13（4）：811-826.

5 陶瓷基复合材料

第 5 章数字资源

陶瓷材料具有耐高温、耐磨损、耐腐蚀以及质量轻等许多优良性能。但它同时也具有致命的弱点，即脆性，这一弱点正是目前陶瓷材料的使用受到很大限制的主要原因。因此提高陶瓷材料的韧性是陶瓷材料领域研究的重要课题。经过多年来的努力，已探索出若干条韧化陶瓷的途径，其中包括第二相颗粒增韧、相变增韧、晶须增韧、纤维增韧等。这些增韧方法的实施，使陶瓷材料的韧性得到较大提高，使陶瓷材料在高温结构材料显示出强劲的竞争潜力。本章重点介绍增韧机理、实施方法和增韧效果。

5.1 第二相颗粒增韧

已证明第二相颗粒的引入可以改善陶瓷材料的力学性能。引入的第二相可以是金属颗粒或无机非金属颗粒。该类复合材料完全可以沿用陶瓷材料的普通工艺，制备工艺简单。其发展的初期目标在于提高陶瓷材料的耐磨性能，集中在改善韧性和提高硬度上。已提出的几种增韧机制包括裂纹偏转、裂纹钉扎、微裂纹增韧以及第二相塑性变形[1]。影响第二相颗粒增韧效果的主要因素是基体与第二相颗粒的弹性模量和线膨胀系数之差以及两相的化学相容性。其中，化学相容性要求既不出现过量的相间化学反应，同时又能保证较高的界面结合强度，这是颗粒产生有效增韧效果的前提条件。

5.1.1 热膨胀失配增韧机制与增韧效果预测

热膨胀失配增韧机制是颗粒增韧陶瓷的重要机制，这是因为它能在第二相颗粒及周围基体产生残余应力场。图 5-1 示出无限大基体球形颗粒引起的残余应力场[2]。在应力场中颗粒受力：

$$P = \frac{2\Delta\alpha\Delta T E_{\mathrm{m}}}{(1 + \nu_{\mathrm{m}}) + 2\beta(1 - 2\nu_{\mathrm{p}})\dfrac{E_{\mathrm{m}}}{E_{\mathrm{p}}}} \tag{5-1}$$

式中，$\Delta\alpha = \alpha_{\mathrm{p}} - \alpha_{\mathrm{m}}$；$\nu$、$E$ 分别为泊松比和弹性模量，下标 p 和 m 分别代表颗粒和基体；ΔT 为从基体不产生塑性变形的最高温度 T_{p} 冷却到室温（或当前温度）T_{r} 的温度差，即

$$\Delta T = T_{\mathrm{p}} - T_{\mathrm{r}}$$

当 $\Delta\alpha>0$ 时，在第二相颗粒内部产生等静拉应力，而在环绕颗粒的基体中产生径向拉应力和周向压应力（分别记为 σ_{r} 和 σ_{t}）

$$\sigma_{\mathrm{r}} = P\left(\frac{r}{R}\right)^3 \tag{5-2}$$

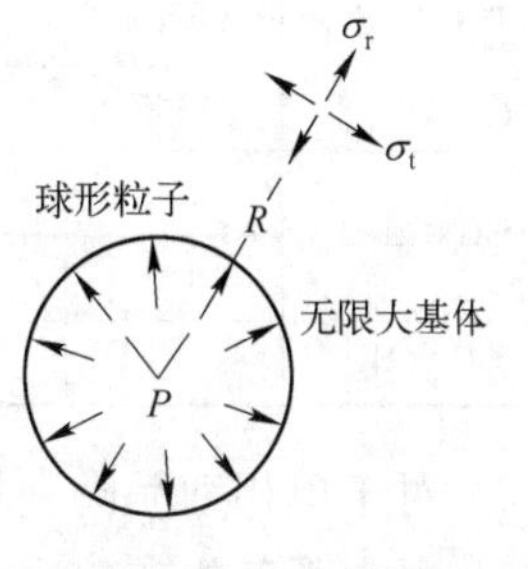

图 5-1 无限大基体中球形颗粒引起的残余应力

$$\sigma_{\rm t} = -\frac{1}{2}P\left(\frac{r}{R}\right)^3 \tag{5-3}$$

式中，r 为颗粒半径，R 为应力场中某点至颗粒中心的距离。可见，$\sigma_{\rm r}$ 和 $\sigma_{\rm t}$ 均正比于 $(r/R)^3$；当 $\Delta\alpha<0$ 时，式（5-2）和式（5-3）中的 $\sigma_{\rm r}$ 和 $\sigma_{\rm t}$ 将代表在第二相颗粒内部产生的等静压应力，而在周围基体中产生径向压应力和周向拉应力，它们也正比于 $(r/R)^3$。从式（5-1）可见，在第二相颗粒中所产生的残余应力场，与第二相颗粒的粒径 r 无关。但当颗粒的粒径大于某一临界值时，会产生自发的周向微开裂（当 $\Delta\alpha>0$），或产生自发的径向微开裂（当 $\Delta\alpha<0$）。这一临界值取决于与微开裂相关的断裂能的大小。因此还需要考虑颗粒及周围基体中储存的弹性应变能 $U_{\rm p}$ 和 $U_{\rm m}$，它们可表示为：

$$U_{\rm p} = 2\pi\frac{P^2(1-\nu_{\rm p})r^3}{E_{\rm p}} \tag{5-4}$$

$$U_{\rm m} = \pi\frac{P^2(1-\nu_{\rm m})r^3}{E_{\rm m}} \tag{5-5}$$

储存的总弹性应变能为：

$$U_{\rm SE} = U_{\rm p} + U_{\rm m} = 2kP^2r^3 \tag{5-6}$$

式中，$k = (1+\nu_{\rm m})/(2E_{\rm m}) + (1-2\nu_{\rm p})/E_{\rm p}$。由上可见弹性应变能 $U_{\rm m}$、$U_{\rm p}$ 和 $U_{\rm SE}$ 皆与颗粒半径的三次幂成正比。

现有的理论及实验结果表明，当 $E_{\rm p}$ 与 $E_{\rm m}$ 相当时，不论 $\Delta\alpha$ 是正或是负，都能收到增韧效果。

不同 E、α、ν 值的颗粒与基体所构成的复合材料体系，其增韧效果见表 5-1[2]。有关组成相的性能见表 5-2[2]。

表 5-1　颗粒增强陶瓷基复合材料的力学性能

体系	第二相颗粒尺寸 /μm	第二相体积含量 /%	弯曲强度		断裂韧性		残余应力 ($\Delta T=1200℃$)/MPa	$\Delta\alpha$
			MPa	增量	MPa·m$^{1/2}$	增量		
TiC$_{\rm p}$/SiC		24.6	470→680	45	3.8→6.0	58	1500	>0
TiB$_{\rm 2p}$/SiC		15	379→485	28	3.1→4.5	45	2230	>0
		16	360→478	30	4.6→8.9	90	2230	>0
TiN$_{\rm p}$/Si$_3$N$_4$	1.0	10	—	—	6.5→7.5	12	2320	>0
	4.0	10	—	—	6.5→7.8	20	2320	>0
	13.6	10	—	—	6.5→7.2	11	2320	>0
SiC$_{\rm p}$/Al$_2$O$_3$	2.0	5.1	370→490	32	3.2→4.5	41	1090	<0
	8.0	5.1	370~370	0	3.2→3.9	22	1090	<0
SiC$_{\rm np}$/MgO		50	340~700	106	1.2→4.5	275	1370	<0

对于单相细晶陶瓷材料，增韧机制主要是裂纹偏转，断裂方式主要是裂纹沿晶界扩展。引入第二相颗粒后，将产生更大的裂纹偏转并消耗更多的断裂能，从而呈现更高的增韧效果。

表 5-2 有关组成相的基本物性

物　　性	SiC	Si_3N_4	Al_2O_3	MgO	TiC	TiB_2	TiN
线膨胀系数/℃^{-1}	4×10^{-6}	2.75×10^{-6}	8.6×10^{-6}	13.5×10^{-6}	7.4×10^{-6}	8.1×10^{-6}	9.4×10^{-6}
杨氏模量/GPa	414	304	380	207	462	529	400
泊松比	0.14	0.24	0.26	0.36	0.19	0.28	0.22

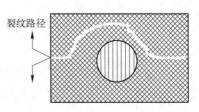

图 5-2 $\alpha_p>\alpha_m$ 时复合材料的
裂纹扩展路径

当 $\Delta\alpha>0$ 时，裂纹的扩展路径示于图 5-2。当裂纹前方遇到第二相颗粒时，并不直接朝向第二相颗粒扩展，而是先偏离原来方向，环绕颗粒扩展到与周向应力 σ_t 平行而与径向应力 σ_r 垂直的方向。当裂纹靠近颗粒时，由于基体中径向应力 σ_r 增大（在界面处最大），裂纹会直接向颗粒方向偏转，达到颗粒/基体界面，然后再沿原方向扩展。可见，当 $\alpha_p>\alpha_m$ 时，由 σ_r 与 σ_t 的共同作用，使裂纹在基体中扩展路径加长，其增韧值比不考虑残余应力场时要大得多。只要基体中径向拉应力能够保持不导致界面解离的水平，则上述裂纹偏转就与界面结合牢固程度无直接关系。因此，残余应力场所导致的裂纹偏转将产生绝对的增韧效果。此外，当颗粒直径与基体晶粒直径相近时，残余应力场引起的裂纹偏转较小；当两者粒径相差很大（即颗粒直径比基体粒径大得多）时，裂纹偏转路径长，裂纹扩展阻力大，消耗的断裂能多，也就是增韧效果更好。

当 $\Delta\alpha<0$ 时，裂纹将向原裂纹方向（即与 σ_t 垂直、与 σ_r 平行的方向）上的颗粒直接扩展。裂纹扩展到达颗粒与基体的界面时，若外加应力不再增加，则裂纹在此终止（称为裂纹钉扎）；若外应力继续增大，裂纹扩展将有两种可能途径：一是穿过第二相颗粒导致颗粒开裂（穿晶断裂）；二是沿颗粒与基体之间的界面扩展（裂纹偏转），这两种机制示于图 5-3[2]。裂纹究竟沿哪一条途径扩展，取决于平衡状态裂纹扩展的能量耗散量。

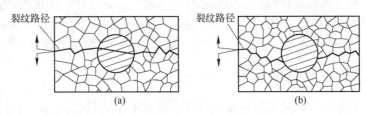

图 5-3 $\alpha_p<\alpha_m$ 时复合材料中裂纹扩展路径

（a）裂纹穿过颗粒扩展；（b）裂纹沿颗粒界面扩展

如果不考虑应力场在裂纹扩展过程中的变化，并假设第二相颗粒为球形，且刚好处于某一主裂纹延长线上，裂纹穿过此颗粒时需要克服两方面的能量障碍：一是颗粒破裂新生表面所需的表面能 γ_p；二是克服颗粒内等静压力所做的功 W_1：

$$\gamma_p = 2\pi r^2 \gamma_{sp} \tag{5-7}$$

$$W_1 = \frac{1}{2}\pi P r^2 u_1 \tag{5-8}$$

式中，γ_{sp} 为颗粒平均表面能；u_1 为裂纹在颗粒内的张开距离。裂纹穿过颗粒时，外加应力需克服的总能量障碍 W_t 为：

$$W_t = \gamma_p + W_1 = 2\pi r^2 \gamma_p + \frac{1}{2} P \pi r^2 u_1 \tag{5-9}$$

当裂纹沿着颗粒与基体之间的界面扩展时，也需要克服两方面的能量障碍：一是界面断裂能 γ_b；另一个是克服界面压应力所做的功 W_2：

$$W_2 = \frac{1}{3} \pi P r^2 u_2 \tag{5-10}$$

$$\gamma_b = 4\pi r^2 \gamma_{int} \tag{5-11}$$

式中，γ_{int} 为界面单位面积的断裂能；u_2 为裂纹在界面处张开距离。当裂纹沿两相界面扩展时，外加应力需克服的总能量障碍 W_i 为：

$$W_i = \gamma_b + W_2 = 4\pi r^2 \gamma_b + \frac{1}{3} \pi P r^2 u_2 \tag{5-12}$$

对于单相材料，其界面断裂能 γ_{int} 一般比晶体表面能小一半以上；而两相材料的界面能小的更多，即 $\gamma_p \gg \gamma_b$。比较式（5-8）和式（5-11），知 $W_1 > W_2$，故 $W_t > W_i$。可见裂纹沿界面扩展更容易进行。但是当第二相颗粒粒径较大时，主裂纹扩展至晶界发生偏转时，一旦沿界面生成次生裂纹，裂纹扩展的驱动力将迅速降低至趋于 0（扩展阻力趋于无穷大），这时，主裂纹可能反而沿原扩展路径穿过颗粒。因此，第二相颗粒粒径大时，容易发生穿晶断裂。在材料设计时，一般要求第二相颗粒粒径 d 小于导致自发开裂的临界晶粒 d_c，即 $d < d_c$。

由上可知，如果 γ_{int} 越小、γ_{sp} 越小、p 越大、r 越小，则裂纹沿晶界绕过晶粒扩展的可能性越大。必须指出，裂纹在颗粒增强陶瓷基复合材料中的扩展是一个复杂的过程，包含大量的微观随机事件，每一个颗粒所处的微观环境、颗粒的形状、颗粒与裂纹面的相对位置等因素，都将影响裂纹在颗粒附近的扩展路径，因此，同一体系中的各个颗粒可能提供不同的增韧机制。

当 α_p 与 α_m 相接近时，颗粒周围的残余应力场很小，这时弹性模量 E 起决定作用。当 $E_p > E_m$ 时，在颗粒周围很小范围内产生与外应力方向一致的应力集中，并引起裂纹沿颗粒/基体界面扩展，类似于 $\alpha_p < \alpha_m$ 的情况。因此，选用较大的颗粒对实现裂纹偏转机制有利。

5.1.2　应力诱导微裂纹区增韧机制

当 $\Delta\alpha < 0$，$d < d_c$ 时，由于外加应力的作用，在扩展中的裂纹的尖端附近将出现一个微裂纹区，如图 5-4 所示[2]，称为应力诱导微开裂。产生应力诱导微开裂时，第二相颗粒的粒径在最小粒径与临界粒径之间，它们的表达式为：

$$d_c = \frac{40\gamma_{int}}{E_m (e^T)^2} \tag{5-13}$$

$$d_{min} = \frac{17\gamma_{int}}{E_m (e^T)^2} \tag{5-14}$$

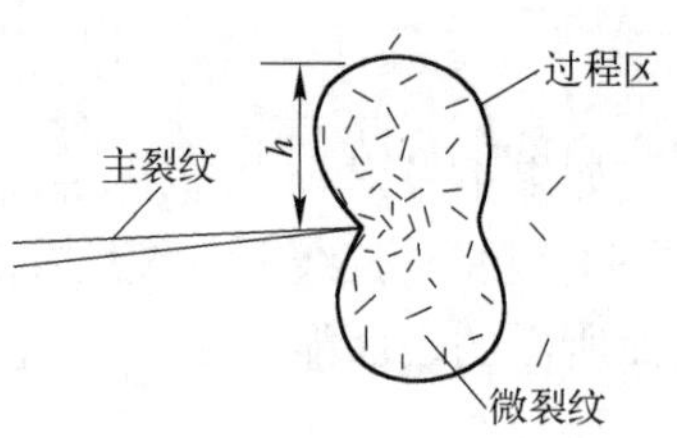

图 5-4　应力诱导微开裂及其过程区

式中，e^T 为由于线膨胀系数不同引起的应变，$e^T = 3\Delta\alpha\Delta T$。

当 $d > d_c$ 时，材料从制造温度冷却到室温时将产生自发开裂；当 $d < d_{\min}$ 时，外加应力将不能在裂纹尖端诱发微开裂。而当 $d_{\min} \leqslant d < d_c$ 时，可产生的微开裂区的宽度 h 为：

$$h = \frac{8}{\pi}\left[\frac{K}{\left(\dfrac{d_c}{d} - 1\right)E_m e^T}\right]^2 \tag{5-15}$$

式中，K 为应力强度因子。h 远小于裂纹长度 c（即 $h \ll c$），从而导出引入均匀第二相颗粒时断裂能为：

$$\gamma = \frac{4V_p K^2}{\pi E_m (d_c/d - 1)} + \gamma_0 \tag{5-16}$$

式中，V_p 为第二相颗粒体积分数；γ_0 为本征断裂能。当裂纹扩展使应力强度因子达到临界值 K_c 时：

$$K^2 = K_c^2 = E\gamma \tag{5-17}$$

则：

$$\begin{cases} \gamma/\gamma_0 = 1/(1 - \delta) \\ \delta = \dfrac{4\nu_p}{\pi(d_c/d - 1)} \end{cases} \tag{5-18}$$

导致自发微开裂的颗粒临界尺度可由下式求得：

$$d_c = \frac{\delta K_{IC}^2\left[\dfrac{1}{2}(1 + \nu_m) + (1 - \nu_p)\right]}{(E_m \Delta\alpha\Delta T)^2} \tag{5-19}$$

式中，K_{IC} 为微开裂区的断裂韧性；δ 为 2~8 范围的常数，$\delta = 4\nu_p/\pi(d_c/d - 1)$，$\nu_p$ 为第二相颗粒的体积含量。由式（5-14）和式（5-19）计算的某些颗粒/陶瓷复合材料体系的 d_c 和 $d_{\min}$ 值列于表 5-3[1]。其中 δ 为 2，ΔT 取 1500℃。由表 5-3 可知，第二相颗粒的粒径小于 d_c，但颗粒过于细小容易发生团聚，团聚使粒径超过 d_c，导致冷却过程中自发开裂。这是造成某些颗粒/陶瓷体系韧性提高但强度下降的主要原因。同时，增加第二相颗粒的体积分数和加入超过 $d_{\min}$ 尺寸的较大颗粒，可以提高应力诱导开裂增韧效果，但过分增加颗粒体积分数和粒径，容易导致微开裂的连通，对材料强度不利。

表 5-3　某些颗粒/陶瓷体系的 d_c 和 $d_{\min}$ 计算值

复合体系	K_{IC} /MPa·m$^{1/2}$	$d_{\min}$ /μm	d_c /μm
TiC$_p$/SiC	6	774	18.22
TiC$_p$/Si$_3$N$_4$	7	9.52	22.4
SiC$_p$/Si$_3$N$_4$	6.7	135	317
TiB$_{2p}$/Si$_3$N$_4$	5.3	3.50	8.24
TiB$_{2p}$/SiC	4.5	2.66	6.25

5.1.3　残余应力场增韧机制

当第二相颗粒的粒径小于 $d_{\min}$ 时，外加应力不能导致微裂纹区增韧，但是，通过裂纹尖端与颗粒周围应力场相互作用可以产生裂纹偏转，此即残余应力场机制。模型见图 5-5[2]。颗粒/陶瓷复合材料中存在着周期性残余应力场。复合材料的断裂韧性 K_{IC} 值为：

$$K_{\mathrm{IC}} = K_{\mathrm{I0}} + 2q\sqrt{\frac{2D}{\pi}} \tag{5-20}$$

式中，K_{I0} 为基体的临界断裂强度因子；D 为压应力区长度，对均匀粒径，$D = \lambda - d$；λ 为相邻颗粒中心的距离，$\lambda = 1.085\mathrm{d}/(\nu_{\mathrm{p}})^{1/2}$；$q$ 为基体内的平均应力场，其表达式为：

$$q = \frac{2E_{\mathrm{m}}\nu_{\mathrm{p}}\beta\varepsilon}{A} \tag{5-21}$$

式中，ε 为由于线膨胀系数之差在颗粒内部引起的应变，A 和 β 分别为：

$$A = (1 - \nu_{\mathrm{p}})(\beta + 2)(1 + \nu_{\mathrm{m}}) + 3\beta\nu_{\mathrm{p}}(1 - \nu_{\mathrm{m}}) \tag{5-22}$$

$$\beta = \frac{(1 + 2\nu_{\mathrm{m}})E_{\mathrm{p}}}{E_{\mathrm{m}}(1 - 2\nu_{\mathrm{p}})} \tag{5-23}$$

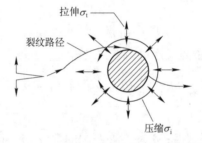

图 5-5　当 $\alpha_{\mathrm{p}} > \alpha_{\mathrm{m}}$ 时残余应力场引起的裂纹偏转

断裂韧性增加值 $\Delta K_{\mathrm{IC}} = K_{\mathrm{IC}} - K_{\mathrm{I\Delta}}$ 的表达式为：

$$\Delta K_{\mathrm{IC}} = 2 \times \frac{2E_{\mathrm{m}}\nu_{\mathrm{p}}\beta\varepsilon}{A}\left[\frac{2d(1.085 - \nu_{\mathrm{p}}^{0.5})}{\nu_{\mathrm{p}}^{0.5}}\right]^{0.5} \tag{5-24}$$

由上式可见，当 ν_{p} 一定时，ΔK_{IC} 与第二相颗粒粒径的平方根成正比，这说明，对于残余应力场增韧来说，第二相颗粒粒径越大越好，但限于 $d < d_{\min}$。

图 5-6 和图 5-7 表示了 $\mathrm{SiC_p}/\mathrm{Si_3N_4}$ 体系的韧性与颗粒体积含量之间的关系[2]。由图 5-6 可知，颗粒粒径减小时，断裂能明显减小。这是由于粒径减小的同时也减小了裂纹钉扎和裂纹偏转增韧效果。此外，由于 $\mathrm{Si_3N_4}$ 基体本身具有较大的断裂能，SiC 颗粒的存在减弱了基体对断裂能的贡献。

5.1.4　裂纹桥联增韧机制

裂纹桥联是一种发生在裂纹尖端后方，由某纤维状结构单元（称为桥联体，如纤维、晶须、棒状晶粒或细长晶粒）连接裂纹的两个表面并提供一个使裂纹面相互靠近的力 $T(u)$，$T(u)$ 即是闭合力，这样导致应力强度因子随裂纹扩展而增加。

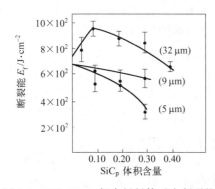

图 5-6　SiC_p/Si_3N_4 复合材料体系中断裂能
与 SiC_p 体积含量的关系

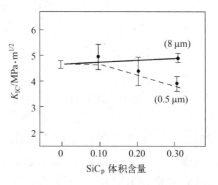

图 5-7　SiC_p/Si_3N_4 复合材料体系中断裂韧性
与 SiC_p 体积含量的关系

脆性颗粒的裂纹桥联机制示于图 5-8[2]。当裂纹扩展遇上脆性颗粒时，可能使其穿晶破坏，如图中第一个颗粒；也可能出现裂纹沿晶界扩展（裂纹偏转），如图中第二个颗粒；而第三、第四颗粒是裂纹桥联。

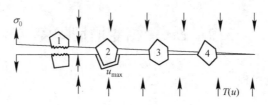

图 5-8　脆性颗粒桥联模型

设裂纹尖端的断裂韧性为 K_D，裂纹根部桥联产生的平均闭合应力 $T(u)$ 引起韧性的增加。应力强度因子具有可加性。外加应力强度因子 K_A 与由裂纹长度决定的断裂韧性 $K_R(c)$ 相平衡。有如下关系：

$$K_A = K_R(c) = K_D + K^{cb}(c) = E_c(J_0 + \Delta J^{cb})^{0.5} \tag{5-25}$$

式中，E_c 为复合材料的弹性模量；J_0 为复合材料裂纹尖端能量耗散率；ΔJ^{cb} 为由于裂纹桥联导致的附加能量耗散率：

$$\Delta J^{cb} = 2\nu \int_0^{u_{max}} T(u)\,du \tag{5-26}$$

式中，u_{max} 为桥联区裂纹最大张开距离（在最后一个桥联体处），对沿晶断裂方式，假设桥联颗粒的一半被拔出时则失去桥联作用，即 $u_{max} = d/2$，则：

$$\Delta J^{cb} = \frac{1}{2}A^{gb}\tau^{gb}d \tag{5-27}$$

式中，A^{gb} 为桥联颗粒体积分数；τ^{gb} 为每个桥联颗粒拔出时所需的摩擦剪应力。由上面的推导可知将式（5-27）代入式（5-25），裂纹桥联增韧值与桥联体粒径的平方根成正比。

在脆性基体中加入第二相延性颗粒，能明显提高材料的断裂韧性。其增韧机制包括裂纹尖端屏蔽和主裂纹周围微开裂以及裂纹延性桥联。其中裂纹尖端屏蔽是由于裂纹尖端形成塑性变形区，使材料的断裂韧性明显增加。其表达式为：

$$K_{IC} = K_{cm} + K_b + K_s \tag{5-28}$$

式中，K_b 为延性颗粒桥联增韧值；K_s 为塑性变形过程区的增韧值：

$$K_s = \frac{0.31 E_m e^T \sqrt{w}(1 - 1.2\nu_p)}{1 - \nu_p^2} \tag{5-29}$$

式中，w 为塑性变过程区的宽度。

图 5-9 示出延性颗粒裂纹桥联模型[2]。第 1、2 个颗粒呈穿晶断裂；第 3 个颗粒在应力场作用下发生塑性变形并桥联裂纹；第 4 个颗粒未变形但桥联裂纹。由裂纹尖端至其后方距离 D 之间，桥联的延性颗粒产生使裂纹面闭合的力。当基体与延性颗粒的线膨胀系数和弹性模量相等时，利用裂纹延性桥联可以达到最佳增韧效果。例如利用金属铝颗粒增韧 Na_2O-Li_2O-Al_2O_3-SiO_2 玻璃时，

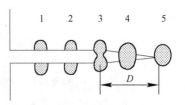

图 5-9　延性颗粒裂纹桥联模型

调节基体玻璃的线膨胀系数和弹性模量值使其与铝相等，则 Na_2O-Li_2O-Al_2O_3-SiO_2 玻璃复合材料的断裂能比基体玻璃提高 60 倍。当延性颗粒与陶瓷基体的线膨胀系数及弹性模量相差很大时，裂纹将绕过金属颗粒扩展，难以发挥增韧效果。

5.2　ZrO_2 相变增韧陶瓷

5.2.1　ZrO_2 相变增韧机理

ZrO_2 首先由 Hussak 在 1892 年在巴西天然矿物斜锆石中发现，该矿物的富矿 ZrO_2 含量可达 80%，其余杂质相为 TiO_2、SiO_2 和 Fe_2O_3。ZrO_2 在地壳中含量在 0.02%~0.03%。作为第一次工业应用德国首先将其用作耐火材料，它的引入赋予耐火材料良好的抗热震性能。

纯的 ZrO_2 在常压下共有三种晶型：从低温到高温依次为单斜相（monoclinic）、四方相（tetragonal）和立方相（cubic）。当 ZrO_2 从高温冷却到室温要经历 c→t→m 的同质异构转变，其中，由 t→m 的相变过程要产生 3%~5% 的体积膨胀，加热至 1170℃时 m-ZrO_2 转变为 t-ZrO_2，这种转变过程则发生体积收缩，这种 t 相和 m 相之间的相变称为 ZrO_2 的马氏体相变。Wolten 第一个提出 ZrO_2 由四方相向单斜相的相变是马氏体相变。正是针对 ZrO_2 相变和通过热处理对部分稳定 ZrO_2 控制的研究促进发现 ZrO_2 相变增韧现象。氧化锆晶型转变如下式所示[3]：

$$\text{m-}ZrO_2 \underset{950℃}{\overset{1170℃}{\rightleftharpoons}} \text{t-}ZrO_2 \overset{2370℃}{\rightleftharpoons} \text{c-}ZrO_2$$

关于 ZrO_2 相变增韧的研究始于部分稳定氧化锆抗热震性能优于立方氧化锆，一方面是由于部分稳定氧化锆线膨胀系数低于立方氧化锆，另外发现部分稳定氧化锆中含有一些微裂纹。针对部分稳定氧化锆断裂韧性的研究发现其断裂韧性较高，显微结构观察揭示高的断裂韧性与其中含有较多微裂纹有关。通过对 Ca-PSZ 显微结构研究发现通过热处理可以控制该材料四方相的存在进而控制其显微结构。

部分稳定氧化锆力学行为的突破来自 Garvie 的工作，1975 年在《自然》杂志上发表

了一篇题目 "Ceramic Steel?" 的文章，其中阐述了具有高韧性的 PSZ 材料中含有大量介稳晶间四方氧化锆，并且在应力诱导下能发生从四方相向单斜相的转变。1977 年 Pooter 和 Heuer 在美国陶瓷学报发表了一篇 "Mechanism of Toughening Partially Stabilized Zirconia (PZS)" 文章揭示对于 Mg-PZS 材料，要想获得优异性能需要仔细控制四方氧化锆的析晶，四方氧化锆的晶粒尺寸影响其稳定性，晶粒尺寸过大，会产生过早相变，在材料中形成微裂纹，尺寸过小，在应力作用下不能产生马氏体相变。

马氏体（Martensite）是在钢淬火时得到的一种高硬度产物的名称，马氏体相变是固态相变的基本形式之一。在金属和陶瓷材料中均观察到了马氏体相变。一个晶体在外加应力作用下通过晶体的一个分立体积的剪切作用以极迅速的速率而进行的相变称为马氏体转变。马氏体相变有如下基本特征[4]：

（1）马氏体相变是无扩散型相变。马氏体转变时，只需点阵改组而无需成分的变化，转变速度非常快。实验证明 Fe-C 和 Fe-Ni 合金在-20~-196℃温度之间成核并生长成一片完整的马氏体仅需 0.5~0.05μs，接近绝对零度时，形成速度仍然很高。在这样低的温度下，原子扩散速度极慢，依靠扩散实现快速转变是根本不可能的。

无扩散并不是说转变时原子不发生移动，马氏体界面向母相推移时，母相一侧的原子做有规则运动，即大量原子协同运动。此时相邻原子的相对位移相等，通常小于一个原子间距。点阵重构后，这些原子仍然保持原有相邻关系。

（2）马氏体相变属于切变主导型的点阵畸变式转变。点阵畸变式转变是通过均匀的应变把一种点阵转变成另外一种点阵，部分例子如图 5-10 所示[4]。可以用矩阵把这种均匀应变表示成：

$$y = Sx \qquad (5-30)$$

式中，应变矩阵 S 是一个点阵的矢量 x 形变成另外一个点阵的矢量 y。上式把一些直线转变成另外一些直线，仅仅是长度有所变化，因此这种应变是均匀的。这表明母相中的任一平面在转变成生成相后仍为一平面，任何一点的位移与该点距不变平面的距离成正比，这种在不变平面上所产生的均匀应变被称为不变平面应变。图 5-10（b）为简单切变，图 5-10（c）为简单的膨胀和压缩，图 5-10（d）为既有膨胀、压缩，又有切变。马氏体转变属于最后一种。

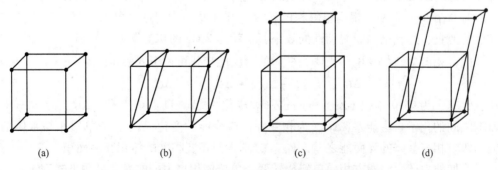

图 5-10　立方点阵的一些点阵畸变式转变示意图
(a) 立方点阵；(b) 简单切变；(c) 简单的膨胀和压缩；(d) 既有膨胀、压缩，又有切变

（3）马氏体转变时的动力学和生成相的形貌受转变过程中产生的弹性应变能控制。

马氏体转变是切变主导型转变，利用式（5-30）可以将母相中的某个初始球体转变成椭球体。如果这种球体完全镶嵌在母相内并且承受着应变 S，则与这种形变相联系的形状和体积的变化，将在母相或生成相中引起很大的弹性应变。正是由于作为转变阻力的高弹性应变能的存在，使得马氏体转变起始温度 M_s 大大低于其理论转变温度 T_0。转变时的形状变化主要是沿着马氏体惯习面上的剪切形变，生成的马氏体不是含有大量的位错、层错，就是内部被孪晶化，在形貌上则表现为条形、薄片状或凸透镜片状等。

（4）马氏体转变的可逆性。母相在冷却时转变为马氏体，重新加热时，已形成的马氏体又可以通过逆向转变变成母相，这就是马氏体转变的可逆性。逆转变的开始温度为 A_s，终了温度为 A_f。

（5）马氏体相变无相变潜热。马氏体相变过程无相变潜热，也就是一旦马氏体相变开始发生，马氏体片（或晶核）的长大无需热扩散过程的辅助，由此产生的马氏体量与时间无关，只取决于相变发生的温度，相变过程伴随的体积和形状的变化产生弹性应变能将阻止进一步的相变，为此相变不能进行完全，只能靠进一步降低温度使马氏体相变继续进行。

为此马氏体相变的精确定义应该包含四个方面：（1）无扩散的；（2）点阵畸变式的；（3）以切变分量为主的；（4）动力学和形态是受应变能控制的。只有同时符合这四个条件才能称之为马氏体相变。

ZrO_2 增韧机制包括应力诱导相变增韧、相变诱发微裂纹增韧、表面诱发强韧化和微裂纹分叉增韧等。在实际材料中究竟何种增韧机制起主导作用，在很大程度上取决于四方相向单斜相马氏体相变的程度高低及相变在材料中发生的部位。

5.2.1.1　相变增韧

当部分稳定 ZrO_2 存在于陶瓷基体时，即存在 $m\text{-}ZrO_2$ 和 $t\text{-}ZrO_2$ 的可逆相变特征，晶体结构的转变伴随有 3%~5% 的体积膨胀。ZrO_2 颗粒弥散在其他陶瓷基体（包括 ZrO_2 本身）中，由于两者具有不同的线膨胀系数，烧结完成后，在冷却过程中，ZrO_2 颗粒周围则有不同的受力情况，当它受到基体的压抑，ZrO_2 的相变也将受到抑制。还有另外一个特性，其相变温度随颗粒尺寸的降低而降低，一直可降到室温或室温以下。当基体对 ZrO_2 颗粒有足够的压应力，而 ZrO_2 的粒度又足够小时，则其相变温度可降至室温以下，这样在室温时仍可以保持四方相。当材料受到外应力时，基体对 ZrO_2 的压抑作用得到松弛，ZrO_2 颗粒即发生四方相到单斜相的转变，并在基体中引起微裂纹，从而吸收了主裂纹扩展的能量，达到增加断裂韧性的效果，这就是 ZrO_2 的相变增韧。

由四方相向单斜相发生马氏体相变时的自由能变化可用下式表示[5]：

$$\Delta G_{t\to m} = V(-\Delta G_{ch} + \Delta G_{str}) + S\Delta G_{sur} \tag{5-31}$$

式中，$\Delta G_{t\to m}$ 为单位体积 $t\text{-}ZrO_2$ 向 $m\text{-}ZrO_2$ 转化引起的自由能变化；ΔG_{ch} 为 $t\text{-}ZrO_2$ 和 $m\text{-}ZrO_2$ 之间的化学自由能差；ΔG_{str} 为相变弹性应变能的变化；ΔG_{sur} 为单斜相与基体的界面能和四方相与基体的界面能之差；V、S 分别为与相变相关的体积和表面积。

当施加外力产生由四方相向单斜相转变，单位体积自由能的变化可用下式表示

$$\Delta G_{t\to m} = -\Delta G_{ch} + \Delta G_{str} + \frac{S}{V}\Delta G_{sur} - \Delta G_{ext}$$

$$= -\Delta G_{ch} - \Delta G_{ext} + \Delta G_{barrier} \tag{5-32}$$

式中，ΔG_{ext} 为外加应力作用能密度；$\Delta G_{barrier}$ 为表面能和应变能总和。激发相变所需临界应力为 σ_c：

$$\sigma_c = (-\Delta G_{ch} + \Delta G_{barrier})/\varepsilon^t \tag{5-33}$$

式中，ε^t 为与相变膨胀应变。单斜 ZrO₂ 和四方的 ZrO₂ 化学自由能差 ΔG_{ch} 是相变的基本动力，而相变弹性应变能和表面能之和 $\Delta G_{barrier}$ 是相变的阻力。当 ΔG_{ch} 不足以克服 $\Delta G_{barrier}$ 的抵制作用时，要使 ZrO₂ 发生相变只能借助于外力。因此陶瓷基体中，$\Delta G_{barrier}$ 的存在将有利于断裂能的提高。通过引入稳定剂（Y₂O₃、CeO₂、MgO 等）可以降低 ΔG_{ch}，ZrO₂ 马氏体相变驱动力降低，可以使 ZrO₂ 以四方相介稳相存在。也可以通过分散四方 ZrO₂ 相，提高 ZrO₂ 马氏体相变应变能和表面能，增加相变阻力，使 ZrO₂ 以四方相介稳相存在。

要想发生由四方相 ZrO₂ 向单斜相 ZrO₂ 的转变，应满足 $\Delta G_{t\to m} \leqslant 0$，由式（5-32）可得：

$$\Delta G_{ext} \geqslant -\Delta G_{ch} + \Delta G_{barrier} \tag{5-34}$$

式（5-34）是发生 ZrO₂ 马氏体相变的能量条件。其应力条件可由式（5-33）得：

$$\sigma_c \geqslant (-\Delta G_{ch} + \Delta G_{barrier})/\varepsilon^t \tag{5-35}$$

含有介稳四方相 ZrO₂ 的陶瓷材料受力时，裂纹尖端应力集中为张应力场与介稳四方相 ZrO₂ 周围压应力场发生作用，降低了外围环境对四方相 ZrO₂ 的束缚，触发四方相 ZrO₂ 向单斜相 ZrO₂ 马氏体相变，并伴有体积膨胀，消耗裂纹尖端弹性应变能，使裂纹尖端应力集中降低，裂纹想要继续扩展，需要增大外界作用力。相当于在裂纹表面施加一个闭合力，阻止裂纹扩展，使材料断裂韧性增大，如图 5-11 所示[5]。

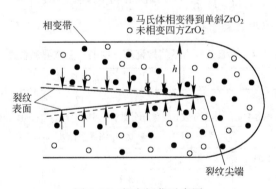

图 5-11　相变韧化示意图

ZrO₂ 的颗粒尺寸对相变增韧有影响。实践表明 ZrO₂ 相变的条件是单位体积 ZrO₂ 的颗粒数的总能量相当于 ZrO₂ 相变引起的界面能变化。ZrO₂ 在陶瓷基体中的相变温度是 ZrO₂ 颗粒尺寸和化学组分的函数，图 5-12 表明了 16%ZrO₂/Al₂O₃ 和 8%ZrO₂/Al₂O₃ 系统中的相变温度与 ZrO₂ 颗粒度之间的关系[5]。由此看出，在冷却过程中 ZrO₂ 颗粒大者优先由四方相转化为单斜相，即 ZrO₂ 弥散于陶瓷基体中的相变温度 M_s 是随着 ZrO₂ 颗粒的减小而降低的。当 ZrO₂ 颗粒小到足以使相变温度偏移到常温下，即 t-ZrO₂ 一直保持到常温，则陶瓷基体中就储存了相变弹性压应变能，只有当基体受到了适当的外加张应力，其对 ZrO₂ 的束缚得以解除，才能发生四方相向单斜相转化。如果 ZrO₂ 颗粒尺寸较大，则其相变温度处于常温以上，那么制品冷却到室温之前，t-ZrO$_2$ 就已自发转化成 m-ZrO$_2$。而且 ZrO$_2$ 晶粒尺寸对 t-ZrO$_2$ 含量的影响也是很重要的，如图 5-13 所示[5]。从图中看出最高的 t-ZrO$_2$ 含量只处于很窄的晶粒尺寸范围内。

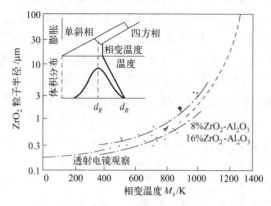

图 5-12　在 Al$_2$O$_3$ 基体中弥散粒子尺寸
与 ZrO$_2$ 相变温度的关系

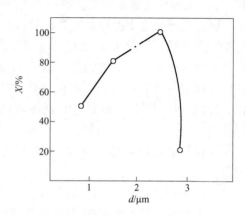

图 5-13　ZrO$_2$ 平均晶粒尺寸与 t-ZrO$_2$
含量 X 的关系

基体的化学组分和 ZrO$_2$ 弥散相的含量对 ZrO$_2$ 粒子的相变温度也有一定的影响。一般地说，能溶于 ZrO$_2$ 中的其他掺杂物都或多或少地减少 ZrO$_2$ 的相变自由能差，也就是相应降低其相变温度 M$_s$。因此，ZrO$_2$ 粒子越小，溶质的浓度越大，ΔG_{chem} 也越小，所以小颗粒的 t-ZrO$_2$ 向 m-ZrO$_2$ 转化的温度低，有利于相变增韧。表 5-4 列出了在室温下，不同陶瓷基体中的 ZrO$_2$ 相变临界颗粒直径[5]。

表 5-4　室温条件下不同陶瓷基体中的相变临界颗粒直径

陶瓷体系	ZrO$_2$ 含量/%						
	16（体积分数）	15（体积分数）	22（体积分数）	17.5（体积分数）	15（体积分数）	3.1（摩尔分数）	2（摩尔分数）
	ZrO$_2$ 临界直径 d_c/mm						
Al$_2$O$_3$	0.52						
Al$_2$O$_3$		0.3					
莫来石			1				
尖晶石				0.3~1.0			
Si$_3$N$_4$					<0.1		
ZrO$_2$-MgO						0.1~0.2	
ZrO$_2$-Y$_2$O$_3$							0.92

陶瓷基体中 t-ZrO$_2$ 含量越大，可变相的 t-ZrO$_2$ 体积分数越高，相变的断裂韧性越高。实践表明，这与稳定剂的含量有关。如果不加稳定剂，即使 ZrO$_2$ 颗粒尺寸小至 0.025μm，可变相的 t-ZrO$_2$ 含量也很少。实际上，也并不是所有的 t-ZrO$_2$ 晶粒都是可以相变的。研究表明，t-ZrO$_2$ 晶粒相变，还与结晶取向、结晶结构以及在晶体中所处的位置有关。例

如，在 ZrO_2 增韧 Al_2O_3 陶瓷中，包裹在晶粒 Al_2O_3 内部的 t-ZrO_2 最难相变；处于晶粒间界交叉位置的 t-ZrO_2 次之；相邻还有 t-ZrO_2 在一起更次之；多颗相聚在一起的 t-ZrO_2 则最容易相变。这是由于在晶粒内部的 t-ZrO_2 受晶粒包裹着，因处于抑制状态时很难得到松弛。而 t-ZrO_2 的聚集体，则是处于最弱的抑制状态，因而也就最容易相变。

5.2.1.2 微裂纹增韧

部分稳定 ZrO_2 陶瓷在由四方相向单斜相转变，相变出现了体积膨胀而导致产生微裂纹。这样不论是 ZrO_2 陶瓷在冷却过程中产生的相变诱发微裂纹，还是裂纹在扩展过程中在其尖端区域形成的应力诱发相变导致的微裂纹，都将起着分散主裂纹尖端能量的作用，从而提高了断裂能，称为微裂纹增韧。

实践表明，不同的 ZrO_2 颗粒其相变温度是不同的，并有其相应的膨胀程度，即 ZrO_2 颗粒越大，则相应相变温度越高，膨胀也越大。当 ZrO_2 粒子的相变温度低于室温，陶瓷基体中储存着相变弹性压应变能。如果 ZrO_2 粒子的相变温度高于室温，则 ZrO_2 粒子会自发地由四方相转化为单斜相，此时在基体中会产生微裂纹。

一般来说，为了阻止裂纹的扩展，在主裂纹尖端应有一个较大范围的相变诱导微裂纹区，如图 5-14 所示[5]。主要途径是减小 ZrO_2 的颗粒度，并适当控制 ZrO_2 的颗粒分布状态和颗粒直径范围。

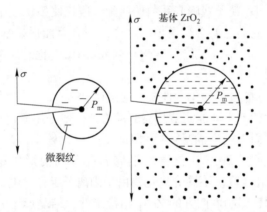

图 5-14 含 ZrO_2 陶瓷基体中主裂纹尖端的相变诱导微裂纹区

总之，在相变未转化之前，在裂纹尖端区域诱导出的局部压应力，起着提高抗张强度的作用，一旦相转化而导致微裂纹带，就能在裂纹扩展过程中吸收能量，起到提高断裂韧性的作用。

微裂纹增韧的机理，是 ZrO_2 弥散粒子由四方相向单斜相转化引起的体积膨胀，以及由之诱发的弹性压应变能或激发产生的微裂纹，而阻碍了主裂纹的扩展或释放其能量，达到韧化的目的。

为了获得良好的韧化效果，合理控制弥散粒子的相变过程是十分重要的。具体表现在以下几个方面：

（1）控制 ZrO_2 弥散粒子的尺寸。如前所述，ZrO_2 弥散粒子的相变温度是随其颗粒的减小而降低，大颗粒首先在高温下发生相变。在达到常规关系所示的相变温度（1100℃左右），当颗粒直径大于相变临界颗粒直径时，ZrO_2 颗粒都发生相变，而且相变是突发性的，微裂纹的尺寸较大，会导致主裂纹扩展过程的分岔，这种情况对陶瓷基体的韧性提高不大。

当 ZrO_2 弥散粒子的直径介于室温临界颗粒直径和相变临界颗粒直径时，即处于相变温度为室温和 1150℃ 左右的两种颗粒尺寸之间，陶瓷基体会有相变诱导微裂纹，陶瓷材料的韧性有明显的提高，但其强度由于微裂纹的存在而下降。

当 ZrO_2 弥散粒子的直径小于室温临界相变颗粒直径时，陶瓷基体不含相变诱发微裂纹，而是储存着相变弹性压应变能。只有当陶瓷基体受到了适当的外力时，克服相变应变能对主裂纹扩展所起的势垒作用，ZrO_2 弥散粒子才由四方相转化为单斜相，并诱发出极细小的微裂纹。由于相变弹性应变能和微裂纹的作用，陶瓷基体的韧性有较大的提高，其强度也相应提高。

（2）控制 ZrO_2 颗粒的分布状态。如果弥散粒子的颗粒分布较宽大，降温过程中持续相变温度范围必定较宽，那么相变诱发微裂纹的过程也就相应复杂了。实践表明，不同的颗粒范围各有其相应的韧化机制，因此，应当减小 ZrO_2 颗粒的分布宽度。

（3）最佳的 ZrO_2 体积分数和均匀的 ZrO_2 弥散程度。一般情况，ZrO_2 体积分数的提高可以提高韧化作用区的能量吸收密度。但是过高的 ZrO_2 含量将导致微裂纹的合并，降低韧化效果。因此，ZrO_2 的体积分数应控制在最佳值。同样，不均匀的 ZrO_2 弥散会造成基体中局部含量不足和偏高，并且，均匀弥散是最佳的 ZrO_2 体积分数发挥作用的前提。

（4）陶瓷基体和 ZrO_2 粒子线膨胀系数的匹配。应该使 ZrO_2 弥散相与基体的线膨胀系数相接近，也就是说，它们之差必须很小。这样，一方面能保持基体和 ZrO_2 粒子之间在冷却过程中的结合力，另一方面又能在 t-ZrO_2 向 m-ZrO_2 转化时而激发起微裂纹，从而能很好地表现出增韧效果。

（5）控制 ZrO_2 基弥散粒子的化学性质。通过改变 ZrO_2 的弥散粒子的化学组分可以控制相变前后的化学自由能差，即能调节相变驱动力。一般采用氧化物与固溶使亚稳的高温相保留到室温。有效的固溶剂需满足：1）阳离子半径比较小；2）具有立方型结构，对氧离子配位数 8；3）能与 ZrO_2 在较宽的组成温度范围内形成稳定的萤石型固溶体；4）在 ZrO_2 中的溶解变化较高。不同的氧化物由于阳离子半径、电荷、浓度以及氧化物的晶体结构等特性的不同，影响着四方的 ZrO_2 相稳定性、结晶形态和加工工艺，从而影响显微结构和力学性能。

5.2.2　ZrO_2 增韧陶瓷性能及用途

5.2.2.1　四方氧化锆多晶陶瓷（TZP）

以 Y_2O_3 为稳定剂的四方氧化锆多晶陶瓷（Y-TZP）是最重要的一种氧化锆增韧陶瓷。由于稳定剂的作用和 ZrO_2 晶粒相互间的抑制，TZP 材料中的所用 ZrO_2 晶粒都以四方相形式（t-ZrO_2）存在，其在应力诱导下可相变的 t-ZrO_2 的体积分数最高，因此 Y-TZP 陶瓷具有特别高的室温断裂韧性和抗弯强度，Y-TZP 不仅是一种具有优良力学性能的结构材料，同时也具有优良的高温电导性能，是一种很有前途的快离子导体。

制备力学性能优良的 Y-TZP 材料，首先要控制适当 Y_2O_3 的含量和尽量使 Y_2O_3 分布均匀，一般以 Y_2O_3 含量（摩尔分数）3% 为好。Y_2O_3 含量过少，会使材料中出现大量的单斜相 ZrO_2，严重降低材料力学性能，甚至造成开裂；Y_2O_3 含量过高，会降低其应力诱导下可相变的 t-ZrO$_2$ 体积分数而使材料的力学性能降低。在 Y$_2$O$_3$ 含量适当和分布均匀的前提下，ZrO$_2$ 晶粒大小对材料的力学性能有十分显著的影响。图 5-15 和图 5-16 表明，就力学性能而言，在 Y-TZP 陶瓷中存在一个最佳晶粒尺寸范围[5]。当 ZrO$_2$ 晶粒尺寸在最佳尺寸范围内时，由于晶粒相互之间的抑制，所有的 ZrO$_2$ 晶粒保持为四方相；当材料中 ZrO$_2$ 平均晶粒尺寸大于或小于该最佳尺寸范围时，一部分四方相边为单斜相，此时材料的力学性能就显著降低，甚至严重开裂。这一性质是四方 ZrO$_2$ 多晶陶瓷所特有的。

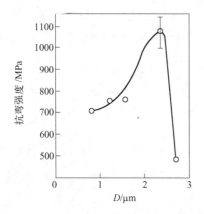
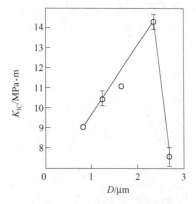

图 5-15　2.1%（摩尔分数）Y$_2$O$_3$-ZrO$_2$ 样品中 ZrO$_2$ 平均晶粒尺寸 D 与样品抗弯强度的关系

图 5-16　2.1%（摩尔分数）Y$_2$O$_3$-ZrO$_2$ 样品中 ZrO$_2$ 平均晶粒尺寸 D 与样品断裂韧性的关系

以 CeO$_2$ 为稳定剂的 ZrO$_2$ 是另一种重要的 TZP 材料。一般来说，Ce-ZrO$_2$ 的力学性能比 Y-TZP 稍低，但对 CeO$_2$ 含量和 ZrO$_2$ 晶粒尺寸大小的要求远没有 Y-TZP 严格，因此工艺条件较易控制，成本也较低。

Y-TZP 陶瓷的弱点是随着使用温度的升高，其抗弯强度和断裂韧性都显著降低，尤其是在 250℃ 左右长时间时效处理会使其力学性能严重衰减。为克服这一弱点，材料科学家做了很大努力，诸如研究在 Y-TZP 中加入 Al$_2$O$_3$、SiC 晶须或颗粒、莫来石等第二相物质改善其高温力学性能，并已取得相当大的进展。

5.2.2.2　部分稳定氧化锆陶瓷（PSZ）

部分稳定氧化锆陶瓷由立方 c-ZrO$_2$ 和 t-ZrO$_2$ 两相组成，c-ZrO$_2$ 为母体，分散在 c-ZrO$_2$ 中的 t-ZrO$_2$ 起相变增韧作用。根据稳定剂种类的不同，分别有 Ca-PSZ、Mg-PSZ 和 Y-PSZ 等。在 PSZ 陶瓷的制备中，稳定剂的添加量小于使 ZrO$_2$ 完全稳定所需的量，通常在立方单相区烧成冷却后，再在 c+t 双相区进行适当的热处理，一部分 t-ZrO$_2$ 晶粒从母体 c-ZrO$_2$ 中析出而形成 c+t 两相陶瓷。在 PSZ 陶瓷的制备工艺中，不同的稳定剂含量和热处理工艺显著影响其力学性能。由于 PSZ 中的 t-ZrO$_2$ 是在热处理过程中从母相 c-ZrO$_2$ 中析出的，如图 5-17 所示[5]，热处理时间对于 Mg-PSZ 的抗弯强度有显著影响。此外，稳定剂含量越高，c-ZrO$_2$ 越稳定，高温时效对其性能的影响越小；稳定剂含量低，析出 t-ZrO$_2$ 量增多，相变增韧效果较好，但高温时效处理时容易使材料性能退化。

以 MgO 为稳定剂的 Mg-PSZ 陶瓷具有优良的力学性能，生产成本低，是一种应用最广泛的部分稳定氧化锆陶瓷。

5.2.2.3　以 TZP 为母体的增韧陶瓷

实验结果表明，在 Y-TZP 中加入 α-Al₂O₃ 弥散晶粒或晶须，SiC 弥散晶粒或晶须，可以通过第二相的裂纹弯曲增韧来进一步提高 Y-TZP 的强度和韧性，尤其重要的是可以显著提高 Y-TZP 的高温强度和断裂韧性，是一类很有发展前途的 ZrO_2 增韧陶瓷。

以添加 SiC 弥散颗粒来提高 Y-TZP 高温力学性能的工作已取得较好的结果。图 5-18 显示了 Y-TZP、SiC$_p$/Y-TZP 和 SiC$_w$/Y-TZP 的高温强度的比较[5]。在 Y-TZP 中添加 25%（体积分数）SiC 颗粒后，显著提高了高温抗弯强度。SiC 弥散颗粒提高 Y-TZP 高温力学性能的机理可能不仅是裂纹弯曲增韧的叠加，是一个值得深入研究的课题。

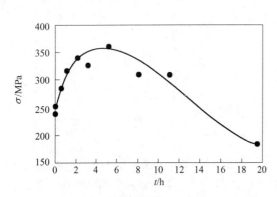

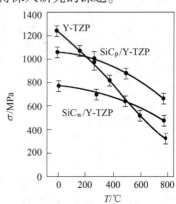

图 5-17　Mg-PSZ 的抗弯强度(σ)与在 1400℃热
处理时间(t)之间的关系

图 5-18　颗粒(p)和晶须(w)
补强效果比较

5.2.2.4　以 ZrO_2 为分散相的增韧陶瓷

以 ZrO_2 为分散相的增韧陶瓷即以 t-ZrO_2 来增韧诸如 Al₂O₃、莫来石、Si₃N₄ 等为母体的陶瓷材料。增韧机理主要是 ZrO_2 相变增韧与裂纹偏转增韧的叠加。根据目前的实验结果，ZrO_2 增韧 Al₂O₃(ZTA) 的效果最好，应用也最广泛。如图 5-19 所示，在 Al₂O₃ 中加入少量的 ZrO_2，可以显著提高材料的抗弯强度，其效果以加入 5%（体积分数）ZrO_2 为最好[5]。

在莫来石中加入 ZrO_2 成为氧化锆增韧的莫来石(ZTM)也有很好的效果，如图 5-20 所示，在莫来石中加入 3%（摩尔分数）Y₂O₃-ZrO_2 后，抗弯强度与断裂韧性都有大幅度的提高[5]。

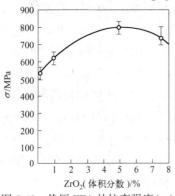

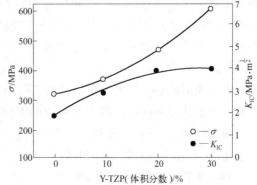

图 5-19　热压 ZTA 的抗弯强度(σ)
与 ZrO_2 含量的关系

图 5-20　热压 ZTM 的抗弯强度(σ)和断裂韧性(K_{IC})
与 ZrO_2 含量的关系

图 5-21 给出三类氧化锆相变增韧陶瓷的微观结构照片[6]。

图 5-21 氧化锆相变增韧陶瓷的微观结构

（a）Y-TZP；（b）Mg-PSZ；（c）ZrO_2 增韧 Al_2O_3

5.2.2.5 氧化锆增韧陶瓷的应用

氧化锆增韧陶瓷由于其优良的性能，已得到了相当广泛的应用，其应用领域和应用举例如下：

（1）机械工程。陶瓷刀具、量具、机械密封件、陶瓷轴承、弹簧、拉丝模、冲挤压模。

（2）冶金工业。连铸水口、坩埚、破碎机抗压支撑、耐火材料、导辊。

（3）化学工业。各类喷嘴、陶瓷阀及衬套、坩埚、陶瓷纸。

（4）纺织工业。导丝件、耐磨件。

（5）国防、航天。火箭隔热层、防弹装甲板。

（6）内燃机。气缸套、活塞顶、气门座、凸轮随动件。

（7）生物工程。人工关节、人工牙齿、固定化酶载体。

（8）电子及功能材料。固体电解质、电阻器、发热体、氧敏感元件、高温耐腐蚀温度计。

（9）体育。高尔夫击棒、跑鞋钉、鱼钩。

（10）日常生活。剪刀、刀片、镊子、螺丝刀、开瓶器、圆珠笔头、表壳、磁带剪。

5.3 晶须增韧陶瓷

早在 1967 年，Deboskey 和 Hahn 等人发现用蓝宝石晶须加入 Al_2O_3 陶瓷中，可以提高 Al_2O_3 陶瓷的强度，并改变其破坏方式。自 20 世纪 70 年代以来，由于高性能无机晶须的问世，特别是 SiC 晶须批量化生产技术的出现，使晶须增韧陶瓷基复合材料得到迅速发展。关于晶须增韧陶瓷材料的最早报道可能是 1982 年 Tamari 等人在研究 SiC_w/Si_3N_4 复合材料时，发现晶须在陶瓷材料中的增韧作用，提高了陶瓷材料的断裂能和显微硬度。此后，Becher 在 1984 年报道了 SiC 晶须在 Al_2O_3 基复合材料中的增韧作用，在 1988 年提出：当加入的体积分数相同时，晶须的增韧效果和纤维相近，这样更显示了晶须作为增强体的优越性。

由于晶须尺度很小，可以作为粉体对待，便于成型。设计的自由度大，在经济上更具有吸引力，因而受到广泛的重视。近年来人们对晶须增韧陶瓷基复合材料的研究多以 SiC 晶须为增强体，在玻璃、Al_2O_3、莫来石、ZrO_2 和 Si_3N_4 等陶瓷基复合材料中取得较大成功。

5.3.1　晶须增韧陶瓷的增韧机制

大量实验观察表明晶须增韧陶瓷的增韧机制包括：晶须桥联、晶须拔出和裂纹偏转[1]。而要想实现上述三种增韧机制要求裂纹扩展到达基体与晶须界面时必须产生裂纹的脱黏，从而引起主裂纹发生偏转，并形成桥联带。在基体和晶须界面是否裂纹脱黏则取决于界面断裂能和晶须断裂能的相对大小，对于晶须增韧陶瓷材料体系，由于晶须为单晶体，强度高，通常界面断裂能低于晶须断裂能。

5.3.1.1　晶须桥联

晶须桥联增韧是指在基体出现裂纹后，晶须承受外界载荷并在基体裂纹的相对的两边之间架桥。桥联晶须对基体产生一个使基体闭合的力，消耗外加载荷做功而使材料韧性增加，见图 5-22[7]。

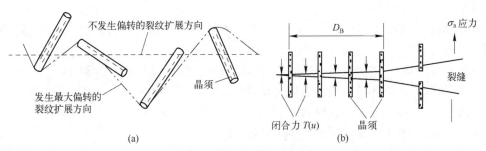

图 5-22　晶须的增韧机制

（a）裂纹偏转；（b）晶须桥联

由于桥联区的形成使裂纹尖端的应力强度因子发生改变。裂纹尖端应力强度因子或复合材料韧性的提高依赖于作用在裂纹面上的闭合力和桥联区长度的平方根，作用在裂纹面上的闭合力是晶须体积分数 V_w 和晶须断裂强度 σ_{wf} 的函数：

$$T(u) = \sigma_{wf} V_w \tag{5-36}$$

桥联区长度 D_B 为：

$$D_B = \frac{\pi r \gamma_m E_c}{24(1 - \nu^2)\gamma_i E_m} \tag{5-37}$$

式中，r 为晶须的半径；E_c 和 E_m 分别为复合材料和基体的弹性模量；γ_m 和 γ_i 分别为基体和界面的断裂能。晶须桥联对增韧的贡献 ΔK_B 为：

$$\Delta K_B = \sigma_{wf} \sqrt{\frac{V_w r E_c \gamma_m}{6(1 - \nu^2) E_W \gamma_i}} \tag{5-38}$$

上式适用于晶须垂直于裂纹面排列的情况。由上式可知，增大晶须直径、提高晶须的断裂强度、提高基体对晶须的弹性模量比以及提高基体对界面的断裂能之比均可改善增韧效果。

5.3.1.2 晶须拔出

当基体与晶须之间的界面剪切强度较低，使用较长（大于 $100\mu m$）的晶须增韧陶瓷时，晶须拔出对韧化的贡献变得更为显著。当传递到基体裂纹尖端后方晶须上的拉伸应力小于晶须的断裂强度，同时作用于晶须上的剪切应力大于基体与晶须之间的界面结合强度时产生晶须的拔出。

拔出时作用于晶须上的最大拉伸应力为：

$$\frac{\mathrm{d}\sigma}{\mathrm{d}l} = \frac{2\tau_i}{r} \tag{5-39}$$

$$\sigma_t = \frac{2\tau_i l_c}{r} = \sigma_{wf} \tag{5-40}$$

$$l_c = \frac{\sigma_{wf}r}{2\tau_i} \tag{5-41}$$

$$\tau_i = \mu\sigma_n \tag{5-42}$$

式中，l_c 为晶须临界拔出长度；τ_i 为界面滑移阻力；μ 为滑移面上的摩擦系数；σ_n 为作用于界面上的正应力。当界面剪切强度较低，对应于所有垂直于裂纹面的晶须拔出对韧化的贡献为：

$$\Delta K_{po} = \sigma_{wf}\sqrt{\frac{\pi r V_w E_c}{2\tau_i}} \tag{5-43}$$

其中界面剪切强度起着非常重要的作用，由式（5-43）可知，当 τ_i 较大时，晶须拔出对韧化的贡献较小。

5.3.2 影响韧化行为的因素

影响韧化行为的因素主要有以下几个：

（1）晶须的直径。在晶须含量一定的条件下，对于一定的外加应力和晶须长度，作用在晶须上界面剪切应力与拉伸应力的比随晶须直径的增大而线性增大，这样在确保晶须不发生断裂的前提下，由剪切应力导致的脱黏被强化，晶须桥联和拔出强化，从而韧性提高。至于可取多大的晶须直径，这取决于制备过程实现的难易程度和随晶须直径提高残余应力的大小。

（2）晶须的强度。通过对晶须韧化效果分析得知晶须强度对于晶须韧化非常重要。由前面的分析可知提高晶须的强度可以提高晶须桥联和拔出对韧化的贡献，两者均正比于晶须的强度。研究表明：使用包含缺陷的晶须或强度低的晶须，韧化效果降低。

（3）晶须的表面化学特性。晶须的表面化学特性影响基体与晶须之间的结合特性和界面性能。例如对于 SiC_w/Al_2O_3 体系，当 SiC 晶须表面氧含量高时，晶须与基体之间界面结合强度增大，不利于界面脱黏，晶须易于断裂，而桥联和拔出韧化效果变差。界面性能取决于晶须的表面特性、体系组成、制备工艺以及基体与晶须之间的相互作用。

（4）体系组成。体系组成影响界面性能以及界面的残余应力，而界面的残余应力与界面滑移阻力密切相关。

（5）基体的弹性模量。从晶须桥联和拔出的角度来讲，提高复合材料的弹性模量可以提高韧化效果，如图 5-23 所示[2]，对于由 SiC 晶须增韧的氧化铝、莫来石和玻璃，随基体弹性模量的增大，韧化效果更好。

（6）晶须表面涂层。为了得到好的韧化效果，应尽可能突出晶须拔出对韧化的贡献。这要求使用高强大直径长晶须，同时要求复合材料具有较低的界面结合强度。可以看到随着界面结合强度的降低，由晶须桥联韧化为主向晶须拔出韧化为主过渡。可以通过晶须预先涂覆的影响控制界面结合强度。

（7）晶须的分散性。如何使晶须均匀分散在基体中，是复合材料制造工艺的最重要课题。晶须分散不均匀所产生的后果，一种可能是晶须团聚，将严重地影响整体的烧结过程，形成气孔和大缺陷的聚集区；另一种可能是大片区域不含晶须，起不到晶须增韧作用。

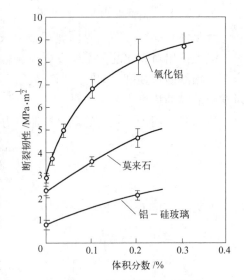

图 5-23　基体弹性模量对晶须韧化陶瓷断裂韧性的影响

5.3.3　晶须增韧陶瓷基复合材料的制备技术

晶须增韧陶瓷基复合材料可以沿用块体陶瓷材料的制备技术，由于晶须多以团聚体的形式获得，为了获得好的增韧效果，要求晶须在基体中很好地分散，为此晶须的分散在晶须增韧陶瓷基复合材料制备过程中非常重要。晶须增韧陶瓷基复合材料制备过程主要分为晶须在陶瓷基体中的分散、成型和烧成三个主要过程。

5.3.3.1　晶须的分散

晶须的分散主要有以下几个步骤：

（1）酸洗处理。为了获得优异力学性能和增韧效果，晶须的均匀分散非常重要。晶须分散技术主要包括超声波分散、球磨分散和高速搅拌剪切分散。在晶须分散过程中采用一定的分散剂可以提高分散效果。

SiC 晶须表面残留的 SiO_2 和催化剂等杂质可以通过酸洗处理来消除，同时可以把黏结在一起的晶须团聚体打开，从而起到分散效果。常用的酸洗工艺是：将 SiC 晶须浸泡在 $1mol/L\ HF+1mol/L\ HNO_3$ 的混合液中 $8\sim24h$，再辅以超声分散，然后用去离子水冲洗至中性即可。以往的研究结果表明，采用酸洗确实可以消除晶须表面的杂质和团聚体，提高晶须的分散性。然而，有些晶须的表面会由于酸洗而受到损伤，有可能导致晶须强度的下降，因而需要控制晶须酸洗程度，以达到分散的效果，同时要避免过度损伤晶须。

（2）晶须过筛与分选。晶须的加入，一方面起到增韧补强作用，另一方面也等于将与晶须同等大小的缺陷引入材料当中。晶须的长度分布越窄，大缺陷形成的可能性越小，这不但利于材料韧性和强度的提高，而且 Weibull 模数也会提高。因此，对晶须进行适当的分选是必要的。晶须的过筛有两种效果：一是将紧密黏结在一起而又不易分离的晶须团聚体除去；二是将晶须的尺寸控制在一定范围之内。上野等人研究了晶须过筛和分选对晶须增韧陶瓷基复合材料力学性能的影响，结果表明，筛孔大小在 $50\sim250\mu m$ 之间时，尺寸越小，复合材料的断裂强度越大，当筛孔尺寸为 $50\mu m$ 时，Weibull 模数约为 28，而当筛孔尺寸为 $250\mu m$ 时，Weibull 模数只有 8。研究表明，对于 SiC_w/Si_3N_4 复合材料体系，使用未过筛的晶须时，复合材料的室温强度和 1300℃ 高温强度分别为 560MPa 和 483MPa；而使用过筛的晶须时，复合材料的室温强度和 1300℃ 高温强度分别提高到 633MPa 和 526MPa。由此可见，晶须经过筛分选，消除了较大的团聚体，有效改善了复合材料的力学性能。

5.3.3.2 晶须增韧陶瓷基复合材料的成型

晶须增韧陶瓷基复合材料的成型方法包括：半干法成型、注浆成型、流延成型、注射成型、挤出成型和轧膜成型等。

不同的成型方法对与晶须和基体分散体系的要求差别很大，包括分散剂含量、结合剂类型。成型方法不同会影响晶须在坯体中的分布状态，例如挤出成型和轧膜成型使晶须具有较好的取向性，从而对复合材料的力学性能和性能均匀性均有影响；而流延成型、注射成型以及半干法成型晶须均具有一定的取向性。为此，可以根据对晶须增韧陶瓷基复合材料性能的要求选择合适的成型方法。

5.3.3.3 烧结致密化工艺

晶须增韧陶瓷基复合材料的烧结致密化工艺分为两类：无压烧结和压力辅助烧结。无压烧结是一种最经济的烧结方法，可以同时制备多个形状复杂的部件，但晶须含量和复合材料致密化程度较低。压力辅助烧结又分为热压烧结、热等静压烧结和等离子体放电烧结。压力辅助烧结可以获得更为致密的复合材料，同时晶须体积分数较高。

烧结过程中，由于晶须相互搭接而形成架桥，架桥效应影响复合材料的致密化，特别对于无压烧结过程，晶须通过架桥形成半刚性骨架，阻碍颗粒重排，影响致密化进程。可以通过减小晶须长径比、添加液相烧结促进剂等提高复合材料致密化程度。一般对于无压烧结复合材料晶须含量一般低于 20%，对于晶须定向排布的复合材料晶须含量可以较高。

热压烧结通过同时的高温和压力作用克服晶须的架桥效应，对于这种烧结方法晶须含量可以达到 60%，复合材料致密化程度可以达到理论密度 95% 以上。等离子体放电烧结是一种较新的烧结方法，与热压烧结类似烧结过程也在一定压力作用下进行，所不同的是借助于等离子体放电烧结复合材料可以在较低的温度下达到同样的烧结致密化程度。除此之外还可以借助微波烧结。

除了上面介绍的制备方法和过程之外，近年来出现了借助于溶胶凝胶法和化学气相沉积法制备晶须增韧陶瓷基复合材料。

5.3.4 晶须增韧陶瓷基复合材料的性能与应用

晶须韧化陶瓷可以沿用传统块体陶瓷的制备工艺，如干压法、泥浆浇注、挤出成型以及注射成型等。但存在不易混合均匀、晶须体积分数高时难于烧结致密等问题。晶须韧化陶瓷基复合材料的性能见表 5-5[7~10]。

表 5-5 晶须增韧陶瓷与基体材料常温性能对比

材料体系	弯曲强度/MPa	断裂韧性/MPa·m$^{1/2}$
Al_2O_3	300~400	2.5~4
20%SiC_w-Al_2O_3	650~800	7.5~9.0
Si_3N_4	500~800	4~5.5
30%SiC_w-Si_3N_4	700~950	6.5~7.5
莫来石	200	2.2
20%SiC_w-莫来石	420	4.7
glass	77	1.0
20%SiC_w-玻璃	125~190	3.8~5.5
spinel	320	—
30% SiC_w-尖晶石	415	—
cordierite	180	2.2
20%SiC_w-堇青石	260	3.7

5.3.4.1 SiC_w/Al_2O_3 陶瓷的结构与性能

晶须增韧陶瓷基复合材料可以沿用普通陶瓷的制备工艺，对于 SiC_w/Al_2O_3 陶瓷常采用热压烧结法制备。所用 SiC 晶须直径为 0.3~1μm，长径比为 50~100。以酒精为分散介质，氧化铝为磨球，将 SiC 晶须球磨数小时，得到分散的、无团聚的 SiC 晶须悬浮液；在晶须悬浮液中按组成比例加入 Al_2O_3 粉，球磨数小时后烘干、过筛，即可得到均匀分散的混合粉料。热压温度为 1600~1800℃、压力为 20MPa、时间为 1~1.5h，Ar 或 N_2 保护气氛热压，得到 SiC_w/Al_2O_3 复合材料。

图 5-24 给出 SiC_w/Al_2O_3 复合材料显微结构[10]。图 5-24（a）给出了 SiC_w/Al_2O_3 复合材料光学显微结构照片，可见白色 SiC 晶须在 Al_2O_3 基体中分布较为均匀，同时可见增强体中包含少量 SiC 颗粒。图 5-24（b）给出 SiC_w/Al_2O_3 复合材料断口形貌，可见断口粗糙，有 SiC 晶须拔出。图 5-24（c）则给出了 SiC_w/Al_2O_3 复合材料 TEM 照片，可见 Al_2O_3 基体中的裂纹扩展至基体和晶须界面时发生裂纹偏转，说明界面断裂能要低于晶须断裂能，可以产生界面脱黏，利于裂纹偏转、晶须桥联和拔出，从而取得较好的增韧效果。

在 Al_2O_3 中引入 SiC 晶须使 Al_2O_3 陶瓷强度、断裂韧性、热导率、抗热震性能、高温抗蠕变等性能得到提高。图 5-25 给出了 SiC 晶须含量对 SiC_w/Al_2O_3 复合材料常温力学性能的影响[10]。由图 5-25（a）可以看出随着 SiC 晶须含量的提高复合材料的弯曲强度提高，当晶须含量（质量分数）达到 30%强度达到最大值，SiC 晶须含量（质量分数）为 40%强度有所降低，这主要是由于随晶须含量增大，晶须易形成架桥效应，不利于复合材料的致密化，使材料内部含有较高的气孔率。图 5-25（b）给出了 SiC 晶须含量对复合材料断裂韧性的影响，可见随晶须含量增大复合材料断裂韧性提高。由于 SiC 晶须的引入使 Al_2O_3 陶瓷断裂韧性由约 3.0MPa·m$^{1/2}$ 提高到 8.7MPa·m$^{1/2}$，取得很好的增韧效果。图 5-26 给出了 SiC 晶须含量对 SiC_w/Al_2O_3 复合材料硬度的影响[10]，可见随着引入量的增大，硬度提高。硬度的提高赋予 SiC_w/Al_2O_3 复合材料很好的磨削特性。

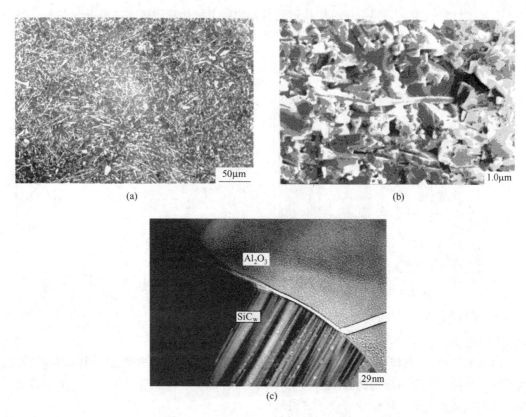

图 5-24 SiC_w/Al_2O_3 复合材料显微结构

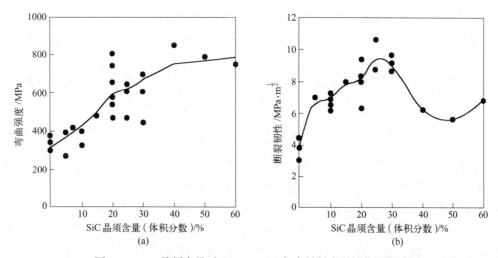

图 5-25 SiC 晶须含量对 SiC_w/Al_2O_3 复合材料力学性能的影响

（a）弯曲强度；（b）断裂韧性

图 5-27 给出了 20%（质量分数）SiC 晶须 SiC_w/Al_2O_3 复合材料强度随测试温度的变化，随图给出了 Al_2O_3 陶瓷强度随温度的变化[10]。与 Al_2O_3 陶瓷相比，SiC_w/Al_2O_3 复合材料不仅具有较高的常温强度，随着测试温度提高复合材料强度均高于单相 Al_2O_3 陶瓷的强

度。高温强度的改善主要是由于 SiC 晶须的引入抑制了氧化物陶瓷在高温下的黏塑性滑移和流动，并且晶须的增强效果不会由于温度的升高而失效。

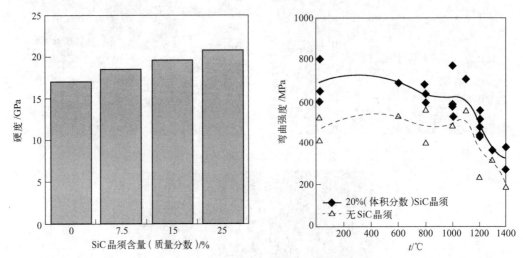

图 5-26　晶须含量对 SiC$_w$/Al$_2$O$_3$ 复合材料硬度的影响　图 5-27　SiC$_w$/Al$_2$O$_3$ 复合材料强度随温度的变化

高温蠕变性是指材料在高温下受应力作用随时间变化而发生的等温变形。因施加外力的不同，高温蠕变性可分为高温压缩蠕变、高温拉伸蠕变、高温弯曲蠕变和高温扭转蠕变等。单相晶体材料的高温蠕变可用下式表示：

$$\varepsilon = A \frac{DGb}{kT}\left(\frac{b}{d}\right)^p \left(\frac{\sigma}{G}\right)^n \tag{5-44}$$

式中，ε 为稳态蠕变速率；A 为无量纲常数；D 为扩散系数；G 为剪切模量；b 为伯格斯矢量；k 为玻耳兹曼常数；T 为绝对温度；d 为晶粒尺寸；σ 施加应力，p 和 n 分别为反比晶粒尺寸因子和应力因子。

在复合材料中增强相可以看作刚性粒子，刚性粒子位于基质相晶界抑制其晶界滑移，此时复合材料的高温蠕变变形可用下式表示：

$$\varepsilon = C \frac{\sigma^n}{d^p r^q V}\exp\left(-\frac{Q}{RT}\right) \tag{5-45}$$

式中，V 为增强相体积分数；r 为增强相粒径；q 和 n 为现象学指数；C 为常数。晶须增韧陶瓷基复合材料高温蠕变行为取决于晶须的物理化学性能、加入量、形貌、分布、复合材料的显微结构、施加应力、温度以及气氛。

针对晶须增韧陶瓷基复合材料的研究主要集中在对其应变速率、显微结构变化和蠕变性机制。而针对蠕变速率的研究集中在揭示施加应力、温度、晶须含量、气氛等与应变速率的关系以及应力因子 n 的确定。

研究表明 SiC$_w$/Al$_2$O$_3$ 复合材料的抗蠕变性能同样优于单相 Al$_2$O$_3$ 陶瓷材料，其蠕变速率比未增强 Al$_2$O$_3$ 陶瓷低 1~2 个数量级。晶须增韧陶瓷基复合材料抗蠕变性能的提高得益于晶须位于基质相晶界，抑制晶界滑移蠕变变形。

研究结果表明 SiC$_w$/Al$_2$O$_3$ 复合材料应力指数 n 因测试方法、应力大小、温度范围、

SiC 晶须含量等因素影响在 1~8 之间变化。图 5-28 给出了 SiC 晶须含量、应力对应力指数和应变速率的影响[10]。随着施加应力的变化应力指数由低应力时 1~2 变化为高应力时的5~7。这种随着施加应力的变化应力指数的变化归因于蠕变机理的变化。低应力下蠕变机制为晶界滑移，高应力下在晶界或界面上会产生裂隙或裂纹，使蠕变速率提高。由晶界滑移转变为界面裂隙产生的转变应力取决于晶须含量、晶须的化学组成以及气氛条件。

测试温度和气氛对 SiC_w/Al_2O_3 复合材料高温蠕变行为的影响见图 5-29[10]。随着测试温度的提高应力指数增大，SiC 晶须含量为 33%SiC_w/Al_2O_3 复合材料 1200℃ 应力指数为1，而在 1300~1400℃ 应力指数则为 3。测试温度对应力指数的影响基于如下两个方面：（1）随温度升高在界面上更易产生裂隙或裂纹；（2）随测试温度升高由于 SiC 晶须氧化产生的玻璃相升高。虽然在空气和氩气保护下测试 SiC_w/Al_2O_3 复合材料蠕变应力指数几乎相同，但是在空气条件下蠕变速率高于惰性气氛下蠕变速率。

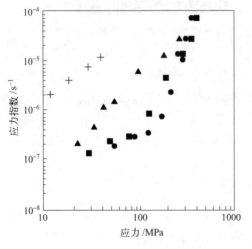
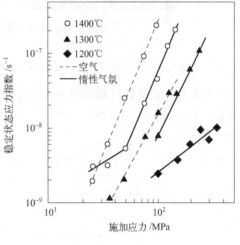

图 5-28　应力对 SiC_w/Al_2O_3 复合材料蠕变应力指数的影响

$+$—SiC_w，0%，10~40MPa，$n=1.3$；

▲—SiC_w，5%，20~240MPa，$n=1.8$；

■—SiC_w，15%，30~80MPa，$n=0.8$；125~410MP，$n=3.4$；

●—SiC_w，30%，30~165MPa，$n=0.9$；170~370MPa，$n=5.9$

图 5-29　温度对 SiC_w/Al_2O_3 复合材料蠕变应力指数的影响

SiC 晶须含量对 SiC_w/Al_2O_3 复合材料高温蠕变行为有很大影响。当 SiC 晶须含量（体积分数）低于 20% 时，复合材料抗蠕变性能随晶须含量提高而提高，应力指数降低。当SiC 晶须含量（体积分数）高于 30% 时随晶须含量的提高蠕变速率和应力指数提高。这是由于随晶须含量升高高温应力作用下形成裂隙或裂纹的成核点增多，同时高温下由于 SiC晶须的氧化有更多的玻璃相生成。

作为陶瓷材料的共同缺点之一，裂纹的存在与扩展必定会导致材料强度的下降，而陶瓷材料对在制造和使用过程中引发的表面裂纹十分敏感，如烧结冷却、机加工、热冲击等常表现为强度的大幅度衰减，材料的可靠性降低，极大地限制了材料的使用范围。如果能够实现裂纹的自愈合，不仅可以部分甚至全部恢复由裂纹所引起的衰减的强度，而且可以大大提高陶瓷构件的可靠性，降低机加工及抛光成本，从而延长结构陶瓷构件的使用寿命。研究表明 SiC_w/Al_2O_3 复合材料的表面压痕裂纹在空气气氛中产生明显的裂纹自愈合现象，抗弯强度也有不同程度的提高。空气气氛中裂纹愈合的主要机理为其表面的氧化反应机理，反应生成物对裂纹及压痕处的填充是压痕裂纹愈合的主要原因，如图 5-30 所示[11]。

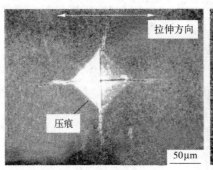
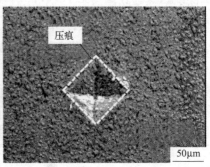

图 5-30　SiC_w/Al_2O_3 复合材料压痕裂纹与氧化自愈合现象

5.3.4.2　碳化硅晶须增强氮化硅（SiC_w/Si_3N_4）陶瓷

SiC_w/Si_3N_4 复合材料的制备工艺过程如图 5-31 所示[1]。原料配比见表 5-6[1]。对应编号复合材料性能见表 5-7[1]。

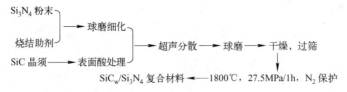

图 5-31　SiC_w/Si_3N_4 复合材料的制备工艺过程

表 5-6　SiC_w/Si_3N_4 复合材料的配比　　　　　　　（质量分数，%）

编号	Si_3N_4	Y_2O_3	Al_2O_3	La_2O_3	SiC_w
1	72	5	3	—	20
2	74.5	3	2.5	—	20
3	72	5	3	—	20 经酸处理
4	60	10	—	10	20
5	64	8	—	8	20
6	60	10	—	10	20 经酸处理

表 5-7　SiC_w/Si_3N_4 复合材料的性能

编号	体积密度/g·cm^{-3}	RT 弯曲强度/MPa	1350℃ 弯曲强度/MPa	断裂韧性/MPa·m$^{1/2}$
1	3.26	750.2	200	8.05
2	3.28	869.5	464.2	8.77
3	3.28	805.1	271.4	9.45

续表 5-7

编号	体积密度/g·cm^{-3}	RT 弯曲强度/MPa	1350℃弯曲强度/MPa	断裂韧性/MPa·m$^{1/2}$
4	3.43	598.1	488.5	5.52
5	3.48	720.5	612.1	6.60
6	3.54	804.3	662.6	10.47

烧结助剂可以改善 SiC_w/Si_3N_4 复合材料的烧结性能，但是烧结助剂在改善 SiC_w/Si_3N_4 烧结性能的同时，由于高温下形成玻璃相使得复合材料高温强度降低。由表 5-6 和表 5-7 可见，以 Y_2O_3-La_2O_3 为烧结助剂的 SiC_w/Si_3N_4 复合材料具有较高的高温强度。

SiC_w/Si_3N_4 复合材料的应用如下：

（1）利用 SiC_w/Si_3N_4 的耐高温、耐磨损性能，在陶瓷发动机中可用作燃气轮机的转定子；无水冷陶瓷发动机中的活塞顶和燃烧器；柴油机的火花塞、活塞罩、气缸套等的材料。

（2）利用 SiC_w/Si_3N_4 的抗热震稳定好、耐腐蚀、摩擦系数低、线膨胀系数小等特点，在冶金和热加工中被广泛用于测温热电偶套管、铸模、坩埚、烧舟、马弗炉炉膛、燃烧嘴、发热体夹具、炼铝炉炉衬、铝液导管、铝包内衬、铝电解槽衬里、热辐射管、传送辊、高温鼓风机零部件和阀门等。

（3）利用 SiC_w/Si_3N_4 的耐腐蚀、耐磨损、良导热等特点，在化工工业上用于球阀、密封环、过滤器和热交换部件等。

5.4 纤维增韧陶瓷基复合材料

5.4.1 纤维增韧陶瓷基复合材料力学行为与增韧机制

纤维增韧陶瓷基复合材料（Fiber-Rein-forced Ceramic Matrix Composite,简称为 FRCMC）由于增韧相纤维的断裂应变（1%～1.5%）远大于基体的断裂应变（0.1%～0.2%），这样在拉伸应力的作用下总是基体首先开裂。从另一个角度来讲，由于纤维和基体的弹性模量相差不大，而纤维的拉伸强度远大于基体的拉伸强度，这就决定了在受拉伸应力时基体首先开裂。纤维增韧陶瓷基复合材料的典型应力-应变曲线见图 5-32[12]。块体陶瓷（Monolithic Ceramics，简称为 MC）在很低的

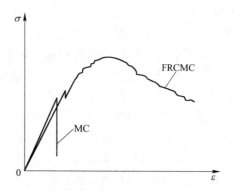

图 5-32 纤维增韧陶瓷基复合材料应力-应变曲线

应变下表现为突发性脆性断裂，断裂之前为线弹性。纤维增韧陶瓷基复合材料在到达基体开裂应力之前为线弹性变形，之后随施加应力的增大，表现为非弹性变形行为，基体表现为多裂纹开裂，同时伴随复合材料弹性模量的降低，直至最大断裂应力。在这个过程中发生纤维和基体的脱黏，纤维桥联正在扩展的裂纹，并对裂纹表面施加闭合应力，阻止裂纹的进一步扩展，在最大应力处有许多纤维发生断裂，以至于材料不能承受载荷的进一步增

大；纤维的断裂长度取决于纤维的缺陷分布以及纤维和基体之间的载荷传递水平。纤维引入的增韧作用在于由此而产生的纤维脱黏、纤维桥联和拔出等能量耗损机制，其中纤维脱黏是桥联和拔出的前提条件。Mototsugu 估计了各种能量耗损机制对 CFCCs 的增韧效果的贡献大小。用应力屏蔽系数（stress shielding coefficient，SSC）表示增韧效果[13]，见式（5-46）：

$$K_c = SSCK_c^m \tag{5-46}$$

式中，K_c 为复合材料的断裂韧性；K_c^m 为基体的断裂韧性。其计算结果表明：线弹性阶段 SSC = 2.0，纤维脱黏 SSC = 2.5，纤维拔出 SSC = 4.0，从而认为纤维拔出对增韧的贡献最大。

Curtin 着重研究组分性能对 CFCCs 性能的影响[14]：纤维引入的韧化程度取决于脱黏面上的滑移阻力 τ、纤维半径 r、纤维的体积分数和纤维的强度分布（Weibull Modulus m 和平均强度 σ_0），其中纤维强度分布非常重要，因为它决定了纤维束的断裂应力以及纤维相对于裂纹平面的断裂位置，决定拔出长度和最大断裂强度。很多人试图利用力学模型并借助于试验验证来解释纤维对复合材料的增韧机制，揭示组分性能与复合材料宏观性能的关系，Evans 和 Curtin 对此做出了突出的贡献。与描述复合材料的增韧效果和力学行为密切相关的几个特征量如下[15,16]：

（1）基体开裂应力 σ_m。ACK 理论很好地揭示了基体开裂应力与组分性能关系，见式（5-47）：

$$\sigma_m = \left[\frac{6\tau_s \Gamma_m f^2 E_f E^2}{(1-f)E_m^2 r} \right]^{1/3} - p \frac{E}{E_m} \tag{5-47}$$

式中，τ_s 为界面剪切强度；Γ_m 为基体断裂能；E_f、E_m、E 分别为纤维、基体和复合材料的弹性模量；f 为纤维体积分数；r 为纤维半径；p 为基体内残余热应力。基体开裂应力又称复合材料屈服应力或基体的比例极限，常常作为 FRCMC 部件设计时使用上限，因为 FRCMC 作为热结构材料使用时，一旦发生基体开裂，随之发生使用环境对界面相和纤维的侵蚀，常使复合材料产生脆化。由式（5-47）可见，对于给定材料体系，提高 σ_m 最根本的方法是提高基体的断裂能和减小基体内的残余热应力。

（2）最大断裂强度 σ_u。外加应力超过基体开裂应力时，随着外加应力的提高，基体不断开裂，并伴有纤维的脱黏和拔出，同时复合材料的弹性模量降低，当达到某一应力时，基体开裂达到饱和，之后载荷主要由纤维承担，载荷继续增大，则主要发生纤维的断裂，当载荷增大到一定程度，复合材料不能承受载荷的进一步增加而产生断裂，这一载荷即为最大载荷，对应最大断裂强度。最大断裂强度主要取决于纤维的强度分布及体积分数，可由（5-48）和式（5-49）表示：

$$\sigma_u = fS_c F(m) \tag{5-48}$$

$$F(m) = \left(\frac{2}{m+1} \right)^{1/(m+1)} \frac{m+1}{m+2} \tag{5-49}$$

式中，S_c 为对应测量长度的特征强度，由此可见纤维的强度分布在复合材料体系中的重要作用。

（3）纤维拔出应力 σ_p。经过最大载荷以后，CFCCs 并非不能承受任何外力，由于纤维和基体之间通过界面滑移阻力传递载荷，所以并非所有陶瓷基复合材料载荷均突然降低。载荷下降的快慢取决于界面滑移阻力和纤维的拔出长度。纤维拔出应力可用下式表示：

$$\sigma_\mathrm{p} = 2\tau_\mathrm{s} f \frac{H}{r} \tag{5-50}$$

$$H = r\lambda(m)\frac{S_\mathrm{c}}{\tau_\mathrm{s}} \tag{5-51}$$

式中，H 为纤维拔出长度，取决于纤维强度分布和界面滑移阻力和纤维半径。

$$\sigma_\mathrm{p} \equiv 2fS_\mathrm{c}\lambda(m) \tag{5-52}$$

式中，$\lambda(m)$ 取决于复合材料的应力分布情况，应力分布则取决于各组分的弹性性能和界面滑移阻力；σ_p决定复合材料应力-应变曲线中载荷下降的快慢程度。

（4）断裂韧性增量 ΔK_IC。纤维引入使材料断裂韧性的增加主要来源于四个方面：裂纹脱黏产生新的裂纹表面耗能，纤维拔出摩擦耗能，残预应力对于断裂韧性的影响和纤维桥联耗能。表达式如下[16]：

$$\Delta K_\mathrm{IC} = 2df\left[\frac{S_\mathrm{c}^2}{E} - E\varepsilon^2 + \frac{4\Gamma_\mathrm{i}}{r(1-f)}\right] + 2f\tau_\mathrm{s}\frac{H^2}{r} \tag{5-53}$$

式中，d 为纤维直径；ε 为由于残预应力造成的应变；Γ_i 为界面断裂能。式（5-53）第一项为纤维桥联对断裂韧性的贡献，第二项为残预应力对断裂韧性的影响，第三项为裂纹脱黏对断裂韧性的贡献，第四项为纤维拔出对断裂韧性的贡献。

纤维的引入不仅仅提高了陶瓷材料的韧性，更重要的是使陶瓷材料的断裂行为发生根本性变化，由原来的脆性断裂到非脆性断裂，见图 5-32[15]。纤维增韧陶瓷基复合材料的增韧机制包括：纤维脱黏、纤维桥联和纤维的拔出，见图 5-33[16]。其中纤维脱黏是纤维桥联和纤维拔出的前提条件，要使得纤维脱黏能够发生，要求纤维与基体的界面结合强度适中，当基体主裂纹扩展到界面时，首先发生界面脱黏，使主裂纹发生偏转，避免主裂纹直接通过纤维产生过早的断裂。纤维拔出是纤维复合材料的主要增韧机制，通过纤维拔出过程的摩擦耗能，使复合材料的断裂功增大，纤维拔出过程的耗能取决于纤维拔出长度和脱黏面的滑移阻力，滑移阻力过大，纤维拔出长度较短，增韧效果不好，如果滑移阻力过小，尽管纤维拔出较长，但摩擦做功较小，增韧效果也不好，同时强度较低。纤维拔出长

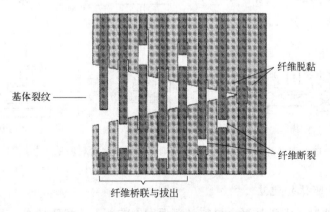

图 5-33 纤维增韧陶瓷基复合材料的增韧机制

度取决于纤维强度分布、界面滑移阻力。为此在构组纤维增韧陶瓷基复合材料体系时，应该考虑如下几个方面：

（1）好的增强体——纤维，复合材料的最大断裂强度是由纤维的强度决定的。要求具有较高的强度、弹性模量和较大的断裂应变，同时要求纤维强度具有一定的 Weibull 分布。

（2）纤维与基体之间具有良好的化学相容性和物理性能匹配。

（3）具有适中的界面性能，界面结合强度适中，满足界面脱黏的要求；滑移阻力适中，既能较好地传递载荷，又能有较长的纤维拔出，达到较好的增韧效果。

对于完全由脆性材料组成的陶瓷基复合材料之所以能表现出非脆性断裂行为，界面起到非常重要的作用，所以界面性能控制尤为重要。

5.4.2　纤维增韧陶瓷基复合材料制备技术

纤维增韧陶瓷基复合材料的性能取决于各组分的性能、比例以及材料的显微结构。复合材料的显微结构在很大程度上取决于复合材料的制备工艺。纤维增韧陶瓷基复合材料的基本制备方法主要有：热压烧结法、先驱体转化法、反应熔融浸渗法、化学气相沉积法、溶胶-凝胶法和电泳沉积法。

5.4.2.1　热压烧结法

将纤维用陶瓷料浆浸渗处理之后，缠绕在轮毂上，经烘干制成无纬布，然后将无纬布切割成一定尺寸，层叠在一起，最后经热压烧结得到复合材料。工艺过程如图 5-34 所示[10]。热压烧结的目的是使陶瓷粉末在高温压力作用下发生重排，通过烧结或玻璃相黏滞流动充填于纤维之间的孔隙中，达到致密化。该方法已成功用于制备以玻璃或玻璃陶瓷为基体的复合材料。但对于以难熔化合物为基体的复合材料体系，因为缺乏流动性难以奏效，同时高温高压的作用会使纤维受到严重损伤。另外，对于形状复杂、三维编制的预制体，该法难于实现。

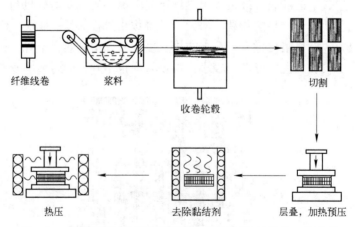

纤维线卷　　　浆料　　　　　　　　　　　　　　切割

收卷轮毂

热压　　　　　　　去除黏结剂　　　　层叠，加热预压

图 5-34　热压烧结法制备纤维增韧陶瓷基复合材料的工艺过程

5.4.2.2　先驱体转化法

先驱体转化法制备陶瓷基复合材料是新近发展的新工艺和新技术。基本原理是：合成有机先驱体聚合物，接着将纤维预制体浸渗，然后在一定温度下热解转化为无机陶瓷。

先驱体转化法制备陶瓷基复合材料的特点：

（1）有机先驱体聚合物具有可设计性，能够对先驱体聚合物的组成、结构进行优化和设计，从而实现对陶瓷基复合材料的可设计性。

（2）可对复合材料的增强体和基体实现理想的复合。在有机先驱体聚合物转化成陶瓷的过程中，其结构经历了从有机线形结构到三维有机网络结构，从三维有机网络结构到三维无机网络结构，进而到陶瓷纳米微晶结构的转变，因而通过改变工艺条件对不同的转化阶段实施检验与控制，有可能获得陶瓷基体与增强体之间的理想复合。

（3）良好的工艺性。有机先驱体聚合物具有树脂材料的一般共性，如可溶、可熔、可交联、固化等。利用这些特性，可以在陶瓷基复合材料制备的初始工序中借鉴与引用某些塑料和树脂基复合材料的成型技术，再通过烧结制成陶瓷基复合材料的各种构件。便于制备增强体单向、二维或三维配置与分布的纤维增韧复合材料。浸渗有机先驱体聚合物的增强体预制件，在未烧结之前具有可加工性，通过车、削、磨、钻孔等机械加工技术能够方便地修整其形状和尺寸。

（4）烧结温度低。有机先驱体聚合物转化为陶瓷的烧结温度远低于相同成分的陶瓷粉末烧结温度。

制备工艺：聚合物先驱体浸渗裂解（Polymer Impregnate Pyrolysis，简称为 PIP）工艺是 C/SiC 复合材料制备工艺的拓展，工艺过程如图 5-35 所示[7]。

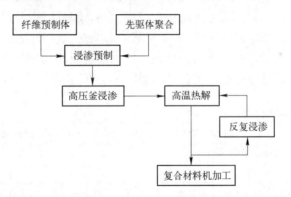

图 5-35 PIP 法制备纤维增韧陶瓷基复合材料工艺过程

对陶瓷先驱体的基本要求：

（1）可操作性。在常温下应为液态，或在常温下虽为固态，但可溶、可熔，在将其作为先驱体使用的工艺过程中具有适当的流动性。

（2）室温下性质稳定。长期放置不发生交联变形，最好能在潮湿和氧化环境下保存。

（3）陶瓷转化率高。陶瓷转化率是指参加裂解的有机聚合物中获得陶瓷的比率，以大于 80% 为好，应不低于 50%。

（4）单体容易获得且价格低廉，聚合物的合成工艺简单，产率高。

（5）裂解产物和副产物均无毒，也不致有其他危险性。

制备二维或三维编制物增强陶瓷基复合材料时，用预制体作为骨架，抽真空以排除预制体坯件中的空气，在溶液或熔融的先驱体有机聚合物中浸渗并固化交联后，置于惰性气体保护下高温裂解。重复进行浸渗-裂解过程使材料致密化，最后在较高温度下烧成。为了提高浸渗效率和减少气孔率，浸渗也可以借用聚合物基复合材料的树脂传递模塑的技术和设备，高聚物先驱体的交联固化，还可以利用微波辐射热源。浸渗-裂解法存在的主要问题如下：

（1）先驱体聚合物裂解过程中有大量的小分子逸出，导致空隙率很高，因而难以制备致密的陶瓷基复合材料。

（2）有机先驱体聚合物在经高温裂解转化为无机陶瓷的过程中，密度变化很大（从聚合物的 0.95g/cm³ 变化为陶瓷的 3.2g/cm³），因而制件在制备过程中体积变化很大（收缩 50%~60%），收缩产生的微裂纹与内应力均造成制品性能降低。

（3）经过反复浸渗-裂解虽然可以在一定程度上弥补上述缺陷，但因工艺周期长（当要求制品密度达到时，一般需经过 6~8 个浸渗-裂解循环），因而生产效率低，工艺成本高。

（4）高聚物先驱体本身的合成过程复杂，价格较贵，因而造成复合材料的价格昂贵，不利于其推广应用。

5.4.2.3　反应熔融浸渗法

反应熔融浸渗法（Reactive Melt Infiltration，简称为 RMI）起源于多孔体的封填和金属基复合材料的制造。当熔体能够润湿纤维预制体时借助于表面张力熔体向毛细管渗透，同时与预制体或其他组分发生反应生成基体。例如制备 C/SiC 时，首先对碳纤维预制体浸渗沥青，之后进行热处理得到 C/C 复合材料，然后对 C/C 多孔体进行渗硅，使熔融硅与 C 组分发生反应生成 SiC 基体。由于熔融 Si 与基体 C 发生反应的过程中，不可避免地会与碳纤维反应，导致纤维的侵蚀和性能的降低；同时复合材料还会含有一定量的残留 Si。反应熔融浸渗法制备 SiC 基复合材料工艺过程如图 5-36 所示[10]。

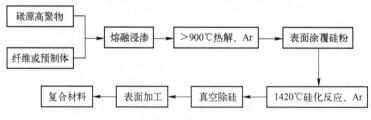

图 5-36　反应熔融浸渗法制备 SiC 基复合材料工艺过程

5.4.2.4　化学气相浸渗法

A　CVI 基本理论

化学气相浸渗技术（Chemical Vapor Infiltration，简称为 CVI）始于 20 世纪 60 年代，是在化学气相沉积的基础发展起来的一种制备复合材料的新技术。制备过程中流经多孔体的反应物气体在一定条件下发生化学反应并在多孔体的孔壁上产生固相沉积，同时排出气体副产物，随着过程的进行多孔体不断致密化。总的来讲，CVI 过程是由传质过程和化学反应过程组成的。传质过程包括：反应物由主气流到达固体表面，再由固体表面到达孔洞的壁面，副产物由壁面进入主气流。化学反应是一个很复杂的过程，由反应物气体转化为期望的固体产物经历一个复杂的反应过程。其中可能涉及在气相进行的均相反应和在固体壁面上进行的非均相反应，可能产生很多中间产物，最后才能得到所期望的沉积物。随着沉积条件的改变，CVI 各个过程的相对速度发生改变，由于起决定作用的过程不同，CVI 过程产物的结构及沉积速度也会发生改变，从而决定了 CVI 复合材料的结构改变。

CVI 过程是复合材料致密化的过程。在通常沉积条件下，预制体的外部特征尺寸远大于反应物气体的平均自由程，而内部孔洞的特征尺寸接近或小于反应物气体的平均自由程，这样就决定了多孔预制体外部和内部所依赖的物质传输机制不同。外部为 Fick 扩散传质，而内部为分子流扩散传质。这样在预制体的不同位置传质速度与化学反应速度的相对快慢发生变化[18]。可能外部处于化学反应动力学控制范围，而内部处于传质控制范围，使预制体外部沉积多而内部沉积少。常造成向内部孔洞的传质通道堵塞，出现"瓶颈效应"，使复合材料存在严重密度梯度。

CVI 过程的沉积条件不仅决定了沉积过程热力学，同时影响过程动力学，沉积条件变化导致物质传输速度与化学反应速度相对值发生变化，甚至导致 CVI 过程处于不同的动力学控制范围，影响沉积物分布。沉积热力学条件对 CVI 过程的影响可用 Thield 数进行讨论[19]。对于沉积反应为一级反应的直通圆柱孔有：

$$\theta^2 = \frac{k_s L^2}{Dr} \tag{5-54}$$

式中，k_s 为化学反应动力学常数；D 为气体扩散系数；L 为孔洞长度；r 为孔洞半径。k_s 和 D 分别表示为：

$$k_s = k_0 \exp\left(-\frac{E}{RT}\right) \tag{5-55}$$

式中，k_0 为频率因子；E 为反应活化能；R 为理想气体常数；T 为绝对温度。

$$\frac{1}{D} = \frac{1}{D_F} + \frac{1}{D_K} \tag{5-56}$$

式中，D_F 为 Fick 扩散系数；D_K 为 Knudsen 扩散系数。Fick 扩散系数又可表示为：

$$D_F = D_0 \frac{T^m}{p} \tag{5-57}$$

式中，D_0 为常数；p 为系统总压；$1.5 < m < 2.0$；对于直径较大的气孔，Knudsen 扩散可以忽略不计，Thield 数可表示为：

$$\theta^2 = \frac{k_s L^2 p}{r D_0 T^m} \exp\left(-\frac{E}{RT}\right) \tag{5-58}$$

Thield 数的大小反映化学反应与物质传输速度的比值，决定了复合材料内部的密度分布[18]。由上式可见，在低温低压下 Thield 数较小，此时化学反应速度较低，CVI 过程处于化学反应动力学控制范围，沉积物分布较均匀，孔口不易堵塞。为此等温 CVI 常采用减压操作，即减压化学气相沉积（Lower Pressure Chemical Vapore Infiltration，简称为 LPC-VI）；相反在较高的沉积温度和压力下，Thield 数较大，化学反应速度较快，CVI 过程处于扩散传质动力学控制范围，此时预制体外部沉积多而内部沉积少，孔口易堵塞，造成严重的密度梯度。

对于较小直径的孔洞（$2r < 10\mu m$），Knudsen 扩散不能再忽略（对于非常小的孔洞常是唯一的物质传输方式），D_K 表示为：

$$D_K = \frac{2r}{3}\left(\frac{8RT}{\pi M}\right)^{1/2} \tag{5-59}$$

式中，M 为反应物气体的摩尔质量，由上式可见 D_K 与系统总压无关，仅取决于沉积温度。同时可以看出反应物气体的摩尔质量越小，D_K 越大，可以预见对于小孔内的沉积，选择小相对分子质量的反应物气体是有利的。

B　CVI 技术的特点

CVI 技术具有如下特点[19]：

(1) 适应面广。能用于多种陶瓷基体的形成，如碳化物、氮化物、氧化物、硼化物等，可以形成高纯度的一种基体或几种物质的混杂基体，制成大尺寸和形状复杂的陶瓷基复合材料部件。

(2) 制备温度低。陶瓷基体是通过气体先驱体形成的，因此可以在较低的反应温度下形成高熔点的陶瓷基体，从而有效地避免了纤维在较高温度下的性能降级。

(3) 对纤维的机械损伤小。CVI 不需要对预制体施加外力，避免了纤维的机械损伤。

(4) 近终形成型。如果使预制体具有最终制品要求的形状和尺寸，在 CVI 过程中，它将基本上保持不变，因此制得的复合材料将具有与之相同的形状和尺寸，不需要后续机加工或经过少许机加工即可。

(5) 多孔性。由于 CVI 是通过孔隙渗透沉积基体的，随着基体材料的不断沉积，由于该过程始终存在物质传输和化学气相沉积之间的矛盾，必然造成预制体外部沉积多，内部沉积少，材料内部形成许多闭气孔而使气态物质无法继续进入，因此复合材料一般含有 5%~20% 的残留气孔。

(6) 制备周期长。为了得到较致密的 CVI 复合材料，要求 CVI 过程在化学反应过程控制范围，这样 CVI 工艺常在较低温度下进行，沉积速度较低，需要较长的沉积时间才能得到较高致密度的复合材料，甚至中间需要将外层沉积物磨掉进行反复沉积，所以 CVI 工艺一般制备周期较长。

C　CVI 技术分类

为了得到结构均匀的 CVI 复合材料以及缩短复合材料的制备周期在原始等温 CVI 技术的基础上又产生几类 CVI 技术。

(1) 等温 CVI。等温 CVI 是将预制体置于均热室内，并在其中进行源物质的气相渗透和化学气相沉积反应，气体先驱体的供给及副产物的排出完全依靠扩散传质。等温 CVI 的特点是预制体的各个部分基本保持相同的温度，而且温度和压力均相对较低；对预制体的形状没有要求，一次可以同时沉积多个部件。在等温 CVI 技术中，为了不致使最初的反应沉积物堵塞气孔通道，工艺周期往往长达数百甚至数千小时。如果要提高沉积速率，就必须提高沉积温度，会造成孔洞外口封闭，在材料中形成大的密度梯度和较高的气孔率。即使采用中途机械加工的方法使封闭的气孔通道重新开放，但沉积速率仍然很慢，而且增加了中间工序，提高了成本，可见等温 CVI 适用于薄壁部件。

(2) 温度梯度 CVI。温度梯度 CVI 是使预制体处于不均匀的温度场中，一般使其外部温度较低，内部温度较高，在工件中维持一个温度梯度。源气体从工件外部向内渗透，外部温度低，内部温度高，使内部沉积多，而外部沉积少，不易发生传质通道的堵塞。这样沉积首先发生在预制体的内部，随着沉积的进行，复合材料的致密度和导热率增加，从而使高温区逐渐向低温区转移，直至预制体中的孔隙全部被沉积物所填充。温度梯度 CVI 使复合材料的密度梯度减小，结构均匀性变好。但设备结构复杂，需要专用夹具，且不适于形状复杂的部件，一次只能制备一个部件。

（3）压力梯度 CVI。在压力梯度 CVI 中，使工件两端造成显著的压力差，源气体在压力差的作用下从工件的一端到达另一端，并在穿过工件的途中气体先驱体发生沉积反应。该技术可用来生产较厚，但形状简单规整的部件。此技术由于气体在压力差下流动，而工件等温，故又称为等温强制流动 CVI。它并没有完全避免表面结皮堵塞孔洞通道的现象。

（4）温度梯度-强制对流 CVI。温度梯度-强制对流 CVI 是将温度梯度 CVI 和压力梯度 CVI 技术结合。在温度梯度-强制对流 CVI 中，工件同时承受温度梯度和压力梯度，气体先驱体在高压驱使下穿过工件的冷端到达工件的热端发生沉积反应。采用温度梯度-强制对流 CVI 可以使工件迅速均匀地致密，其沉积速度与气流方向工件的厚度有关，这种技术特别适用于大尺寸形状复杂的结构件。显然温度梯度-强制对流 CVI 设备结构更为复杂。

除上面所介绍的 CVI 技术外还有脉冲 CVI、微波辅助 CVI、等离子体辅助 CVI 等。

D　CVI 制备复合材料工艺过程及性能

CVI 设备一般包括气体供给系统、沉积炉、流量、温度、压力检测与控制系统以及废气排除、净化系统。图 5-37 给出了化学气相浸渗制备 SiC 基复合材料 CVI 系统图[10]。

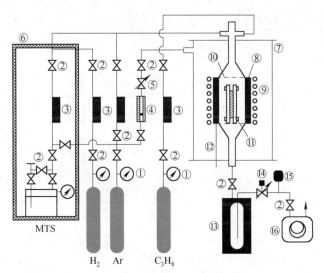

图 5-37　化学气相浸渗制备 SiC 基复合材料 CVI 系统图

CVI 技术制备纤维增韧陶瓷基复合材料工艺过程见图 5-38[10]。首先是纤维预制体的编织、接下来制备界面相，然后沉积基体使复合材料致密化，接着是机加工，最后制备保护涂层。CVI 技术多用来制备 C/C 复合材料和纤维增韧 SiC 为基体的复合材料。

5.4.2.5　溶胶-凝胶法

溶胶-凝胶（Sol-Gel）法是把纤维预制体置于氧化物陶瓷有机先驱体制成的溶液中，然后进一步水解、缩聚形成凝胶，凝胶经干燥和高温热处理后形成氧化物 CMC，如图 5-39 所示[20]。Sol-Gel 法的优点是：（1）烧结温度低，对纤维的损伤小；（2）基体化学均匀

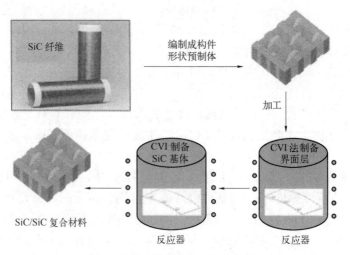

图 5-38　CVI 技术制备纤维增韧陶瓷基复合材料工艺过程

性高；（3）在裂解前，经过溶胶和凝胶两种状态，容易对纤维及其编织物进行浸渗和赋型，因而便于制备连续纤维增强复合材料。该工艺的不足在于致密周期较长，且制品在热处理时收缩大、气孔率高、强度低。

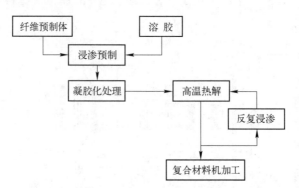

图 5-39　Sol-Gel 法制备陶瓷基复合材料工艺过程

5.4.2.6　电泳沉积法

电泳沉积（Electrophoretic Deposition，简称为 EPD）是利用直流电场促使带电颗粒发生迁移进而沉积到极性相反的电极上的过程。电泳沉积包括两个过程，首先是悬浮在分散介质中的带电颗粒在电场作用下定向移动（电泳），其次是颗粒在电极上沉积形成致密均匀的薄膜。通常电泳沉积需要后续的热处理（烧结）过程，从而使沉积层致密化。电泳沉积根据发生沉积的电极不同分为阳极沉积和阴极沉积。经过多年发展电泳沉积既适用于导电纤维，也适用于不导电纤维。图 5-40 给出了电泳沉积工艺原理示意图，

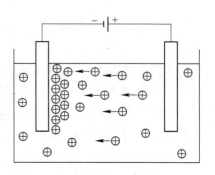

图 5-40　电泳沉积工艺原理示意图

可见带有正电荷的阳离子在电场作用下向阴极运动在纤维上发生沉积[21]。利用电泳沉积法制备 Nextel720/Al$_2$O$_3$ 复合材料工艺过程如图 5-41[21]。

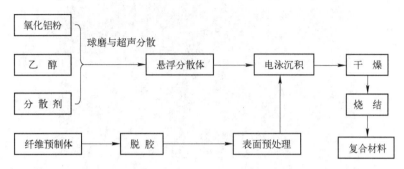

图 5-41　电泳沉积结合烧结法制备 Nextel720/Al$_2$O$_3$ 复合材料工艺过程

电泳沉积成型首先需要制备稳定的悬浮分散料浆，为了避免在成型过程中在沉积物中产生气泡一般不用水作为分散介质，常选用有机分散介质（乙醇、丙酮、乙二醇等）。纤维沉积基体前要脱胶，进而进行表面处理以控制纤维在特定介质中的表面电性。烧结方式可以选用热压烧结或无压烧结，需要根据制品的形状和对性能的要求确定。悬浮分散体的特性和沉积工艺条件对沉积速度和沉积质量影响很大。

悬浮分散体特性对电泳沉积影响涉及如下几个方面：分散体颗粒尺寸、分散介质介电常数、分散体系导电性和黏度、分散体系 ζ-电位和分散体系的稳定性等。分散体颗粒尺寸过大易产生颗粒沉降，使分散体系不稳定，同时使沉积物结构均匀性变差，一般分散体粒径控制在 1μm 以下。分散介质介电常数影响分散体系导电率和电泳迁移率；介电常数过低不会产生沉积，过高会影响沉积物质量和沉积速率。分散体系导电性过高，介质中离子浓度偏高，电场作用下带电颗粒移动速率低，影响沉积；如果分散体系导电性偏低，分散体系不够稳定，影响沉积质量。为此分散体系导电性存在一合适范围使沉积速率和沉积质量均达到理想程度。一般要求分散体系具有较低的黏度，但黏度过低，可能影响分散体系的稳定性。分散体系 ζ-电位影响体系稳定性、EPD 过程颗粒的移动方向和迁移速率以及沉积物的结构。分散体系的稳定性影响沉积质量，一般要求分散体系足够稳定，以致不会产生沉降，同时要求在电极上沉积时要不够稳定以便能产生沉积。

沉积工艺条件对沉积速率和沉积质量的影响因素包括：沉积时间、外加电压、分散体系固体含量和沉积基底的导电性。此外分散体系的 pH 值对料浆性能有多方面影响，为此也是在 EPD 过程非常重要的控制参数。通过适当控制可以获得结构均匀和致密的复合材料，利用 EPD 成型 1300℃空气中 1h 烧结试样制备的 Nextel720/Al$_2$O$_3$ 复合材料显微结构如图 5-42 所示[22]，可见复合材料致密而均匀。

电泳沉积具有设备简单，操作方便，沉积工艺易于控制，制备周期短，适用材料体系广，可制备复杂形状部件等优点。不足是通常不能用水作为分散介质以避免沉积物产生气泡，以有机介质作分散剂对环境有一定污染。

5.4.2.7　组合方法

上述制备纤维增韧陶瓷基复合材料的方法均存在各自明显的优点和不足，例如化学气相浸渗法（CVI）能制备出性能优异的陶瓷基复合材料，但该方法制备周期长，产品成本

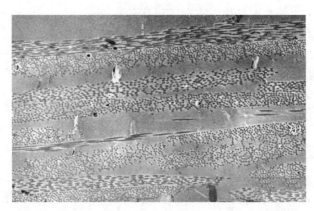

图 5-42　EPD 成型 1300℃烧结 Nextel720/Al$_2$O$_3$ 复合材料的显微结构

高。为了能够获得性能优异，同时性价比高的产品，人们将上述制备方法取长补短进行组合，取得很好的效果。例如化学气相浸渗结合反应熔融浸渗法（CVI+RMI）、化学气相浸渗结合先驱体浸渗热解法（CVI+PIP）、化学气相浸渗结合泥浆浸渗热压烧结法、泥浆浸渗结合溶胶-凝胶法等。

5.4.3　纤维增韧陶瓷基复合材料界面和界面控制

由脆性纤维和基体组成的陶瓷基复合材料之所以能表现出非脆性断裂行为，纤维与基体之间的界面起着决定性作用。复合材料中纤维与基体接触构成的界面，是一层具有一定厚度（纳米）以上、结构随基体和纤维而异的、与基体有明显差别的新相，通常称为界面相（interphase）。它是纤维与基体相连接的纽带，也是应力及其他信息传递的桥梁。界面是复合材料极其重要的微结构，其结构和性能直接影响复合材料的性能。因此，掌握界面的形成过程与方法、界面层的性质与作用、界面对复合材料宏观力学性能的影响规律，从而有效进行控制，是获取高性能复合材料的关键。

5.4.3.1　纤维增韧陶瓷基复合材料的断裂模式与界面结合强度

纤维增韧陶瓷基复合材料沿纤维方向受拉伸时，根据界面结合强度的不同，复合材料的断裂模式主要分为三类：

（1）脆性断裂（界面结合较强）。当外加载荷增加时，基体裂纹扩展到界面处后，由于界面结合较强，裂纹无法在界面处发生偏转而直接横穿过纤维，从而使复合材料断裂，见图 5-43（a）[7]。

（2）非脆性断裂（界面结合较弱或适中）。当基体裂纹扩展到界面处后，由于界面结合较弱，因此裂纹可以在界面处发生偏转，从而实现纤维与基体的界面解离、纤维桥联和纤维的拔出，见图 5-43（b）[7]。

（3）混合断裂（界面结合有强有弱）。混合断裂是以上两种理想情况断裂模式的混合，即在界面结合强处发生脆性断裂，而在界面结合较弱处发生非脆性断裂。

纤维与基体的界面结合强度以及界面区微观结构对复合材料力学性能起着极其重要的作用。界面的功能是有效传递载荷和调节应力分布。在复合材料承载过程中，界面解离可以有效地调节复合材料内部的应力分布，缓解基体裂纹端部的应力集中，阻止裂纹

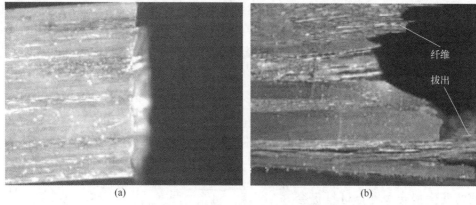

(a)   (b)

图 5-43 纤维增韧陶瓷基复合材料界面结合强度与断裂模式

向纤维扩展。弱界面结合易造成界面在较低应力下发生脱黏，难以有效传递载荷，使纤维不能充分发挥其增强作用，因而复合材料的强度不高；强界面结合时，界面不能起到调节应力分布的作用，局部的应力集中造成复合材料的低应力断裂，并且断口平滑；当界面结合适中时，界面能同时起到传递载荷和调节应力的作用，此时复合材料具有较好的力学性能。

5.4.3.2 界面相的主要功能

一般来说，纤维与基体之间的界面相具有如下功能[7]：

(1)"脱黏层"的作用。当基体裂纹扩展到结合强度适中的界面区时，此界面发生解离，并使裂纹发生偏转，从而调节界面应力，阻止裂纹直接越过纤维扩展。

(2)传递载荷。由于纤维是复合材料中主要的承载相，因此界面相需有足够的界面结合强度来向纤维传递载荷。

(3)"缓解层"作用。陶瓷基复合材料是在高温下制备的，由于纤维与基体的线膨胀系数存在差异，当冷却到室温时会产生残余内部热应力，因此，界面相应具有缓解残余热应力的作用。

(4)"阻挡层"作用。在复合材料制备所经历的高温下，纤维和基体的元素会相互扩散、溶解，甚至发生化学反应，导致纤维/基体的界面结合过强，这是所不希望的。因此，要求界面相应具有阻止元素扩散和发生有害化学反应的作用，同时保护纤维免受周围环境的侵害。

5.4.3.3 对纤维增韧陶瓷基复合材料界面相的要求

根据复合材料中界面相应起的作用，对复合材料界面相有如下要求[23]：

(1)界面相与纤维和基体之间具有化学和物理相容性。介于纤维和基体之间的界面相既不能与纤维或基体发生有害的化学反应，也不能在纤维与界面相或基体与界面相之间产生较大的内应力。因此，界面相与纤维和基体之间的化学稳定性以及界面相与纤维和基体之间的线膨胀系数匹配是首先应考虑的因素。

(2)高温稳定性。由于陶瓷基复合材料中绝大多数使用温度较高，这类材料的界面相在高温下的稳定性非常重要。因此要求界面相在高温下不会出现组织和结构变化而引起界面相的作用失效，进而影响整个材料的性能。

（3）界面相与纤维和基体的润湿。虽然纤维涂层是人为引入的界面相，但是，它既可以以非晶体形式存在，也可以以晶体形式存在。如果界面相与纤维和基体之间的界面结合适中，则它在生成时将润湿纤维和基体，获得适当的界面结合，反之，如果界面相与纤维和基体不润湿，不利于界面结合。

（4）界面相结合强度（或断裂能）足够低。因为界面区是预定使基体裂纹发生偏转的地方，因此界面相的剪切强度一定要适当低，否则界面处不易发生解离，裂纹无法在界面处发生偏转，复合材料仍会脆性断裂。基体中主裂纹扩展至界面处发生裂纹偏转的条件见图5-44[24]。对于 I 型裂纹，要求界面断裂能与纤维断裂能之比满足 $\Gamma_i/\Gamma_f <$ 1/4。只有满足该条件才可能产生界面脱黏，以免纤维产生过早的断裂，

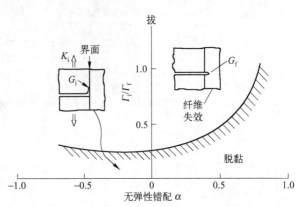

图 5-44　纤维增韧陶瓷基复合材料脱黏图

使纤维桥联和纤维拔出成为可能。由于大部分陶瓷纤维的断裂能在 $20J/m^2$，为此要求界面断裂能上限为 $5J/m^2$。

（5）界面相必须具有一定厚度[24]。除了要求界面相具有适当的界面断裂能，以满足界面脱黏外，还要求界面相具有一定的厚度和柔顺性。这是因为：1）由于纤维和基体之间物性参数的差异，常在界面区域存在残余应力；2）纤维表面并非光滑，存在一定粗糙度，在拔出过程中产生阻力，不利于纤维的拔出。为了缓解基体和纤维之间残余应力，同时使界面滑移阻力在较低数值，以免获得较好的增韧效果，要求界面相具有较低的弹性模量和一定厚度。热解碳和六方氮化硼由于具有层状晶体结构，具有自润滑作用，在垂直于片层方向具有较低的弹性模量和较低的结合强度，利于缓解热应力，获得较低的界面滑移阻力，利于纤维的拔出，为此以热解碳和六方氮化硼为界面相的陶瓷基复合材料常表现出很好的增韧效果。相反，对于在后面将要介绍的氧化物多孔界面相，当气孔率高到一定值时，尽管界面断裂能足够低，满足界面脱黏的要求，增韧效果常常不及热解碳，是由于：1）弹性模量较高，不能很好地释解热应力；2）界面滑移阻力大，纤维拔出困难，纤维拔出短，增韧效果差。

图 5-45 和图 5-46 分别给出了热解碳界面相厚度对 Nicalon/SiC 复合材料载荷-位移曲线和弯曲强度的影响[24,25]。由图可见在没有热解碳界面相复合材料断裂强度低、韧化效果差，界面相厚度较薄和较厚时韧化效果均较差，而在热解碳界面相厚度为 $0.13\mu m$，Nicalon/SiC 复合材料弯曲强度和断裂功最大。这是由于在没有和较薄时，界面结合强度高不能产生脱黏，滑移阻力大，不利于纤维的拔出，因而增韧效果差。当界面相较厚时，尽管能产生脱黏和界面裂纹偏析，但此时界面滑移阻力偏小，一方面影响基体与纤维之间的载荷传递，使纤维高强特点不能发挥，同时纤维在拔出过程中由于滑移阻力小，摩擦耗能小，增韧效果不好，表现为弯曲强度和断裂功偏低。为此对界面有第（6）条的要求。

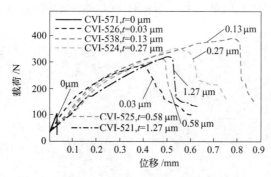

图 5-45　热解碳界面相厚度对 Nicalon/SiC 复合材料力学行为的影响

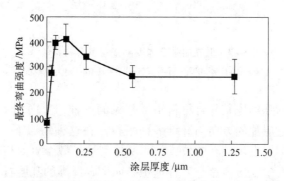

图 5-46　热解碳界面相厚度对 Nicalon/SiC 复合材料弯曲强度的影响

（6）界面滑移阻力适中。界面滑移阻力影响纤维脱黏后应力传递程度、纤维拔出长度和拔出过程耗能。Curtin 等认为：$2MPa \leqslant \tau_s \leqslant 40MPa$。Rebillat 等提出强界面的概念，他们认为热解碳和六方氮化硼作为界面相，界面强度偏低，影响载荷传递程度、增韧效果和复合材料蠕变性能，界面相需要强化[26]。

5.4.3.4　界面相的种类

在纤维增强陶瓷基复合材料中，界面解离和纤维拔出是复合材料断裂的基本特征。根据基体裂纹在纤维/基体界面处发生偏转的位置，可将界面解离分为三种形式。

（1）界面解离的形貌基本上与纤维的粗糙表面相吻合。这种形式是属于纤维/基体之间界面结合较弱的情况。

（2）界面解离后，有部分基体黏结在纤维表面上。这种形式是属于纤维/基体之间界面结合较强的情况。扩展至界面处的基体裂纹沿着纤维表面和穿过部分基体偏转。

（3）在具有纤维涂层的情况下，界面解离发生在纤维涂层（即界面相）之中，当界面相强度较低或疏松多孔时，基体裂纹扩展至界面相沿界面发生弯折或偏转。

在大多数纤维增强陶瓷基复合材料中，所存在的界面相主要分为以下几类，不同类型的界面相将产生不同的裂纹偏转方式，并对增韧效果产生影响。

第一类是界面相与纤维之间是简单的弱界面结合，基体裂纹扩展至纤维/界面相之间的界面处发生偏转，导致界面解离。这种界面相要么与纤维之间结合强度低，要么与基体之间结合强度低，使得基体裂纹在两相界面产生偏转。例如 $Al_2O_3/LaPO_4/Al_2O_3$ 和 PRD-

166/SnO₂/玻璃复合材料体系中的 LaPO₄ 和 SnO₂，见图 5-47[27]和图 5-48[28]。

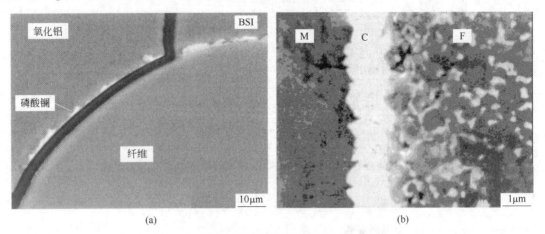

(a)　　　　　　　　　　　　(b)

图 5-47　低界面结合强度陶瓷基复合材料体系
(a) $Al_2O_3/LaPO_4/Al_2O_3$；(b) PRD-166/SnO_2/玻璃

第二类是在纤维增强陶瓷基复合材料中最常见的一种，界面相由层状晶体材料组成，每层之间结合较弱，且层片的方向与纤维表面平行。在这种情况下，纤维/界面相的结合较强，它不再是基体裂纹发生偏转的位置。当基体裂纹扩散至界面相时，裂纹分叉或以分散的方式在界面相中发生偏转。这是一种理想界面，碳纤维的乱层石墨结构的热解碳涂层与碳纤维的六方晶型的 BN 涂层属于此类界面相。然而，此类界面相较难获得，如结晶度不够，层状晶体的取向不理想，界面相与纤维的结合强度小等因素，将导致界面相成为第一类或者第一、二类混合形式。另外，能够满足界面相是层状晶体结构且层片方向又与纤维表面平行要求的材料极为有限。图 5-49 为 C/SiC 复合材料中热解碳界面相[12]。

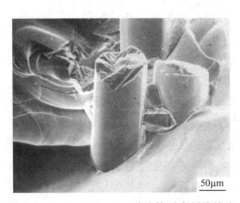

图 5-48　PRD-166/SnO_2/玻璃体系中纤维拔出

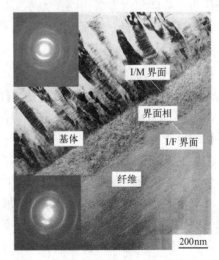

图 5-49　C/SiC 复合材料中热解碳界面相

第三类界面相由纳米或微米尺度的、结构和性能不同的层状材料构成，即 $(X—Y)_n$，其中 X 和 Y 代表两种不同材料；n 为 X—Y 的数目。界面相与纤维之间的界面结合很强，但界面相中的 X 相处，或每层中材料自身的强度较小。这种类型是上述第二类界面相的拓展。它的优点是可以通过调整 X、Y 的结构，层数 n 以及 X 和 Y 的厚度来改变界面相的显微结构；另外，界面相层片之间能够相互配合以呈现多种功能，例如，X 层片起裂纹偏转层作用，而 Y 层片起阻挡层作用。目前，具有两种不同层片结构的界面相已被广泛研究，如用于硅基玻璃陶瓷复合材料中的 BN-SiC 双层（$n=1$）相界面；用于 SiC/SiC 复合材料中的 PyC-SiC 多层（$n>1$）界面相。当基体裂纹扩展至这类界面相时，裂纹分叉并偏离原扩展方向，分叉的裂纹继续扩展时还可在界面相中的 X—Y 界面处引起二次界面解离。图 5-50 所示为莫来石/SiC/BN/莫来石体系[29]，图 5-51 所示为 Hi-Nicalon/SiC 复合材料中 PyC-SiC 多层（$n>1$）界面相[30]。

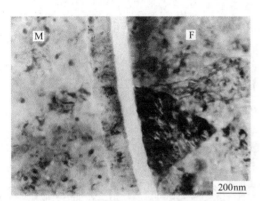

图 5-50　莫来石/SiC/BN/莫来石体系

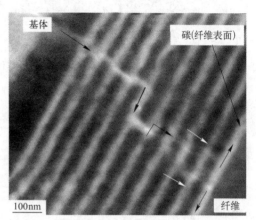

图 5-51　复合材料中 PyC-SiC 多层界面相

第四类界面相由多孔材料组成，当基体裂纹扩展至界面相时，裂纹在界面相中沿微孔发生多次偏转，缓解了裂纹尖端的应力集中。例如在 Al_2O_3 纤维增强 Al_2O_3 基复合材料中的多孔氧化锆涂层。一种制备此种涂层的简单方法是，首先在 Al_2O_3 纤维表面沉积一层由碳和氧化物组成的混合物，然后将此带涂层的纤维置入 Al_2O_3 基体中烧结，最后碳被烧掉而形成多孔氧化物界面相。图 5-52 给出了 Al_2O_3/多孔 ZrO_2/Al_2O_3 体系和 Al_2O_3/间隙 ZrO_2/Al_2O_3 体系[31]。图 5-53 给出含氧化锆不同界面相复合材料氧化前后的载荷-位移曲线[31]。可见 ZrO_2 多孔界面相、C/ZrO_2 界面相和（$C-ZrO_2$）界面相均满足脱黏条件，复合材料表现出非脆性变性行为。

其他类型界面相的效果均不理想，有人提出采用能够在剪应力作用下产生相变收缩的界面相材料，如在 $MgSiO_3$ 中若发生相变，将产生 5.5% 的体积收缩，可使界面相与纤维之间界面结合减弱，从而促进界面解离，但这种途径尚处于实验探索之中。

第五类原位合成法形成界面相不是对纤维涂覆涂层，而是在复合材料制备过程中，基体和增强体之间相互扩散和发生化学反应，在基体和增强体之间形成材料成分和结构既不同于基体又不同于增强体的一个薄层区域，称为界面相。由于它不是预先涂覆而是在复合工艺过程中原位形成的，故名原位合成。原位合成界面相的实例是 Nicalon/玻璃-陶瓷复合材料中的富碳层界面相，它是由增强体中的 SiC 与基体中的氧反应生成的。图 5-54 为原位反应生成的富碳界面层[7]。图 5-55 给出 Nicalon/LAS 复合材料断口形貌，可见明显的纤维拔出[7]。

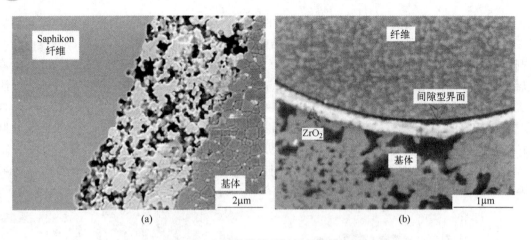

图 5-52   含氧化锆界面相复合材料体系
（a）Al_2O_3/多孔 ZrO_2/Al_2O_3 体系；（b）Al_2O_3/间隙 ZrO_2/Al_2O_3 体系

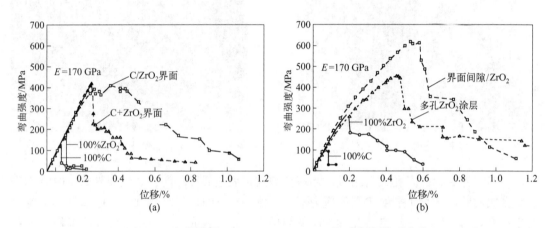

图 5-53   氧化前后 Al_2O_3/C/ZrO_2/Al_2O_3 体系载荷-位移曲线
（a）氧化前；（b）氧化后

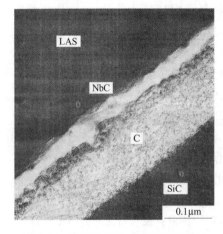

图 5-54   原位反应生成的富碳界面层

图 5-55   Nicalon/玻璃-陶瓷复合材料断口形貌

5.4.4　碳纤维增韧碳化硅基复合材料

由于 SiC 陶瓷具有耐高温、抗热震性能、抗氧化性能和抗蠕变性能优异、质轻等特点，在 20 世纪 70 年作为 C/C 复合材料在航空、航天领域替代材料被研究开发，弥补 C/C 材料抗氧化性能差的缺点。C/SiC 复合材料已实现工业化的制备方法主要包括化学气相浸渗法（CVI）、高聚物浸渗热解法（PIP）、反应熔融浸渗法（RMI）以及它们的组合方法。C/SiC 复合材料已有的研究主要选用热解碳或热解碳与碳化硅多层涂层作为界面相。

5.4.4.1　C/SiC 复合材料显微结构与力学性能

图 5-56 给出了三种制备方法制备的 2D C/SiC 复合材料的显微结构[10]。由于 CVI 制备复合材料过程中存在物质传输与化学反应之间动力学矛盾，导致 CVIC/SiC 复合材料存在密度梯度和气孔率较高。而 PIP C/SiC 复合材料基体中存在收缩裂纹。RMI C/SiC 复合材料常有残留金属硅，影响高温强度和抗蠕变性能。另外，由于碳纤维线膨胀系数严重的各向异性，以及碳纤维与碳化硅基体线膨胀系数差异，使得 C/SiC 复合材料制备冷却后在基体存在残余热应力裂纹，从而影响复合材料的弹性性能和耐候性能。

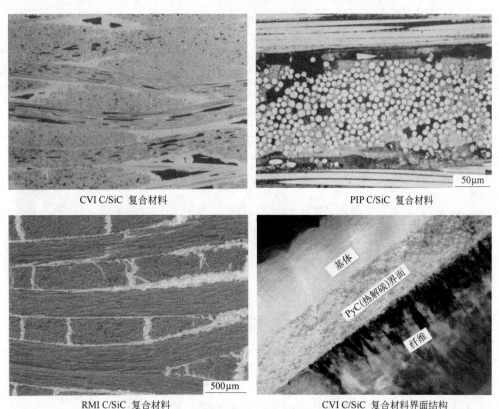

图 5-56　三种制备方法制备的 2D C/SiC 复合材料显微结构

表 5-8 给出了三种制备方法制备的 C/SiC 复合材料的性能[10]。由表可见，对于 CVI C/SiC 复合材料和 PIP C/SiC 复合材料均存在较高的气孔率，但强度均高于 RMI C/SiC 复合材料，这是由于 RMI C/SiC 复合材料没有很好的热解碳界面层。图 5-57 给出了

RMI C/SiC 复合材料力学性能随测试温度的变化[10]。可见随着测试温度升高，弯曲强度、剪切强度和弯曲弹性模量均提高。只是由于随着温度升高残余热裂纹愈合时强度升高，同时随着温度升高界面残预应力由拉应力转变为拉应力也有利于力学性能的提高。

表 5-8   2D C/SiC 复合材料的性能

性　　能		化学气相浸渗法		液相浸渗法		
				PIP		RMI
		等温 CVI	梯度 CVI	C/SiC	C/SiC	C/C-SiC
拉伸强度/MPa		350	300~320	250	240~270	80~190
断裂应变/%		0.9	0.6~0.9	0.5	0.8~1.1	0.15~0.35
杨氏模量/GPa		90~100	90~100	65	60~80	50~70
耐压强度/MPa		580~700	450~550	590	430~450	210~320
弯曲强度/MPa		500~700	450~500	500	330~370	160~300
层间剪切强度/MPa		35	45~48	10	35	28~33
气孔率/%		10	10~15	10	15~20	2~5
纤维体积分数(体积分数)/%		45	42~47	46	42~47	55~65
体积密度/g·cm^{-3}		2.1	2.1~2.2	1.8	1.7~1.8	1.9~2.0
线膨胀系数/K^{-1}	∥	3×10^{-6}	3×10^{-6}	1.06×10^{-6}	3×10^{-6}	2.5×10^{-6}
	⊥	5×10^{-6}	5×10^{-6}	4.06×10^{-6}	4×10^{-6}	$(2.5\sim7)\times10^{-6}$
导热系数/W·(m·K)$^{-1}$	∥	14.3~20.6	14	11.3~12.6	—	17.0~22.6
	⊥	5.9~6.5	7	5.3~5.5	—	7.5~10.3
比热容/J·(kg·K)$^{-1}$		620~1400	—	900~1600		690~1550

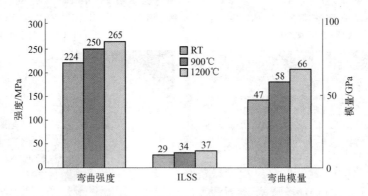

图 5-57   C/SiC 复合材料力学性能随测试温度的变化

5.4.4.2   纤维编织方法对 C/SiC 复合材料力学性能的影响

图 5-58 给出了四种编织方法 C/SiC 复合材料三维纤维布排结构图[32]，图 5-59 给出对应显微结构[32]，图 5-60 给出四种 C/SiC 复合材料拉伸应力-应变曲线[32]。表 5-9 给出四种编织方法复合材料结构参数和基本物理性能[32]。由表可见 3D C/SiC 复合材料具有最高的拉伸强度，拉伸强度达到 413MPa，这是因为在拉伸载荷方向其纤维体积分数最高，同时也是因为其具有最高的体积密度，纤维和基体形成有机整体，纤维和基体之间结合更

加紧密，更有利于两者之间载荷传递，充分发挥纤维的承载作用，使复合材料承载面积最大，从而使 3D C/SiC 复合材料具有最高的拉伸强度。

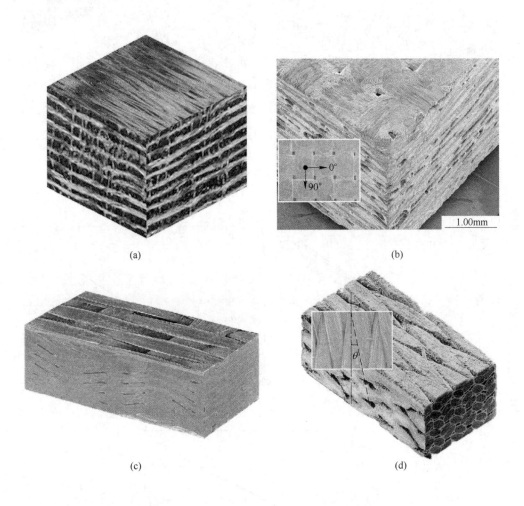

(a)　　　　　　　　　　　　　　　(b)

(c)　　　　　　　　　　　　　　　(d)

图 5-58　C/SiC 复合材料四种编织方法三维示意图

(a) 针刺 C/SiC；(b) 2D C/SiC；(c) 2.5D C/SiC；(d) 3D C/SiC

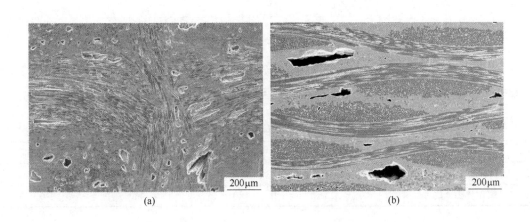

(a)　　　　　　　　　　　　　　　(b)

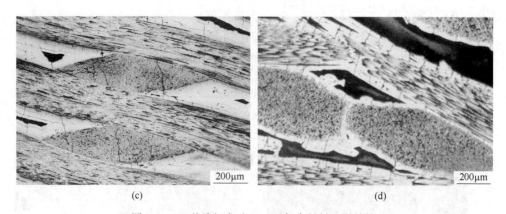

图 5-59   四种编织方法 C/SiC 复合材料显微结构
(a) 针刺 C/SiC；(b) 2D C/SiC；(c) 2.5D C/SiC；(d) 3D C/SiC

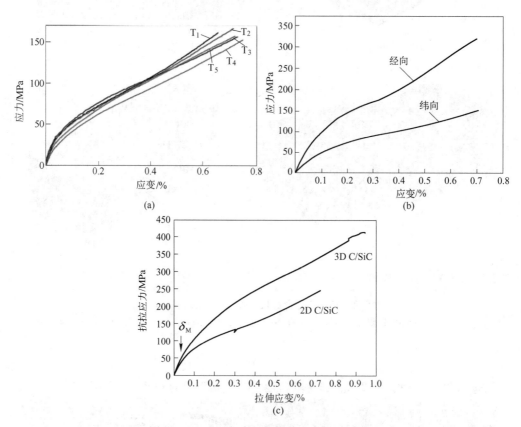

图 5-60   C/SiC 复合材料拉伸应力-应变曲线
(a) 针刺 C/SiC；(b) 2.5D C/SiC；(c) 2D C/SiC 和 3D C/SiC

表 5-9   编织方法对 C/SiC 复合材料力学性能的影响

性能参数	针刺 C/SiC	2D C/SiC	2.5D C/SiC	3D C/SiC
体积密度/$g \cdot cm^{-3}$	2.15	1.99	1.97	2.26
纤维体积分数/%	32	40	40	40

性能参数	针刺 C/SiC	2D C/SiC	2.5D C/SiC	3D C/SiC
加载方向纤维分数/%	37.5	50	75	93
气孔率/%	14	13	13	13
拉伸强度/MPa	159	248	326	413

5.4.4.3 C/SiC 复合材料抗热震性能

殷小玮等利用 CVI 制备了 3D C/SiC 复合材料研究了其抗热震性能。试验结果表明该复合材料经过 700℃ 和 1000℃ 热冲击依然保持非脆性断裂行为，见图 5-61[33]。图 5-62 给出了热冲击温度（ΔT）对复合材料弯曲强度的影响[33]，可见复合材料只有当热冲击温度达到 700℃ 时，才产生强度降低。图 5-63 给出了热冲击温度为 1000℃ 热冲击次数对复合材料强度的影响，可见在热冲击次数低于 50 时，随着热冲击次数增加 3D

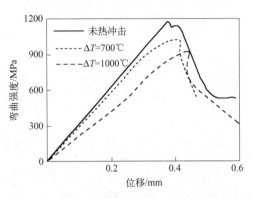

图 5-61　ΔT 对 C/SiC 复合材料力学行为的影响

C/SiC 复合材料弯曲强度逐渐降低，当热震次数大于 50 后，复合材料弯曲强度基本不变，这是由于热震产生的基体开裂已达到饱和[33]。

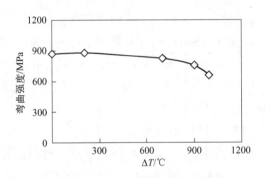

图 5-62　ΔT 对 C/SiC 复合材料强度影响

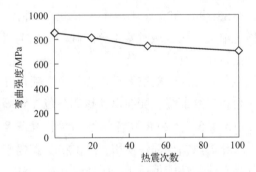

图 5-63　热震次数对 C/SiC 复合材料强度影响

5.4.4.4 C/SiC 复合材料抗氧化性能

C/SiC 复合材料增强体和界面相均为碳质材料，作为高温结构材料使用，高温抗氧化性自然成为人们关心的问题。图 5-64 和图 5-65 给出了 2D C/SiC 复合材料和 2D C/SiC-SiB$_4$ 复合材料在空气中保温质量变化和强度随温度的变化情况[34]。由图 5-64 可见在 500～1000℃ 范围 C/SiC 复合材料随着在氧气中氧化温度提高失重增大，700℃ 失重达到最大值，在 700～1000℃ 温度范围随氧化温度升高失重减少，这是因为 C/SiC 复合材料中存在残余应力裂纹，使热解碳界面相和碳纤维氧化而失重，随温度升高氧化速度加快。但温度超过 700℃ 由于产生热裂纹愈合，使氧气通道阻塞，氧化失重减轻。在 700℃ 时 C/SiC 复合材料出现强度最低值。2D C/SiC-SiB$_4$ 复合材料由于 SiB$_4$ 引入，使氧化失重减少，由于

SiB₄填充气孔和氧化后生成低熔液相填塞氧气通道，使复合材料氧化失重大大降低，表现在氧化后强度基本没有变化。除了在孔洞中渗入 SiB 外，还有制备复合材料中形成掺杂硼的 SiC(B) 基体，提高复合材料抗氧化性。然而由于 C/SiC 复合材料中增强体碳纤维和基体碳化硅之间线膨胀系数等物性参数的差异，在基体中出现热应力裂纹不可避免，另外在复合材料使用过程中在高温下承载时，一旦基体产生开裂，使界面相和碳纤维暴露在环境中，产生氧化等蚀损，使复合材料结构产生破坏。

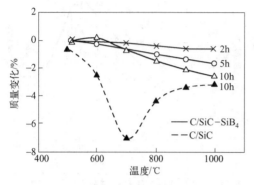

图 5-64　两种复合材料失重随氧化温度变化

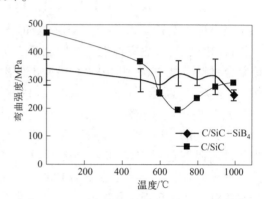

图 5-65　两种复合材料强度随氧化温度变化

5.4.5　碳化硅纤维增韧碳化硅基复合材料

SiC/SiC 陶瓷基复合材料具有高比强度、高比模量、耐高温、耐辐照等优良性能，在航空航天、核领域有着十分广阔的应用前景。碳化硅（SiC）纤维具有力学性能优异、耐高温氧化、韧性好等优点。与 C 纤维相比，SiC 纤维的高温抗氧化性能更加优异。SiC/SiC 复合材料可用于航空发动机燃烧室、喷口导流叶片、涡轮叶片、涡轮壳环、尾喷管，空天飞行器机翼前缘、舵面以及核燃料包壳管等部位。

5.4.5.1　碳化硅纤维增韧碳化硅基复合材料的材料体系与制备

作为热结构部件使用，与 C/SiC 陶瓷基复合材料相比，SiC/SiC 陶瓷基复合材料优异的高温使用性能得益于增强体碳化硅（SiC）纤维。SiC/SiC 陶瓷基复合材料用第三代 SiC 纤维增强体如表 5-10 所示。与第一代碳化硅纤维（Nicalon）和第二代碳化硅纤维（Hi-Nicalon）相比，第三代碳化硅质纤维由于制备工艺的改进，使得纤维氧含量进一步降低，纤维组成更加接近于碳化硅的化学计量比，同时由于烧成温度的提高，纤维内部游离碳含量降低，碳化硅晶粒尺寸增大，使得纤维的抗氧化性能、高温强度和抗蠕变性能得以提高，以其作为增强体制备的 SiC/SiC 陶瓷基复合材料具有更加优异的抗氧化性能、高温强度和抗蠕变性能。

目前，SiC/SiC 陶瓷基复合材料的制备方法包括化学气相浸渗法（CVI）、聚合物浸渗热解法（PIP）、反应熔融浸渗法（MI）以及 CVI 与 MI 组合、CVI 与 PIP 组合法等。复合材料内纤维增强体的分布不仅影响到复合材料的性能，同时，也决定其性价比，为此常常根据具体需要和制备工艺选择不同的纤维编织方法，表 5-11 给出不同的纤维排布及对应 SiC/SiC 陶瓷基复合材料的性能。

表 5-10　用于制备 SiC/SiC 复合材料的第三代 SiC 纤维

纤维类型	制造商	最高温度 /℃	其他元素含量（质量分数）/%	晶粒尺寸 /nm	表面相	拉伸强度 /GPa	热导率 /W·(m·K)$^{-1}$
Hi-Nicalon	Nippon Carbon	1450	0.5 O	5	C	3.0	8
Hi-Nicalon-S（N）OXgrade	Nippon Carbon	1650	0.7 O	20	C	2.8	18
Hi-Nicalon-S（OXgrade）	Nippon Carbon	1650	0.7 O	20	SiC	2.6	18
Sylramic	ATK-COI Ceramics	1850	<0.1 O，1.2 B，2.4 Ti	100	B	3.2	46
Sylramic-iBN	ATK-COI Ceramics	1800	<0.1 O，约 0 B，2.4 Ti	200	BN	3.1	>50
Super Sylramic-iBN	NASA	1800	<0.1 O，约 0 B，2.4 Ti	200	BN	3.0	>50
Tyranno SA3	UBE Industries	1900	0.2 O，0.6 Al	400	SiC	2.8	65

注：1. 最高温度是指在惰性气氛下保温 10h，纤维强度降低 10% 时对应的最高温度；

　　2. 拉伸强度是指在跨距为 25mm 时单丝室温拉伸强度。

表 5-11　纤维排布对于 SiC/ SiC 复合材料性能的影响

纤维编织方法	各方向纤维体积分数/%			20℃各方向强度/MPa			复合材料热导率/W·(m·K)$^{-1}$		
				Y		Z	X	Y	Z
	X	Y	Z	开裂应力	断裂应力	断裂应力	20℃	20℃	1400℃
2D 织物	18	18	0	180	460	15	50	25	18
2.5D	17	19	3	140	360	28		50	25
3D 正交	18	17	<5	120	320				
3D 正交不均	10	25	<5	240	600				

引入碳化硅纤维之所以使得 SiC/SiC 陶瓷基复合材料表现出非脆性断裂，具有较高的损毁容限，非常重要的一个因素是该复合材料具有适当的界面性能，通过在 SiC/SiC 陶瓷基复合材料引入热解碳（PyC）、六方氮化硼（BN）以及多层界面相（SiC/BN、PyC/SiC/PyC），使得复合材料在加载过程中，可以产生纤维脱黏、纤维桥联和纤维拔出等能量耗损机制，达到增韧增强的目的。图 5-66 给出聚合物浸渗热解法制备的 SiC/SiC 陶瓷基复合材料界面相对于其应力-应变行为的影响。表 5-12 给出界面相对于该复合材料性能的影响。研究人员把表中具有较低断裂韧性复合材料归因于界面结合太强，使得不能发生纤维的脱黏，复合材料产生过早的断裂。

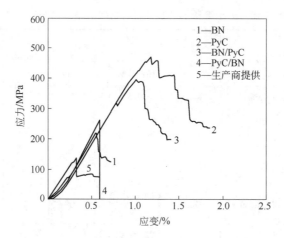

图 5-66　具有不同界面的 SiC/SiC 陶瓷基复合材料的应力-应变行为

表 5-12　界面相对于 SiC/SiC 陶瓷基复合材料性能的影响

界面层	体积密度/g·cm⁻³	显气孔率/%	弯曲强度/MPa	断裂韧性/MPa·m¹ᐟ²
原纤维表面	2.15	2.9	144.1±22.1	6.7±0.2
BN	2.07	5.1	225.1±30.1	9.0±0.2
PyC	2.14	4.9	433.1±59.5	20.0±0.5
BN/PyC	2.10	5.1	397.1±40.1	19.7±0.8
PyC/BN	2.12	4.4	275.4±36.5	3.5±0.1

5.4.5.2　碳化硅纤维增韧碳化硅基复合材料的高温性能

蠕变是指材料在一定温度和载荷下，形变随时间的变化。高温结构材料在服役过程中除了要承受高温作用，还要承受载荷，在两者共同作用下，材料变形会随着时间发生变化。高温蠕变不仅会导致高温结构变形，甚至会产生蠕变断裂，为此材料在使用条件下抵抗蠕变变形能力对于高温结构材料是一个非常重要的性能。

美国 NASA Glenn 研究中心研究人员较为系统地研究了两种制备方法（CVI 和 PIP 法）SiC/SiC 复合材料的高温强度和蠕变性能。两类复合材料的基本物性参数如表 5-13 所示[35]。由表 5-13 可见，两种方法复合材料的比例极限应力相近，但初始弹性模量 CVI SiC/SiC 明显偏高，这是由 PIP 法制备的 SiC/SiC 复合材料基质中较高的收缩裂纹造成的。同样，由表 5-13 可见，尽管 PIP SiC/SiC 复合材料纤维体积分数较高，但最大断裂强度较低，研究人员通过实验证明，这是由于 PIP 法制备复合材料中纤维强度有所降低。

表 5-13　两类 SiC/SiC 陶瓷基复合材料的基本性能

性　　能	CVI SiC/SiC（Ⅰ）	CVI SiC/SiC（Ⅱ）	PIP SiC/SiC
纤维排布	2D 编织	2D 编织	2D 编织
物理密度/g·cm⁻³	2.45±0.06	2.44±0.05	2.47±0.01
体积密度/g·cm⁻³	—	2.84±0.01	2.65±0.02
纤维体积分数/%	0.37±0.01	0.35±0.02	0.50±0.02

性　　能	CVI SiC/SiC（Ⅰ）	CVI SiC/SiC（Ⅱ）	PIP SiC/SiC
比例极限应力/MPa	110±13	128±24	109±12
比例极限应变/%	0.04±0.01	0.05±0.01	0.07±0.01
初始弹性模量/GPa	258±19	272±22	169±19
最大拉伸强度/MPa	440±10	357±75	349±84
最大拉伸应变/%	0.49±0.10	0.41±0.11	0.28±0.09

图 5-67 给出两种 SiC/SiC 复合材料复合材料力学性能随测试温度的变化[35]。可见，随测试温度升高，两类复合材料比例极限应力、弹性模量和最大断裂强度均降低，且 PIP SiC/SiC 复合材料三个指标较低。

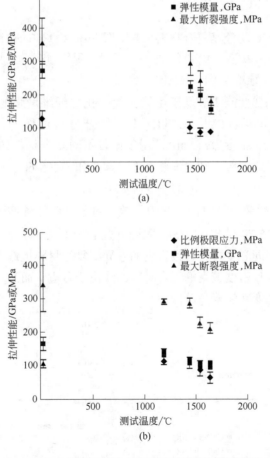

图 5-67　SiC/SiC 陶瓷基复合材料面内拉伸强度随温度的变化
（a）CVI SiC/SiC（Ⅱ）；（b）PIP SiC/SiC

图 5-68 给出 CVI SiC/SiC 陶瓷基复合材料在 1315℃不同载荷下的蠕变曲线[36]。可见，当施加载荷高于比例极限应力，如 155MPa，复合材料在 147h 就产生蠕变断裂，而低于比例极限应力即使大于 300h，复合材料也不会产生断裂。研究发现，复合材料的结构

不均匀性导致蠕变试验不同的试样结果存在较大差别。不同的作用载荷水平会导致蠕变过程中复合材料主要承载组分发生变化，当载荷低于比例极限应力，如69MPa和86MPa，基体未产生开裂，此时，基体和纤维共同承载，复合材料的蠕变性由基体和纤维共同决定；蠕变断裂寿命是由基体和纤维的慢裂纹生长所决定的。当载荷超过比例极限应力，如155MPa基体产生开裂，此时，纤维主要承受载荷，蠕变行为主要由纤维决定。当载荷为138MPa，基体产生部分开裂，载荷主要由纤维承载，基体承担部分载荷。

图5-69给出SiC/SiC陶瓷基复合材料抗蠕变性能[35]。可见，由第一代碳化硅纤维和第二代碳化硅纤维增强的SiC/SiC

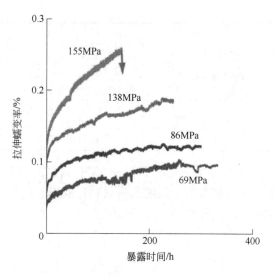

图5-68　CVI SiC/SiC 陶瓷基复合材料在1315℃不同载荷下的蠕变曲线

陶瓷基复合材料的抗蠕变性能明显低于由第三代碳化硅纤维增强的复合材料，见图5-69（a）。由图5-69（b）可见，CVI SiC/SiC（Ⅰ）复合材料抗蠕变性能优于CVI SiC/SiC（Ⅱ）。可以用Larson-Miller参数（LMP）用于比较不同复合材料的抗蠕变性能。该经验方程将蠕变断裂时间、蠕变应力和温度联系在一起，如式（5-60）所示[35]：

$$LMP = T(\lg t_R + D) \tag{5-60}$$

式中，T为温度；t_R为蠕变断裂时间；D为常数，对于SiC纤维增强的SiC/SiC陶瓷基复合材料D常取22。图5-70给出SiC/SiC陶瓷基复合材料Larson-Miller曲线[35]。由图可见，随着增强体纤维不同和复合材料致密度的差异，复合材料抗蠕变性能相差较大。第三代纤维增强复合材料和致密度较高的复合材料曲线位于右边，而第一代和第二代纤维增强复合材料位于左边，蠕变断裂寿命较低。

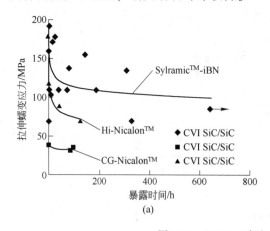

(a)

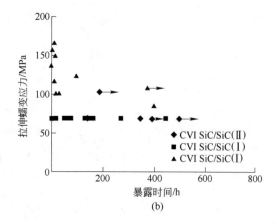

(b)

图5-69　SiC/SiC 陶瓷基复合材料抗蠕变性能

(a) 1315℃；(b) 1450℃

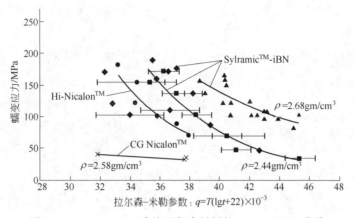

图 5-70　CVI SiC/SiC 陶瓷基复合材料的 Larson-Miller 曲线

5.4.6　纤维增韧氧化物基复合材料

非氧化物基复合材料在高温使用环境条件下常存在氧化问题，同时由于非氧化物为共价键结合常导致制备温度较高和成本较高。氧化物基复合材料具有较好的抗氧化性，通常制备成本较低。纤维增韧氧化物基复合材料多集中在对氧化铝基和莫来石基复合材料的研究。制备方法包括金属直接氧化法、溶胶-凝胶法、金属醇盐化学气相浸渗法、电泳沉积热压烧结法等。增强体包括碳化硅质纤维和氧化铝质纤维。界面相包括 SiC/BN 双层涂层、多孔氧化物涂层、C/ZrO$_2$ 双层涂层、LaPO$_4$ 涂层、CaWO$_4$ 涂层等。根据基体致密情况将纤维增强氧化物基复合材料分为较致密基质复合材料和多孔基质复合材料。

5.4.6.1　致密氧化铝基复合材料

直接金属氧化法是一种较为经济的制备纤维增韧氧化铝基复合材料的方法，目前增强体主要包括 Nicalon 和 Hi-NicalonSiC 纤维和 Nextel 系列氧化铝质纤维。可选用 SiC/BN 双层涂层作为界面相，一般 SiC 涂层厚度为 2~4μm，SiC 涂层过薄不足以保护 BN 涂层和纤维，过厚会使纤维束浸渗孔道堵塞。BN 涂层厚度为 0.2~0.5μm，过薄不能很好起到脱黏层作用，同时也会影响纤维拔出长度和韧化效果，过厚也没有必要，对性能提高没有更大贡献。

A　Nicalon/SiC/BN/Al$_2$O$_3$ 复合材料显微结构

直接金属氧化法制备的 2D Nicalon 纤维增韧氧化铝基复合材料显微结构如图 5-71 所示[10]。图 5-71 （a）为复合材料截面图，需要说明条状黑色部分不是孔洞，是在磨片过程中纤维脱落造成的。图 5-71 （b）为图 5-71 （a）局部放大，由该图可见 Nicalon 纤维周围 SiC/BN 界面相涂覆均匀，同时可见氧化铝基质中由于游离金属铝去除留下的小孔洞。图 5-72 给出了 2D Nicalon/SiC/BN/Al$_2$O$_3$ 复合材料在室温和 1200℃力学性能测试断口形貌[10]。由两个温度下断口形貌可见 SiC/BN 界面相在复合材料受力过程中很好起到裂纹偏折作用。由室温断口形貌可见裂纹偏折发生在 BN 涂层与纤维之间。

B　Nicalon/SiC/BN/Al$_2$O$_3$ 复合材料的性能

图 5-73 给出了 Nicalon/SiC/BN/Al$_2$O$_3$ 复合材料的拉伸应力-应变曲线[10]。图 5-74 给

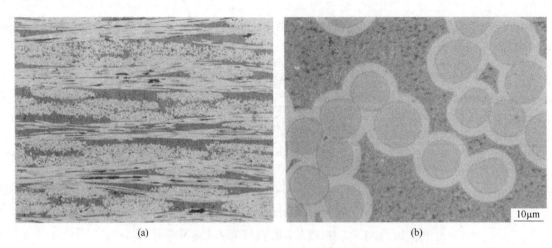

(a)   (b)

图 5-71   2D Nicalon/SiC/BN/Al$_2$O$_3$ 复合材料光学显微结构照片

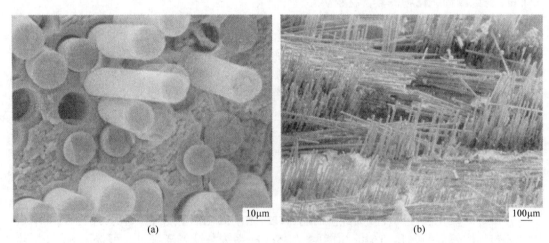

(a)   (b)

图 5-72   2D Nicalon/SiC/BN/Al$_2$O$_3$ 复合材料断口形貌

（a）室温断口；（b）1200℃断口

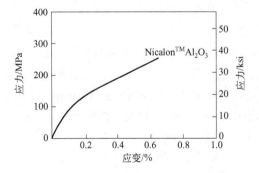

图 5-73   2D Nicalon/SiC/BN/Al$_2$O$_3$ 复合材料
拉伸应力-应变曲线

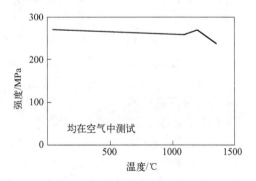

图 5-74   2D Nicalon/SiC/BN/Al$_2$O$_3$ 复合材料
拉伸强度随测试温度的变化

出了在空气条件下 Nicalon/SiC/BN/Al$_2$O$_3$ 复合材料拉伸强度随测试温度的变化[10]。由图可见 Nicalon/SiC/BN/Al$_2$O$_3$ 复合材料表现出非脆性断裂行为。由室温至 1200℃ 复合材料拉伸强度保持不变，高于该温度强度出现降低，主要是由 Nicalon 纤维性能降低造成的。

表 5-14 给出了 Nicalon/SiC/BN/Al$_2$O$_3$ 复合材料的性能[10]。由表可见该复合材料弯曲强度随测试温度变化与图 5-74 具有相同的规律，高于 1200℃ 弯曲强度出现明显降低。

表 5-14　2D Nicalon/SiC/BN/Al$_2$O$_3$ 复合材料性能

密度 /g·cm^{-3}	杨氏模量 /GPa	线膨胀系数 /K^{-1}	拉伸强度 /MPa	断裂韧性 /MPa·m$^{1/2}$	弯曲强度/MPa			
					室温	1200℃	1300℃	1400℃
2.8	160	5.5×10^{-6}	260	28	461	488	400	340

表 5-15 给出 Nicalon/SiC/BN/Al$_2$O$_3$ 复合材料热震实验结果[10]。由表可见尽管该复合材料基体线膨胀系数较高（8×10^{-6}K^{-1}），但引入纤维增韧以后复合材料具有很好的抗热冲击性能，1000℃ 5 次热震循环以后强度保留比例高达 85%。与块体氧化铝陶瓷相比抗热震性能明显改善。

表 5-15　Nicalon/SiC/BN/Al$_2$O$_3$ 复合材料热震实验结果

热震温度/℃	热循环次数	弯曲强度/MPa	强度保留比例/%
室温	0	385	—
1000	1	357	93
1000	5	328	85
1200	1	322	84

C　纤维类型对 Al$_2$O$_3$ 基复合材料的性能影响

图 5-75 给出了四种纤维增韧 Al$_2$O$_3$ 基复合材料的弯曲强度随测试温度的变化曲线[10]。可见以氧化物纤维增强的 Al$_2$O$_3$ 基复合材料 1000℃ 在空气中强度已损失近 50%，而 Nicalon^{TM}/SiC/BN/Al$_2$O$_3$ 复合材料在 1200℃ 仅有很少降低。说明氧化物纤维作为增强体高温强度和抗蠕变性能依然是一个突出问题，与以共价键结合的碳化硅质纤维无法抗衡。在氧化物纤维增强复合材料中以 Nextel610 纤维最高。氧化物纤维增韧 Al$_2$O$_3$ 基复合材料断裂韧性也随着测试温度升高而降低，如 Nextel610/Al$_2$O$_3$ 基复合材料室温断裂韧性为 17MPa·m$^{1/2}$，1000℃ 降至 9MPa·m$^{1/2}$。Almax/Al$_2$O$_3$ 复合材料断裂韧性由室温 19MPa·m$^{1/2}$ 降至 700℃ 6.6MPa·m$^{1/2}$，以致 1000℃ 只有 3.6MPa·m$^{1/2}$。尽管断裂韧性降低，但在高温以 SiC/BN 为界面相的 Al$_2$O$_3$ 基复合材料依然能够产生纤维脱黏和拔出，见图5-76[10]。进一步分析表明 Almax/Al$_2$O$_3$ 复合材料弯曲强度随测试温度的降低对应着断裂方式的变化，由室温穿晶断裂转变为 1000℃ 时晶间断裂。说明在高温下晶间玻璃相的出现使晶间结合变弱，纤维强度降低，导致复合材料强度降低。Al$_2$O$_3$ 基复合材料拉伸应力-应变曲线见图 5-77[10]。

图 5-78 对比了两种碳化硅纤维增韧 Al$_2$O$_3$ 基复合材料在空中 1100℃ 热处理 1000h 拉伸强度变化情况[10]。由于 Hi-Nicalon^{TM} 纤维相对于 Nicalon^{TM} 纤维具有低的氧含量和更好的高温性能和结构稳定性，Hi-Nicalon^{TM}/SiC/BN/Al$_2$O$_3$ 复合材料保留强度要高得多。

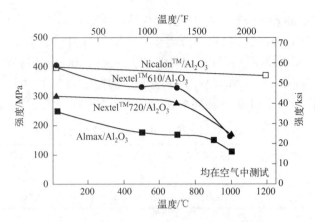

图 5-75　Al$_2$O$_3$ 基复合材料弯曲强度随测试温度的变化

图 5-76　Almax/Al$_2$O$_3$ 复合材料在不同温度断口形貌

（a）室温；（b）700℃；（c）1000℃

D　全氧化物 Al$_2$O$_3$ 基复合材料

SiC/BN 作为界面相依然存在氧化问题，特别是在高温承载情况下，当载荷超过基体开裂应力时，界面相就会暴露在使用环境下，界面相氧化会导致复合材料性能降级，甚至产生脆性断裂。对于氧化物纤维增韧全氧化物复合材料界面相选择非常关键，目前能够满足界面脱黏要求的界面相主要有多孔氧化物涂层、C/ZrO$_2$ 双层涂层、LaPO$_4$ 涂层。由于 LaPO$_4$ 具有很高的熔点（>2000℃），且与 Al$_2$O$_3$ 高温下化学相容，为此成为很有希望的界面相材料。上海交通大学李学武等采用泥浆浸渗结合等离子体放电烧结法制备出 Nextel^{TM} 610 增强氧化锆复合材料，LaPO$_4$ 为界面相时取得较好的韧化效果。图 5-79 给出 Nextel^{TM}

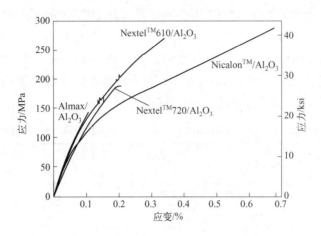

图 5-77　Al$_2$O$_3$ 基复合材料拉伸应力-应变曲线

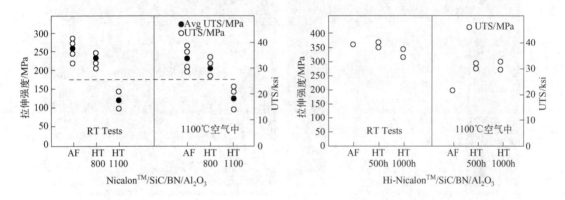

图 5-78　碳化硅质纤维增韧 Al$_2$O$_3$ 基复合材料在空气中 1100℃保温 1000h 强度变化

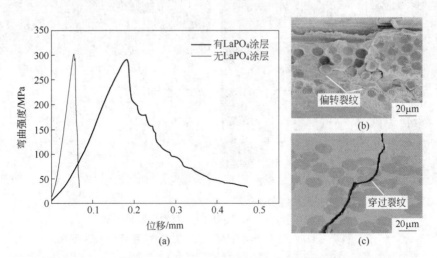

图 5-79　Nextel^{TM}610/LaPO$_4$/YSZ 复合材料应力-应变行为和裂纹扩展

（a）典型的应力-应变曲线；（b）含有 LaPO$_4$ 时裂纹扩展；（c）无 LaPO$_4$ 时裂纹扩展

610/LaPO₄/YSZ 复合材料界面对其应力-应变行为和裂纹扩展的影响[37]。可见，在含有界面相时，复合材料表现出非脆性断裂，裂纹发生偏转。没有 LaPO₄ 时，基体中的裂纹直接穿过纤维，这是由界面结合强度过高所致的。表 5-16 给出 Nextel™610/LaPO₄/YSZ 复合材料和块体 YSZ 的性能[37]。图 5-80 给出了该复合材料不同界面条件下的断口形貌，可见有 LaPO₄ 时表现出非脆性断裂，有明显的纤维拔出[37]。

表 5-16 Nextel™610/LaPO₄/YSZ 复合材料和块体 YSZ 的性能

试　样	体积密度/g·cm⁻³	显气孔率/%	纤维体积分数/%	弯曲强度/MPa	断裂韧性/MPa·m^{1/2}
YSZ	6.02±0.05	0.05	—	1047±124	3.72±0.30
Nextel™610/YSZ	4.55±0.12	8	48	296±31	6.89±0.44
Nextel™610/LaPO₄/YSZ	4.63±0.19	8	44	277±43	15.93±0.75

图 5-80 Saphikon/Al₂O₃ 复合材料的断口形貌

（a）（b）无 LaPO₄ 时断口形貌；（c）（d）有 LaPO₄ 界面相时断口形貌

Saryhan 等采用化学气相沉积法在 Nextel720 纤维上制备了 C/ZrO₂ 和 C/Al₂O₃ 双层涂层，用泥浆浸渗热压烧结法制备了 Nextel720/ C/ZrO₂/莫来石和 Nextel720/C/Al₂O₃/莫来石复合材料，通过热处理获得具有间隙的界面相[38]。两种复合材料界面结构见图5-81[38]。研究了三种热处理条件下复合材料的力学行为，图5-82分别给出不同热处理条件下三类复合材料的三点弯曲载荷-位移曲线[38]。由图可见除了1300℃连续热处理后复合材料为脆性断裂外，原样和其他条件下热处理复合材料均表现出非脆性断裂特征，说明瞬时界面相具有较好的脱黏效果。制备的原样具有热解碳界面相复合材料载荷-位移曲线与其他两种复合材料有所不同，在达到最大载荷之前它已出现非线性变形，其他两种复合材料则不明显。

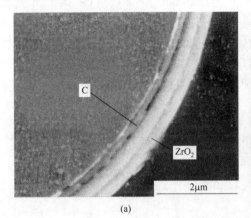
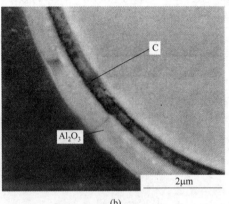

图 5-81　Nextel720/莫来石复合材料界面结构

（a）Nextel720/C/ZrO$_2$/莫来石；（b）Nextel720/C/Al$_2$O$_3$/莫来石

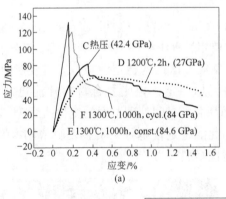
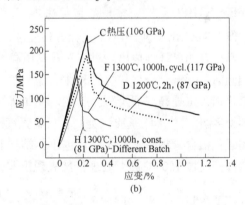

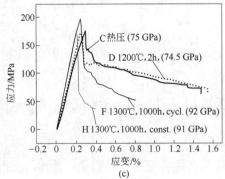

图 5-82　不同热处理条件下三类复合材料的三点弯曲载荷-位移曲线

（a）Nextel720/C/莫来石；（b）Nextel720/C/ZrO$_2$/莫来石；（c）Nextel720/C/Al$_2$O$_3$/莫来石

5.4.6.2　多孔氧化物基复合材料

A　WHIPOX 复合材料制备工艺

既然多孔材料可以作为纤维增韧陶瓷基复合材料界面相充当脱黏层作用，那么，如果将基体制备成多孔基体，使裂纹偏折发生在基体当中，也可以保护纤维免受过早的断裂，取得好的韧化效果。为此，对于氧化物作为基体复合材料出现了一类纤维增韧多孔基体复合材料，最为著名的是 WHIPOX (Wound Highly Porous Oxide Ceramic Composite)。WHIPOX 复合材料首先由德国航空中心（German Aerospace Center）开发成功。该材料采用纤维束边浸渗边缠绕制备纤维预浸块（体），而后在空气采用无压烧结得到多孔基体复合材料，该类复合材料具有非脆性断裂特性，同时具有很好的抗热震性能。该方法工艺过程如图 5-83 所示[10]。WHIPOX 复合材料增强体可以选用氧化铝质纤维，基体可以是氧化铝质、莫来石质和硅酸铝质。可以通过控制浸渗次数和烧成温度控制复合材料气孔率。

图 5-83　WHIPOX 复合材料制备工艺过程

B　WHIPOX 复合材料结构与性能

图 5-84 给出了 WHIPOX 复合材料显微结构和断口形貌[10]。可见纤维周围多孔基质，试样断口有明显纤维拔出。对于多孔基质高温使用过程中会产生再烧结过程，基质有致密化的倾向，影响复合材料结构和性能稳定性。基质显微结构稳定性与基质组成密切相关，随氧化铝含量提高和低熔成分减少基质结构更加稳定，相应复合材料性能更加稳定。图 5-85 给出三种不同基质该类复合材料强度随高温长时间处理温度的变化曲线[10]。可见基体氧化铝含量越高，强度变化越小，结构和性能稳定性越好。实验表明 WHIPOX 复合材料即使经过 1600℃高温处理依然表现出非脆性断裂行为。

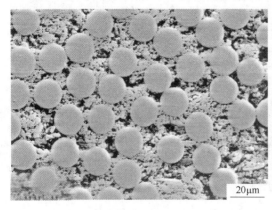
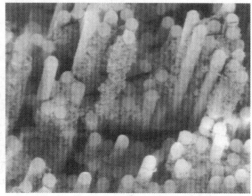

图 5-84　WHIPOX 复合材料和经过 1600℃热处理后显微结构和断口形貌

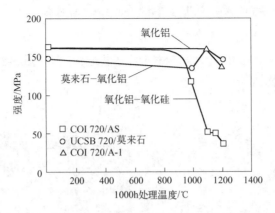

图 5-85　多孔氧化物基复合材料强度随长时间高温处理温度的变化

5.4.7　纤维增韧玻璃陶瓷基复合材料

5.4.7.1　制备工艺与材料体系

纤维增韧玻璃及玻璃陶瓷基复合材料始源于 20 世纪 70 年代，由于该类复合材料可以沿用玻璃成型和致密化方法，使其相对于其他类型复合材料制备成本较低。该类复合材料制备方法主要包括泥浆浸渗热压烧结法、电泳沉积热压烧结法以及溶胶–凝胶结合热压烧结法。

纤维增韧玻璃及玻璃陶瓷基复合材料增强体可以选用碳纤维、碳化硅质纤维和氧化铝质纤维。为了使纤维引入具有好的韧化效果需要对界面性能进行控制，可以采用人工涂层和原位生成两种方式。目前，具有较好效果的界面涂层包括热解碳、六方氮化硼、多层涂层以及氧化锡涂层。可用基体材料见表 5-17。

表 5-17　可用纤维增韧玻璃和玻璃陶瓷基质

基质类型		主要组成	次要成分	主晶相	使用温度/℃
玻璃	7740 硼硅酸盐玻璃	B_2O_3，SiO_2	Na_2O，Al_2O_3	—	600
	1723 铝硅酸盐玻璃	Al_2O_3，SiO_2，MgO，CaO	B_2O_3，BaO	—	700
	7930 高硅玻璃	SiO_2	B_2O_3	—	1150
玻璃陶瓷	锂辉石-Ⅰ（LAS-Ⅰ）	Li_2O，Al_2O_3，SiO_2，MgO	ZnO，ZrO_2，BaO	锂辉石	1000
	锂辉石-Ⅱ（LAS-Ⅱ）	Li_2O，Al_2O_3，SiO_2，MgO Nb_2O_5	ZnO，ZrO_2，BaO	锂辉石	1100
	锂辉石-Ⅲ（LAS-Ⅲ）	Li_2O，Al_2O_3，SiO_2，MgO Nb_2O_5	ZrO_2	锂辉石	1200
	堇青石（MAS）	Al_2O_3，SiO_2，MgO	BaO	堇青石	1200
	钡堇青石（BMAS）	BaO，Al_2O_3，SiO_2，MgO	—	钡堇青石	1250
	莫来石	BaO，Al_2O_3，SiO_2	—	莫来石	约 1500
	钡长石	BaO，Al_2O_3，SiO_2	—	钡长石	约 1600

5.4.7.2　纤维增韧玻璃陶瓷基复合材料的结构与性能

A　纤维增韧玻璃陶瓷基复合材料的显微结构

图 5-86 给出了 Nicalon/BMAS 复合材料的显微结构[10]。图 5-87 给出了 Nicalon/LAS-Ⅱ复合材料的显微结构[10]。

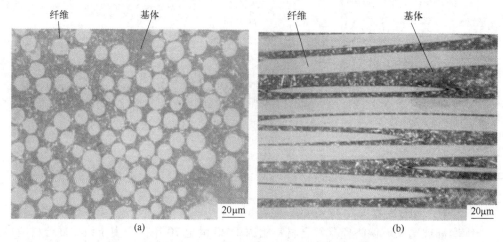

图 5-86　Nicalon/BMAS 复合材料的显微结构
（a）横断面；（b）纵断面

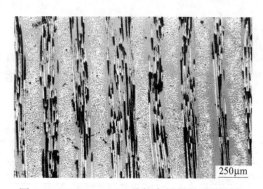

图 5-87　Nicalon/LAS-Ⅱ复合材料的显微结构

B　纤维增韧玻璃陶瓷基复合材料的性能

对于纤维增韧玻璃陶瓷基复合材料研究较多集中在 Nicalon/LAS 复合材料和 Nicalon/钡长石复合材料。本部分主要针对 Nicalon/LAS 复合材料介绍性能。表 5-18 给出了单向 Nicalon/LAS 复合材料体系的拉伸强度[10]。可见 Nicalon/LAS 复合材料体系具有很高的拉伸强度，随着基质中引入高熔点氧化物，除了耐高温性能提高之外，拉伸强度也得到提高。

图 5-88 和图 5-89 分别给出 Nicalon/LAS 复合材料弯曲强度和断裂韧性随测试温度的变化[10]。由图可见该复合材料弯曲强度和断裂韧性在 600~700℃ 开始升高，至 1000℃ 左右达到最大值。之所以出现这种现象与基质相产生塑性变形有关。温度继续升高强度和断裂韧性降低，也是由基质决定的。图 5-90 给出了 Nicalon/LAS-Ⅲ复合材料界面[10]，图 5-91 给出了 Nicalon/LAS 复合材料界面裂纹偏转图片[10]。

表 5-18 单向 Nicalon/LAS 复合材料体系的拉伸强度

基体	基体处理条件	纤维体积分数/%	拉伸强度/MPa
LAS-Ⅰ	陶瓷化	46	455
LAS-Ⅱ	未陶瓷化	46	758
	陶瓷化	46	664
LAS-Ⅲ	未陶瓷化	44	670
	陶瓷化	44	680

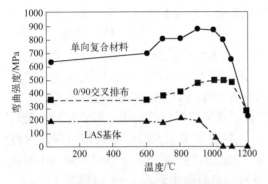

图 5-88 Nicalon/LAS 复合材料体系弯曲强度随测试温度的变化

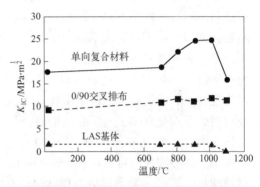

图 5-89 Nicalon/LAS 复合材料体系断裂韧性随测试温度的变化

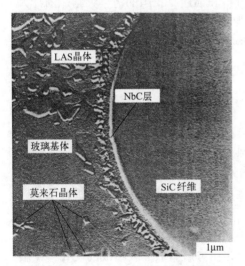

图 5-90 Nicalon/LAS-Ⅲ复合材料界面

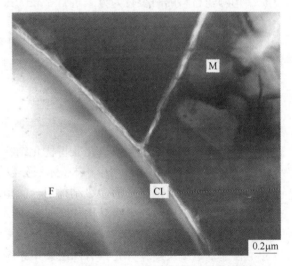

图 5-91 Nicalon/LAS 复合材料界面裂纹偏转

5.5 仿生结构陶瓷基复合材料

自然界生物历经亿万年选择进化，造就了许多优异的结构形式和综合性能，给人类研究材料以启迪。从 20 世纪 60 年代 J. Steele 正式提出仿生学的概念起，仿生学作为一个学科被正式提出。自20世纪80年代以来，生物自然复合材料及其仿生研究在国际上引起极大关注，正在形成新的研究领域，即仿生复合材料。

组成生物自然复合材料的原始材料从生物多糖到各种各样的蛋白质、无机物和矿物质，虽然这些原始生物材料的力学性能并不好，但是这些组分通过多层次复合则形成了具有很高强度、刚度以及韧性的生物自然复合材料。对这些生物自然复合材料精细结构的深入研究对人工合成高性能复合材料的研究提供有益的指导，并将为新型材料的设计和制造开辟新的途径。如贝壳珍珠层是一种天然的层状结构材料，在贝壳珍珠层中，霰石的含量高达95%以上，剩下的不到5%的主要是以蛋白质为主的有机质。但是，正是通过这些有机质将不同尺寸的霰石晶片按特殊的层状结构联系起来，形成了层状结构的复合材料，其断裂韧性却比纯霰石高出3000倍以上。可见通过"简单组成、复杂结构"的精细组合，可以获得高韧性和抗破坏性。因此，在材料的设计和研究中，引入了仿生结构设计的思想，通过"简单组成、复杂结构"的精细组合，来实现材料的高韧性、抗破坏性及使用可靠性特性。陶瓷材料的仿生结构设计，从很大程度上改善了陶瓷材料的脆性本质，为陶瓷材料的强韧化提供了一条崭新的研究和设计思路。首先将层状结构引入陶瓷材料的宏观结构当中的是W. J. Clegg。他于1990年在Nature上发表了关于SiC/C层状结构复合陶瓷的报道。其断裂韧性可以达到$15MPa \cdot m^{1/2}$，断裂功更可高达$4625J/m^2$，是常规SiC陶瓷材料的几十倍[7]。自此以后，层状复合在陶瓷材料制备科学中形成了一个热潮。Claussen等人重复了ZrO_2体系的层状结构，同样获得了增大的韧性和R-曲线。Hsu S M等人对Si_3N_4体系的层状陶瓷进行了研究，实测的断裂功可以达到$6500J/m^2$以上，他同时还对层状结构陶瓷材料的断裂行为方式进行了较为细致的分析和描述。我国的清华大学、浙江大学等也相继开展了层状结构陶瓷材料的研究。清华大学黄勇教授所在的课题组从1993年以来就一直开展层状Si_3N_4/BN陶瓷材料的研究，并率先提出了高韧性陶瓷材料的仿生结构设计的思想，在材料的设计、制备和性能方面取得了一些较好的研究成果。

5.5.1　贝壳珍珠层的微观结构与力学性能

5.5.1.1　贝壳珍珠层多级结构

贝壳珍珠层是通过生物进化获得优化结构从而具有优异性能的典型生物物种。它们是由约95%体积分数的霰石和小于5%体积分数的生物聚合物组成。其组成组分均没有突出的力学性能，但通过复杂的多级结构组合，呈现出优异的力学性能，这与其多级精细结构密切相关。贝壳珍珠层多级结构如图5-92所示[39]。和许多其他生物一样，贝壳珍珠层具有多层次精细结构，意味着在不同的尺度范围具有不同的特殊结构，从纳米尺度到宏观尺寸。在毫米量级尺度，贝壳具有两层装甲系统。一层是由方解石大晶粒组成的硬壳，一层是较软而韧的内层，如图5-92（a）和（b）所示。在外力作用下，由方解石组成的外层硬壳不易穿透，但容易脆裂。但相对较韧的珍珠层即使在外层开裂的情况依然可以保持贝壳的整体性，这一点对于保护动物的软体组织尤为重要。

从介观尺度上来讲，贝壳珍珠层又由几个亚层组成，亚层厚度约为0.3mm，由有机层分开，如图5-92（c）和（d）所示。每个亚层又由许多霰石微层组成，很多研究者称其为"砖块-灰层结构"。其中砖块相当于霰石微晶，而灰层起到结合作用，相当于珍珠层中的有机质，如图5-93所示[40]。

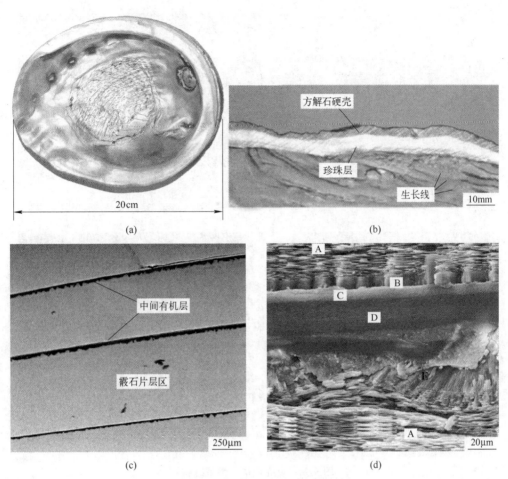

图 5-92　贝壳珍珠层多级结构

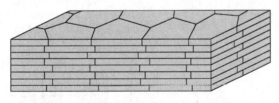

图 5-93　贝壳珍珠层中"砖块-灰层结构"示意图

　　图 5-94 给出了贝壳珍珠层陶瓷/有机复合材料体系微观结构[41]，其中霰石是该复合材料的主要组分，霰石微晶厚度约为 0.5μm，长度为 8μm 左右，霰石占整个复合材料体积的 95%。有机质体积分数小于 5%，有机层厚度为 20~30nm。有机层填充在霰石微晶中间，并将它们黏结在一起。有机层是由数层蛋白质和甲壳质组成的。图 5-95 给出了贝壳珍珠层及其粉末的 X 射线衍射图谱[41~44]，图 5-95（a）为珍珠层衍射图谱，可见只有霰石衍射峰，且有一定取向性，图 5-95（b）为珍珠层粉末衍射图，与霰石衍射图谱完全吻合。

　　扫描电子显微镜和透射电子显微镜观察表明霰石微晶片并非完全平直，而是波浪状，

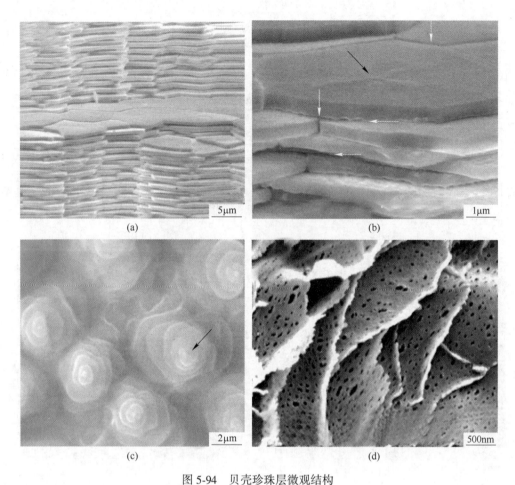

图 5-94 贝壳珍珠层微观结构

（a）贝壳珍珠层微结构；（b）局部放大图；（c）贝壳珍珠层的顶层形貌；（d）贝壳珍珠层有机质结构

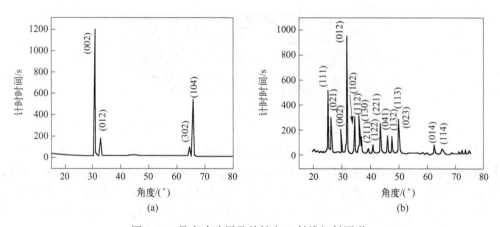

图 5-95 贝壳珍珠层及其粉末 X 射线衍射图谱

如图 5-96 所示[40]。此外每个霰石片晶上还有凸起，凸起高度大约在 200nm，如图 5-97 所示[42]。

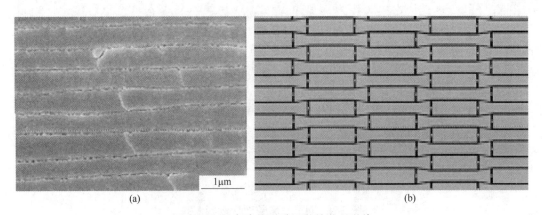

(a)   (b)

图 5-96　贝壳珍珠层霰石微晶微观形貌

（a）贝壳珍珠层霰石 SEM 照片；（b）微观结构示意图

图 5-97　贝壳珍珠层中霰石微晶表面扫描电子显微镜照片

5.5.1.2　贝壳珍珠层的变形行为与力学性能

　　针对贝壳珍珠层在各种载荷条件下变形行为已进行了大量研究，包括单轴拉伸、单轴压缩、三点和四点弯曲以及简单剪切等。从宏观角度来讲，贝壳珍珠层最典型的变形行为是沿着霰石晶片方向的单轴拉伸。图 5-98 给出了珍珠层单轴拉伸行为[43]。由图可见存在明显的塑性变形，断裂应变约为 2%。由图还可见由弹性变形到非弹性变形的过渡是连续的，在曲线上表现为过渡曲线为圆角。同时可见产生非弹性变形后材料存在应变硬化行为直至断裂。图 5-98（a）也给出了霰石拉伸应力-应变曲线，可见断裂前一直为弹性变形，断裂为脆性断裂。贝壳珍珠层主要由霰石组成，其占贝壳珍珠层 95%（体积分数），尽管如此珍珠层拉伸变形表现出塑性变形行为，这与其显微结构有关，这种变形的背后存在一定的微观变形机制。当拉伸应力达到约 60MPa 时，界面产生剪切屈服，同时霰石片晶产生相对滑动，伴随一定变形，这种现象在珍珠层内传播，引起更大变形，使得宏观上表现为较大的变形。一旦潜在滑移点耗尽，试样断裂，同时伴随晶片拔出，如图 5-98（b）所示。这种微观变形机制是珍珠层所特有的，也是其具有优异力学性能的根本所在。

　　要想获得如此变形行为必须满足一定条件：首先界面相对霰石晶片必须足够弱，否则再没有产生明显变形前霰石晶片就产生断裂，导致脆性断裂。霰石晶片必须具有足够高的强度这一点，也非常重要。实验表明由于霰石晶片尺度小、具有较大的长径比，同时含有

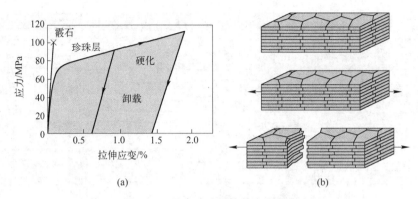

图 5-98　贝壳珍珠层拉伸变形行为

（a）珍珠层拉伸应力-应变曲线；（b）拉伸变形模式

纳米晶，这些均赋予其很高的强度。大的长径比赋予贝壳珍珠层较大的滑移面积，产生强的界面结合。使贝壳珍珠层产生上述变形行为的另一个基本条件是在相当于霰石晶片大小介观尺度上存在硬化机制使得晶片滑移能够在材料内部传播。这种硬化机制足以在材料内部启动新的滑移点促进滑移传播。由于霰石晶片受力过程一直表现为弹性变形，所以这种硬化机制只能发生在界面上。揭示这种界面行为最好的方法是简单界面剪切实验。图 5-99 给出贝壳珍珠层剪切应力-应变曲线[42]，显示很强的应变硬化行为，断裂应变超过 15%。图中也揭示了晶片滑移过程材料体积膨胀现象。这种重要发现表明晶片相对滑移必须克服某种障碍。应变硬化对于拉伸和剪切受力下材料产生大的断裂性变是非常重要的，当然也是贝壳珍珠层具有优异力学性能所必需的。

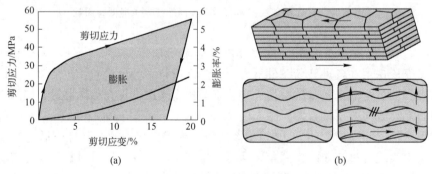

图 5-99　贝壳珍珠层剪切变形行为

（a）珍珠层剪切应力-应变曲线；（b）剪切变形模式

　　显而易见贝壳珍珠层的优异性能是由存在于霰石晶片之间的界面微观机制决定的，为此搞清界面上存在的微观机制尤为重要。对此研究者提出如下微观模型。

　　第一种微观变形机制很容易使人们联想到在霰石晶片之间存在有机高聚物，这些有机高聚物将霰石晶片很强地黏合在一起。这些高聚物其中的某些分子含有一些模块，其在拉伸应力作用下能够展开，产生足够的伸展，并保持晶片黏结在一起，如图 5-100（a）所示[43]。

　　第二种微观机制是存在于相对滑动霰石晶片表面上的微观凸起，如图 5-100（b）所示。在贝壳珍珠层受到拉伸和剪切应力时，霰石晶片发生相对滑移，晶片表面微观凸起产生阻碍作用，需要增加外力才能克服这种阻碍继续滑移。然而这种微观凸起所提供的阻碍在 2~15nm 范围，远小于贝壳珍珠层变形过程中实验所观察到的 100~200nm。为此这种机制尚未完全解释珍珠层应变硬化机制。

第三种微观机制与霰石微晶的桥联有关，如图 5-100（c）和图 5-101 所示[40]。这种桥联使界面强化，并且会影响整个珍珠层的力学行为。然而霰石是脆性的，一旦产生断裂，其对晶片的滑移不会产生太大的阻碍作用。这是期望另一种机制发挥作用，这就是晶片滑移一段距离以后，断裂的桥架会重新接触起到阻碍作用，使界面得到强化，提供滑移阻力。

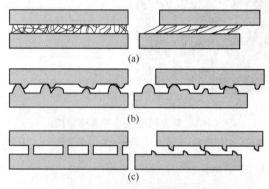

图 5-100　控制贝壳珍珠层滑移变形的微观机制
（a）生物聚合物伸展；（b）显示凸起接触；（c）霰石起始桥联与过后再自锁

第四种微观机制来源于霰石晶片表面的波浪，如图 5-96 所示。随着晶片的相对滑移，霰石晶片必须攀爬过彼此的波浪，并产生自锁现象，这种现象在材料内蔓延，从而使滑移阻力增大，导致应变硬化。

图 5-102 给出了来自鲍鱼壳珍珠层力学性能测试结果[40]。由图可见贝壳珍珠层力学性能存在很大的各向异性。在垂直于片层方向压缩和拉伸强度分别为 540MPa 和 5MPa；而在平行于片层方向，压缩和拉伸强度相差不大。这种在平行于片层方向压缩和拉伸强度较接近的现象进一步印证了霰石晶片之间生物高聚物、桥联和晶片波浪对强度的贡献。

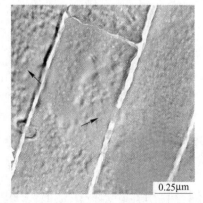

图 5-101　霰石晶片穿过有机制形成的桥联

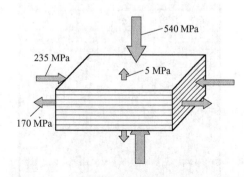

图 5-102　贝壳珍珠层在不同载荷条件下压缩和最大拉伸强度

5.5.1.3　贝壳珍珠层断裂机制

贝壳珍珠层断裂机制有以下三种[43~46]：

（1）晶片滑移与拔出。详见图5-103。

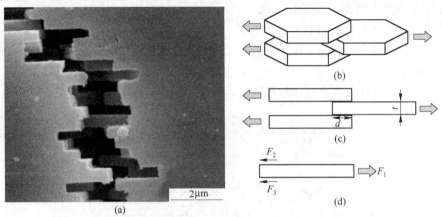

图5-103　贝壳珍珠层晶片滑移与拔出

（a）裂纹在珍珠层中的扩层；（b）晶片滑移；（c）晶片拔出；（d）拔出时受力

（2）片层弯折。详见图5-104。

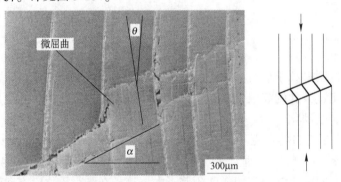

图5-104　贝壳珍珠层片层弯折

（3）有机层偏折。详见图5-105。

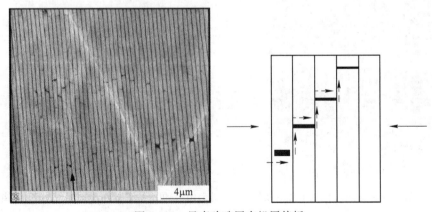

图5-105　贝壳珍珠层有机层偏折

5.5.1.4 贝壳珍珠层仿生学启示

针对贝壳珍珠层结构与性能可总结如下：（1）该类生物复合材料均具有多级精细结构；（2）尽管珍珠层组成组分性能一般，但通过精细组合可以得到力学性能优异的无机/有机生物复合材料；（3）该类生物复合材料力学性能具有很强的各向异性；（4）贝壳珍珠层中无机组分是载荷主要承载组元，有机成分是很好的界面相材料，其不仅使复合材料形成很好的有机整体，同时赋予复合材料很好的抗冲击性能和韧性。

通过上述分析对于陶瓷材料韧化获得如下启示：（1）可以通过简单组分和精细结构获得具有优异性能的材料；（2）通过合理选择复合材料体系和设计界面相结构与性能，可以获得具有很高韧性的复合材料；（3）进一步印证界面在复合材料中的重要作用，为此界面控制在复合组成和结构设计、制备工艺选择和性能优化中占有非常重要地位。

5.5.2 仿生结构陶瓷基复合材料设计思路与制备工艺

5.5.2.1 仿生结构陶瓷基复合材料设计思路

仿生结构设计主要是仿照天然生物材料的结构特征，利用不同结构单元之间的相互作用和相互耦合，达到优势互补、提高材料的断裂韧性和抗破坏能力，从而提高材料的使用可靠性。高韧性陶瓷材料的仿生结构设计思路如下：

（1）简单组成、复杂结构；

（2）引入弱界面层，使得裂纹在弱界面层中反复偏折，消耗大量的断裂能；

（3）非均质设计、精细结构。

近年来提出的纤维独石结构陶瓷（Fibrous Monolithic Ceramics）就是模拟竹木的显微结构特征。这种纤维独石陶瓷是先将粉体制成陶瓷纤维的前驱体，然后在其表面涂覆一定厚度的隔离层，再压制烧结而成。它具备优异的常温力学性能，特别是高的断裂韧性与断裂功。Si_3N_4/BN 纤维独石结构陶瓷的断裂韧性高达 24MPa·$m^{1/2}$，断裂功高达 4000J/m^2以上[47]。层状结构陶瓷材料就是模拟贝壳珍珠层的层状结构，用基体陶瓷层（如 Si_3N_4）模拟珍珠层中的霰石晶片，用弱结合的界面层（如 BN）模拟有机质层。这两类仿生结构陶瓷材料一个共同的特征就是：将陶瓷粉料制成结构单元（纤维或层片），然后在结构单元表面涂覆一层隔离层，再排列烧结而成。因而结构单元和隔离层的基本性质、几何尺寸、界面结合状态以及两者之间的物理和化学相容性等因素都明显地影响了仿生结构陶瓷最终的力学性能，其基本的影响因素可归纳为三类：工艺参数、结构参数和几何参数。

高韧性陶瓷材料的仿生结构材料设计要点如下：

（1）材料体系的选择和优化。基体和界面层的选择要考虑到基体和界面层本身的性质（如弹性模量、线膨胀系数、强度、韧性等）、两者之间的物理、化学相容性，性能匹配性等。

（2）制备方法和工艺参数的确定。根据仿生结构陶瓷的结构特点，选择合适的制备工艺（成型、涂覆、烧结等），优化工艺参数。如纤维独石结构陶瓷可采用挤制成型的方法成型基体纤维，而层状结构陶瓷可采用轧膜成型或流延法成型制备基体陶瓷片。界面层的涂覆工艺、排胶和烧结工艺都根据具体材料体系的不同而定。

（3）结构参数。基体和界面层的强度、弹性模量、线膨胀系数、界面结合状态等对仿生结构陶瓷的力学性能有着明显的影响，如其强度主要是由陶瓷基体层的强度决定，而高韧性主要是由界面层对裂纹的偏折决定，因而与界面层的基本性质有关。

（4）几何参数。仿生结构陶瓷主要由结构单元和界面层组成，两者的几何尺寸也明显地影响了力学性能。几何参数主要包括结构单元尺寸（纤维直径、层片厚度等）、结构单元排列方式（如纤维排布角）、层数、层厚比等。要想得到高性能的仿生结构陶瓷，必须对以上几种影响因素进行优化设计。

5.5.2.2 仿生结构陶瓷基复合材料制备工艺

陶瓷基层状复合材料是将陶瓷基片和界面层相互交替叠层，经一定工艺烧结而成的。制备工艺中关键的两个环节是成型和烧结。成型工艺是形成层状结构的关键。成型又分为陶瓷基体片层的成型和界面层的形成两个过程。

A 陶瓷基片成型

常用的方法主要有流延法成型、轧膜成型、注浆成型等；此外，化学气相沉积（CVD）、物理化学气相沉积（PCVD）、丝网印刷等方法也可用来制备陶瓷薄片。下面简单介绍流延法成型、轧膜成型、注浆成型三种陶瓷薄片的成型工艺。

（1）流延法成型。流延法成型是最常用的获得层状材料的制备工艺。由含有聚合物的陶瓷浆料制成薄膜片层，然后把这些片层叠在一起进行烧结，成为陶瓷基层状复合材料。该工艺优点是可以进行材料的微观结构和宏观结构设计。对于界面不相容的两种材料可以用梯度化工艺叠层连接。陶瓷基片的厚度由刮刀的高度控制。陶瓷基片一般厚度在 $0.05 \sim 0.5 \text{mm}$，这样就易于控制层状材料的结构。流延工艺适于一定批量陶瓷薄片的制备，所制的陶瓷片很薄，因而是广泛采用的制备层状复合材料的方法。缺点是陶瓷浆料制备技术要求较高，制备成分复杂的材料较为困难。

（2）轧膜法成型。国内利用轧膜成型和热压烧结，成功地制备了 Si_3N_4/BN 和 $SiC(W)\text{-}Si_3N_4/BN$ 陶瓷基层状复合材料。轧膜工艺可以方便地得到均匀致密的薄片，其中的陶瓷粉体含量比注浆、流延等方法高，气孔少，而且厚度很容易控制。轧膜工艺显著的优点是通过塑性泥团来成型，因而不必如其他工艺需要形成液体料浆，从而避免了繁杂的陶瓷悬浮体的制备过程，特别是在多成分的材料体系中，极易得到高质量的陶瓷薄片生坯。但是轧膜工艺需要粗轧和精轧等多道工序，因而工艺复杂，效率低，而且所轧陶瓷片较厚，一般在 $100\mu\text{m}$ 以上。

（3）注浆法成型。注浆法也是应用非常普遍的一种形成陶瓷薄片生坯的方法，而且还可以直接形成层状结构。注浆法中的离心注浆使用较多。但该方法需要制备陶瓷浓悬浮体，目前采用的材料体系还相当有限。相比之下，此方法对设备的要求较低且简便易行。

B 界面层的制备

界面层可根据不同的陶瓷基层状复合材料体系采用不同的方法获得。当采用 C 或金属相作为界面层时，一般可直接选用相应的石墨纸和金属薄片。大多数陶瓷界面层可以采用流延、涂层或丝网印刷等方法获得。其中，涂层工艺常采用浸涂和喷涂法。它们都是先将界面层的组成材料分散于水或有机溶剂中，制成均匀稳定的溶液、悬浊液或溶胶，然后将坯体在液体中浸涂或将料浆均匀地喷涂在坯体上，再经过干燥或凝胶处理，便可在基体表面上得到均匀的涂层。

C 复合材料的烧结工艺

复合材料的烧结工艺相对比较简单，与块体材料的烧结工艺大同小异。但由于陶瓷基层状复合材料大多是非均质材料，其烧结致密化较困难，因而常采用热压烧结法。对陶瓷片层与界面层相容性较好的材料体系，也可采用无压烧结的方法。

图 5-106 给出了陶瓷基层状复合材料典型制备工艺路程图[47]。

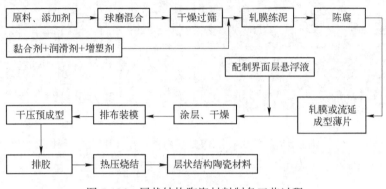

图 5-106　层状结构陶瓷材料制备工艺过程

5.5.3　层状陶瓷基复合材料增韧机制

层状陶瓷基复合材料由结构层和界面分隔层组成。从仿生学角度来看，设计层状结构复合材料的目的是通过结构相似希望获得与天然生物材料相似的优异性能。研究结果表明，含有弱界面层的层状陶瓷复合材料具有与贝壳珍珠层相似的结构特征与断裂行为。图 5-107 (a) 给出了贝壳珍珠层的裂纹扩展方式[45]。可见主裂纹沿着珍珠层层面之间有机层反复偏转，从而增加了裂纹扩展路径，消耗更多的裂纹扩展能量，导致断裂韧性相对于霰石大大提高。研究发现，贝壳珍珠层中存在三种主要增韧机制：裂纹偏转、片层拔出和有机质桥联。图 5-107 (b) 为典型的 Si_3N_4/BN 层状陶瓷复合材料经过弯曲实验显微形貌和裂纹扩展照片，可以看出该材料表现出非常明显的层状结构，同时表现出与贝壳珍珠层相类似的裂纹扩展行为[48]。主裂纹在沿着试样厚度方向扩展时，穿过基体片层后，遇到结合较弱的界面分隔层，裂纹发生偏转，并沿着界面层横向扩展相当长距离，然后才穿过下一个基体层。层状结构陶瓷复合材料就是通过裂纹在层间反复偏折消耗大量断裂能达到增韧的目的，其增韧机理类似于贝壳珍珠层结构。

由于贝壳珍珠层具有多层次结构和多级增韧机制使其具有优异的强韧性。为了实现启动多级增韧机制，达到更好的增韧效果，人们在具有弱界面层状结陶瓷复合材料中引入晶须、晶棒或晶片，试图进一步提高层状复合材料的断裂韧性，改善力学性能。此时在层状结构陶瓷复合材料中出现了不同尺度上的多级增韧机制协同增韧作用。弱界面层对裂纹的偏折作用是主要增韧机制，其作用区的尺寸较大，称为一级增韧机制；当裂纹扩展到陶瓷基体时，晶须的增韧作用称为二级增韧机制，其作用区与裂纹尖端后方尾流区的尺寸相当；在裂纹尖端，长柱状晶粒（或晶片）与裂纹相互作用，进一步阻碍裂纹扩展，其作用区比晶须更小，称为三级增韧机制。正是这些不同尺度的增韧机制使得层状陶瓷复合材料具有很高的断裂韧性，具有 SiC 晶须强化 Si_3N_4 结构层和 Al_2O_3 强化 BN 界面分隔层的

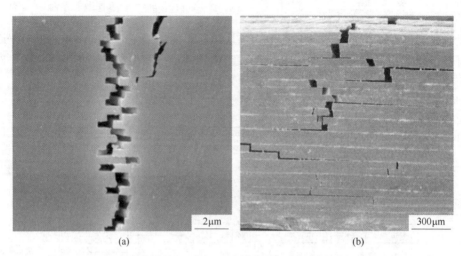

(a)   (b)

图 5-107　贝壳珍珠层与 Si_3N_4/BN 层状陶瓷复合材料裂纹扩展性为对比

(a) 贝壳珍珠层；(b) Si_3N_4/BN 层状陶瓷

Si_3N_4/BN 层状陶瓷复合材料断裂韧性达到 $20MPa \cdot m^{1/2}$ 以上，且表现为非脆性断裂行为，如图 5-108 所示[49]。

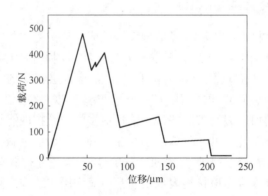

图 5-108　SiC 晶须强化的 Si_3N_4/BN 层状陶瓷应力-应变行为

5.5.4　Si_3N_4基层状复合陶瓷材料

由于 Si_3N_4 陶瓷是综合性能最为优异的结构陶瓷备选材料，为此针对 Si_3N_4 基层状复合陶瓷材料研究报道也最多。根据界面结合强度，Si_3N_4 基层状复合陶瓷分为两类：弱界面结合和强界面结合 Si_3N_4 基层状复合陶瓷。弱界面结合 Si_3N_4 基层状复合陶瓷根据 Si_3N_4 结构单元的形状又分为纤维独石结构和层状结构复合陶瓷材料。下面分三部分针对 Si_3N_4 基层状复合陶瓷进行介绍。

5.5.4.1　纤维独石结构 Si_3N_4 基复合材料

纤维独石结构复合材料同样由结构单元和界面分隔层组成。纤维独石结构 Si_3N_4 基复合材料界面分隔层通常选用六方 BN 材料。为此该部分主要以 Si_3N_4/BN 体系为例介绍纤维独石结构 Si_3N_4 基复合材料组成结构控制、性能、断裂行为等。

A　Si₃N₄/BN 纤维独石复合材料结构和应力-应变行为

图 5-109 给出了 Si₃N₄/BN 纤维独石复合材料显微结构[47]。图中白色部分为 BN 界面分隔层,黑色部分为 Si₃N₄ 结构单元。其中 Si₃N₄ 结构单元挤出成型,然后涂敷 BN 浆料形成 BN 涂层,之后经平行排放、干燥、排胶和热压烧结得到 Si₃N₄/BN 纤维独石复合材料。可以通过改变铺排方式、界面分隔层厚度、纤维界面尺度,以及两种组成单元的组成调节和控制复合材料的结构,从而表现出不同的性能。图 5-110 给出了 Si₃N₄/BN 纤维独石复合材料和 Si₃N₄ 块体材料载荷-位移曲线[47]。可见纤维独石复合材料表现出非脆性断裂行为,并且第一次载荷降低后复合材料仍然具有较高的承载能力。与块体材料相比具有很大的断裂应变。

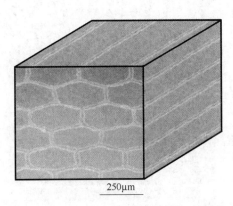

图 5-109　Si₃N₄/BN 纤维独石材料显微结构

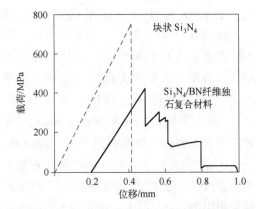

图 5-110　Si₃N₄/BN 纤维独石材料载荷-位移曲线

B　影响 Si₃N₄/BN 纤维独石复合材料性能的因素

a　纤维前驱体直径的影响

纤维前驱体的直径最终体现在复合材料结构单元的大小。图 5-111 给出了具有不同纤维前驱体直径的 Si₃N₄/BN 纤维独石复合材料弯曲载荷-位移曲线[50]。由该图可以看出,随纤维前驱体直径的减小,组成复合材料结构单元逐渐减小,裂纹扩展被局限在更小的范围,同时由于界面分隔层的厚度基本不变,材料中弱界面层所占比例增大,裂纹发生横向扩展的概率增大,导致材料在断裂过程中裂纹扩展路径更加曲折,其间耗能更大,表现为复合材料断裂韧性和断裂功增大。

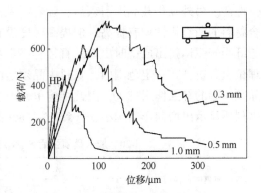

图 5-111　纤维前驱体直径对 Si₃N₄/BN 纤维独石复合材料载荷-位移曲线的影响

表 5-19 给出了 Si₃N₄/BN 纤维独石复合材料弯曲强度、断裂韧性和断裂功随纤维先驱体直径的变化情况[47]。可见随纤维前驱体直径减小,复合材料弯曲强度有所降低,但断裂韧性和断裂功增加明显。说明以 BN 作为界面分隔层具有纤维独石结构陶瓷具有很好的韧化效果。

表 5-19　纤维先驱体直径对 Si_3N_4/BN 纤维独石复合材料力学性能的影响

先驱体直径/mm	弯曲强度/MPa	断裂韧性/MPa·m$^{1/2}$	断裂功/J·m^{-2}
块体陶瓷	695.2±93	5.99±0.94	约100
1.0	689.3±68	8.98±1.04	500
0.7	602.1±61	11.52±0.98	1000
0.5	562.4±51	14.11±1.0	1500
0.3	530.6±42	17.16±1.02	4000

b　Si_3N_4 结构单元强化

在 Si_3N_4 陶瓷中引入碳化硅晶须可以提高其强度。为此在 Si_3N_4/BN 纤维独石复合材料 Si_3N_4 结构单元中引入碳化硅晶须可望强化结构单元，改善复合材料的性能。采用挤出成型碳化硅晶须会发生沿挤出方向定向排列，造成在 Si_3N_4 结构单元中晶须定向排列如图 5-112 所示[50]。表 5-20 给出加入晶须前后 Si_3N_4 纤维独石复合材料力学性能变化[47]。由表 5-20 可见，由于晶须的引入 Si_3N_4/BN 纤维独石复合材料弯曲强度和断裂韧性明显提高，特别是断裂韧性在 20MPa·m$^{1/2}$ 以上。这是因为纤维独石结构复合材料结构单元相对于晶须尺度要大得多，晶须引入可以起到补强作用，强化了复合材料

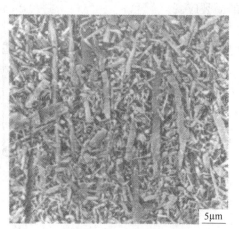

5μm

图 5-112　Si_3N_4 结构单元中碳化
硅晶须的定向排列

中结构单元，使裂纹在结构单元中的产生和扩展遇到更大阻力，从而提高了复合材料的整体性能。另外碳化硅晶须引入后，随着纤维前驱体直径从 1.0mm 减小到 0.3mm，尽管复合材料的断裂韧性均有提高，但提高幅度没有未引入晶须时明显。这是因为晶须的趋向性与纤维先驱体挤出成型时出口的直径有一定关系，出口直径越大，定向排列程度越差。从理论上分析，在一定范围内，材料中晶须定向程度越高，垂直于裂纹扩展方向晶须越多，晶须所起的补强作用越大，因此结构单元中引入碳化硅晶须后，纤维直径越小，晶须定向排列所显示出增韧作用越小，导致断裂韧性提高的趋势远不如没有加入晶须时明显。

表 5-20　加入晶须强后 Si_3N_4/BN 纤维独石复合材料力学性能

纤维前驱体直径/mm	无晶须		有晶须	
	弯曲强度/MPa	断裂韧性/MPa·m$^{1/2}$	弯曲强度/MPa	断裂韧性/MPa·m$^{1/2}$
1.0	689.3±68	8.98±1.04	705.4±71	20.01±1.17
0.7	602.1±61	11.52±0.98	678.1±62	22.56±1.01
0.5	562.4±51	14.11±1.0	639.7±60	22.96±0.88
0.3	530.6±42	17.16±1.02	619.8±47	23.95±0.92

c　BN界面分隔层的强化

界面分隔层结合强度对纤维独石结构复合材料性能影响极大，因为它直接影响横向裂纹产生和扩展长度，从而决定纤维独石结构是否具有韧化效果。在 Si_3N_4/BN 纤维独石复合材料中，BN界面分隔层和 Si_3N_4 结构单元之间不发生反应，因此界面结合力很小。为了调节两种组分之间结合强度通常在BN界面分隔层中加入部分界面调节剂来提高界面分隔层的结合强度。界面调节剂的引入在一定程度上促进了界面分隔层的烧结，从而提高了BN界面结合强度。界面调节剂加入量越多，界面结合强度越高。表5-21给出了BN界面分隔层中添加 Al_2O_3 对 Si_3N_4/BN 纤维独石复合材料力学性能的影响[47]。随着界面分隔层中 Al_2O_3 含量增加，界面结合强度增大，发生横向裂纹扩展的距离与界面裂纹扩展阻力均在变化，两者乘积即为裂纹扩展消耗的能量。随着界面结合强度增大横向扩展裂纹长度减小，为此存在某一添加量使得横向裂纹扩展消耗的能量达到极大值，表5-21中对应界面分隔层 Al_2O_3 添加量为25%，添加量继续增加，由于界面结合强度过高，使得横向扩展裂纹变短，对应主裂纹在复合材料中扩展路径变短，消耗能量降低，材料断裂韧性和断裂功降低。

表5-21　界面分隔层组成对 Si_3N_4/BN 纤维独石复合材料力学性能的影响

分隔层组成/%		分隔层厚度	弯曲强度	断裂韧性
Al_2O_3	BN	$/\mu m$	/MPa	$/MPa \cdot m^{1/2}$
0	100	20	721.8±66.2	6.92±0.46
25	75	20	689.3±70.2	8.98±1.04
50	50	20	589.6±73.8	8.11±0.56
75	25	20	561.1±41.0	7.44±0.67
100	0	20	568.8±56.3	7.17±1.01

综上所述，界面结合强度对纤维独石结构复合材料断裂韧性的影响并不是线性的，而有一个极值，只有适度的界面结合才能最佳发挥增韧效果。

d　测量方向对 Si_3N_4/BN 纤维独石复合材料力学性能的影响

在定向排列的纤维独石结构复合材料中，不同测量方向上的力学性能肯定不同，因此该复合材料具有较强的各向异性。定义纤维轴向与加载方向的夹角为测量角。选用纤维先驱体直径为0.5mm的 Si_3N_4/BN 纤维独石复合材料，研究测量角对复合材料断裂韧性和断裂功的影响，结果见图5-113[47]。由图可见，断裂韧性在测量角为75°时达到最低，断裂功在15°时达到最大。可见断裂韧性与断裂功的变化趋势并不完全拟合和对应，其间原因有待进一步研究。

此外在纤维独石结构陶瓷中，纤维的铺排方式对最终复合材料的结构和性能均会产生很大的影响，在此不再赘述，详见黄勇教授、汪长安教授等著的《高性能多相复合陶瓷》一书。

C　Si_3N_4/BN 纤维独石复合材料的高温强度

图5-114给出了结构单元添加碳化硅晶须的 Si_3N_4/BN 纤维独石复合材料强度随测试温度的变化[47]。从图中可看出：Si_3N_4/BN 纤维独石陶瓷（垂直热压方向）的抗弯强度

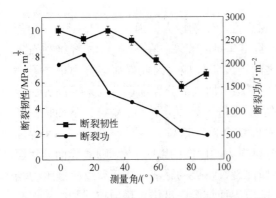
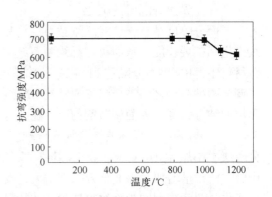

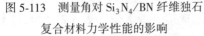

图 5-113　测量角对 Si_3N_4/BN 纤维独石
复合材料力学性能的影响

图 5-114　Si_3N_4/BN 纤维独石复合材料
强度随测试温度的变化

随温度的升高，直至 1000℃ 强度基本没有发生变化，到 1200℃，下降幅度较小，保持在 600MPa 以上。即纤维独石陶瓷具有较高的高温强度，在高温下性能优异。大于 1000℃ 强度下降与高温下晶界相软化有关，晶界相来源于结构单元中为促进烧结引入的 Al_2O_3、Y_2O_3 助烧结剂以及表面的 SiO_2。

　　D　Si_3N_4/BN 纤维独石复合材料的抗热震性能

　　Koh Young-Hag 等研究了热冲击温度对 Si_3N_4/BN 纤维独石复合材料的强度和断裂韧性的影响，并与块体 Si_3N_4 陶瓷进行了对比。热冲击温度对弯曲强度的影响见图 5-115[54]。由图可见对于块体陶瓷当热冲击温度差大于 1000℃ 时弯曲强度急剧降低，而纤维独石结构复合材料弯曲强度变化不大，说明该复合材料具有优异的抗热震性能。图 5-116 给出不同温度差热震后试样载荷-位移曲线[54]。可见试样经过热震后依然保持非脆性断裂特性，说明经过热震后界面分隔层依然可以起到裂纹偏折作用。同时由图可见，热震后试样载荷经过第一次降低之后，第二次载荷升高甚至超越第一次最大载荷承载能力。这不同于未热震试样。图 5-117 给出了 Si_3N_4/BN 纤维独石复合材料断裂功随热冲击温度的变化[55]。由图可见，热震后 Si_3N_4/BN 纤维独石复合材料断裂功均有所提高，并且在温度差为 1200℃ 时断裂功达到最大。Young-Hag Koh 等认为之所以呈现 Si_3N_4/BN 纤维独石复合材料热震

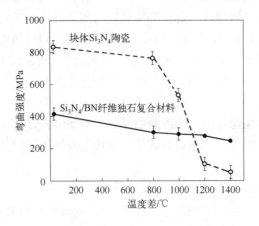

图 5-115　Si_3N_4/BN 纤维独石复合材料弯曲强度随热冲击温度差的变化

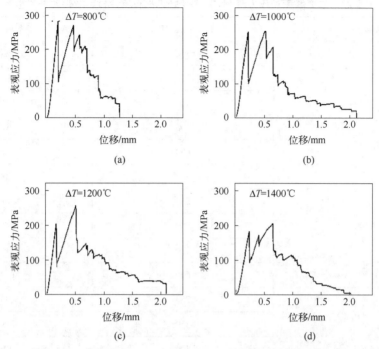

图 5-116 热震后 Si_3N_4/BN 纤维独石结构复合材料力学响应

（a）$\Delta T = 800℃$；（b）$\Delta T = 1000℃$；（c）$\Delta T = 1200℃$；（d）$\Delta T = 1400℃$

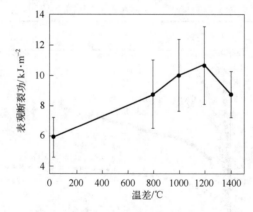

图 5-117 Si_3N_4/BN 纤维独石复合材料断裂功随热冲击温度的变化

后断裂功提高现象是由于在热震过程中产生的热冲击被 BN 界面分隔层吸收，使得界面分隔层更容易产生裂纹偏折和脱黏，使得横向裂纹脱黏长度增大，从而使复合材料断裂功增大。

E Si_3N_4/BN 纤维独石复合材料高温抗蠕变性能

李淑琴等研究了碳化硅晶须强化 Si_3N_4/BN 纤维独石复合材料高温抗蠕变性能。试验温度为 1000~1200℃，弯曲载荷为 200~600MPa，复合材料的断裂时间以及 1200℃不同载荷下蠕变曲线分别见表 5-22 和图 5-118[52]。

Si_3N_4/BN 纤维独石复合材料的蠕变曲线具有如下特点：在低应力下，蠕变曲线仅有

表 5-22　蠕变温度和应力对 Si_3N_4/BN 纤维独石复合材料断裂时间的影响

温度/℃	蠕变应力/MPa	断裂时间/h
1000	250	>300
	350	>300
	400	>300
	500	50
	600	2
1100	250	>300
	350	>300
	400	>300
	500	16
	600	1. 2
1200	250	>300
	350	210
	400	40
	500	4
	600	0. 7

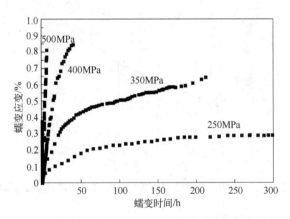

图 5-118　1200℃不同应力下 Si_3N_4/BN 纤维独石结构复合材料蠕变曲线

第一阶段蠕变和第二阶段蠕变，第三阶段蠕变几乎没有出现。在第一阶段，蠕变应变较大，占蠕变量的绝大部分。该材料具有蠕变应变较大的第一阶段蠕变是与复合材料的应力再分布和陶瓷的内在本质密切相关。应力的重新分布可能包括下述过程的一种或两种：残余在晶间的玻璃相的重新分布或界面的塑性变化。根据大多数的报道，应变主要来源于晶间玻璃相的重新分布。BN 弱界面分隔层在第一阶段蠕变有利于应力集中区域的应力再分布，同时由于材料中的玻璃相主要集中在 BN 界面分隔层中，可能引起界面分隔层的塑性流动，两种机制同时作用影响材料的蠕变。在第三阶段蠕变即加速蠕变阶段，蠕变通常是由成核、生长、孔洞或为裂纹的连接导致破坏，使试样载荷容忍度逐级破坏。缺少第三阶段蠕变可能是由于预先存在的缺陷引起的局部破坏；换句话说，在其他的破坏机制对蠕变起作用之前，预先存在的缺陷已达到临界尺寸导致材料破坏。然而纤维独石结构复合材料不同于一般块体材料，其对缺陷并不敏感，但当结构单元破坏不能承受所施加的应力时，材料发生断裂。在高应力下几乎不存在第二阶段蠕变，蠕变速率一直增加直至断裂。另外，在1200℃BN已开始氧化并与SiO_2反应生成低熔相，使孔洞和空穴快速增加，从而导致该温度下复合材料蠕变严重。

5.5.4.2 层状结构 Si_3N_4 基复合材料

受贝壳珍珠层多级结构具有优异综合性能的启示，人们构组了层状结构复合材料，同样由于 Si_3N_4 陶瓷的优异性能，Si_3N_4 基层状结构复合材料也是研究报道最多的材料体系。下面就 Si_3N_4 基层状结构复合材料显微结构、变形行为、增韧机制和性能进行介绍。

A 层状结构 Si_3N_4/BN 复合材料的结构、变形行为和增韧机制

层状结构 Si_3N_4/BN 复合材料的显微结构如图 5-119 所示[53]。在弯曲载荷作用下裂纹在该复合材料中的扩展情况如图 5-120 所示。弯曲载荷-位移曲线见图 5-121[53]。可见层状结构 Si_3N_4/BN 复合材料表现为非脆性断裂，产生第一次载荷降低以后复合材料仍具有较大的承载能力。

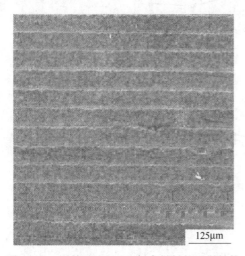

图 5-119 层状 Si_3N_4/BN 复合材料的显微结构　　图 5-120 层状 Si_3N_4/BN 复合材料中裂纹扩展

由图 5-120 可知层状结构 Si_3N_4/BN 复合材料主要增韧机制包括：裂纹偏折、界面脱黏、结构层桥联和拔除等能量耗损机制。

B 影响层状结构 Si_3N_4/BN 复合材料力学性能的因素

陶瓷层状复合材料的力学性能主要与陶瓷基体片层、界面层及两者的界面结合状态、层厚比等因素有关。提高陶瓷基层状复合材料的力学性能，必须从以下这几个因素来考虑：

（1）界面结合状态的影响。陶瓷基层状复合材料可以通过调节弱界面层的结构和性能来改善其整体的力学性能。为了使贯穿裂纹发生偏折，需要一个足够弱的界面，但是弱到什么程度，应该由一个定量值来给出作用条件。在包含Ⅰ型和Ⅱ型复合加载情况下，偏折贯穿裂纹需要满足界面层能量释放率 G_i 与基体能量释放率 G_m 之比小于 0.15。

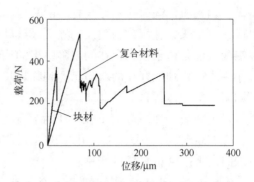

图 5-121 层状 Si_3N_4/BN 复合材料的弯曲载荷-位移曲线

黄勇等研究了 Si_3N_4/BN 陶瓷层状复合材料界面层的结合强度对复合材料力学性能的影响。通过在 BN 层中添加一定量 Al_2O_3 或 Si_3N_4 可调节界面层的结合状态，进而优化层状复合材料的力学性能。图 5-122 给出界面层 BN 中 Al_2O_3 含量对陶瓷层状复合材料弯曲强度和断裂韧性的影响曲线[53]。可见随着 BN 层中 Al_2O_3 含量的增高，材料表观断裂韧性逐渐提高，Al_2O_3 含量达到 36% 时达到最大值，高达 $28MPa \cdot m^{1/2}$。

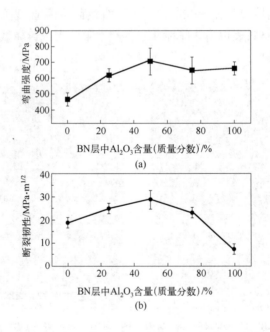

图 5-122 陶瓷层状复合材料力学性能与 BN 层中 Al_2O_3 含量的关系
（a）抗弯强度；（b）表观断裂韧性

（2）陶瓷基体片层的强化。在陶瓷基层状复合材料体系中，弱界面相主要决定了材料的断裂韧性，而材料的强度水平主要由陶瓷基体片层决定。研究表明，在基体片层中加入一定量的 SiC 晶须和 β-Si_3N_4 晶种在保持原有较高断裂韧性的基础上，明显提高了复合材料的强度，见表 5-23[53]。

表 5-23　添加晶须或晶种对 Si_3N_4/BN 陶瓷基层状复合材料力学性能的影响

试样编号	添加物质量/%		抗弯强度	断裂韧性
	β-Si_3N_4晶种	SiC 晶须	/MPa	/MPa $\cdot$ m$^{1/2}$
0	0	0	498.37±22.72	15.12±1.14
1	3	0	850.40±72.20	11.37±0.75
2	0	20	651.47±74.94	23.36±2.01
3	3	20	709.51±89.61	28.90±4.14

　　在陶瓷基体中添加 β-Si_3N_4 晶种以后，尽管添加量只有 3%，但在氮化硅液相烧结过程中，它作为晶粒成长的核心，足以使材料中新生成的 β-Si_3N_4 晶粒具有很大的长径比；并且由于成型工艺和热压烧结的特点，添加的 SiC 晶须和新生长的 β-Si_3N_4 相晶粒形成很好的二维定向排布，明显地强化和增韧了陶瓷基体，使材料在破坏时消耗更多的断裂能，因而在提高复合材料强度的同时也提高了断裂韧性。同时由于 SiC 晶须的长径比高于 β-Si_3N_4 晶粒，因而在陶瓷基体中加入晶须后，其强韧化效果比 β-Si_3N_4 晶种更好。当两者结合使用时，由于这两种增韧相在尺寸上相互搭配，所以强化和增韧的效果更加明显。

　　(3) 基体片层厚度的影响。表 5-24 列出不同基体片层厚度层状复合材料的力学性能[53]。基体片层厚度减小，复合材料单位厚度弱界面层数则增加，提高了横向裂纹扩展的机会，而且贯穿裂纹扩展被局限在更小的范围内，导致材料断裂过程具有更加丰富的细节，材料的断裂韧性大大提高。

表 5-24　基体片层厚度对 Si_3N_4/BN 层状复合材料力学性能的影响

(界面层成分 BN：Al_2O_3 = 1 : 0.36)

素坯片层厚度 /mm	基体片层厚度 /mm	界面相层数 /mm^{-1}	断裂韧性 /MPa $\cdot$ m$^{1/2}$	抗弯强度 /MPa
0.2	0.087	8.5	28.90±4.14	709.51±89.61
0.4	0.13	6.0	28.40±4.49	740.64±78.94
0.8	0.36	3.0	18.75±4.41	518.93±112.94
1.6	0.61	1.5	9.55±1.49	704.09±127.19
3.2	1.31	0.75	11.67±3.53	572.50±73.02

　　由表 5-24 可知，断裂韧性随基体片层厚度减小而迅速增加，增韧数值的变化水平和数量级都是通常采用的颗粒、晶须增韧方法所无法达到的。

　　需要强调的是在层状结构陶瓷复合材料中存在不同尺度上的多级增韧机制协同增韧作用。弱界面层对裂纹的偏折作用是主要的增韧机制，其作用区的尺寸较大，称为一级增韧机制；当裂纹扩展到陶瓷基体时，晶须的增韧作用称为二级增韧机制，其作用区与裂纹尖端后方尾流区的尺寸相当；在裂纹尖端，长柱状晶粒（或晶片）与裂纹相互作用，进一步阻碍裂纹扩展，其作用区比晶须更小，称为三级增韧机制。正是这些不同尺度的增韧机制使得层状陶瓷复合材料具有很高的断裂韧性，具有 SiC 晶须强化 Si_3N_4 结构层和 Al_2O_3 强化 BN 界面分隔层的 Si_3N_4/BN 层状陶瓷复合材料断裂韧性达到 28.9MPa $\cdot$ m$^{1/2}$，同时具有较高的强度。

C 层状结构 Si_3N_4/BN 复合材料高温力学性能

a 层状结构 Si_3N_4/BN 复合材料弹性模量与温度的关系

图 5-123 给出了 MYA-LC（以 MgO、Y_2O_3 和 Al_2O_3 为助烧结剂制备的 Si_3N_4/BN 复合材料）和 LYA-LC（以 La_2O_3、Y_2O_3 和 Al_2O_3 为助烧结剂制备的 Si_3N_4/BN 复合材料）的弹性模量与温度的关系[47]。由图 5-123 可见，MYA-LC 室温弹性模量约为 240GPa，随温度升高，在 1000℃ 以前，弹性模量变化较小，仅下降了约 17%；当温度升高到 1200℃ 时，复合材料的弹性模量大幅度下降，只有室温弹性模量的 37%，但此时在该温度下加载过程材料依然

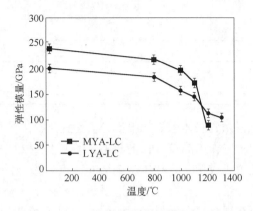

图 5-123 Si_3N_4/BN 复合材料弹性模量与温度的关系

是弹性变形，1300℃ 由于在低于 50MPa 应力作用下材料已出现非弹性行为，弹性模量无法测得。LYA-LC 在 1100℃ 以前弹性模量变化与 MYA-LC 相似，不同的是室温弹性模量较低；但当温度升高到 1200℃ 时，弹性模量的变化与前者相比有了明显差别，弹性模量下降的幅度较小，而且在该温度下 LYA-LC 弹性模量已高于 MYA-LC 弹性模量。两种层状陶瓷最大的区别在于当温度升高到 1300℃ 时，LYA-LC 弹性模量与 1200℃ 时相比下降很小，而且从加载开始至最大载荷一直保持明显的线弹性行为。两种层状陶瓷弹性模量随温度的变化规律之所以出现如此不同，主要是由 MgO-Y_2O_3-Al_2O_3 和 La_2O_3-Y_2O_3-Al_2O_3 助烧结剂体系与 Si_3N_4 表面形成的 SiO_2 高温液相黏度不同和玻璃相软化温度不同造成的。MgO-Y_2O_3-Al_2O_3-SiO_2 体系形成的玻璃相高温下黏度较低，所以弹性模量下降较大；而 La_2O_3-Y_2O_3-Al_2O_3-SiO_2 体系形成的玻璃相高温下黏度较高，所以弹性模量下降较小。

b 层状结构 Si_3N_4/BN 复合材料弯曲强度与温度的关系

MYA-LC 和 LYA-LC 弯曲强度随测试温度的变化见图 5-124[47]。MYA-LC 室温弯曲强度为 760MPa，随温度升高，在 1000℃ 以前，弯曲强度变化较小，仅下降了约 8%；当温度升高到 1100℃ 时，材料的弯曲强度大幅度下降，到 1200℃ 时只有室温弯曲强度的 50%，但此时在该温度下加载过程材料依然是弹性变形，1300℃ 时材料的弯曲强度已下降到只有室温的 20%，并且应力低于 50MPa 时材料已出现非线性载荷-位移曲线。对于 LYA-LC 材料而言，室温弯曲强度为 690MPa，随温度升高，在 1000℃ 以前，弯曲强度变化较小，仅下降了约 7%；当温度升高到 1100℃ 时，

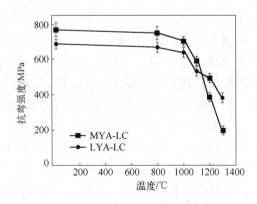

图 5-124 Si_3N_4/BN 复合材料弯曲强度与温度的关系

材料的弯曲强度下降幅度较大，到 1200℃时弯曲强度下降了 30%，为 490MPa，但与 MYA-LC 相比弯曲强度高出约 100MPa；至 1300℃时材料的弯曲强度仍保持室温弯曲强度的 55%左右，比 MYA-LC 弯曲强度高出近 1 倍。两种层状陶瓷弯曲强度随温度的变化规律的不同，也是由 MgO-Y_2O_3-Al_2O_3-SiO_2 体系和 La_2O_3-Y_2O_3-Al_2O_3-SiO_2 体系高温液相特性不同所决定的。

c　层状结构 Si_3N_4/BN 复合材料高温载荷-位移曲线

图 5-125 给出了 MYA-LC 和 LYA-LC 材料不同温度下载荷-位移曲线[47]。由图可见两种层状结构复合材料在 25~1200℃一直保持至最大载荷时的线弹性变形行为，并且载荷下降过程均表现出非脆性断裂特征；但是在 1300℃两者存在很大差别，MYA-LC 在达到最大载荷之前已出现非弹性变形，且断裂为脆断；而 LYA-LC 依然保持 1300℃之前材料相似的变形行为。这种差异依然是由残余高温液相所决定的。图 5-126 和图 5-127 分别给出了 MYA-LC 和 LYA-LC 材料在不同温度下材料中裂纹扩展照片[47]，可见在 25~1100℃之间，明显可见材料中裂纹的偏折和脱黏；在 1200℃尽管已产生氧化现象，但仍然可见裂纹偏折和脱黏现象；在 1300℃为脆断，未见裂纹偏折。两种材料在不同温度下材料中裂纹扩展现象与载荷-位移曲线相吻合。

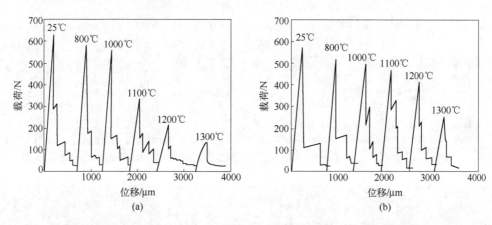

图 5-125　MYA-LC（a）和 LYA-LC（b）材料不同温度下载荷-位移曲线

d　层状结构 Si_3N_4/BN 复合材料断裂功与温度的关系

图 5-128 是 MYA-LC 和 LYA-LC 材料断裂功随温度的变化曲线[47]。可以看出，MYA-LC 断裂功随温度的升高逐渐降低，至 1000℃时，断裂功略有回升，然后随温度的升高再次降低；LYA-LC 变化与 MYA-LC 基本相同，所不同的是在 1000℃断裂功回升以后不是马上随温度升高迅速降低，而是一直到 1100℃基本保持不变，而后随温度的升高再次降低。

断裂功在 1000℃时之所以出现回升与 BN 界面分隔层的界面断裂阻力随温度的变化密切相关。研究表明，BN 界面分隔层的界面断裂阻力随温度的升高缓慢降低，而在 1000℃左右发生回升，而后随温度升高继续降低，而且在此温度下，界面分隔层与结构层断裂阻力的比值达到了最大值，此最大值也是 BN/Si_3N_4 体系能量消耗最优值。也就是说，当 BN 界面层与结构层的界面断裂阻力的比值达到此值时，在裂纹偏转和扩展过程中消耗的能量最大，材料的断裂功也最大。

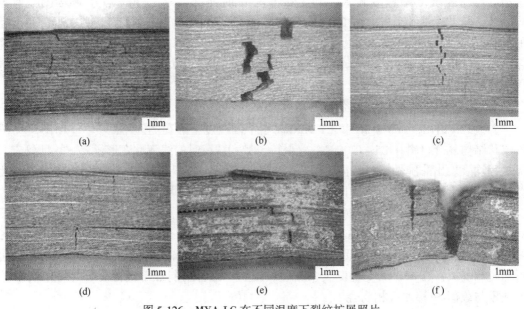

图 5-126　MYA-LC 在不同温度下裂纹扩展照片
(a) 25℃；(b) 800℃；(c) 1000℃；(d) 1100℃；(e) 1200℃；(f) 1300℃

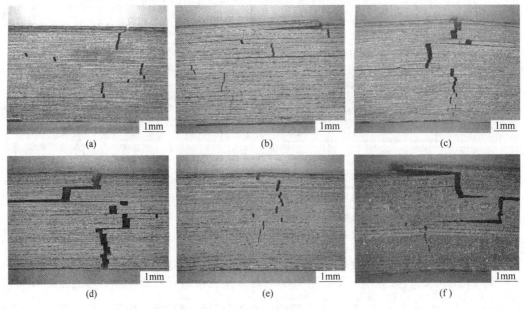

图 5-127　LYA-LC 在不同温度下裂纹扩展照片
(a) 25℃；(b) 800℃；(c) 1000℃；(d) 1100℃；(e) 1200℃；(f) 1300℃

D　层状结构 Si_3N_4/BN 复合材料高温氧化行为

图 5-129 给出了 MYA-LC 和 LYA-LC 在不同温度下测试试样侧面的 XRD 图谱[47]。可以看出，由室温到 1000℃，其 XRD 图谱基本相同，可以说在 1000℃以下，两种材料均未发生氧化反应；而当温度升高到 1100℃时 XRD 图谱出现明显变化，出现了方石英特征峰，而没有观察到其他氧化物的特征峰，也就是说在 1100℃下，只发生了 Si_3N_4 和 SiC 的氧

化，而没有 BN 氧化产物的出现。在 1200℃
的图谱上方石英特征峰进一步增强，仍没有
其他氧化物衍射峰出现。而到 1300℃时由图
可见，除了方石英特征峰外，MYA-LC 材料
图谱出现了顽辉石和 $Y_2Si_2O_7$ 的特征峰，而
LYA-LC 材料图谱出现了 $Y_{2/3}La_{1/3}Si_2O_7$ 特征
峰，但仍然没有 BN 氧化产物出现。由此可
见，无论 MYA-LC 还是 LYA-LC，其中的 BN
界面分隔层在高温下均能保持稳定，而与烧
结助剂种类无关。分析原因，BN 在 MYA-LC
和 LYA-LC 材料中的稳定性可以由 BN/
B_2O_3、SiC/SiO_2 和 Si_3N_4/SiO_2 界面所需的平
衡氧分压得到解释。

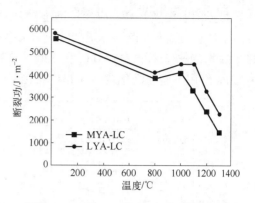

图 5-128　MYA-LC 和 LYA-LC 断裂功与
温度的关系曲线

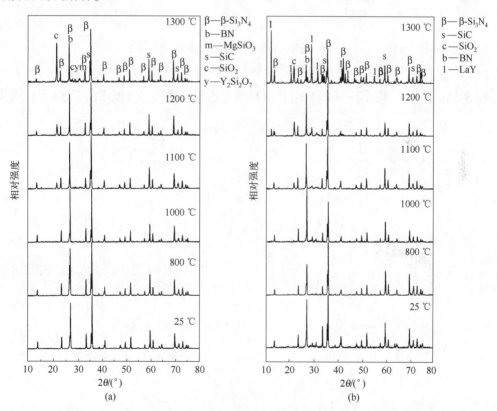

图 5-129　MYA-LC(a)和 LYA-LC(b)在不同温度下测试试样侧面的 XRD 图谱

E　层状结构 Si_3N_4/BN 复合材料高温蠕变行为

图 5-130 给出了 MYA-LC 的蠕变曲线[47]。其中图 5-130（a）为 MYA-LC 在 1200℃不
同载荷下的蠕变曲线，而图 5-130（b）为 MYA-LC 在 100MPa 作用下不同温度条件下蠕变
曲线。由图 5-130（a）可以看出，在较低测试载荷下，随载荷增大，蠕变速率逐渐增大，
当载荷增加到 200MPa 时，试样在很短时间内、应变量很小的情况下即断裂。由图 5-130

（b）可见随着温度升高，应变量迅速增大，蠕变速率也迅速增大，当温度升到1300℃时，在很短时间内即发生断裂。蠕变的应力关系可用应力指数来表征，蠕变的温度关系可以用蠕变活化能来表征。MYA-LC 在 1200℃ 蠕变应力指数 $n = 2.93 \pm 0.22$，而 MYA-LC 在 100MPa 作用下蠕变活化能为（451.8 ± 125.5）kJ/mol。

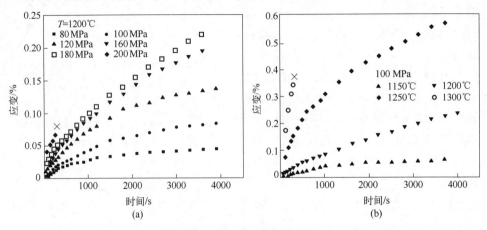

图 5-130　MYA-LC 的蠕变曲线

（a）应力蠕变曲线；（b）温度蠕变曲线

图 5-131 给出了 MYA-LC 和 LYA-LC 材料蠕变速率与载荷以及温度的关系[47]。可见

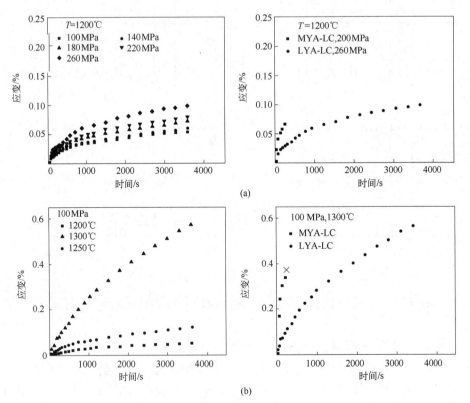

图 5-131　MYA-LC 和 LYA-LC 材料蠕变速率对比

（a）应力；（b）温度

LYA-LC 材料的蠕变应力指数低于 MYA-LC 材料的;而蠕变活化能为 (577.9 ± 83.1) kJ/mol,高于 MYA-LC 材料。说明 LYA-LC 材料具有比 MYA-LC 好的抗蠕变性能。主要原因是 LYA-LC 中存在的玻璃相的软化点和高温黏度均高于 MYA-LC 材料的。

分析表明:在测试温度和载荷范围内,对于层状结构 Si_3N_4/BN 复合材料,晶界滑移及黏滞流动是控制蠕变的主要因素。晶界滑移及黏滞流动受玻璃黏度影响,而玻璃黏度由添加的烧结助剂控制。因此,选用在高温下可形成高黏度玻璃相的氧化物体系作为烧结助剂,将有利于改善材料的抗蠕变性能。

5.5.4.3 自封闭(self-sealed)层状结构 Si_3N_4/BN 复合材料

Z. Krstic 等通过对传统泥浆浇注法进行改进,制备出一种叫作自封闭结构 Si_3N_4/BN 复合材料,其目的在于控制叠层状结构陶瓷复合材料的裂纹脱黏,同时使复合材料在受力过程中更好保持整体性,此外,有望提高层状结构复合材料的抗环境侵蚀性能。结构示意图见图 5-132[56]。图 5-133 给出了自封闭层状结构陶瓷复合材料成型过程示意图。选用 $7\%Y_2O_3$ 和 $3\%Al_2O_3$ 作为 Si_3N_4 结构层烧结助剂;分别选用 $50\% Si_3N_4$ 和 Al_2O_3 对 BN 界面分隔层进行强化。复合材料采用无压烧结进行烧成,烧成温度 1740~1800℃下烧成试样显微结构见图 5-134[56]。可见具有类似树木年轮结构的层状结构复合材料,其中白色为 BN 界面分隔层,黑色为结构单元层。

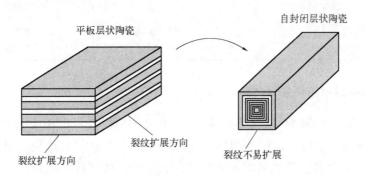

图 5-132 自封闭层状结构复合材料设计理念

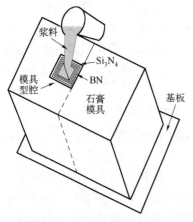

图 5-133 自封闭结构浇注过程示意图

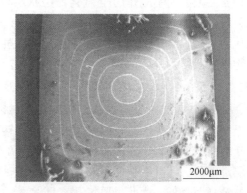

图 5-134 自封闭层状结构 Si_3N_4/BN 材料显微结构

表 5-25 给出了具有不同层数两种自封闭层状结构 Si_3N_4/BN 复合材料的性能数据[56]。对于 $Si_3N_4/(BN-Al_2O_3)$ 体系断裂韧性在 Si_3N_4 层数为 7 层时断裂韧性达到 $22.3MPa \cdot m^{1/2}$，对应断裂强度 470MPa；而体系当 Si_3N_4 层数为 4 层时断裂韧性达到 $19.5MPa \cdot m^{1/2}$，对应断裂强度 515MPa。与 Si_3N_4 块体陶瓷相比显示出很好的增韧效果。很明显具有自封闭层状结构 Si_3N_4/BN 复合材料可望具有很好的抗氧化性能，因为 Si_3N_4 结构单元层可以为 BN 界面分隔层提供保护，使其免于与环境接触，所以可以期望具有自封闭层状结构 Si_3N_4/BN 复合材料拥有好的抗环境侵蚀性能。

表 5-25　自封闭层状结构 Si_3N_4/BN 复合材料的力学性能

Si_3N_4层数	$Si_3N_4/(BN-Al_2O_3)$			$Si_3N_4/(BN-Si_3N_4)$		
	断裂韧性 /MPa·m$^{1/2}$	强度 /MPa	断裂功 /kJ·m^{-3}	断裂韧性 /MPa·m$^{1/2}$	强度 /MPa	断裂功 /kJ·m^{-3}
3	—	—	—	17.2	337	150
4	10.4	100	100	19.5	515	225
5	11.2	290	125	16.0	412	279
7	22.3	470	200	16.3	375	300
9	16.0	367	230	13.2	300	320
11	12.8	322	150	13.0	220	246
13	10.0	310	140	—	—	—
块体 Si_3N_4	约 9.2	约 790	80	约 9.2	约 790	80

5.5.5　氧化物基层状结构复合材料

对于 Si_3N_4/BN 和 SiC/C 层状结构复合材料由于 BN 和 C 界面相的引入使其具有很好的增韧效果，表现为具有较高的断裂韧性（$K_{IC} > 28MPa \cdot m^{1/2}$），增韧效果仅次于连续纤维增韧陶瓷基复合材料，并且表现出非脆性断裂，但是如同纤维增韧陶瓷基复合材料一样，存在 BN 和 C 界面分隔层氧化的问题，以及结构单元层氧化问题。为此很自然人们把目光转移到氧化物基层状结构复合材料。对于氧化物虽然也存在层状晶体结构材料，如云母，但由于该类材料作为界面分隔层在复合材料制备和使用过程中热稳定性和与基体的化学相容性差，而不能作为全氧化物层状结构复合材料界面相使用。为了能够获得强化效果，特别是增韧作用只能另辟蹊径，令人兴奋的是通过大量研究已找到多条可行途径，使氧化物基层状复合材料获得很好的增韧补强效果。为此下面将按照界面分隔层类型介绍氧化物基层状结构复合材料。

5.5.5.1　具有多孔界面分隔层和梯度多孔分隔层陶瓷体系

Cook 和 Gordon 针对层状结构陶瓷材料裂纹尖端应力集中进行，他们认为当界面强度低于结构层强度 1/5 时，裂纹发生界面偏转。He 和 Hutchinson 通过理论分析得出：当界面断裂能低于结构单元断裂能的 1/4 时，在界面产生裂纹偏折。为此可以推断只要界面分隔层足够弱，使其断裂能足够低，即可实现界面脱黏的目的。材料强度和断裂能随着气孔率的升高而降低，为此只要气孔率足够高，总可以使得以多孔物质作为界面分隔层，满足界面脱黏的能量要求。为了使问题简单化，消除由于物性参数不同产生的残余应力的影响，很自然选用同材质多孔材料作为界面分隔层。一方面消除了物性参数差异导致的残余应力，同时也保证了界面相容性。Clegg 最早在 SiC 体系研究了多孔界面分隔层对 SiC 质多层结构复合材料断裂行为和韧化效果的影响，取得了不错的韧化效果。

Ma 等采用流延成型，以聚甲基丙烯酸甲酯（PMMA）为造孔剂热压烧结制备的具有同质多孔界面分隔层的 Al_2O_3 层状结构复合材料。系统研究了造孔剂引入量对界面分隔层气孔率以及界面断裂能的影响，结果见表 5-26 和表 5-27[57]。显微结构如图 5-135 所示[57]。由表 5-26 和表 5-27 可见随着 PMMA 加入量的增大，气孔率升高，材料断裂能逐渐降低。当材料中气孔率达到 48.7% 时，多孔界面分隔层的断裂能已经低于致密结构单元层断裂能的 25%，满足界面裂纹脱黏的能量要求。由图 5-135 可见界面分隔层气孔分布较为均匀。图 5-136 给出了具有 60% 气孔率界面分隔层 Al_2O_3 层状结构复合材料载荷-位移曲线[57]，可见加载经过最大载荷后，载荷呈阶梯式降低，复合材料呈现非脆性断裂，说明以同质多孔材料作为界面分隔层制备层状结构复合材料是可行的。

表 5-26 聚甲基丙烯酸甲酯引入量与气孔率关系

聚甲基丙烯酸甲酯引入量（体积分数）/%	气孔率/%
40	30.2
50	39.8
60	48.7
70	57.6
80	65.2

表 5-27 断裂能与气孔率的关系

气孔率/%	断裂能/$J \cdot m^{-2}$
致密材料	62.3
30.2	37.9
39.8	18.2
48.7	11.2
57.6	8.4
65.2	5.8

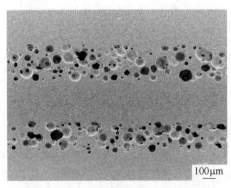

图 5-135 具有 60%PMMA Al_2O_3 层状结构复合材料的显微结构

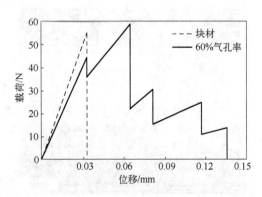

图 5-136 具有 60% 气孔率界面层 Al_2O_3 层状结构复合材料载荷-位移曲线

图 5-137 给出了具有不同气孔率界面层 Al_2O_3 层状结构复合材料的裂纹扩展情况和断裂功随界面分隔层中气孔率的变化[57]。可见在气孔率较低时没有裂纹的偏折和脱黏，对应复合材料断裂功相对于致密陶瓷断裂功基本没有提高。当界面分隔层气孔率达到 47.8% 时，出现裂纹偏折和脱黏，对应复合材料断裂功开始升高，当达到 60% 左右时断裂能达到最高。当界面分隔层气孔率超过一定值时，整个复合材料系统弱化，材料整体性能降低，使得断裂功降低。为此对于以多孔材料作为界面分隔层的层状结构复合材料，界面分隔层的气孔率存在上限，高于此值复合材料性能降低，韧化效果变差。

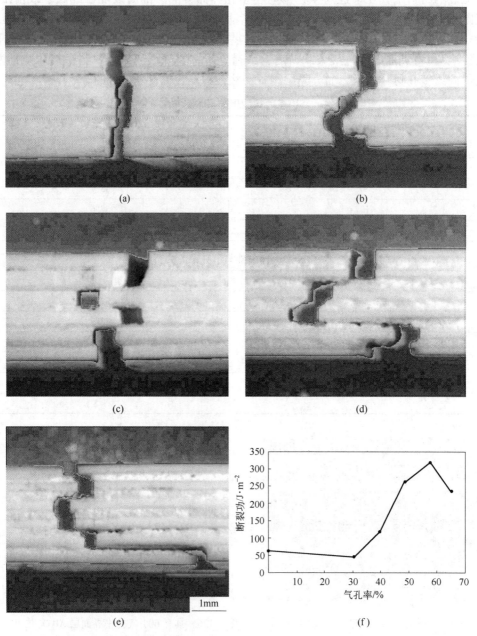

图 5-137　具有不同气孔率界面分隔层 Al_2O_3 层状结构复合材料中裂纹扩展情况

（a）30.2%；（b）39.8%；（c）48.7%；（d）57.6%；（e）65.2%；（f）断裂功随气孔率的变化

5.5.5.2 具有相变弱化界面分隔层层状结构复合材料

在材料制备或使用过程有时会伴随相变的发生，对于一级相变常伴随体积变化，过大的体积变化常造成材料性能的降低，甚至解体。但同时可以利用一些相变改善材料性能。

例如利用 ZrO_2 从四方相到单斜相的马氏体相变增韧陶瓷。Waltraud M. Kriven 等利用流延成型热压烧结方法制备了以莫来石和堇青石为结构单元层、以方石英为界面分隔层层状结构复合材料[58]。利用 β-方石英在高温下向 α-石英转变伴随约 3.2% 的体积膨胀，在界面分隔层产生裂纹，弱化界面分隔层，使界面分隔层强度和断裂能降低，满足界面裂纹偏转条件，达到韧化目的。界面弱化原理示意图见图 5-138。1300℃ 50h 热处理方石英相变开裂情况如图 5-139 所示[58]。

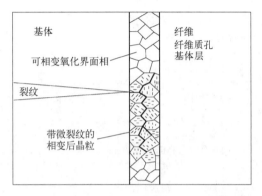

图 5-138 相变弱化界面分隔层示意图

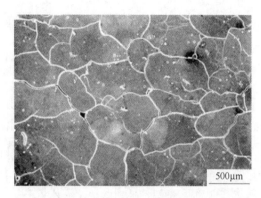

图 5-139 1300℃ 50h 热处理方石英显微结构照片

莫来石-堇青石/石英层状结构复合材料显微结构和压痕裂纹扩展情况见图 5-140[58]。裂纹在层状结构复合材料中的扩展情况见图 5-141[58]，载荷-位移曲线见图 5-142[58]。由图 5-140 可见经热处理复合材料中方石英界面分隔层发生开裂，压痕裂纹扩展至方石英分隔层产生偏转或被捕获。由图 5-142 可见未处理莫来石-堇青石/石英层状结构复合材料加载时产生脆断，未出现裂纹偏转；而经过 1300℃ 10h 热处理试样发生裂纹偏折。由载荷-位移曲线可见，不同处理时间层状复合材料变形行为存在较大差异。经过 1300℃ 10h 热处理试样具有较好的韧化效果，载荷-位移曲线表现出典型非脆性断裂；热处理 36h 试样虽然也呈现非脆性断裂，但强度和断裂功较低。

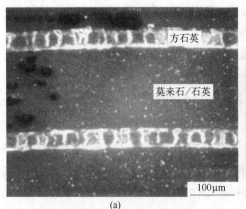

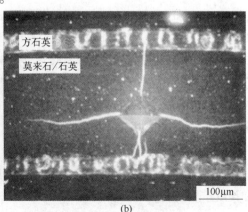

(a)
(b)

图 5-140 莫来石-堇青石/石英层状结构复合材料显微结构和压痕裂纹扩展情况

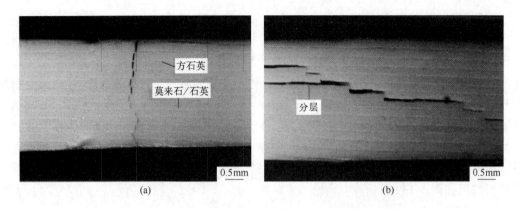

图 5-141   莫来石-堇青石/石英层状结构复合材料裂纹扩展情况

（a）1300℃未处理；（b）1300℃ 10h 热处理

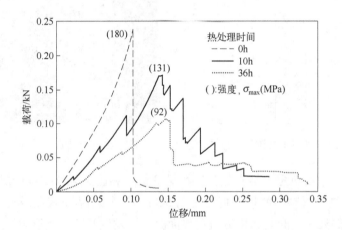

图 5-142   1300℃不同处理时间莫来石-堇青石/石英层状结构复合材料载荷-位移曲线

5.5.5.3   具有低界面结合强度层状结构复合材料

$LaPO_4$ 和 YPO_4 在连续纤维增韧陶瓷基复合材料中已被证明是一类很好的界面相材料，这是由于它们与 Al_2O_3 和 ZrO_2 之间具有较低的界面结合强度，利于在界面上发生裂纹偏转。为此 Kuo 和 Henryk Tomaszewcki 分别制备了 ZrO_2/YPO_4 和 $Al_2O_3/LaPO_4$ 层状结构复合材料[59]。

Henryk Tomaszewcki 等利用泥浆浇注法制备了 Al_2O_3 结构单元层，采用浸涂法置备了 $LaPO_4$ 界面分隔层，通过热压烧结获得 $Al_2O_3/LaPO_4$ 层状结构复合材料。研究了 Al_2O_3 和 $LaPO_4$ 层厚度对层状结构复合材料断裂功和弯曲强度的影响，结果见图 5-143[59]。

由图 5-143 可见随着界面分隔层和结构单元层厚度的增加 $Al_2O_3/LaPO_4$ 层状结构复合材料断裂功和弯曲强度降低[59]。图 5-144 给出了 $Al_2O_3/LaPO_4$ 层状结构复合材料显微结构和裂纹扩展情况。可见裂纹在 $Al_2O_3/LaPO_4$ 界面发生双向分叉，使复合材料表现出很好的韧化行为。载荷-位移曲线见图 5-145[59]。可见复合材料表现出非脆性断裂行为。表 5-28

将 $Al_2O_3/LaPO_4$ 层状结构复合材料与各组分性能进行了对比。由表可见，制备成层状结构复合材料，断裂功增加几十倍至几百倍。

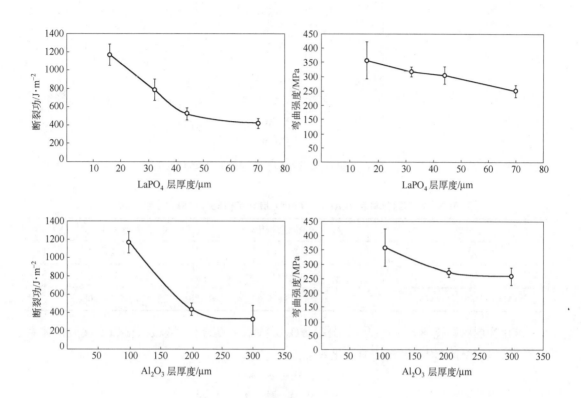

图 5-143 结构单元层和界面分隔层厚度对 $Al_2O_3/LaPO_4$
层状结构复合材料力学性能的影响

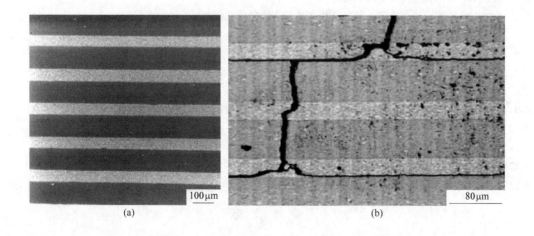

(a)   (b)

图 5-144 $Al_2O_3/LaPO_4$ 层状结构复合材料显微结构和裂纹扩展情况

(a) 层状显微结构；(b) 裂纹扩展情况

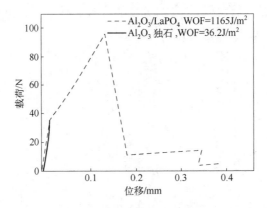

图 5-145　$Al_2O_3/LaPO_4$ 层状结构复合材料的载荷-位移曲线

表 5-28　块体组分材料与 $Al_2O_3/LaPO_4$ 层状结构复合材料力学性能对比

材料	弯曲强度/MPa	断裂功/J·m^{-2}
Al_2O_3	432.3±10.2	36.2±3.2
$LaPO_4$	103.0±5.2	4.7±0.5
$Al_2O_3/LaPO_4$复合材料	356.3±25.6	1165.1±120.1

　　氧化物层状陶瓷体系还包括 $Al_2O_3/AlPO_4$ 层状结构复合材料以及莫来石/钛酸铝体系等[60,61]。这些体系均获得较好的韧化效果。

思 考 题

5-1　说明陶瓷材料的脆性本质，分析脆性对陶瓷材料的影响。

5-2　说明断裂韧性对材料可靠性的影响。

5-3　叙述第二相颗粒增韧陶瓷的机理。

5-4　阐述氧化锆相变增韧机理。氧化锆相变增韧陶瓷分为几类？

5-5　分析影响氧化锆相变增韧效果的因素。

5-6　分析影响晶须增韧陶瓷效果的因素。

5-7　说明晶须增韧陶瓷的增韧机理。

5-8　如何构组纤维增韧陶瓷材料体系？

5-9　为什么常常需要对纤维增韧陶瓷进行界面控制？如何控制？

5-10　对纤维增韧陶瓷界面有何要求？

5-11　纤维增韧陶瓷制备有哪几种制备方法？说明其优缺点。

5-12　说明层状陶瓷复合材料的增韧机理。

5-13　综合比较陶瓷材料几种增韧方法和增韧效果。

参 考 文 献

[1] 尹洪峰，任耘，罗发. 复合材料及其应用 [M]. 西安：陕西科学技术出版社，2003.

[2] 金志浩，高积强，乔冠军. 工程陶瓷材料 [M]. 西安：西安交通大学出版社，2000.

[3] Heuer A H. Transformation toughening in ZrO_2-containing ceramics [J]. J. Am Cerum Soc，1987，70

（10）：689-698.

[4] 马爱琼，任耘，段峰. 无机材料科学基础［M］.北京：冶金工业出版社，2010.

[5] 李世普. 特种陶瓷工艺学［M］. 武汉：武汉工业大学出版社，1990.

[6] Jin Xuejun. Martensitic transformation in zirconia containing ceramics and its applications［J］. Current O-pinion in Solid State and Materials Science, 2005,（9）：313-318.

[7] 张长瑞，郝元恺. 陶瓷基复合材料——原理、工艺、性能与设计［M］. 长沙：国防科技大学出版社，2001.

[8] Buljan S T, Pasto A E, Kim H J. Ceramic whisker- and particulate-composites：properties, reliability and applications［J］. Am. Ceram. Soc. Bull. , 1989, 68（2）：387.

[9] Sarrafi-nour G R, Coyle T W. Temperature dependence of crack wake bridging stress in SiC whisker-reniforced aluminia［J］. Acta Mater. 2001, 49（17）：3553-3563.

[10] Bansal N P. Handbook of ceramic composites［M］. New York：Kluwer Academic Publishers, 2005.

[11] Tai Q, Mocellin A. Review：High temperature deformation of Al_2O_3-based ceramic particle or whisker composites［J］. Ceramics International , 1999, 25（5）：395-408.

[12] Nakao Wataru, Ono Masato, Lee Sang-Kee, et al, Critical crack-healing condition for SiC whisker reinforced alumina under stress［J］. Journal of the European Ceramic Society, 2005, 25（16）：3649-3655.

[13] 尹洪峰. 连续碳纤维增强碳化硅复合材料的制备、结构与性能研究［D］. 西安：西北工业大学，2000.

[14] Mazdiyasni K S. Fiber reinforced ceramic composites-materials, processing and technology［M］. Noyes Publications, 1990.

[15] Sakai. Fracture mechanics and mechanisms of fiber-reinforced brittle matrix composites［J］. J. Ceram. Soc. Japan, 1991, 99（10）：983-992.

[16] Curtin W N. Theory of mechanical properties of ceramic-matrix composites［J］. J. Am. Ceram. Soc. 1991, 74（11）：2837-2845.

[17] Evans A G, Zok F W. The physics and mechanics of fiber-reinforced brittle matrix composites［J］. J. Mater. Soc. , 1994, 29：3857-3896.

[18] Nslain R, Langlais F, Fedou R. The CVI processing of ceramic matrix composites［J］. Journal De Physique, 1991, C5-91-C5-207.

[19] Starr T. Analytical modeling of chemical vapor deposition in fabrication of ceramic composites［J］. J. Am. Ceram. Soc. , 1989, 72（3）：414-420.

[20] Colomban Ph. , Wey M L. Sol-Gel Control of Matrix Net-Shape Sintering in 3D Fibre Reinforced Ceramic Matrix Composites［J］. Journal of the European Ceramic Society, 1997, 17（12）：1475-1483.

[21] Kaya C, Kaya F, Butler E G, et al. Development and characterisation of high-density oxide fibre-reinforced oxide ceramic matrix composites with improved mechanical properties［J］. Journal of the European Ceramic Society, 2009, 29（9）：1631-1639.

[22] Stoll E, Mahr P, Krüger H G, et al. Fabrication technologies for oxide-oxide ceramic matrix composites based on electrophoretic deposition［J］. Journal of the European Ceramic Society, 2006, 26（9）：1567-1576.

[23] 尹洪峰，徐永东，张立同. 纤维增韧陶瓷基复合材料界面相的作用及其设计［J］. 硅酸盐通报，1999（3）：23-28.

[24] Naslain Roger R. The design of the fiber-matrix interfacial zone in ceramic matrixcomposites［J］. Composites：Part A, 1998, 29A：1145-1155.

[25] Miller J H, Liaw P K, Landes J D. Influence of fiber coating thickness on fracture behavior of continuous

woven Nicalon® fabric-reinforced silicon-carbide matrix ceramic composites [J]. Materials Science and Engineering A, 2001, 317 (1-2): 49-58.

[26] Rebillat Francis, Lamon Jacques, Naslain Roger. Interfacial bond strength in SiC/C/SiC composite materials, as studied by single-fiber push-out tests [J]. J. Am. Ceram. Soc., 1998, 81 (4): 965-978.

[27] Chawla K K, Liu H, Janczak-Ruschc J, et al, Microstructure and properties of monazite (LaPO$_4$) coated saphikon fiber/alumina matrix composites [J]. Journal of the European Ceramic Society, 2000, 20 (5): 551-559.

[28] Saruhan B, Schmucker M, Bartsch M. Effect of interphase characteristics on long-term durability of oxide-based fiber-reinforced composites [J]. Composites: Part A, 2001, 32 (8): 1095-1103.

[29] Chawla K K. Interface engineering in mullite fiber/mullite matrix composites [J]. Journal of the European Ceramic Society, 2008, 28 (2): 447-453.

[30] Naslain R. Design, preparation and properties of non-oxide CMCs for application in engines and nuclear reactors: an overview. Composites Science and Technology [J]. Composites Science and Technology, 2004, 64 (2): 155-170.

[31] Parlier Michel, Ritti M H. State of the art and perspectives for oxide/oxide composites [J]. Aerospace Science and Technology, 2003, 7 (3): 211-221.

[32] Hui Mei, Cheng Laifei. Comparison of the mechanical hysteresis of carbon/ceramic-matrix composites with different fiber performs [J]. Carbon, 2009, 47 (4): 1034-1042.

[33] Yin Xiaowei, Cheng Laifei, Zhang Litong, et al. Thermal shock behavior of 3-dimensional C/SiC composite [J]. Carbon, 2002, 40: 905-910.

[34] Yin Xiaowei, Cheng Laifei, Zhang Litong, et al. Oxidation behavior of 3D C/SiC composites in two Oxidizing environments [J]. Composites Science and Technology, 2001, 61 (7): 977-980.

[35] Dicarlo J A. Advances in SiC/SiC for aero-propulsion. Ceramic matrix composites-materials, modeling and technology [M]. Hoboken, New Jersey: John Wiley & Sons, Inc., 2015.

[36] Yang Bei, Zhou Xingui, Yu XinChai, Mechanical properties of SiC$_f$/SiC composites with PyC and the BN interface [J]. Ceramics International, 2015, 41 (5): 7185-7190.

[37] Li Xuewu, Fan Xiaohui, Ni Na, et al, Continuous alumina fiber-reinforced yttria-stabilized zirconia composites with high density and toughness [J]. Journal of the European Ceramic Society, 2020, 40 (4): 1539-1548.

[38] Saruhan B, Schmüker M, Bartsch M, et al. Effect of interphase characteristics on long-term durability of oxide-based fiber reinforced composites [J]. Composites: Part A, 2001, 32 (8): 1095-1103.

[39] Chen P Y, Lin A Y M, Lin Y S, et al, Structure and mechanical properties of selected biological materials [J]. Journal of the Mechanical Behavior of Biomedical Materials, 2008, 1 (3): 208-226.

[40] Meyers Marc Andre, Chen Po-Yu, Lin Albert Yu-Min. Biological materials: structure and mechanical properties [J]. Progress in Materials Science, 2008, 53 (1): 1-206.

[41] Lin Albert Yu-Min, Chen Po-Yu, Meyers Marc Andre. The growth of nacre in the abalone shell [J]. Acta Biomaterialia, 2008, 4 (1): 131-138.

[42] Lin Albert Yu-Min, Meyers Marc André. Interfacial shear strength in abalone nacre [J]. Journal of the Mechanical Behavior of Biomedical Materials, 2009, 2 (6): 607-612.

[43] Meyers Marc André, Lin Albert Yu-Min, Chen Po-Yu, et al, Mechanical strength of abalone nacre: Role of the soft organic layer [J]. Journal of the Mechanical Behavior of Biomedical Materials, 2008, 1 (1): 76-85.

[44] Ghazlan Abdallah, Ngo Tuan, Tan Ping, et al, Inspiration from nature's body armours—a review of biolog-

ical and bioinspired composites [J]. Composites Part B, 2021, 205 (15): 108513.

[45] Lin Albert Yu Min, Meyers Marc Andre, Vecchio Kenneth S. Mechanical properties and structure of Strombus gigas, Tridacna gigas, and Haliotis rufescens sea shells: A comparative study [J]. Materials Science and Engineering C, 2006, 26 (8): 1380-1389.

[46] Espinosa Horacio D, Rima Jee E, Barthelat Francois, et al. Buehler, merger of structure and material in nacre and bone—perspectives on de novo biomimetic materials [J]. Progress in Materials Science, 2009, 54 (8): 1059-1100.

[47] 黄勇, 汪长安. 高性能多相复合陶瓷 [M]. 北京: 清华大学出版社, 2008.

[48] Wang Chang-an, Huang Yong, Zan Qingfeng, et al, Control of composition and structure in laminated silicon nitride/boron nitride composites [J]. J Am. Ceram. Soc., 2002, 58 (10): 2457-2461.

[49] Li Cuiwei, Huang Yong, Wang Chang-an, et al. Mechanical properties and microstructure of laminated $Si_3N_4+SiC_w/BN+Al_2O_3$ ceramics densified by spark plasma sintering [J]. Materials Letters, 2002, 57 (2): 336-342.

[50] Wang Changan, Haung Yong, Zan Qinfeng, et al. Biomimetic structure design—a possible approach to change the brittleness of ceramics in nature [J]. Materials Science and Technology: C, 2000, 11 (1): 9-12.

[51] Koh Young-Hag, Kim Hae-Won, Kim Hyoun-Ee. Mechanical properties of fibrous monolithic Si_3N_4/BN ceramics with different cell boundary thicknesses [J]. Journal of the European Ceramic Society, 2004, 24 (4): 699-703.

[52] Li Shuqin, Haung Yong, Wang Changan, et al. Creep behavior of SiC whisker-reinforced Si_3N_4/BN fibrous monolithic ceramics [J]. Journal of the European Ceramic Society, 2001, 21 (6): 841-845.

[53] Zan Qingfeng, Wang Chang-an, Huang Yong, et al, Effect of geometrical factors on the mechanical properties of Si_3N_4/BN multilayer ceramics [J]. Ceramics International, 2004, 30: 441-446.

[54] Koh Young-Hag, Kim Hae-Won, Kim Hyoun-Ee, et al. Thermal shock resistance of fibrous Si_3N_4/BN monolithic ceramics [J]. Journal of the European Ceramic Society, 2004, 24 (8): 2339-2347.

[55] Li Shuqin, Huang Yong, Luo Yongming, et al. Thermal shock behavior of SiC whisker reinforced fibrous Si_3N_4/BN monolithic ceramics [J]. Materials Letters, 2003, 57 (11): 1670-1674.

[56] Krstic Zoran, Krstic Vladimir D. Fracture toughness of concentric Si_3N_4-based laminated structures [J]. Journal of the European Ceramic Society, 2009, 29 (9): 1825-1829.

[57] Ma J, Wang Hongzhi, Weng Luqian, et al. Effect of porous interlayers on crack deflection in ceramic laminates [J]. Journal of the European Ceramic Society, 2004, 24 (5): 825-831.

[58] Kriven Waltraud M, Lee Sang-Jin. Toughening of mullite/cordierite laminated composites by transformation weakening of b-cristobalite interphases [J]. J. Am. Ceram. Soc., 2005, 88 (6): 1521-1528.

[59] Henryk Tomaszewski, Helena Weglarz, Anna Wajler. Multilayer ceramic composites with high failure resistance [J]. Journal of the European Ceramic Society, 2007, 27 (2-3): 1373-1377.

[60] Kim Dong-Kyu, Kriven Waltraud M. Oxide laminated composites with aluminum phosphate (AlPO4) and alumina platelets as crack deflecting materials [J]. Composites: Part B, 2006, 37 (6): 509-514.

[61] 尹洪峰, 夏莉红, 任耘, 等. 莫来石/钛酸铝层状复合材料的制备 [J]. 兵器材料科学与工程, 2008, 31 (4): 19-23.

6 碳/碳复合材料

第 6 章数字资源

6.1 碳/碳复合材料的发展和特点[1]

碳/碳复合材料（Carbon/Carbon Composites）是指以碳纤维及其织物为增强材料，以碳（或石墨）为基体，通过致密化和石墨化处理制成的全碳质复合材料。

碳/碳复合材料作为碳纤维复合材料家族的一个重要成员，具有许多碳和石墨材料的优点，例如低密度（理论密度小于 $2.2g/cm^3$）、高热导率[高达 $400W/(m \cdot K)$]、低线膨胀系数[$(1 \sim 5) \times 10^{-6} \mathrm{℃}^{-1}$]的特点。此外，碳/碳复合材料作为新型结构材料，其具有比强度高、抗热震性能优异、抗烧蚀性能良好、耐摩擦磨损、耐腐蚀的特点。碳/碳复合材料可以承受高于 3000℃ 的高温，尤其碳/碳复合材料的强度随着温度的升高不降反升的独特性能，使得其作为飞行器热防护系统和发动机热端部件选材，具有其他材料难以比拟的优势。因此碳/碳复合材料被认为是最有发展前途的高温材料之一。

碳/碳复合材料本身固有的性能优势使其可以应用于诸多领域。因其密度小、耐高温、耐摩擦磨损性能优异，以及制动吸收能量较大的特点，成为一种良好的摩擦材料。尤其是应用于飞机制动盘，可使其自身减重达 40%，提高在制动过程中的高温摩擦稳定性，同时不产生热翘曲和表面龟裂等问题，从而延长制动盘的使用寿命。因其具有耐高温和抗烧蚀的优势，可以作为固体火箭发动机喷管材料。因其具有密度低、耐烧蚀和导热好以及抗热冲击的特点，成为弹头端头帽的最佳材料。因其在高温下呈现优异的承载能力，可以应用于高温热防护构件、高温紧固件和高温加热元件。

关于碳/碳复合材料的研制工作，可一直追溯到 20 世纪 60 年代初期，自从 1958 年首次在美国 Chance Vought 航空公司发现碳纤维增强碳基复合材料（碳/碳复合材料）以来，碳/碳复合材料由其一系列的优异性能而得到了各发达国家的广泛关注。几十年来，碳/碳复合材料研究获得了巨大的发展。当时碳纤维已开始商品化，人们采取了一系列步骤用它来增强如火箭喷嘴一类的大型石墨部件。结果在强度、耐高速高温气体（从喷嘴喷出）的腐蚀方面都有非常显著的提高。之后，又进一步地进行了致密、低空隙部件的制造，反复地浸渍液化沥青和煤焦油来制造整体石墨原料。制造碳/碳复合材料时，不必选择强度和刚度最好的碳或石墨纤维，因为它们不利于用编织工艺来制备碳/碳复合材料所需的纤维预制体。还有一些研究工作想用在低压下就能浸渍的树脂基体代替从石油或煤焦油中来的碳素沥青，通过多次热解和浸渍获得焦化强度很高的产物。更进一步，还可以通过化学气相沉积技术在复合材料内部形成耐热性很好的热解石墨或碳化物结构，这进一步扩大了碳/碳复合材料的领域。总之，目前人们正在设法更有效地利用碳和石墨的特性，因为不论在低温或很高的温度下，它们都有良好的物理和化学性能。

碳/碳复合材料同时具有碳质材料的高温性能和纤维增强复合材料的力学性能，主要具有以下特点：

（1）整个系统均由碳元素构成，由于碳原子彼此间具有极强的亲和力，使碳/碳复合材料无论在低温或高温下，都有很好的稳定性。同时碳素材料高熔点的本性，赋予了该材料优异的耐热性，可以承受高于3000℃的高温，是目前在惰性气氛中高温力学性能最好的材料。更重要的是碳/碳复合材料随着温度的升高，其强度不降低，甚至比室温时还高，这是其他结构材料所无法比拟的。

（2）密度低。碳/碳复合材料是以碳纤维预制体为增强体，通过渗透、浸渍、渗积等方法加入碳基体得到的，在致密过程中会残留孔隙，导致其密度一般不高于2.0g/cm³，约为镍基高温合金的1/4，陶瓷材料的1/2。

（3）优异的力学性能。碳/碳复合材料由纤维承受大部分载荷，纤维强度的利用率可达25%~50%，可以充分发挥碳纤维优异的力学性能。此外，碳/碳复合材料的室温强度在高温条件下依然可以保持，在特定情况下，高温条件引起热膨胀使应力释放和裂纹闭合，使得碳/碳复合材料的强度在高温条件下反而还会上升。

（4）优异的热物理性能。碳/碳复合材料是由两种纯碳材料复合而成的，其热导率一般为2~50W/(m·K)。线膨胀系数一般为(0.5~1.5)×10⁻⁶℃⁻¹，仅为金属材料的1/10~1/5。较小的线膨胀系数使碳/碳复合材料在温度变化时尺寸稳定性特别好，因此高温热应力相对较小。

（5）抗烧蚀性能。碳/碳复合材料由碳纤维和碳基体组成，几乎所有元素为碳。碳元素的本质特性使得材料具有高的烧蚀热以及低的烧蚀率，在高温、短时间烧蚀的环境中（如航天工业使用的火箭发动机喷管、喉衬等）烧蚀均匀、烧蚀率低。

（6）摩擦磨损性能。碳/碳复合材料的微观结构为乱层石墨结构，其摩擦因数比纯石墨的要高，另外其具有密度低、高导热等优点，作为摩擦材料用于飞机制动时，在摩擦面温度达1000℃以上时，其摩擦性能仍然保持平稳，这是其他摩擦材料所不具有的。

（7）生物相容性。碳/碳复合材料克服了单一碳材料的脆性，继承了碳材料固有的生物相容性，同时兼有纤维增强复合材料的高韧性、高强度等特点，且力学性能可设计、耐疲劳、摩擦性能优越、密度小、具有一定的假塑性、微孔有利于组织生长，特别是它的弹性模量与人骨相当，能够克服其他生物材料的不足，主要用于人工关节、人工骨、人工齿根等承重部位，是一种综合性能优异、具有潜在力的骨修复和骨替代生物医用材料。

6.2 碳/碳复合材料的制备工艺

6.2.1 碳/碳复合材料的制备工艺[1]

碳/碳复合材料的制备工艺主要包括了三个基本步骤：预制体成型、预制体致密化和石墨化处理，制备工艺流程如图6-1所示。

（1）预制体成型。为使碳纤维在碳/碳复合材料中达到预期的增强效果，需要将碳纤维按照特定的方式成型为具有特定结构和形状的坯体，即预制体。预制体成型是制备碳/碳复合材料的前提。在进行预制体成型前，根据所设计复合材料的应用和工作环境来选择纤维种类和编织方式。目前常用的预制体成型的方法主要有短纤维模压、长纤维织物叠层

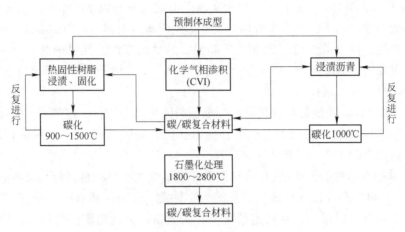

图 6-1   碳/碳复合材料的制备工艺流程[1]

和多维编织/穿刺。短纤维模压成型是将碳纤维经过切割、分散、抽滤、干燥、固化、碳化而成型的方法，该方法成型的预制体中碳纤维方向随机，纤维呈现不连续状态，因而导致制备的碳/碳复合材料力学性能偏低。长纤维织物叠层成型是将碳纤维布/毡经过裁剪、排列、夹持、固化、碳化而成型的方法，该方法中碳纤维呈现二维结构排列，Z（轴）向纤维含量少，因而导致制备的碳/碳复合材料层间剪切强度低。多维编织/穿刺成型是在长纤维织物叠层成型的基础上，增加 Z 轴方向的纤维含量和分布，从而提高碳/碳复合材料的层间性能。该方法制备的预制体的内部孔隙相对较大，不利于后续的致密化进程，因而难以获得高密度的碳/碳复合材料。此外，该成型工艺与短纤维模压工艺和长纤维织物叠层工艺相比较，其成本较高。

（2）预制体致密化。预制体致密化过程是制备碳/碳复合材料的关键环节，即基体碳形成的过程，实质是用高质量的碳填满碳纤维周围的空隙以获得结构、性能优良的碳/碳复合材料。

最常用的有两种制备工艺：化学气相渗透法和液相浸渍法。形成碳基体的先驱物有用于化学气相沉积的碳氢化合物，如甲烷、丙烯、天然气等；有用于液相浸渍的热固性树脂，如酚醛树脂、糠醛树脂等，热塑性沥青如煤沥青、石油沥青。在选择液相浸渍剂时，要考虑它的黏度、产碳率、焦炭的微观结构和晶体结构。

化学气相渗透（CVI）工艺是最早采用的一种碳/碳复合材料工艺，现在英国仍然采用这种工艺生产碳/碳刹车片。把碳纤维织物预制体放入专用 CVI 炉中，加热至所要求的温度，通入碳氢气体，这些气体分解并在织物的碳纤维周围和空隙中沉积上碳（称作热解碳）。根据制品的厚度、所要求的致密化程度与热解碳的结构来选择 CVI 工艺参数。主要参数有：气源种类、流量，沉积温度、压力和时间。碳气最常用的是甲烷，沉积温度通常在 800~1200℃，沉积压力为 0.1MPa 至几百帕。

化学气相渗透工艺有等温 CVI 法、热梯度 CVI 法、脉冲压力 CVI、微波 CVI，以及等离子体强化等种类。最常用的是等温 CVI，其可以获得高质量的碳/碳制品，一般要经过多次反复，甚至几百小时，才能最终得到高密度的碳/碳复合材料。因此，对于一定形状的炉子和一定的制品装载，应严格控制工艺参数达到最优化，才能获得经济可行的 CVI

工艺。这种工艺适合于在大容积沉积炉中生产数量较多的碳/碳制品。液相浸渍工艺是生产石墨材料的传统工艺，也是制造碳/碳复合材料的主要工艺。按形成碳基体的浸渍剂种类，可分为树脂浸渍法和沥青浸渍法，还有沥青树脂混浸工艺；按浸渍压力可分为低压、中压和高压浸渍工艺。化学气相渗透工艺和液相浸渍工艺有时也联合使用，以获得很高致密度的碳/碳复合材料。通常首先采用化学气相渗透获得综合力学性能较好的热解碳基体，然后采用液相浸渍进一步提高最终碳/碳制品的密度。

（3）石墨化处理。碳/碳复合材料在经过致密化工艺之后需要进一步进行石墨化处理，该过程是通过高温（1800~2800℃）将热力学非稳定态的碳材料转变成稳态的石墨的过程。在石墨化过程中，基体碳内的乱层石墨结构逐渐转变成规则的石墨结构，随着石墨化过程的进行，基体碳中的石墨晶格越来越完整，沿层面方向的石墨烯平面间的缺陷越来越少，层间距 $d(002)$ 也逐渐减小。在石墨化过程中石墨烯平面间的缺陷以及不完整性需要逐步消除，因此减少了芳香碳平面进行整体迁移时的阻力，芳香碳平面的整体迁移、转动、生长并趋向三维有序化才可能实现。有些基体碳在 2200~3000℃ 时可以完全转变成石墨，这类基体碳称为易石墨化碳材料，又称软碳。而有些基体碳在高温下难以转变成石墨，这类基体碳称为难石墨化碳材料，又称硬碳。石墨化度的不同会对基体碳的性能产生较大的影响。通常树脂碳难以石墨化，沥青碳易于石墨化，热解碳的石墨化难易与其结构类型有关。增强碳纤维中，PAN 基碳纤维较沥青基碳纤维难石墨化，中间相沥青碳纤维较普通沥青基纤维易石墨化。此外，在石墨化处理过程中，由于碳/碳复合材料中纤维与基体的热膨胀性存在差异，使得纤维与基体的界面处易产生热应力和机械应力，在应力的驱动作用下，基体碳有序排列程度提高，使材料中各组分的石墨化度比单独存在时增加。

碳/碳复合材料的生产成本目前还是比较高的，因此，对低成本、高性能碳/碳复合材料的制备工艺，仍是该材料研究的重要内容之一。

6.2.2 等温化学气相渗透

等温化学气相渗透（ICVI）工艺是最传统也是目前工业应用最广泛的工艺。该工艺在 20 世纪 60 年代用于致密化石墨中的孔隙，降低气体在石墨中的渗透率。随后该工艺被用于致密化多孔碳毡制备碳/碳复合材料，如今仍然是生产碳/碳复合材料的主要制备工艺，世界上所生产的航空用碳/碳复合材料制动盘、固体火箭发动机喉衬和喷管仍然主要采用该工艺制备。ICVI 致密化时，多孔碳纤维预制体被置入等温化学气相沉积炉内恒温区域，通入碳氢气态前驱体和载气，气体通过扩散进入多孔预制体内部发生热解沉积。传统的 ICVI 工艺存在气体扩散控制，为了沉积密度均匀的碳/碳复合材料，经常采取低压低温工艺，即使如此，在预制体表面也往往由于沉积速率过快出现"结壳"现象，为了得到所需密度的碳/碳复合材料，需要进行中间石墨化处理以及机械加工，去除表面的"结壳"，打开气体扩散通道，最终达到所需的密度，但是同时也导致制备周期较长，气体的利用率较低[1]。

虽然制备周期较长，但 ICVI 工艺具有如下的优势：工艺参数控制简单，对设备要求低；基体热解碳中残余热应力小，对纤维损伤小；可以得到单一组织的热解碳，制品的性能可控性高。另外，可以采用大容量的 ICVI 炉进行大批量的沉积，以此抵消因制备周期长而产生的高成本。因此，迄今为止 ICVI 工艺在工业规模生产中仍然占据主导地位，仍然是目前研究的热点[1]。

导致扩散控制的原因有很多，其中最主要的就是致密化过程的化学反应。图 6-2 所示为热解碳沉积过程简图。在致密化过程中，存在着热解均相反应和沉积非均相反应之间的竞争，以及两者同气体扩散之间的竞争。热解反应总的趋势是随滞留时间的延长，热解产物相对分子质量逐渐增大。热解反应产生的气态烃相对分子质量越大，则其扩散系数越低，而生成热解碳的速率常数就越高，如图 6-3 所示。因此，在预制体外部，一旦由热解反应形成大分子，则其难以扩散到气孔深处，并迅速形成热解碳，这正是造成表面封孔和出现表面结壳现象的根本原因。由此可见，导致 ICVI 工艺致密化过程受扩散控制的根本原因，是前驱气体在预制体表面或表面附近发生预热解反应形成芳香烃类大分子。在热梯度 CVI 工艺中，能够实现快速致密化的原因就是前驱气体在预制体表面达不到热解温度，能保持较高的扩散速度[2]。

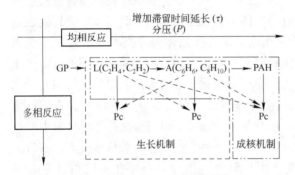

图 6-2　热解碳沉积过程简图[2]

（GP、L、A 和 PAH 分别代表前驱气体、线型小分子、
芳香烃小分子和多环芳香烃大分子）

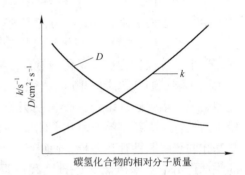

图 6-3　气态烃的相对分子质量与扩散系数和
表面反应速率常数之间的关系[2]

（D 为扩散系数，k 为生成热解碳的反应速率常数）

对于碳纤维预制体，在致密化过程中，内部的孔隙逐渐被热解碳所填充，孔隙率下降。碳/碳复合材料中最后将形成直径小于几微米的闭孔和微孔。微孔具有很高的比表面积 A/V 值，难以被致密化，而正是这些闭孔和微孔，使纤维多孔体的可致密化率远小于1。降低沉积速率，克服表面封孔现象，有利于内外均匀的沉积，但是并不能消除闭孔和微孔，只能通过调整工艺尽量降低闭孔和微孔的含量，提高致密化度。

如果内扩散对 CVI 过程的影响不显著，升高气体压强能够加快致密化速度，同时得到低气孔率的碳/碳复合材料，以甲烷为原料时这种效应较为明显。图 6-4 显示 2D 碳毡经120h 致密化后，中心密度可以达到 1.85g/cm³。在低压条件下（15kPa，CH₄）致密化后的碳/碳复合材料的表观密度从外向内逐渐增大，气体停留时间越长，沉碳量越多，同时内外的密度差别也越大；当外推到沉积时间无限长时，复合材料各处的密度差异将很小。在这种情况下，因为内扩散没有造成表面封孔现象，为缩短致密化时间就可以继续升高甲烷压强，当甲烷压强为 30kPa 时，同样经过 120h 致密化，复合材料的平均密度大于15kPa 致密化的情况。当甲烷压强为 30kPa 时，在短的气体停留时间条件下（<0.05s），仍然能够避免表面密度高于内部密度，随着时间的延长，可以得到高的致密化度和内外均匀的密度分布；但是当气体停留时间较长（>0.1s）时就难以避免致密化后期表面封孔的现象，最终在内部形成闭气孔[1]。

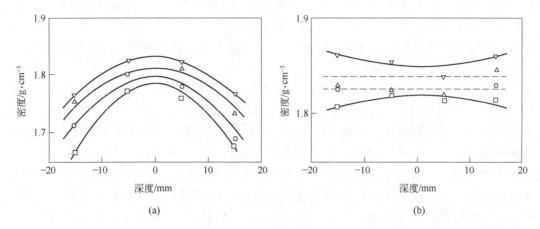

图 6-4 2D 碳毡经过 120h 致密化后内部的密度分布[1]

(a) 1095℃, 15kPa CH₄; (b) 1095℃, 30kPa CH₄

气体在多孔体外部停留时间: □—0.0125s, ○—0.025s, △—0.05s, ▽—0.1s

另外，即使采用 CH_4 作为气源，得到内外均匀致密化碳/碳复合材料的甲烷的压强也是有限制的。在相同温度、气体流动条件下，最大压强主要取决于纤维体的 A/V 值。A/V 值越低的纤维多孔体，能够实现正密度梯度致密化的临界压强也越低。例如，碳纤维含量为 7% 的纤维毡在 1095℃ 致密化时，只有当甲烷压强低于 11kPa 才能获得由外向内的正密度梯度。

6.2.3 热梯度化学气相渗透

热梯度化学气相渗透（TCVI）技术的工业应用也很广泛，仅次于 ICVI 工艺。其工作原理是：在热梯度 CVI 炉中沿预制件厚度或径向形成较大的温度梯度。原料气体从预制件的较低温度一侧（冷区域）流过，靠扩散作用到达较高温度一侧（热区域）发生反应，沉积物围绕纤维生长。由于反应速度通常随温度升高呈指数增加，气体在到达热区域之前，几乎不发生沉积或只发生轻微沉积。随着沉积的进行，热区域附近孔隙逐渐被填满或封闭，气孔率降低，形成比较致密的沉积带，致密部分由于热导率的提高使得沉积带外围温度逐渐升高，当它们达到沉积温度时，沉积过程就得以持续进行[1]。致密化过程就是以这种方式从热区域逐渐向冷区域表面推进，完成致密化的。在实际工艺过程中，随着沉积带增厚，热损失增加，导致沉积带前沿温度降低，为了维持反应在指定温度下进行，在 CVI 过程中，需要随时提高热表面的温度以补偿热损耗。其工艺特点有：

（1）热梯度 CVI 工艺过程中，从预制件内侧到外侧沉积温度是连续变化的（沿预制件径向形成温度梯度时），即不可能实现恒温沉积，但存在一个主沉积带，此沉积带的平均温度是可以控制的。

（2）从理论上讲，温度梯度越大，则主沉积带越窄，越利于气体的渗透和热解炭的沉积，并最终获得较高密度的产品。但主沉积带越窄，则沉积时间相应延长，且炉子负荷增加，能耗增大，因此在实际当中，选取一个适当的温度梯度是十分必要的。

（3）热梯度 CVI 时间随预制件尺寸增大而增加。

（4）由于主沉积区很窄，利于气体扩散渗透到坯体内部，不易形成表面涂层。因此，沉积工艺条件如温度、压力等可在较宽范围内进行选择，在沉积中后期，试样表面会形成涂层，涂层的厚度取决于沉积的工艺条件，越接近高温区，涂层越明显，此涂层可机加工去除，对预制件增密影响不大。

由于在 TCVI 工艺中沿预制体厚度方向引入了大的热梯度，可以控制沉积从预制体侧向另外一侧逐渐推进，有效地抑制了预制体表面的结壳，解决了扩散控制问题，因此可以适当提高沉积温度，加快沉积速率，缩短致密化周期，且能得到密度较高的碳/碳复合材料。但是热梯度的引入也对制品的性能产生了不利影响，由于沉积过程中存在较大的热梯度，制品中的残余热应力较大，在后续的高温处理中容易产生微裂纹甚至开裂；同时热梯度也使得不同部位沉积热解碳的组织结构和微观形貌存在一定程度的差异；难以实现同时对形状和尺寸差异较大的预制体进行致密化，尤其对具有复杂形状的碳/碳复合材料[1]。

Allied. Signal. Inc. 开发出了感应加热热梯度 CVI。该技术的预制体通过感应加热产生由内到外的热梯度，液态环戊烷通过加热以气体的形式进入反应室中，反应室抽真空，外壁通水冷却，经过 26h，尺寸为 108mm（$\phi_{外}$）×44mm（$\phi_{内}$）×30mm 的盘状预制体，密度从 0.41g/cm³，增长到 1.541g/cm³，平均致密化速率达到 0.0448cm³/h，炭基体为粗糙层热解炭，密度为 1.79cm³/h 的制件压缩强度可达 268MPa。该技术沉积区温度较 ICVI 高出 200℃，致密化速率快，一次可处理多件，密度均匀性好，前驱体转换率高（20%～30%），仅产生微量焦油，无炭黑生成，但预制体形状、尺寸不同，则需用不同的感应器，并且预制体本身要有足够的导电性以感应电磁场。

该热梯度化学气相渗透反应装置示意图如图 6-5 所示。主沉积室为水冷的不锈钢炉体，流动的环己烷蒸汽由沉积室底部通入。碳毡由 PAN 基碳纤维制成，初始密度为 0.4～0.6g/cm³。碳毡被固定在钼棒或氧化铝棒上，相邻盘间隔 1cm，利用导电的碳毡与感应线圈产生的电磁场产生交互作用进行加热，碳毡被悬挂于沉积室的顶部。为了减少辐射散

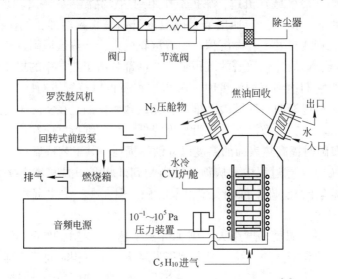

图 6-5　感应加热热梯度 CVI 反应装置示意图[1]

热，顶部和底部的碳毡均用石墨纸保温。根据实验需要，选择适当的石英管置于感应线圈和碳毡之间限定前驱体的流动。利用插入碳毡中不同部位的热电偶和高温测温仪进行测温。沉积的工艺参数：功率为 8.8～13.2kW，感应频率为 4.9～8.6kHz，总压为 2.66～13.3kPa，环己烷的流量为 170～540mL/min[1]。

6.2.4 化学液相气化渗透

传统的制备碳/碳复合材料方法有化学气相沉积法和化学液相气化渗透（FBCVI）两种。前者由于受气体扩散控制，沉积速率很低；后者由于收缩作用和前驱体残碳率所限，需要多次浸渍与碳化循环。因此，一般需要几百甚至上千小时才能得到高密度碳/碳复合材料，使成本居高不下，限制了其进一步推广应用。为此快速、高效、低成本制备碳/碳复合材料的研究成为人们研究的热点。自从 Houdayer 等利用化学液相气化沉积法制备碳/碳复合材料以来，这一方法得到了广泛关注。许多研究者以环己烷或煤油为前驱体采用此种方法制备了碳/碳复合材料，其可以在较短时间内制备密度较高、组织结构比较均匀的碳/碳复合材料。化学液相气化沉积是在液态碳氢化合物中进行的，在预制体的周围不断形成高密度的液-气相包裹层，这种包裹层的密度比传统气相沉积法的纯气相层高出 50～100 倍，从而预制体的致密化速度比气相沉积法也高出 50～100 倍，大大缩短了制备时间，降低了材料制备成本。

化学液相气化渗透碳/碳复合材料制备装置如图 6-6 所示。首先将预制体平纹碳布缠绕在石墨发热体周围，并固定在反应器底部，加入基体前驱体（甲苯、煤油等），通氮气。调节变频电源功率，控制加热速率，使石墨发热体温度达到 900～1000℃，在此温度下恒温，然后调小加热功率缓慢降至室温，重复通氮气—调节加热功率、升温—恒温—降至室温这一过程多次，沉积数十小时。在沉积过程中，基体前驱体剧烈沸腾并气化，一部分气化的甲苯经冷却系统冷凝返回到反应器内，而另一部分气化的甲苯开始在与石墨发热体紧邻的碳布叠层预制体内发生裂解反应，并生成热解碳沉积在此处。随着裂解反应

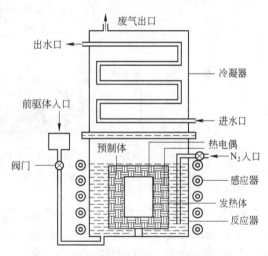

图 6-6 化学液相气化沉积工艺制备 C/C 复合材料的实验装置示意图[1]

的继续进行，此薄层内碳布的纤维束内及束间空隙内的热解碳相互接触并密实，纤维及热解碳基体的传热导电能力增强，此时密度相对高的此薄层的温度已接近或等同石墨发热体的温度，即此薄层可充当发热体，沉积带前沿可向外推移，直至预制体的外边沿，最终得到碳/碳复合材料。表 6-1 为采用化学液相气化沉积工艺制备的四种碳/碳复合材料的密度和弯曲性能（工艺条件：先驱体为甲苯，预制体为 3K-PAN 基碳布，沉积温度为 950℃，沉积为时间 9h)[1]。

表 6-1　化学液相气化沉积制备碳/碳复合材料的密度和弯曲性能[3]

样　　品	1	2	3	4
表观密度/g·cm⁻³	1.60	1.61	1.62	1.63
弯曲强度/MPa	46.3	48.1	55.6	63.5

化学液相气化渗透致密化的机理在于：其一是整个沉积周期内预制体始终完全浸泡在液体先驱体里，避免了气体反应物扩散慢这一限制因素；其二是沉积过程受化学反应动力学控制，从根本上加快了反应速度；其三是预制体内大温度梯度的形成，保证沉积首先在小区域内进行和完成，然后逐步往外推移，从而使整个致密化过程一次完成而不需要中间停顿。

化学液相气化渗透碳/碳复合材料制备复合材料过程中，沉积前沿的不同区域与预制体内的温度梯度示意图如图 6-7 所示。沉积前沿因为大温度梯度的存在，主要分为已致密化区域、致密化区域、沸腾区和液相区。其中致密化区域是热解碳的实际沉积区域，致密化过程完成后，此区域变为与碳发热体密度相当的已致密化区，沉积前沿向外推进，逐渐完成碳/碳复合材料的沉积过程。实际沉积过程中，温度区受多种因素的影响，沉积面有些弯曲，但沉积的基本原理是一致的。工作过程不断地通入氮气，以防易燃先驱体的燃烧和控制碳源的蒸发情况，从而控制制备时间和致密化效率。反应器应与大气相通，及时排出反应废气，致密化速率加快。

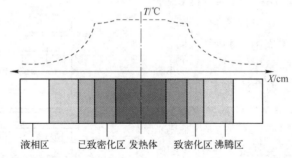

图 6-7　碳/碳复合材料 FBCVI 制备过程的沉积前沿区域与温度梯度示意图

FBCVI 与 ICVI 工艺对比示意图如图 6-8 所示，两者的差异主要有：

（1）加热方式不同。前者属于"冷壁"结构，预制体内部存在较大的热梯度；后者属于"热壁"结构，热梯度极小甚至无热梯度。

（2）前驱体类型不同。前者是含碳量较高的液态烃，如环己烷、煤油或甲苯等；后者是相对分子质量较小的气态烃，如甲烷、乙炔、丙烯等。

（3）热量和质量传输方式不同。前者的热量由内向外传输，前驱体由外向内传输；后者的热量和前驱体均由外向内传输。

（4）沉积前沿移动方向不同。前者的沉积前沿由内向外移动，后者的沉积前沿由外向内移动[1]。

6.2.5　液相浸渍-碳化工艺

液相浸渍-碳化工艺主要过程可分成浸渍和碳化两个步骤。浸渍是指在一定条件下将

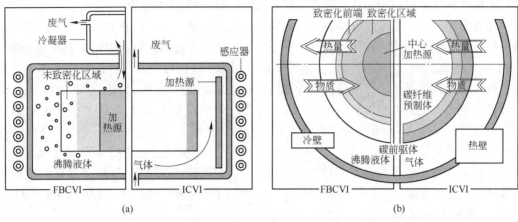

图 6-8 FBCVI 与 ICVI 工艺对比示意图[1]

（a）主视图；（b）俯视图

液态有机浸渍剂（前驱体）渗透到预制体的孔隙内；碳化则是指在惰性气体中，对浸渍后的试样进行热处理，使试样孔隙内的有机物转变成碳。碳化后通常需要进行一个热解过程（石墨化）来将各向同性的沥青碳（由沥青作浸渍剂所得到碳基体）或树脂碳（由树脂作浸渍剂得到的碳基体）转化为各向异性的碳基体[1]。

液相浸渍-碳化工艺通常可在常压或加压条件下用热压罐进行，预制体在压力作用下浸渍基体前驱体（如树脂、沥青和其他化合物），然后使浸入预制体的前驱体热解碳化形成碳基体。在热解过程中，应该注意的是，其一由于所用前驱体不同，而采用的热解方法各异；其二是所施加的压力和温度大小取决于前驱体原料的黏度；其三为了达到较高的致密度，浸渍过程要重复多次。

树脂浸渍工艺典型流程是：将预制体置于浸渍罐中，在真空状态下用树脂浸渍预制体，再充气加压使树脂浸透预制体。浸渍温度为 50℃ 左右，以使树脂黏度降低，具有较好的流动性。浸渍压力逐次增加至 3~5MPa，以保证织物孔隙被浸透。首次浸渍压力不宜过高，以免织物变形、纤维受损。浸渍树脂的样品放入固化罐中进行加压固化，以抑制树脂从织物中流出。采用酚醛树脂时固化压力为 1MPa 左右，升温速度为 5~10℃/h，固化温度 140~170℃ 保温 2h。树脂固化后，将样品放入碳化炉中，在氮气或氩气保护下进行碳化，升温速度控制在 10~30℃/h，最终碳化温度 1000℃ 保温 1h。在碳化过程中树脂热解，形成碳残留物，发生质量损失和尺寸变化，同时在样品中留下空隙。这样，需要再进行重复的树脂浸渍和碳化，以减少这些空隙，达到致密化的要求。

树脂固化过程聚合形成高度交联，随后的碳化过程是在固体状态下发生的，C—C 键断裂并重组形成连续的芳香碳平面的过程难以进行，因此树脂浸渍-碳化工艺通常会形成各向同性碳。树脂的碳化过程中会释放出水蒸气、甲烷、CO 等气体，并产生较大的体积收缩同时产生裂缝和孔隙，并且加压不能提高其碳产量。

沥青的热解碳化过程则与树脂热解碳化过程不同。Huttinger 等人对煤焦油沥青和石油沥青在 300~600℃、氮气压力为 0.2MPa 下的热解过程的研究发现，提高碳化时的压力可降低热解过程完成时的温度。Hosomura 等人对沥青碳化的研究发现，提高压力使碳基体的孔隙尺寸和孔隙率减小，从而提高了碳/碳复合材料的密度和强度。

沥青浸渍工艺常常采用煤沥青或石油沥青作为浸渍剂，先进行真空浸渍，然后加压浸渍。将装有纤维预制体的容器放入真空罐中抽真空，同时将沥青放入熔化罐中抽真空并加热到250℃使沥青融化，黏度变小，然后将熔化沥青从熔化罐中注入到盛有预制体的容器中，使沥青浸没预制体。待样品容器冷却后，移入加压浸渍罐中，升温，在250℃进行加压浸渍，使沥青进一步浸入预制体的内部空隙中，随后升温至600~700℃进行加压碳化。一般把浸渍碳化压力为1MPa左右的工艺称为低压碳化浸渍工艺，几兆帕至十几兆帕的称为中压浸渍碳化工艺；而采用几十兆帕甚至上百兆帕浸渍碳化压力的工艺称高压浸渍碳化工艺。碳化压力对沥青残碳率的影响见表6-2。为了使碳/碳复合材料具有良好的微观结构和性能，在沥青碳化时要严格控制沥青中间相的生长过程，在中间相转变温度（430~460℃）控制中间相小球生长、合并和长大[4]。

表 6-2　工艺压力对沥青浸渍碳/碳致密度的影响[4]

碳化压力 /MPa	产碳率 /%	体积密度/g·cm⁻³		密度增加率 /%
		开始	最终	
常压	51	1.62	1.65	1.9
6.9	81	1.51	1.58	4.6
51.7	88	1.59	1.71	7.5
51.7	89	1.71	1.80	5.2
103.4	90	1.66	1.78	7.2

另外，应用沥青浸渍工艺制备碳/碳复合材料时，由于沥青在高温流失、小分子物释放、碳化收缩等原因，在基体中产生孔隙和裂缝。为了达到要求的致密度，浸渍-热解需循环多次，因此，成型工艺周期长，制品成本高。为了减少沥青碳化时的流失和收缩，缩短成型时间，可采用浆料浸渍工艺。其工艺要点是在沥青中掺入碳粉制成浆料，采用碳纤维缠绕技术，使碳纤维浸渍掺有碳粉的浆料制成坯件，在热压炉中碳化成型；或者，使掺有碳粉的浆料制成坯件，在热压炉中碳化成型；或者，使掺有碳粉的浆料和经过预处理的短切纤维捏合，再经热压称为坯件，再在热解炉中碳化形成碳/碳复合材料。与仅用浸渍-热解循环相比较，浆料浸渍-热解工艺周期仅为其周期的1/5~1/4，制品成本仅为1/4~1/3。由于浆料黏度大，不能通过压力浸渗，因此不适用于制作多向编织的碳/碳复合材料。

高压浸渍碳化工艺（HIPIC）多用于制造大尺寸的块体、平板或厚壁轴对称形状的多向碳/碳复合材料。一个典型的例子是用高压碳化浸渍工艺制造尺寸约为150mm×150mm×300mm的正交三向织物碳/碳复合材料和整体编制碳/碳喉衬及喷管结构。首先把纤维预制体采用真空-压力浸渍方法浸渍沥青，并在常压下碳化，这时织物被浸埋在沥青碳中，加工以后取出已硬化的制品，把它放入一个薄壁不锈钢容器中，周围填充好沥青，并抽真空焊封起来。然后将包套放进热等静压机中，慢慢加热，最高温度到650~700℃，同时加压7~100MPa。经过高压浸渍碳化之后把包套解剖，取出制品进行粗加工去除表层。接着在氩气保护下在2500~2700℃进行石墨化处理。至此，完成了一个高压浸渍碳化循环。这样的循环需要重复进行4~5次，以达到1.9~2.0g/cm³的密度。高压浸渍碳化工艺形成容易石墨化的沥青碳，这类碳热处理到 2400～2600℃ 时能形成晶体结构高度完善的石墨片层。高压碳化工艺与常压碳化工艺相比，沥青的产碳率可以从 50% 提高到 90%，高产碳率减小了工艺中制品破坏的危险并减小了致密化循环的次数，提高了生产效率。

液相浸渍-碳化工艺的优点是采用常见的模压及加压黏结技术，通过浸渍-碳化工艺容易制得致密、密度较均匀、尺寸稳定的碳/碳复合材料制品。与 CVI 工艺相比，液相浸渍所需的工艺周期短，成本相对较低。但液相浸渍时需要反复浸渍，使其工艺繁杂，而且在碳化时，浸渍剂分解产生的大量气体会使基体和基体与纤维界面处产生裂纹和孔隙。此外，在碳化和石墨化处理时，树脂和沥青会发生收缩，这会导致纤维表面和纤维与基体界面处的损伤，严重影响制品力学性能[1]。

6.2.6 热解碳的微观结构和沉积形成机理

6.2.6.1 热解碳的微观组织结构[1]

热解碳是由 sp^2 杂化轨道相互成键构成的一种不完全结晶材料。在石墨的分子结构中，π 键和 σ 键的个数比为 1/3，而在热解碳中 π 键和 σ 键的比值偏离了 1/3，这是由热解碳结晶度的差异而导致的。和碳纤维、焦炭、炭黑等其他碳材料一样，热解碳从纳米结构到微米结构都呈现出复杂的多样性。

Warren 在 1941 年首次用径向函数法分析炭黑的 X 射线结果，发现芳香碳平面内碳原子之间的距离和石墨中碳—碳共价键的键长是相等的（0.1421nm），证实了炭黑是由细小的类似石墨的微"晶体"组成的，每个微小的"晶体"都包含结构完整的单层碳原子或几个原子层厚的碳原子单元，也被称为石墨烯单元片层结构芳香环单元，（001）衍射峰来自碳材料中相互平行的芳香碳平面，而（hk）衍射峰源自芳香碳平面内碳原子的有序排列。这些是碳材料的共同结构，即乱层结构。乱层结构模型正确地描述了碳材料的基本结构特征，因此一直沿下来。经过几十年的发展，模型得到了不断完善。根据乱层结构模型，碳材料都是二维有序而三维无序的固体，其结构特征如下：

（1）碳材料是由许多大小不同的石墨烯单元组成的（平面大小用 L_1 和 L_a 表征）。

（2）石墨烯之间相互连接成连续的芳香碳平面，在石墨烯连接的区域含有许多缺陷（五元环、空穴和层间缺陷等），因此芳香碳平面实际上不是平面，而是连续的曲面（平面大小用 L_2 表征）。

（3）数目不等的芳香碳平面（平面数量用 N 表征）大致相互平行，并以等间距（层面间距即 d_{002}）的方式堆积在一起，构成碳材料的微观结构（堆垛高度为 L_c）。

（4）每个微观结构组织内部的芳香碳平面随机取向，层与层间的碳原子不存在周期性位相关系（乱层结构如图 6-9（a）所示）。

（5）芳香碳平面之间以一定的倾斜和折叠角度相互连接，大小不同的结构在空间中以不同的程度定向，构成碳材料中碳原子排列的长程序，或者称为织态结构。易石墨化碳如图 6-9（b）所示，难石墨化碳如图 6-9（c）所示。

（6）不同织态结构的乱层结构和孔隙共同构成碳材料的宏观结构。

由于沉积设备、沉积工艺、沉积基体等条件不同，热解碳呈现出各种各样的微观结构。因此，对热解碳的微观结构进行明确的定性和描述不仅是建立微观结构与物理、力学性能之间关系的前提，也是建立微观结构与其化学反应动力学之间关系的前提。对碳/碳

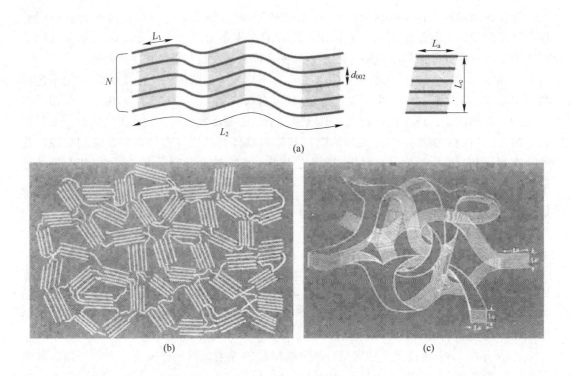

图 6-9　碳材料的二维和三维结构模型[1]

(a) 碳材料的乱层结构组织和织态结构组织；(b) 易石墨化碳；(c) 难石墨化碳

复合材料微观结构的研究通常是在两种尺度范围内进行：一种是微米尺度，另一种是在纳米尺度。

　　微米尺度的研究主要采用偏光显微镜（PLM）来观察热解碳微观结构的形态并测定其消光角 Ae。Diefendorf 和 Tokarsky 以消光角 Ae 为指标，按照各向异性由低到高的次序，定量地将热解碳的微观结构分成四类：各向同性 ISO（$Ae<4°$）、暗层 DL（$4°≤Ae<12°$）、光滑层 SL（$12°≤Ae<18°$），以及粗糙层 RL（$Ae≥18°$）。其中，DL 为 ISO 和 SL 之间的过渡结构。消光角的引入使描述热解碳微观结构的连续变化成为可能。RL 组织在偏光显微镜下具有很高的光学活性，有许多明显的生长锥和不规则的消光十字，环形裂纹很少，择优取向性大，表面视觉效果非常粗糙；SL 组织具有一定的光学活性和择优取向性，具有大的轮廓分明的消光十字，看不出明显的生长锥，表面视觉效果非常光滑，环形裂纹清晰可见；ISO 组织光学反射性很低，无消光十字，无生长锥特征，无择优取向性，无裂纹。

　　纳米尺度的研究主要采用透射电镜测定基本结构单元（BSU）。测定结果表明，不同微观结构热解碳没有明显差别，差别仅在于排列的有序程度不同。通过采用透射电镜结合选域电子衍射（SAED）测定取向角 A_0。将热解碳的织构，即 002 基面的平行取向程度，按照由低到高的次序重新命名为各向同性（ISO）、低织构（LT）、中等织构（MT）和高织构（HT）热解碳。该分类方案及其与采用的传统分类方法的对应关系如表 6-3 所示，与用消光角分类的不同之处仅在于定义了 ISO 的消光角 Ae 为零[1]。

表 6-3 热解碳微观结构分类及其对应的微观石墨层形貌和密度范围[1]

表征方法	ISO (isotropic)	LT (low-textured)	MT (medium-textured)	HT (high-textured)
	ISO	DL	SL	RL
PLM	$Ae=0$	$0°\leqslant Ae<12°$	$12°<Ae\leqslant18°$	$Ae>18°$
SAED	$A_0=180$	$180°>A_0\geqslant80°$	$80°>A_0\geqslant50°$	$A_0<50°$
微观机构示意图				
密度/g·cm^{-3}	<1.70	1.70~1.95	1.95~2.10	>2.10

Granoff 等认为具有粗糙层微观结构的碳/碳复合材料力学性能最优;各向同性碳的密度最低,不利于力学性能;而光滑层碳易出现热应力裂纹。Kimura 和 Yasuda 等发现 RL+ISO 基体结构的材料具有比较好的强度和刚度,而具有 SL+RL 结构的材料具有较好的应力应变形为,表现出良好的假塑性。纤维表面中低织构热解碳层厚度增大,弯曲强度提高;高织构热解碳片层存在能够提高材料的假塑性断裂行为。

因此综合考虑,RL 结构的热解碳因其具有高密度、高导热系数、易石墨化的性质成为最希望获得的结构组织。但研究发现:RL 结构对沉积工艺条件十分敏感,只有在很窄的工艺条件范围内才能得到。在航空刹车领域,RL 热解碳结构的碳/碳复合材料在不同能载条件下具有较高的摩擦系数,刹车力矩曲线较为平稳,安全系数高;而 SL 组织则波动很大,磨损较小,安全性差。

热解碳是非透明的,具有和石墨晶体相似的双皮射特性:一般采用反射光来研究其光学性能。在正交偏振光下,纤维周围沉积的热解碳表现出独特的消光现象。反射光的强度明暗变化的同时,会出现十字形的消光十字,称为 Maltese 十字。不同的组织结构对光的吸收与反射的程度不同,导致在偏光显微镜中显示的消光十字与沉积热解碳表面的光学活性明显不同,因此可以利用沉积热解碳的偏光显微照片定性地表征其不同的结构。

如图 6-10 所示,不同的热解碳织构显示了不同的光学活性和消光十字。图 6-10(a)所示为沉积的热解碳在偏光显微镜中拥有较高的光学活性,消光十字出现分叉现象,热解碳表面粗糙,可认为是粗糙层热解碳;图 6-10(b)所示的热解碳拥有与粗糙层相同的光学活性,但消光十字较规整且表面光滑,其为可再生层热解碳属于粗糙层热解碳;图 6-10

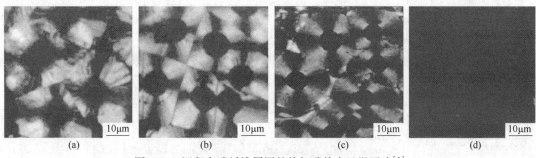

图 6-10 沉积在碳纤维周围的热解碳偏光显微照片[1]

（c）所示的热解碳光学活性低，消光十字规整且表面光滑，属于光滑型热解碳；图 6-10 （d）所示的沉积的热解碳与纤维没有光学活性，此种热解碳定义为各向同性热解碳[1]。

6.2.6.2　热解碳的沉积形成机理

Benzinger 和 Hüttinger 首先证明了表面沉积反应是非均相反应，并与均相反应相竞争。随反应物在沉积炉内滞留时间的延长或前驱气体分压的增加，热解产物的相对分子质量逐渐增大，为非均相反应。非均相反应主要受预制体表面积/气孔体积比值（A_s/V_R）的影响。

热解碳沉积有两种历程：生长历程依靠基层表面的活性点化学吸附气相中以线型小分子和小分子芳香烃为主的活性组分，并在石墨烯层边缘生长。形核历程依靠基层表面物理吸附以多环芳烃等大分子为主的组分形成新的石墨烯层，因此吸附平衡很重要，但不需要活性点的存在。对 CVI 过程来说，由于碳纤维预制体的 A_s/V_R 比值非常大，难以实现饱和吸附，因此热解碳沉积过程只有一种生长历程。

被吸附的气相组分经以下两个主要化学过程形成热解碳：一种是芳香烃自由基连接和分子内脱氢环化；另一种是脱氢和乙炔添加。乙炔的作用是使开放的碳链形成闭合的环状结构。

热解碳的沉积反应，揭示了碳/碳复合材料中的热解碳基体是由气相中线型小分子和芳香烃类小分子经生长历程沉积的，但并未指出气相组成和热解碳微观结构的对应关系，这种对应关系是热解碳微观结构形成机理研究的主要内容。关于气相组成和热解碳微观结构的关系，具有代表性的 4 种观点具体如下：

（1）Liebermam 和 Pieson 以甲烷为前驱气体，在温度梯度 CVI 工艺条件下制备了碳/碳复合材料，并认为不同微观结构的热解碳取决于气相组成的摩尔比 $R = C_2H_2/C_6H_6$。形成 HT 热解碳对应的 R 值范围为 5～20（中等 HTT 和分压），MT 对应较低的 R 值（低 HTT 和高分压），ISO 对应较高的 R 值（高 HTT 和低分压），如图 6-11（a）所示。

（2）Benzinger 和 Hüttinger 采用 ICVI 工艺和甲烷-氢气混合气体，在 20kPa 和 30kPa 压力下发现，在纤维表面沉积了两层热解碳，从内层的 MT 到外层的 HT 组织。其认为 MT 热解碳主要由气相中的芳烃和多环芳烃形成，而 HT 热解碳主要由气相中线形小分子烃类形成，如图 6-11（b）所示。

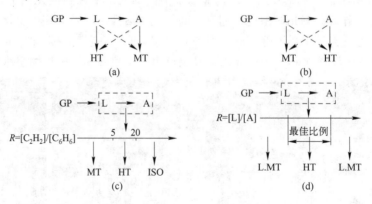

图 6-11　CVI 过程气相组成与热解碳微观结构之间的定性关系模型[5]

（3）Feron 等采用 ICVI 工艺和丙烷前驱体，在实验过程中随着温度的升高和滞留时间的延长，发现 MT→HT→MT 之间的转变，认为 MT 组织主要由线形小分子烃形成，而主要 HT 组织由大分子芳烃形成，如图 6-11（c）所示[5]。

（4）张伟刚等采用 ICVI 和甲烷，在更大的压力范围内研究了热解碳微观结构的变化规律，提出了 Particle-filler 模型，认为以乙炔为主的线型小分子烃为 "filler"，以苯为主的芳香烃分了为 "particle"，当两者比例最佳时形成 HT 热解碳，当比例大于或小于最佳比例时形成各向异性程度较低的热解碳（LT 或 MT），如图 6-11（d）所示。这一模型生动地描述了气相组成和热解碳微观结构的关系，并在后续的许多实验中得到了有效验证。

综上所述，关于气相组成和热解碳微观结构的关系，不同研究人员的观点还远未达成一致，甚至相互矛盾，这是由于热解碳的形成过程极其复杂，加上不同研究人员的实验条件不完全相同所致。但是目前，张伟刚等提出的 Particle-filler 模型及其表达的观点较好地统一了不同人员的研究结果，正逐渐被人们所接受。

6.2.7 制备工艺的计算机模拟

实验、理论和计算是科学研究的三个主要方法，它们之间相辅相成又互相独立、彼此不可或缺。而科学计算要获得发展，必须实现计算结果的可视化，只有具有可视化能力的科学计算才能真正成为科学发展与理解的强有力手段。优化 CVI 工艺、降低成本一直是进行碳/碳复合材料研究的重点和热点问题。由于 CVI 工艺的影响因素繁多，目前，其工艺的优化主要依赖于实验经验的积累，而这种实验经验又难以用数学模型来进行描述，因此，借助于现代计算机模拟技术来实现这种经验的归纳与总结。通过建立模型对等温 CVI 工艺过程进行有效的分析，深化对其工艺及关键参数的理解和辨识，是实现优化 CVI 工艺、提高材料性能的一条可行的途径。而且 CVI 模拟研究可避免大量的尝试性实验和资源的浪费，也有助于将 CVI 技术扩展到其他大型、复杂制件的制备。

6.2.7.1 ICVI 沉积过程的有限元模拟

顾正斌等[6]以筒状零件为研究对象，根据等温 CVI 工艺的传质特点，导出了传质有限元（FEM）列式及单元刚度矩阵，对其沉积规律进行了 FEM 模拟与分析，最后基于 Visual C++ 和 OpenGL 编程技术，实现了 FEM 模拟结果的可视化。其只要计算模拟步骤包括：（1）等温 CVI 工艺传质有限元方程的建立；（2）FEM 计算网格和边界条件的建立；（3）OpenGL 编程；（4）计算机计算和结构输出。

具体模拟时，以筒状零件为模拟对象，根据其对称性，选取圆柱坐标系和微元体（图 6-12）。在进行单元分析时，其首先做如下假设：

（1）预制体内的温度恒定，不考虑碳氢气体热解反应对系统的热量贡献，即等温 CVI 过程；

（2）预制体内的主要传质方式是扩散和对流；

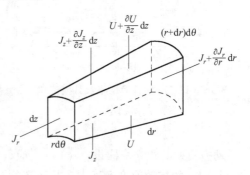

图 6-12 质量守恒微元体[6]

（3）不考虑切向的传质过程；

（4）在致密化的任一阶段，同一单元内的温度、气体流速、孔隙结构、沉积情况等参数均相同，同一单元内不发生宏观的传质现象；

（5）在微小的时间增量内，CVI 致密化过程中的扩散传质可视为稳态过程。

图 6-13 为 FEM 计算网格以及模拟和实验结果的对比曲线。可以看出，模拟结果与实验结果基本相符，预制体密度随沉积时间的延长而增加的趋势也保持一致。由于预制体的初始状态不可能完全相同，实验过程沉积参数也难以精确控制，所以实验结果的分散性较大，在不同的沉积时间下，模拟结果一般和实验所能得到的最高沉积密度接近。通过 FEM 模拟还可得到可视化的结果，利用不同的颜色来表征预制体各部分的密度情况，从而可以清楚地观察到在 CVI 过程中，碳/碳复合材料的致密化进程及密度分布状况。由于丙烯、甲烷等碳氢气体优先在靠近工件表面部分沉积，往往会造成工件中心部位密度较低，形成一定的密度梯度，顾正斌等人实验及模拟结果均表明，这种密度梯度与多种因素有关，如沉积温度、预制体纤维体积分数以及碳氢气体与稀释气体的流量和比率等[6]。

6.2.7.2　微隙沉积过程的模拟

等温 CVI 工艺最大的缺陷就是制备周期太长，在制备过程中，碳氢气体不断地从预制体表面流过，完全通过扩散作用进入其内部，所以气体在预制体表面的输送状态远好于内部，使得热解碳在表面优先沉积，过早地封闭了孔隙，为了改善这种状况，必须了解在微观状态下孔隙表面的沉积情况。微隙沉积过程的模拟就是微观状态下的沉积过程，目前，很多情况下都利用单孔模型对 CVI 工艺微观状态进行模拟。单孔模型是现在应用最广的一种模型，它于 1957 年由 Petersen 提出，并被 Vaidyaraman 等首先应用于对 SiC 基复合材料 CVI 过程的模拟。单孔模型把碳纤维孔隙抽象为一个很长的圆柱形孔，在该模型的基础上编程，输入相应的孔的结构参数和时间就可以模拟出在纤维孔隙内的任一点处的沉积速率，对了解沉积机理和防止预制体结壳有良好的指导作用，如图 6-14 所示[7]。

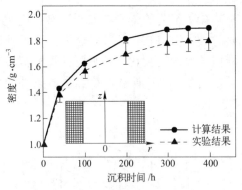

图 6-13　FEM 计算网格及其模拟和
实验结果对比曲线[6]

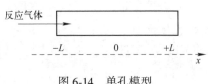

图 6-14　单孔模型

动力模型的建立。假设：（1）反应气为理想气体且在孔内只靠扩散作用进行传质；（2）反应气的扩散速度远远大于热解碳的沉积速度，即孔内的气体浓度稳定；（3）孔的长度远远大于孔的半径。根据传热学理论结合该模型建立此反应过程的一维传质连续方程：

$$D_{\mathrm{eff}} \frac{\partial^2 C_i}{\partial x^2} - K_s C_i S = 0$$

边界条件：

$$C_i = C_0(x = \pm L), \qquad \frac{\partial C_i}{\partial x} = 0, \qquad \frac{\partial C_i}{\partial t} = 0$$

根据上面方程可以得出反应气浓度 C_i，代入下式得出沉积速率：

$$R_i = K_s C_i$$

式中，x 为沿扩散方向的位置坐标；C_i 为反应物 i 的体积浓度；t 为时间；D_{eff} 为有效扩散系数；R_i 为单位表面积的沉积速率；S 为单位体积预制体的表面积；C_0 为孔外反应气的浓度；K_s 为反应速率常数。

该模型可以比较成功地对单个孔隙的沉积过程进行模拟，了解时间、孔内位置对沉积速率的影响，用来指导优化制备工艺，得到最理想的沉积过程如图 6-15（c）（d）所示，这时的扩散速度远大于沉积速度；应防止沉积速度大扩散速度，这样会发生如图 6-15（a）（b）的情况，过早阻塞孔隙，使得沉积中断[7]。

$$(a) \qquad\qquad (b) \qquad\qquad (c) \qquad\qquad (d)$$

图 6-15 ICVI 工艺过程中单孔模型的沉积[7]

6.2.7.3 TCVI 过程温度场的模拟

冷壁式热梯度 CVI 炉是采用石墨作发热体，通过低电压大电流使石墨发热体产生焦耳热，炉体外壳由循环水冷却，在预制体的内外壁之间存在温度差，前驱体从预制体的低温外表面流入，通过扩散传质到达高温沉积区，由于温度对热解碳沉积反应的影响呈指数关系，所以前驱体在到达沉积层之前几乎不发生热解反应，只是被逐步预热，热解碳的沉积只能在很窄的沉积区域进行，所以在整个沉积过程中前驱体进入预制体内热解区域的孔隙一直保持畅通，从而克服了等温 CVI 工艺中存在闭孔现象的缺陷。

选用空心圆柱体形状的碳纤维预制体为研究对象。为了有效地减少计算量，在不影响模型的准确性的前提下，将 3D 轴对称垂直式 TCVI 沉积炉简化为图 6-16 所示的 2D 结构，具体在数值模拟过程中采用轴对称几何模型，选择圆柱坐标系。将反应炉内空间分成发热体区域 Ω_1，天然气传质扩散的多孔碳毡预制体区域 Ω_2 和天然气自由流动的反应炉腔区域，如图 6-16 所示[8]。

热梯度 CVI 工艺体系是具有内热源的三维不稳定导热，传热过程较为复杂，它包括了传导、对流、辐射三种主要的热量传递方式，而且随着 CVI 过程的进行，导热方式也在随着时间的改变而变化。为建立传热方程做如下假设：

（1）将预制体看作是无限长的空心圆柱体，温度沿轴向均匀分布，温度场呈轴对称分布；

（2）在足够短的时间间隔 $\mathrm{d}t$ 内，可以认为各处的温度保持不变，属近稳态传热过程；

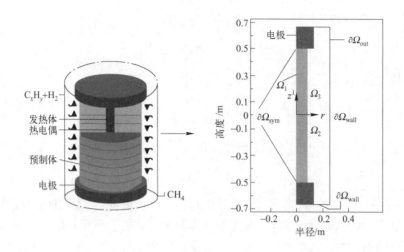

图 6-16　TCVI 沉积炉轴对称几何模型[8]

（3）前驱体天然气发生 CVI 反应时的反应热可以忽略不计。

发热体的热量沿径向发散，热源在空心圆柱形预制体内轴向上均匀分布，根据傅里叶定律和能量守恒原理，在 dt 时间内导入微元体的净热量加上微元体内热源放出的热量应等于微元体内能的增加，与此相应，微元体的温度将发生变化，所以可建立如下热梯度 CVI 导热微分方程：

$$\rho C_p \frac{\partial T}{\partial t} + \nabla \cdot (-\lambda \nabla T) = Q - \rho C_p U \cdot \nabla T$$

式中，C_p 为导热介质比热容；λ 为有效导热系数；Q 为单位体积热源体在单位时间内放出的热量；ρ 为导热介质密度；U 为预制体内流体的速度向量。

图 6-17 是不同沉积时刻的温度场分布图。图中的 Ω_1 区域是发热体，也是沉积过程的热源，而向右的区域依次为，由导热系数较低的碳纤维毡构成得沉积区域和天然气自由流动的空间。由于天然气流速较快，在沉积的同时会带走大量的热能，而炉壁是由循环水冷却，所以近似为恒温 300K。从图 6-17 可以看到不同时刻在沉积炉内径向上存在较大的温度梯度，而在轴向上温度基本一致[8]。

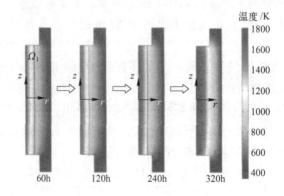

图 6-17　TCVI 工艺过程中不同沉积时间的炉内温度场分布[8]

6.3 碳/碳复合材料的性能

6.3.1 力学性能[1]

6.3.1.1 热解碳织构类型对碳/碳复合材料力学性能的影响

密度是碳/碳复合材料的一个重要指标，只有达到一定密度的碳/碳复合材料才能具有良好的力学性能，而复合材料密度主要由碳纤维和基体碳贡献，因此碳/碳复合材料的力学性能受碳纤维类型及其体积分数、预制体结构、基体碳结构、碳纤维/基体界面以及后续热处理等因素的影响。

碳/碳复合材料的力学性能与其基体结构有着密切的关系，具有不同织构 PyC 基体的材料，其力学性能具有明显的差异，而且自身的形貌特点也不同，SL 具有较强的各向异性度，界面及层间有裂纹；ISO 的密度较低，但与碳纤维的结合强度高，界面无裂纹；RL则是综合性能较好的织构。材料的结构会影响性能，因此，热解碳本身对碳/碳复合材料的力学性能有着重要的影响。

Granoff 等人认为 HT 基体的碳/碳复合材料的力学性能最优；ISO 基体碳的密度最低，不利于力学性能的提高；而 MT 基体碳易出现热应力微裂纹。Kimura 和 Yasuda 等制备了两种基体类型的碳/碳复合材料，一种是 HT+MT，另一种是 HT+ISO。研究其断裂行为时发现，HT+ISO 基体结构的复合材料具有较好的强度和刚度，而具有 HT+MT基体结构的复合材料拥有较好的应力-应变行为，表现出良好的假塑性。S. M. Oh 等采用 CVI 方法增密碳毡获得了三种典型织构，即 MT 织构、HT 织构和 HT+MT 混合织构。研究其相应材料的力学性能时发现，MT-PyC 基体硬度较高，而且 MT 基体碳试样的弯曲强度要明显高于 HT 和 HT+MT 两种基体的碳材料。Hoffmann 等研究了以碳毡为预制体制备的碳/碳复合材料中 PyC 基体织构对材料弯曲性能及断裂行为的影响，结果发现材料的弯曲强度随着紧邻碳纤维的 LT 层的厚度的增加而增加，认为这层低织构增加了纤维的厚度，形成了假想纤维（virtual-fiber），并且低织构与纤维的界面结合很强，在外力作用下，这层低织构与纤维间没有滑移。邹林华等研究表明，当 PyC 基体织构分别从 MT 到 ISO 变化和柱状结构到 MT 变化时，其材料的弯曲性能具有不同的变化趋势，前一种组织结构的变化使得材料的弯曲强度和弯曲模量具有相同的变化趋势，即由大变小呈下降的趋势，而后一种组织结构的变化致使材料的弯曲强度和弯曲模量变化趋势与前一种正好相反。

总的来说，基体碳类型不同，对应材料的力学性能也不同。热解碳织构类型和预制体结构与制备工艺紧密相关，因此对力学性能的影响需要综合考虑。单从基体类型来说，几种不同织构的热解碳混合配合将获得具有不同力学性能的碳/碳复合材料，如 RL+ISO 组合具有高强度、高刚度，而 SL+RL 组合则具有很好的断裂韧性。在实际材料的制备过程中，经常很难精确控制制备出单类型的热解碳基体，通常是两种或两种以上类型基体碳的混合。目前随着科研人员的深入研究制备单类型的热解碳逐渐可以实现，这为未来实现材料性能的可精确设计提供了可能。

6.3.1.2　预制体结构对碳/碳复合材料力学性能的影响

碳/碳复合材料属脆性材料，断裂破坏时断裂
应变很小（0.2%~2.4%），并出现"假塑性-弹性
变形"现象，见图6-18。碳/碳复合材料的强度与
增强纤维的方向和含量密切相关，在平行纤维轴
向的方向上拉伸强度和模量较高，在偏离纤维轴
向方向上的拉伸强度和模量较低。碳/碳复合材料
的拉伸强度与纤维含量之间的关系符合一般纤维
增强复合材料的复合定律规律，即

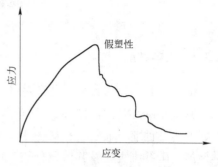

图 6-18　碳/碳复合材料的
假塑性断裂行为

$$\sigma_C(Z) \approx V_f(Z) \cdot \sigma_f$$
$$\sigma_C(Z、X) \approx V_f(Z、X) \cdot \sigma_f$$
$$\sigma_C(X、Y、Z) \approx V_f(X、Y、Z) \cdot \sigma_f$$

式中，σ_C 为复合材料的拉伸强度；V_f 为纤维体积分数；σ_f 为纤维的强度；X、Y、Z 为纤维的方向。

一般来说，不同的预制体结构以及纤维的种类会大大影响碳/碳复合材料的力学性能。通常用作碳/碳复合材料预制体的材料主要有碳布、碳毡以及碳纤维束编织而成的纤维编织体等种类较多。由于不同的纤维含量以及纤维分布的方向不同而对受载时的外力承载分担不同，因此预制体结构对碳/碳复合材料的力学性能影响较大。

表6-4所示为不同碳纤维预制体结构碳/碳复合材料的弯曲性能对比。从表中可以看出，同样采用T300碳纤维增强3D碳/碳复合材料的弯曲强度、弯曲模量都比2D碳/碳复合材料的弯曲强度、弯曲模量分别高出24%和100%对于相同的增强体结构，纤维类型不同，材料的性能也有很大差异，M40碳/碳复合材料的弯曲强度和弯曲模量均大于T300碳/碳复合材料，对于相同的纤维类型，如果纤维的处理方式不同，那么对最终材料性能的影响也不同如L. M. Manocha等研究了同种纤维但经过不同处理后制备的碳/碳复合材料的弯曲强度，发现同种纤维经过碳化处理和石墨化处理后所对应的材料的强度会有所不同，经过石墨化处理后的纤维制备的碳/碳复合材料弯曲强度较高[1]。

表 6-4　不同碳纤维预制体结构碳/碳复合材料的弯曲性能对比[1]

增强方式	纤维含量 （体积分数）/%	密度/g·cm⁻³	抗弯强度 /MPa	抗拉强度 /MPa	弯曲模量 /GPa	线膨胀系数 （0~1000℃） /K⁻¹
单向	65	1.7	827	690	186	1.0×10⁻⁶
正交	55	1.6	276		76	1.0×10⁻⁶

表6-5为单向和正交碳纤维增强碳/碳复合材料的性能比较。表6-6为典型三维正交增强碳/碳复合材料在25℃时 z 向与 xy 向的性能比较。可以看出，碳/碳复合材料的高强、高模特性主要来自碳纤维，但由于碳/碳复合材料中纤维和基体的界面结合较弱，或在制备过程中碳纤维受到一定的损伤，应力不能在纤维中有效传递，致使碳纤维强度的利用率只有25%~50%。碳纤维在碳/碳复合材料中的取向明显影响材料的强度，一般情况下单

向增强复合材料强度沿纤维方向拉伸时的强度最高，但垂直方向性能较差。这是因为碳纤维长度方向的力学性能由碳纤维控制，而垂直方向主要由力学性能相对较弱的基体碳（主要原因是其中有大量的裂纹、孔隙和其他缺陷）控制，而正交增强可以减少纵、横向强度的差异。图6-19为单向与三向增强碳/碳复合材料在不同温度下弯曲强度的比较。可以看出，单向增强复合材料强度在试验温度下均优于三向增强复合材料，而且碳/碳复合材料在强度上明显高于块状石墨[1]。

表6-5 单向和正交碳纤维增强碳/碳复合材料的性能比较[1]

增强方向	密度/g·cm⁻³	抗拉强度/MPa	拉伸模量/GPa	压缩强度/MPa	压缩模量/GPa	线膨胀系数/K⁻¹	热导率/W·(m·K)⁻¹
z	1.9	310	152	159	131	0	246
xy	1.9	103	62	117	69	0	149

表6-6 典型三维正交增强碳/碳复合材料在25℃时 z 向与 xy 向的性能比较[1]

预制体类型	弯曲强度/MPa	弯曲模量/GPa
T300 2D 层压	124.27	22.75
T300 3D 编织	154.29	45.72
M10 3D 编织	393.40	94.76

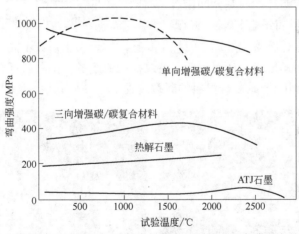

图6-19 单向与三向增强碳/碳复合材料在不同温度下弯曲强度的比较[1]

6.3.1.3 碳纤维/基体界面对碳/碳复合材料机械性能的影响

界面是复合材料中极为重要的微结构，其结构与形态直接影响复合材料的性能，对发挥材料功能，如电、光、热、声、磁等特性，起着传递、阻挡、吸收、散射和诱导等作用，因此复合材料中界面的化学组成、原子或分子排列、物理化学性能等都可以呈现出梯度性渐变或突变的特征，同样的材料组元可因界面状态不同而使材料具有不同的宏观性能。碳纤维与碳基体的界面结合过强，碳/碳复合材料发生脆性断裂，拉伸强度偏低，剪切强度较好。界面强度过低，基体不能把载荷传递到纤维，纤维容易拔出，拉伸模量和剪切强度较低。界面结合强度适中，使碳/碳复合材料具有较高的拉伸强度和断裂应变[1]。

L. M. Manocha 等采用 TEM 和 HRTEM 方法分析了 HT-PyC 与纤维的界面结合强度，认为 CVI 工艺制备的复合材料界面结合强度主要由纤维与基体的机械齿合作用决定，而化学键结合作用很弱。HT-PyC 与碳纤维的界面结合强度明显高于 MT-PyC 与碳纤维的界面结合强度，这是由于 MT-PyC 与碳纤维间经常存在微裂纹或裂缝，因而难以获得结合状况良好的无损界面。高分辨晶格条纹像证实，在碳纤维与 HT-PyC 的界面处，紧邻碳纤维的是几纳米厚的沿纤维轴向取向的高织构，然后过渡为低织构，低织构的外面才是均匀的高织构，这样相当于在高织构和碳纤维之间建立了一个缓冲区，同时 HT-PyC 基体内的层间微裂纹能够起到一定的抗变形作用，所以界面结合强度高，则整个复合材料的强度也高[1]。

高温石墨化处理可提高碳/碳复合材料强度和模量，但并未改变材料的损伤破坏模式（图 6-20），仍是纤维脆性断裂，只是损伤的扩展阶段有所不同。材料的界面状况在石墨化处理后发生了变化，纤维与基体之间的结合明显弱化，基体碳层之间界面结合强度也明显低于石墨化处理前（图 6-21（a））。石墨化处理后的碳/碳表现出有纤维的拔出（图 6-21（b）），纤维上仍包附有基体，表明纤维与基体间结合较为适宜，热解碳层间结合较弱。碳/碳

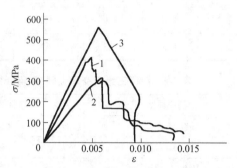

图 6-20　3D 编织碳/碳复合材料弯曲应力-应变曲线
1—石墨化处理，室温测试；2—未石墨化处理，室温测试；
3—石墨化处理，高温 1700℃测试

复合材料在高温下进行石墨化处理，因纤维和基体的热膨胀系数不同，增加了微裂纹，同时也改变了裂纹的结构形状，从而改变了裂纹扩展的途径，使材料拥有一个更有利的能量耗散机制，因此控制了碳/碳复合材料的断裂过程[9]。

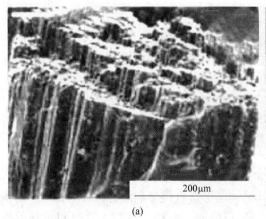

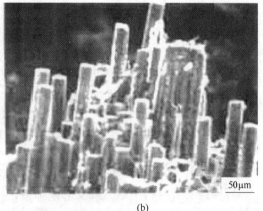

（a）　　　　　　　　　　　　　　　　　　（b）

图 6-21　未石墨化处理(a) 和石墨化处理后（b）3D 碳/碳复合材料室温弯曲破坏形貌

6.3.2　热物理性能

一般而言，碳/碳复合材料的热性能包括比热容、热膨胀性能、导热性能、热扩散性

能、热辐射性能等多项性能，其中热膨胀性能和导热性能不仅是评价和衡量复合材料在高温环境中服役情况的基本性能数据，而且是研究复合材料的界面热应力、相变、微裂纹和缺陷等微结构变化的重要手段，因此受到研究人员的密切关注。

碳/碳复合材料的热物理性能具有碳和石墨材料的特征，从宏观上考虑是一种多相非均质混合物，基本结构为乱层石墨结构或介于乱层石墨结构与晶体石墨结构之间的过渡形态。但碳/碳复合材料的微观结构单元仍是石墨片层结构，石墨片层上存在可以运动的由共轭电子组成的高活性的离域大 π 键，而石墨片层之间又是弱于非金属共价键的范德华作用力，物质的结构决定其性质，这些结构特点决定了碳/碳复合材料特殊的热物理性能。

（1）热导率较高。对于碳/碳复合材料来说，其导热机理应该是介于金属材料和非金属材料之间，既有声子导热，又有电子导热。碳/碳的热导率一般为 $2\sim50\text{W}/(\text{m}\cdot\text{K})$，一般随着石墨化程度的提高而增加，随密度增高而增高。碳/碳热导率还与纤维（特别是石墨纤维）的方向有关，碳/碳复合材料的导热性能各向异性，碳纤维及环绕纤维生长的热解碳是热传导的有效通道。对于碳/碳复合材料来说，随着温度的升高，声子、电子运动的加剧使导热系数增大，但由于散射作用，又使导热系数降低。热导率高的碳/碳材料具有较好的抗热应力性能和抗热震性，但却给需要采取绝热措施的结构件设计带来一定困难。

（2）抗热震性。碳纤维的增强作用以及材料结构中的空隙网络，使得碳/碳材料对于热应力并不敏感，不会像陶瓷材料和一般石墨那样产生突然的灾难性损毁。衡量陶瓷材料抗热震性好坏的参数是抗热应力系数：

$$R = K\sigma/(\alpha E)$$

式中，K 为热导率；σ 为抗拉强度；α 为线膨胀系数；E 为弹性模量。

这一公式可用作衡量碳/碳材料抗热震性的参考，比如 AJT 石墨的 R 为 270，而 3D 碳/碳可达 $500\sim800$。

（3）线膨胀系数较小。多晶碳和石墨的线膨胀系数主要取决于晶体的取向度，同时也受到孔隙度和裂纹的影响。因此碳/碳材料的线膨胀系数随着石墨化程度的提高而降低。线膨胀系数小使得碳/碳结构在温度变化时尺寸稳定性特别好。由于线膨胀系数小（一般 $0.5\times10^{-6}\sim1.5\times10^{-6}\text{℃}^{-1}$），碳/碳的抗热应力性能比较好。

预制体结构的不同会影响材料整体的热性能，主要与碳纤维在预制体中的排列有关。罗瑞盈等人测试了短纤维层压毡、碳布叠层、针刺毡三种预制体制成的碳/碳复合材料的线膨胀系数，结果如表 6-7 所示。由于材料中纤维的排列方式的不同，纤维的热膨胀特性以及纤维/基体界面的影响不同，材料整体的线膨胀系数以针刺毡、碳布叠层和短纤维层压毡的顺序逐渐减小[1]。

表 6-7 三种碳/碳复合材料的线膨胀系数[1]

预制体类型	针刺毡	破布叠层	短纤维层压毡
线膨胀系数/K^{-1}	-0.42×10^{-6}，-0.57×10^{-6}，-0.29×10^{-6}	-0.56×10^{-6}	-0.85×10^{-6}

（4）辐射系数大。半球全辐射系数一般在 $0.8\sim0.9$，表面温度在高焓情况下可达 4000K。

（5）比热容大。与碳和石墨材料相近，当室温约为 2000℃ 时，比热容为 $800\sim2000J/(kg\cdot K)$。

6.3.3 抗烧蚀性能

碳/碳复合材料的有效烧蚀热高，材料烧蚀时能带走大量热。表 6-8 为几种耐烧蚀材料的有效烧蚀热。显然，碳/碳复合材料的有效烧蚀热比高硅氧/酚醛高 1~2 倍，比耐纶/酚醛高 2~3 倍。多向碳/碳复合材料是最好的候选材料。当碳/碳材料的密度大于 $1.95g/cm^3$，开口气孔率小于 5% 时，其抗烧蚀-侵蚀性能接近热解石墨。经高温石墨化后，碳/碳复合材料的烧蚀性能更加优异[4]。表 6-9 是碳/碳复合材料在不同驻点压力下的线烧蚀率。由表中数据可知，即使在高驻点压力下，线烧蚀率也低。烧蚀试验还表明，材料几乎是热化学烧蚀；但在过渡层附近，则 80% 左右的材料是机械剥蚀而损耗。材料表面越粗糙，机械剥蚀越严重。因此，三维碳/碳复合材料的烧蚀率较低。

表 6-8　不同材料的有效烧蚀热比较[4]

材料	碳/碳	聚丙乙烯	尼龙/酚醛	高硅氧/酚醛
有效烧蚀热/kJ·kg⁻¹	11000~14000	1730	2490	4180

表 6-9　碳/碳复合材料的线烧蚀率[1]

驻点大气压/atm①	25	75	100	168
线烧蚀率/cm·s⁻¹	0.1~0.15	0.4~0.45	0.7~0.8	0.9~1.1

①1atm＝101325Pa。

6.3.4 疲劳特性[10]

作为理想的高温结构材料，碳/碳复合材料在服役过程中不可避免地涉及疲劳加载的情况，而疲劳损伤的逐步积累会在某一循环次数下导致材料的突然断裂，这种断裂往往无明显征兆，危害性极大，因此对其疲劳行为进行研究具有十分重要的意义，受到广泛的重视。材料疲劳行为的主要研究内容是揭示各种实际材料在应力或应变的反复作用下（非静加载）发生失效的微观结构变化过程和宏观规律。金属材料等大多数各向同性材料，在受交变载荷作用时，一般将经历裂纹形成和裂纹扩展两个阶段，即为单一的疲劳主裂纹萌生、扩展至失稳断裂的疲劳机理；碳/碳复合材料是用碳纤维或它们的编织物作为增强材料骨架，埋入碳基体中制成的复合材料，由于采用碳纤维作增强体，材料结构复杂多样，对疲劳的响应在本质上必然不同于金属材料，从而表现出不同的疲劳损伤破坏机理。

随着疲劳载荷循环周期数的增加，碳/碳复合材料基体中会产生裂纹，纤维会出现脆断和拔出现象，纤维与基体间的界面会出现纵向开裂以及与纤维脱黏行为，对于碳布叠层的碳/碳复合材料还常有分层现象伴随。在这些损伤形式中，纤维的断裂是瞬间的，而基体和界面的损伤则是渐进的，有累积的过程，这些损伤还会相互影响和组合，表现出非常复杂的疲劳破坏行为。碳/碳复合材料的疲劳行为具有基体裂纹、界面脱黏、纤维断裂或拔出等多种损伤形式的特点。

多数金属材料的疲劳极限是静强度的 40%~50%，而碳/碳复合材料的疲劳极限则可达静强度的 80%以上，碳/碳复合材料的拉-拉疲劳极限为静态拉伸强度的 90%，而弯-弯疲劳极限为静弯曲强度的 80%以上，这些现象充分表明了碳/碳复合材料具有强的抗疲劳性能。

值得关注的是，碳/碳复合材料在拉-拉疲劳循环过程中，当循环周次到 10^4 以上时，其试样的剩余强度竟是原静态强度的 1.5 倍以上，疲劳载荷的作用使得材料的静强度提高了 50%。随后 A. Ozturk、Ken. Goto 等在碳/碳复合材料拉-拉疲劳实验中发现了同样的现象。并且，在碳/碳复合材料的弯-弯疲劳实验中，也发现碳/碳复合材料弯-弯疲劳剩余强度稍高于原始静弯曲强度，但强度的增高幅度不如相应的拉伸强度明显。周期性循环的疲劳载荷不仅没有引起碳/碳复合材料强度的降低，反而随循环次数的增加逐渐提高了强度，对材料有显著的强化作用，这是其他传统材料所没有的。正是这些异常的"疲劳强化"现象使碳/碳复合材料具有优异的抗疲劳性能。

"疲劳强化"现象可能由两方面因素造成。首先，周期性的循环载荷弱化了界面结合，阻碍了基体裂纹直接进攻纤维而引起纤维脆断，同时，界面的分层、脱胶使屈曲纤维得以伸展，更有效地发挥了增强纤维的承载能力，使材料的拉伸强度得以提高；另外，疲劳过程中周期性的循环载荷下，碳层之间不停地产生微摩擦，这种微摩擦作用吸收、耗散掉了外界传递给试样的机械能，同时产生热量，引起材料温升，形成高温微区。高温使碳微粒热运动加快而相互靠近，导致基体碳颗粒细化，这样使裂纹扩展的路径加长、阻力增大，从宏观上表现出材料的强度提高。

不同结构和性能的碳/碳复合材料，其疲劳实验数据分散度较大，并与材料制备工艺关系密切。H. Mahfuz 等人在完全相同的条件下采用一组碳/碳复合材料试件进行疲劳寿命试验，发现其强度和疲劳寿命数据均符合双参数 Weibull 分布：

$$H(x) = 1 - \exp\left[-\left(\frac{x}{\beta}\right)^{\alpha}\right], \; x > 0$$

式中，α 为形状参数；β 为尺寸参数；x 为材料强度或疲劳寿命。通过计算就得到碳/碳复合材料的最大可能强度和寿命估计值。

6.3.5　摩擦磨损性能

碳/碳复合材料具有比强度、比模量和断裂韧性高，密度低，热性能，摩擦磨损性能及承载能力优良，使用寿命长等优点，作为摩擦元件已广泛用作新一代民用及军用飞机刹车材料。碳/碳复合材料作为摩擦制动材料具有一系列优点，如质量轻、寿命长、刹车过程平稳、热容高、高温稳定性好及可超载使用等。碳/碳复合材料也可用作滑动轴承材料和内燃机活塞材料等。对碳/碳复合材料摩擦磨损性能的系统研究始于 20 世纪 70 年代末期，但至今在许多方面尚存在争议。影响碳/碳复合材料摩擦磨损性能的因素很多，如材料的制备工艺、纤维体积分数、结构、纤维增强形式、摩擦面方向和实际使用条件等[11]。

6.3.5.1　基体类型对碳/碳摩擦磨损性能的影响

基体类型是影响摩擦磨损性能的一个重要因素。在二维的不同密度的碳/碳复合材料中，中等密度的碳/碳复合材料具有良好的摩擦性能，其摩擦系数较低，磨损量也比低密度和高密度的碳/碳复合材料低 1 个数量级。在摩擦磨损的过程中，各种碳/碳复合材料的摩擦系数的变化情况也不尽相同。2D-CVI-碳/碳、高密度的 2D 树脂浸渍碳/碳和中等密度 2D 碳/碳复合材料摩擦系数都发生转变，而低密度的 2D 树脂浸渍碳/碳和 2D-CVI-碳/碳摩擦系数不发生改变。转变前的摩擦系数为 0.1~0.2，在极短的改变过程中，摩擦系数突升至 0.5~0.9。而 3D 树脂浸渍碳/碳复合材料在高转速下其结构会被破坏，因此不适合在高转速下使用。

基体为粗糙层结构的碳/碳复合材料，具有较高的石墨化程度和摩擦系数。基体为光滑层结构的碳/碳复合材料，石墨化程度低，摩擦系数低，磨损量小。

6.3.5.2 纤维取向对碳/碳摩擦磨损性能的影响

碳纤维取向对碳/碳复合材料摩擦磨损性能有强烈的影响。在低转速下，当纤维平行于摩擦面时，磨损率比纤维垂直于摩擦面方向时要低得多，而摩擦系数比纤维垂直于摩擦面方向时要高得多；在高转速下，摩擦系数和磨损率都没有大的差别。Z 向纤维的含量增加，能提高碳/碳复合材料的热导率，降低摩擦面的温度，也会影响碳/碳复合材料的摩擦磨损性能。Z 向纤维的含量为 5% 时，摩擦系数为 0.4~0.5；Z 向纤维的含量为 15% 时，摩擦系数为 0.3~0.5；Z 向纤维的含量为 25% 时，摩擦系数为 0.2~0.4。

6.3.5.3 环境气氛对碳/碳摩擦磨损性能的影响

碳/碳复合材料在用于飞机刹车的过程中，表面会产生高温。在有空气存在的环境下，碳会迅速发生氧化反应生成碳化物，氧化作用将对材料的摩擦磨损性能产生显著的影响。碳/碳复合材料在超负荷落地制动时，其氧化损失的磨损量占总磨损量的 60% 以上，并且氧化减弱了摩擦面表层和亚表层的强度。氧化动力学研究发现，反应速率的速控步骤在温度区间 450~650℃ 时为氧在孔隙内的扩散步骤，在 650~750℃ 时则为不活泼膜的扩散控制。在干燥的 CO_2 气氛中和相对湿度为 50% 的情况下，碳/碳复合材料的摩擦系数较低（0.05~0.1），这是由于氧和水蒸气在碳表面发生吸附。氧在碳表面是化学吸附，依靠氧的化学键力，强度高，只有在高温时才会发生脱附作用；而水蒸气的吸附为物理吸附，依靠的是范德华力，在低温下（150~185℃）发生脱附。在潮湿的环境下，开始时由于水分子的吸附作用及摩擦表面的温度较低，摩擦系数较低，随着水分的蒸发和温度的上升，摩擦系数将会增大。

6.3.5.4 载荷对碳/碳摩擦磨损性能的影响[11]

黄荔海等通过对针刺 3K 碳布叠层碳/碳复合材料的摩擦磨损性能研究发现：随着载荷增加，碳/碳复合材料的摩擦系数下降，磨损率增加，如图 6-22 所示。

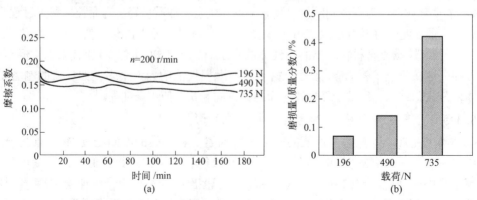

图 6-22 载荷对碳/碳复合材料摩擦系数（a）和磨损量（b）的影响

载荷对摩擦的影响主要在于形成的摩擦膜上，摩擦膜的完整与否、厚度大小都对摩擦系数、磨损率有着直接的影响。碳/碳复合材料的低耗摩擦行为，主要在于其有自润滑的特性，能形成固体润滑膜。润滑膜的存在使碳/碳复合材料与对偶件无法直接接触，如果压力过大，当压力超过形成的润滑膜的强度时，润滑膜产生裂纹，裂纹扩展连接后贯穿整个润滑膜，使其破裂，这样摩擦系数和磨损率都急剧增大。如果压力过低，则没有足够的摩擦屑使之形成完整的摩擦膜，摩擦系数出现不稳定的现象。如果载荷的大小能形成完整的润滑膜，且使润滑膜无法脱吸，则润滑效果较好。

此外，碳/碳复合材料刹车材料的转速、湿度和温度环境等都会对其摩擦磨损性能产生一定影响。如，在低转速（800r/min 和 1100r/min）下，摩擦系数和磨损率较小且基本保持稳定，摩擦系数为 0.1~0.2；在高转速（1400r/min 或更高）下，摩擦系数在摩擦过程中会发生突变，摩擦系数上升到 0.6~0.7，后摩擦系数又降低到 0.4~0.5。在高转速下，磨损率也较低转速时大。环境湿度强烈地影响碳/碳复合材料的摩擦性能，可以通过进行防水防潮措施来改善碳/碳复合材料的刹车性能。

6.3.6 生物相容性

碳单质材料被认为是所有已知材料中生物相容性最好的材料。碳/碳复合材料克服了单一碳材料的脆性，继承了碳材料固有的生物相容性，同时兼有纤维增强复合材料的高韧性、高强度等特点，且力学性能可设计、耐疲劳、摩擦性能优越、质量轻、具有一定的假塑性、微孔有利于组织生长，特别是它的弹性模量与人骨相当，能够克服其他生物材料的不足，是一种综合性能优异、具有潜在力的骨修复和替代生物材料。

但由于碳/碳复合材料为生物惰性材料，表面疏水，与骨组织表面仅仅是机械结合，不具有传导或诱导骨组织再生功能，界面形成需要周期长。而且研究发现，未经任何处理的碳/碳复合材料直接植入后在界面处会因摩擦使部分炭粉脱落，产生一些炭碎片。大尺寸的炭碎片将会停留在植入体附近，小尺寸的碳粒子可以被巨噬细胞吞噬，转移到远离植入点的部位，在附近淋巴结停留，最后被吸收。人体组织并没有受到碳粒子存在的侵害，这反映了机体组织与碳材料的高度相容性，但为保证植入体的稳定性，使其能与骨组织化学键合和加快新骨组织的生长，避免对人体产生某些未知的影响，减少摩擦碳碎片的产生和污染周围组织，可在其表面构筑生物活性涂层。因此，充分利用碳/碳复合材料的生物相容性，赋了其生物活性，成为研制新一代骨修复或替代材料的发展趋势。

若将碳/碳复合材料与生物活性材料复合，既保持了生物材料所需的力学性能，又具有生物活性。生物活性涂层能够促使植入体与骨组织间形成直接的化学键性结合，有利于植入体早期稳定，缩短手术后的愈合期。目前生物活性涂层的制备技术很多，主要有等离子喷涂法、爆炸喷涂法、涂覆烧结法、激光熔覆法、离子束辅助沉积法、仿生诱导法、化学气相沉积法、磁控溅射法、离子注入法、燃烧合成法、溶胶-凝胶法、电化学沉积法等。这些方法多用于不锈钢、钛及其合金、氧化物陶瓷等生物材料的表面改性，在碳/碳复合材料表面改性方面国内外学者已开展了一些有益的探讨，但还处于起步阶段。

张磊磊等用体外细胞培养的方法研究了成骨细胞在碳/碳复合材料表面的生长状况（图6-23），并得到成骨细胞黏附、增殖和生长形貌受表面粗糙度的影响规律。细胞在试样表面呈梭状或长条形，已经形成较好的伸展且表面布满微绒毛，细胞生长的位置在材料的孔隙和沟槽中，如图 6-23（a）所示。而在图 6-23（b）中细胞在试样表面呈片状，形态平展，细胞表面微绒毛较少。细胞几何形状与生长的环境息息相关，细胞的形态会顺应材料的表面状态。材料表面高低起伏明显，细胞在垂直方向上伸展空间越大，细胞形状的立体感就越强，故细胞呈梭形或条形；而材料表面光滑平整，细胞形态平展，呈片状形貌[12]。

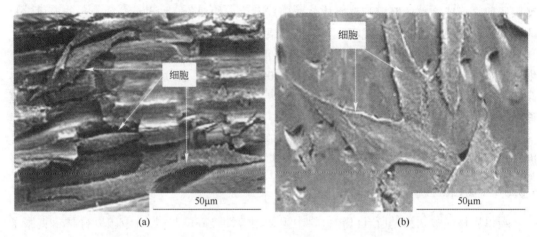

图 6-23 成骨细胞在（a）粗糙和平整（b）碳/碳复合材料表面附着 4h 后的扫描电镜照片

6.4 碳/碳复合材料抗氧化与抗烧蚀技术

碳/碳复合材料具有密度小、高强度、高模量、高热导率、低线膨胀系数和耐热冲击等优点，而且这些性能可以在 2000℃ 以上的高温下保持，使其成为高温结构材料的首选材料之一，被广泛应用于航天、航空领域。然而，它的这些优异性能只能在惰性环境中保持。碳/碳复合材料在 400℃ 的有氧环境中就开始发生氧化，而且氧化速率随着温度的升高而迅速增加，因此在高温氧化环境中应用时将会引起灾难性的后果，所以碳/碳复合材料抗氧化和抗烧蚀技术是其作为高温结构材料应用的关键。

目前碳/碳复合材料的抗氧化设计思路有两种：基体改性技术和抗氧化涂层技术。基体改性技术为碳/碳复合材料基体在低温段的抗氧化提供了一条有效途径。表面涂层技术是目前研究得比较多的方法，并取得了长足进展。

6.4.1 碳/碳复合材料的氧化和烧蚀过程

6.4.1.1 碳/碳复合材料的氧化过程

碳/碳复合材料在含有氧气、二氧化碳和水的空气中发生的氧化行为与石墨非常类似，无论是碳纤维还是碳基体，都易形成 CO 或 CO_2 而被氧化，其反应甚至在氧分压很低的情况下仍然进行，氧化速度与氧分压成正比。

碳/碳复合材料的氧化过程是从气体介质中的氧流动到材料的边沿开始的。反应气体首先被吸附到材料表面。通过材料本身的空隙向内部扩散，以材料缺陷为活性中心，并在杂质微粒（Na、S、K、Mg 等）的催化下发生氧化反应，生成 CO 和 CO_2，最后，气体从材料表面脱附。试验表明，碳/碳复合材料的氧化侵蚀易发生在纤维/界面的高能区域，即纤维和基体界面的许多边沿点和多孔处，逐渐伸延到各向异性基体碳、各向同性基体碳、纤维的侧表面和末端，最后是纤维芯部的氧化。

由于碳/碳复合材料是多孔材料，在表面没有消耗完的气体可以通过孔隙扩散到材料内部。随着气体不断扩散到材料内部，孔隙壁上的碳原子与之发生反应。根据氧化温度的不同，碳/碳复合材料的氧化可分为三个阶段[1]：

（1）第一阶段是在低于600℃温度下，此时碳的氧化反应速率远低于孔隙内的气体扩散速率，复合材料发生均匀氧化反应，氧化过程由氧与材料表面碳活性源发生的化学反应所控制；

（2）随着温度的升高（600~800℃），氧化反应速度加快，孔隙入口附近消耗了较多的反应气体，进而减少了材料内部的氧化，氧化过程逐渐由受化学反应控制转变为受氧元素在碳材料中的迁移速度所控制；

（3）随着温度的进一步升高（>800℃），氧化反应更加剧烈，反应气体在材料表面被消耗殆尽，孔隙内的碳材料不能被氧化，氧化速度的快慢由氧在材料表面附近的浓度边界层中的扩散速度所控制。实验进一步验证了碳/碳复合材料氧化过程存在三个阶段，高中低三个不同温度段所对应的氧化激活能分别为 1843.9kJ/mol、112~125.5kJ/mol 和 178.2~217.2kJ/mol。

6.4.1.2 碳/碳复合材料的烧蚀过程[1]

烧蚀是指复合材料在高温、高焓、高压等环境中所造成的材料消耗现象，是一个包括传热、传质以及化学反应的复杂的物理化学过程。由于碳/碳复合材料属于非均质材料，微观结构复杂，从纤维性能到预制体结构、从先驱体性能到复合工艺等都对材料抗烧蚀性能有着不同程度的影响。因此，碳/碳复合材料自身烧蚀机理是后续抗烧蚀研究的基础。碳/碳复合材料的抗烧蚀是在抗氧化技术的基础上针对更高温度（>1800℃）、剧烈热冲击、高热流密度、强气流冲刷等环境通过调整自身结构或选择超高温材料进行改性或涂层以延长其服役寿命的技术方法。按烧蚀机理，材料可以分为升华型、熔化型及碳化型三类。碳/碳复合材料属于升华型。其烧蚀过程与很多因素有关，如材料的结构与性能、烧蚀环境、材料的尺寸形状等。碳/碳复合材料的烧蚀主要由热化学烧蚀和机械剥蚀两部分构成。

（1）热化学烧蚀。热化学烧蚀是指碳/碳复合材料表面在高温气氛中发生的氧化和升华。在高温环境中，O_2、H_2O 和 CO_2 等氧化性气氛与碳发生反应形成气态产物，消耗材料表面的碳从而造成材料质量损耗。与碳/碳复合材料在高温环境中的氧化类似，碳的消耗速率受碳的氧化速率或是氧化性组元向碳材料的扩散速率控制，但不同的是烧蚀环境中高温氧化性气体通常在高压环境下通过强制对流模式和碳/碳复合材料表面进行接触，因此表面边界层的氧化性组元的更新速率会更快，从而使碳/碳复合材料的氧化消耗速率加大。当材料表面温度高于碳的升华温度后，材料表面的部分碳会通过升华消耗。

（2）机械剥蚀。机械剥蚀是指在气流压力和剪切力作用下由基体和纤维氧化速率不同造成烧蚀差异而引发的颗粒状剥落或因热应力破坏引起的颗粒剥落，此外，气流中若含有高速固液态粒子，这些粒子撞击材料表面时将加剧表面缺陷或造成表面部分材料切削剥离。当材料表面热流分布均匀时，基体的密度低于纤维导致基体烧蚀速率略快，随着烧蚀的进行，纤维外露，在短时间超高热流作用下材料表面温度场按照指数规律分布；在温度高于一定值时，纤维强度降低并向无定形碳转化，加上气流剪切力和涡旋分离阻力的作用，纤维会以颗粒状被剥离。材料中界面、裂纹或孔隙等缺陷处往往易于被氧化进而会在这些区域发生机械剥蚀。机械剥蚀会在碳/碳复合材料快速氧化的基础上以质量跳跃式损失的方式加剧材料烧蚀。

6.4.2　碳/碳复合材料热防护技术

为了保证碳/碳复合材料在高温有氧环境下优异性能的充分发挥，必须采取措施提高其抗氧化抗烧蚀能力。目前碳/碳复合材料抗氧化抗烧蚀的设计思路有两种[1]：

（1）以材料本身对氧化反应进行反催化为前提的内部基体改性技术，其目的在于减少氧化活性区，提高材料的起始氧化温度，减缓氧化反应进程。根据被改性对象的不同，改性技术分为基体改性和纤维改性两种。基体改性是通过向碳基体中引入适当的氧化抑制剂，使其在高温氧化条件下主动吸收氧，并自发、优先与氧反应，原位生成氧化物或转化成连续、致密的保护膜，最终达到提高碳/碳复合材料抗氧化、抗烧蚀能力的方法；纤维改性则是通过对碳纤维表面进行适当处理来提高界面完整性或在碳纤维基体之间直接引入抗氧化第三相物质充当界面，从而使碳/碳复合材料自身具有较强的抗氧化能力。

（2）以防止含氧气体接触扩散为前提的材料外部抗氧化、抗烧蚀涂层技术，即在碳/碳复合材料外表面涂覆均匀、致密，并具有一定厚度和良好氧阻挡能力的防护层，实现碳/碳与氧的完全隔离，从而达到阻止碳氧化的方法。对于这两种技术而言，基体改性技术一般用于1000℃以下或2500~3100℃短时间的抗氧化抗烧蚀，而高温长寿命抗氧化抗烧蚀必须依赖涂层技术。

6.4.2.1　基体改性技术

基体改性技术是一种内部保护的方法，它是在碳源前驱体中引入阻氧成分，使碳/碳复合材料本身具有抗氧化能力。阻氧成分的选择要满足以下要求：（1）与基体碳有良好的化学相容性；（2）具备较低的氧气、湿气渗透能力；（3）不能对氧化反应有催化作用；（4）不能影响碳/碳复合材料原有的优异力学性能。

基体改性技术是在碳/碳复合材料基体中加入抑制剂或抗烧蚀组元，以减少碳材料表面氧化烧蚀活性点，提高复合材料的起始氧化温度，从而减缓氧化反应进程的热防护技术。另外，抗烧蚀剂或抗烧蚀组元氧化后还可形成氧化覆盖层，从而阻止氧气向基体内部扩散，利用覆盖层高的熔点来提高复合材料表面的抗冲刷能力，提高材料在烧蚀环境下的使用寿命。基体改性中改性剂的选择一般要满足如下条件：（1）与碳基体的化学相容性好；（2）具有低的氧渗透率；（3）对氧化不能起催化作用；（4）对碳/碳复合材料的机械性能不能产生太大的影响。常用的基体改性剂首选超高温碳化物（HfC、ZrC、TaC）、硼化物陶瓷（HfB$_2$、ZrB$_2$、TaB$_2$）。此外，其他硼化物，如 B$_4$C、B$_2$O$_3$、BN 和硅化物陶瓷（SiC、Si$_3$N$_4$、SiO$_2$）也可作为碳/碳复合材料的改性剂[1]。

材料合成时通过共球磨或共沉淀等方法，将氧化抑制剂或前驱体弥散到基体碳的前驱体中，共同成型为碳/碳复合材料。这些添加剂主要包括 B、Si、Ti、Zr、Mo、Hf、Cr 的氧化物、碳化物、氮化物、硼化物等，也可能是它们的有机烷类。它们提高碳/碳复合材料抗氧化性能的机理：添加剂或者添加剂与碳反应的生成物与氧的亲和力大于碳和氧的亲和力，在高温下优先于碳被氧化，反应产物不与氧反应，或高温反应形成高温黏度小、流动性好的玻璃相，不仅填充材料中的孔隙和微裂纹，使材料结构更加致密，而且在材料表面形成一层致密的化学阻挡层，减少材料表面的氧化反应活性点数目，阻止氧气和反应产物扩散到材料内部。

Mc. Kee 等在合成碳/碳复合材料时，加入 ZrB_2、B、BC_4 等氧化抑制剂粒子，高温下材料表面形成的氧气阻挡层可以在 800℃ 以下温度段对材料进行有效保护。随着温度升高，水蒸气的存在导致氧化硼玻璃相快速挥发，氧化保护失效。研究表明，SiO_2 的存在则可以一定程度上稳定高温 B_2O_3，使材料的抗氧化温度提高，达到中温段抗氧化。刘其城等在没有黏结剂的情况下，以石油生焦作碳源，掺入 B_4C 和 SiC 两种氧化抑制剂模压成碳/碳复合材料。成型试样在 1200℃ 温度下氧化 2h 后质量损失小于 2%，而在 1100℃ 以下温度氧化 10h，质量损失均小于 1%。崔红等用液相浸渍法在基体中添加了 ZrC 和 TaC，研究表明：碳化物在基体中分布均匀，与基体结合良好，有过渡界面层，颗粒小于 $1.0\mu m$，具有良好的抗氧化烧蚀作用。闫桂沈等采用 Ti、W、Zr、Ta 为添加剂，以 Co、Ni 为助液烧结剂，$TiCl_4$、$ZrOCl_2$ 为助碳化剂，在基体中生成多元金属碳化物，形成一种多层次梯度防护体系，较大幅度地提高了材料的抗氧化性。朱小旗等在碳/碳复合材料基体中加入 ZrO_2、B_4C、SiC、SiO_2，结果表明：B_4C、SiC、SiO_2 的加入，大幅度地降低了复合材料的烧蚀率，提高了其抗氧化性能。在坯体中加入陶瓷微粉，快速 CVD 新途径制备了高抗氧化碳/碳复合材料，其氧化起始点比未加入的材料提高了 214℃，氧化失重也较小。Soo. Jin. Park 研究了添加 $MoSi_2$ 对碳/碳复合材料氧化行为的影响，发现添加后其在 800℃ 以上的氧化性能得到极大的改善。

6.4.2.2 涂层技术[1]

涂层技术是通过在碳/碳复合材料表面涂覆一层均匀致密、具有良好阻氧能力的防护层来实现基体与氧的完全隔离，进而达到阻止基体氧化的目的。为使碳/碳复合材料能在高温氧化气氛下长期可靠地工作，并能承受热冲击，在设计涂层体系时，应该从涂层的高温抗氧化性能、挥发情况、缺陷、涂层与基体的相容性和结合强度等各方面综合考虑，其主要影响因素如图 6-24 所示。由此可知，具有良好保护功能的抗氧化涂层应该满足以下几项基本要求：

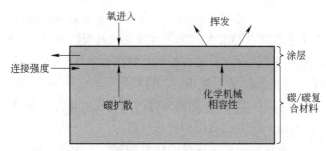

图 6-24 碳/碳复合材料涂层性能的重要影响因素[1]

（1）涂层应具有较低的氧扩散渗透率。高温氧化过程本质上是一种气-固化学反应，氧在涂层材料中的扩散速率决定了碳/碳复合材料基体发生氧化反应的速率。通常采用碳/碳复合材料的氧化失重率作为衡量抗氧化涂层防护效果的关键指标：有效工作 100h 后，碳/碳复合材料的氧化失重率不超过 1%，则认为涂层具有较好的防护效果。根据这一指标，计算可知，涂层允许的最大氧扩散渗透率为 $3×10^{-10}\,g/(cm \cdot s)$。图 6-25 给出了高温下一些氧化物陶瓷材料中氧的扩散速率（D）。由图可知，在 1000℃以上的高温下，HfO_2 和 ZrO_2 的氧渗透率较高，不能有效阻止氧的扩散；而 SiO_2 和 Al_2O_3 的氧渗透率较低，满足抗氧化涂层对于氧扩散速率的要求。计算可知，$10\,\mu m$ 厚的致密 SiO_2 膜经 1600℃氧化 100h 后仍可有效阻止氧渗透至碳/碳复合材料基体表面。因此，SiO_2 被认为是理想的氧扩散阻挡层材料。然而，由于 SiO_2 与碳/碳复合材料之间的黏结强度较低，无法直接作为涂层材料。通常通过 SiC 等陶瓷涂层的氧化在涂层表面获得致密的 SiO_2 膜，进而阻止氧的扩散。

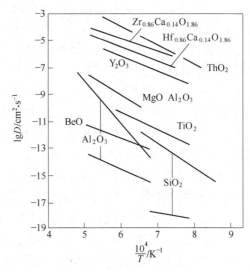

图 6-25　高温下一些氧化物陶瓷材料中氧的扩散速率[1]

（2）涂层应具有良好的自愈合能力。由于涂层材料与碳/碳基体之间存在线膨胀系数的差异，因此在使用过程中易产生裂纹。为保证涂层长时间的抗氧化性能，涂层需要具有良好的自愈合能力。涂层中应含有玻璃相或是能形成玻璃相的组元，高温下该玻璃相的自由流动使其能够填充裂纹、孔洞等缺陷并使其愈合。

（3）涂层在使用温度范围内具有较低的蒸气压。为了防止涂层在高温下自行挥发，涂层所选用的材料的蒸气压要低，或者涂层经高温氧化生成的致密连续氧化膜的挥发速度要低，涂层碳/碳才能在高温氧化环境下长时间服役。ZrC、HfC、HfO_2、ZrO_2、ThO_2、Y_2O_3 等陶瓷在 2000℃以上蒸气压仍然很低，SiC 及其氧化物 SiO_2 在 1600℃以下也具有较低的蒸气压。

（4）涂层与碳/碳基体之间结合良好且线膨胀系数匹配。在碳/碳复合材料的服役过程中，当受到热冲击时，涂层与基体之间的热失配会引起很大的热应力，若涂层与基体之间界面结合较弱或线膨胀系数差异过大，涂层极易发生开裂甚至剥落。相较于其他耐热材料，SiC 或 Si_3N_4 的线膨胀系数与碳/碳复合材料比较接近。

由于 SiC 与碳/碳基体的线膨胀系数相近，且氧化后形成的 SiO_2 保护膜具有氧扩散系数低、自愈合性能良好、在 1600℃以下具有较低的蒸气压等优势，使得 SiC 基陶瓷涂层成为碳/碳复合材料 1600℃以下抗氧化涂层的首选材料。

（5）涂层与碳/碳复合材料应具有良好的化学相容性。为了避免高温条件下涂层与碳基体之间发生碳热还原反应，涂层与碳/碳复合材料之间应具备良好的化学相容性。高温下碳可以与氧化物陶瓷反应生成 CO，如 C 与 SiO_2 在 1450℃下反应生成 CO 和 SiO，1500℃下 CO 的蒸气压将大于 0.1MPa，导致碳在反应后向外扩散，因此一般不采用氧化物材料作为内涂层。

6.4.3　碳/碳复合材料抗氧化涂层技术

抗氧化涂层与基体改性技术相比，能够在更宽、更高的温度范围内延长碳/碳复合材料的服役时间。现已开发出多种涂层体系，按照结构可分为单层涂层、双层涂层、多层涂层、梯度涂层以及镶嵌涂层等涂层体系；按照涂层材料的不同可分为金属涂层、玻璃涂层、陶瓷涂层等，可通过料浆涂刷、包埋、化学气相沉积、物理气相沉积、热喷涂、溶胶-凝胶法等多种方法在碳/碳复合材料表面进行涂层制备。上述各类涂层都有各自的优越性，但设计、制备时均需考虑以下要求[1]：

（1）低的氧扩散渗透率；

（2）高熔点、低挥发性；

（3）与基材热膨胀匹配性好；

（4）与基材结合良好；

（5）不能对氧化反应有催化作用；

（6）致密且具有高温自愈合能力。

与基体中引入氧化抑制剂类似，涂层通常也难以同时满足上述要求，往往需要根据服役环境择优选取。近年来，研究主要集中于 Si、Mo、Cr、Zr、Hf、B、C 多元多层涂层以及纳米管线增韧陶瓷涂层，也有含 Nb、La 抗氧化涂层的报道，而涂层低成本低温制备方法以及新涂层的开发也是重要的研究方向。根据使用温度来分，有低温（低于 1000℃）涂层和高温（1000~1800℃）涂层之分。前者主要是 B_2O_3 系涂层，后者则主要是 SiC 和 $MoSi_2$ 系。根据涂层结构形式来分，有单一涂层和多层梯度涂层，单一涂层主要用于温度较低、抗氧化时间较短的情况，多层梯度涂层则多用于高温长时间抗氧化。

碳/碳复合材料的主要抗氧化涂层类型包括：

（1）单组分涂层。单组分涂层是在碳/碳复合材料的表面只涂单一的金属、氧化物、碳化物或硅化物等一种组分进行涂层防护。这种结构的涂层由于成分单一，较难实现较宽温度范围的防护。硅基陶瓷材料如 SiC 和 Si_3N_4 是比较理想的抗氧化涂层材料。通常用 CVD 法制备 SiC 和 Si_3N_4 涂层，沉积温度在 1100℃左右。由于 CVD 法工艺复杂且成本高，近年来发展了一些低成本的替代工艺。扩散烧结工艺可利用液态 Si 与碳/碳表层碳在 1600℃下的扩散反应制备 SiC 涂层。Chen-chim. Ma 等人发展的反应烧结工艺，将适量硅粉与环氧树脂混合并涂覆在碳/碳基体上得到预涂层，利用预涂层中硅粉与 1800℃烧结温度下环氧树脂热解所得到碳的反应制备 SiC 涂层。付前刚等利用热压烧结工艺制备的 SiC 单涂层体系如图 6-26 所示[13]。

（2）多组分涂层。由两种或多种成分组成的涂层叫作多组分涂层，它可在较宽的温度范围内进行氧化防护。为了克服由于 CTE 差异在热震条件下造成的破坏，涂层设计时，要具有一定的自愈合能力。H. S. Hu 和 A. Joshi 等人用熔浆法合成的 Si-Hf-Cr、Si-Zr-Cr 涂层，抗氧化温度可达 1600℃。成来飞用液态法制备的 Si-

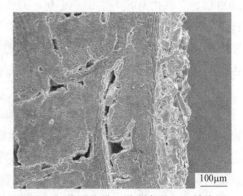

图 6-26　热压烧结工艺制备的 SiC 单涂层

Mo、Si-W 涂层，在 1500℃ 以下具有长时间的抗氧化能力。曾燮榕等给出了 MoSi$_2$、SiC 的双相结构的抗氧化涂层，在 1500℃ 以下具有可靠的防护能力[14,15]。

（3）复合涂层。复合涂层的设计概念是把功能不同的抗氧化涂层结合起来，让它们发挥各自的作用，从而达到更满意的抗氧化效果。由内而外依次为：过渡层，用以解决碳/碳复合材料基体与涂层之间 CTE 不匹配的矛盾；碳阻挡层，防止碳的向外扩散；氧阻挡层，防止氧的向内扩散；封填层，提供高温玻璃态流动体系，愈合阻挡层在高温下产生的热膨胀裂纹；耐腐蚀层，防止内层在高速气流中的冲刷损失、在高温下的蒸发损失，以及在苛刻气氛里的腐蚀损失。这种五层复合涂层结构的示意图如图 6-27 所示，其设计构思被认为是唯一适合 1800℃ 以上抗氧化防护的涂层技术，黄剑锋等用包埋法制备了 Al$_2$O$_3$-莫来石-SiC-Al$_4$SiC 多组分涂层，其在 1500℃、1600℃ 下均有较强的抗氧化能力。目前各国学者还在进行着有关选材、组合方式、性能匹配的探索性研究，已产生的大致雏形为碳化硅内层/耐火氧化物陶瓷外层的基本结构[16]。

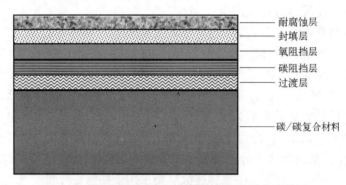

耐腐蚀层
封填层
氧阻挡层
碳阻挡层
过渡层

碳/碳复合材料

图 6-27   碳/碳复合材料五层复合涂层结构的示意图

（4）复合梯度涂层。为了缓和材料内部的热应力和减少裂纹的产生，在碳/碳复合材料的表面形成多层涂覆性的梯度功能材料。从里向外，一种或多种组分（如金属、陶瓷、纤维、聚合物等）的结构、物性参数和物理、化学、生物等单一或综合性能都呈现连续变化。这种连续变化，消除了界面的影响，使梯度涂层和基体的结合强度增大，抗热震性能好，不易产生裂纹和从基体剥离，是 1500~1800℃ 首选的抗氧化涂层技术。黄剑锋等用包埋法和溶胶-凝胶法制备了 SiC 内层，梯度 ZrO$_2$-SiO$_2$ 外层的多组分复合梯度涂层，在 1500℃ 下，氧化 10h，失重率仅为 1.97%。又用包埋法、喷涂法、烧结法制备了 SiC/SiO$_2$-Y$_2$O$_3$/玻璃的多层复合梯度涂层，1500℃ 下，氧化 164h，失重率为 1.65%。C. A. A. Cairo 等用包埋法制备了 SiC-B$_4$C 梯度涂层。曾燮榕等用高温浸渍法制备了内层为 SiC、外层为 MoSi$_2$-SiC 的梯度涂层，在 1600℃ 以内具有稳定、可靠的长时间氧化防护能力。

（5）贵金属涂层。金属铱有较强的抗氧化性，熔点为 2440℃，其直到 2100℃ 时氧气的扩散渗透率都很低，到 2280℃ 也不和碳发生反应。铱有一定的塑性，零空隙，同碳的兼容性好。报道显示，开发的铱/铼功能梯度复合涂层体系，在温度 2200℃ 以上的寿命可达几十到几百小时。但由于铱易被侵蚀、价贵及与基体的热匹配问题，其应用受到一定的限制。日本研制的 LaB$_6$ 抗氧化涂层，其抗氧化能力可延续到 2000℃。

经过多年的研究，碳/碳复合材料抗氧化的研究取得了很大的突破。低于 1500℃ 的长期抗氧化及1500~1800℃的短期抗氧化问题已基本得到解决。目前研究的方向是1500~1800℃的长期抗氧化及高于1800℃的抗氧化涂层体系。关于此项问题的深入研究主要是将抗氧化涂层技术与基体改性技术相结合，在不牺牲碳/碳复合材料良好的材料学性能的同时，尽可能地提高材料的抗氧化温度，延长材料的使用寿命，并降低制备成本，简化合成工艺，缩短合成周期。从理论上选择有效的抗氧化成分，寻求新的组合方式并配以适当的合成技术，将是解决这一问题的可能途径。

6.4.4 碳/碳复合材料抗烧蚀涂层技术

碳/碳复合材料的抗烧蚀涂层必须同时具备耐超高温、抗氧化、抗烧蚀、抗热冲击、抗冲刷以及与基体相容性好等特性。对于硅基陶瓷涂层而言，尽管氧化生成的 SiO_2 保护膜对碳/碳复合材料具有一定的保护作用，但是它仅适用于1700℃以下的使用温度。因此，对于碳/碳复合材料的抗烧蚀防护而言，必须采用更高熔点的陶瓷材料，即超高温陶瓷材料。表6-10给出了一些常见超高温陶瓷的物理性能，超高温陶瓷主要指一些过渡金属的碳化物、硼化物和氮化物。超高温陶瓷中研究最为广泛的是碳化物和硼化物。碳化物主要指 ZrC、HfC、TaC 陶瓷，具有高的熔点（ZrC 为3540℃、HfC 为3890℃、TaC 为3880℃），其中 ZrC 和 HfC 的氧化物 ZrO_2 和 HfO_2 也具有高的熔点（>2600℃）。此外，碳化物陶瓷还具有良好的高温稳定性和抗烧蚀性，且在高温下能保持较好的硬度和强度。硼化物主要指 ZrB_2、HfB_2 和 TaB_2，具有高熔点（ZrB_2 3060℃、HfB_2 3250℃ 和 TaB_2 3000℃）、高硬度、高热稳定性等特点[1]。

表 6-10 常见超高温陶瓷的物理性能[1]

材料	熔点/℃	密度/g·cm^{-3}	线膨胀系数/K^{-1}	热导率/W·(m·K)$^{-1}$	比热容/J·(g·K)$^{-1}$	硬度/kg·mm^{-2}
HfC	3890	12.7	$5.6×10^{-6}$	22	0.20	2300
TaC	3880	14.51	$7.1×10^{-6}$	22	0.19	2500
ZrC	3540	6.59	$7.2×10^{-6}$	20	0.37	2700
NbC	3500	7.79	$6.6×10^{-6}$	30	0.35	2400
SiC	2987	3.21	$5.3×10^{-6}$	120	0.67	3200
BiC	2347	2.52	$5.6×10^{-6}$	30	0.96	2900
TiC	3065	4.94	$7.9×10^{-6}$	50	0.56	2900
ZrB_2	3060	6.08	$7.5×10^{-6}$	25	0.48	2300
HfB_2	3250	10.52	$5.7×10^{-6}$	42	0.25	2800
TaB_2	3100	12.58	$5.1×10^{-6}$	86	0.22	2500

涂层法是选择耐烧蚀材料在碳/碳复合材料表面制备单相或多相、一层或多层涂层，将碳/碳复合材料与烧蚀环境隔离，主要由涂层来抗烧蚀、碳/碳复合材料承载，通过涂层的低烧蚀率使整体抗烧蚀性能提高。烧蚀环境往往温度更高、热加载更快、热流密度更高，因此抗烧蚀涂层在满足前述抗氧化涂层要求的基础上还应满足如下条件[1]：

（1）宽温域抗氧化能力。对飞行器头锥、前缘等热端构件而言，到驻点区的距离越远，热流密度和相应的温度就会越低，且随球头半径和半锥角的设计差异而明显不同，因此涂层不仅要能够抵抗驻点区的烧蚀，还应能够抵抗不同温度区域的不同接触角的高温氧化性气体冲刷，否则涂层会在非驻点区率先破坏继而引发整体失效。

（2）高韧性。对于火箭发动机喷管等热端构件，高温燃气通常是瞬间加载的，材料表面温度会快速爬升至2000℃甚至更高。在此类强热冲击环境，若涂层韧性较差会因局部热应力过高导致自身快速瓦解。

（3）与碳/碳复合材料形成的闭孔少。制备的涂层虽然存在裂纹，但局部区域通常为几十微米至几百微米厚的致密层。如果这些区域和碳/碳复合材料的结合部存在过多闭孔，在高热流密度环境中这些闭孔中的气体会因热膨胀产生巨大的局部热应力引发涂层胀裂，继而会因涂层内碳/碳复合材料的烧蚀导致涂层快速剥离。

此外，涂层在服役环境同温区的均匀性也是涂层发挥效用的重要条件。如果涂层在服役过程中因不满足上述要求而引发材料快速消耗，将失去其提高抗烧蚀性能的作用，因此抗烧蚀涂层的设计和制备较抗氧化涂层更复杂、更困难。目前抗烧蚀涂层可通过化学气相沉积、热喷涂、包埋、涂敷烧结等方法进行制备，用作涂层的材料主要为 SiC 和超高温陶瓷。

最初开发的抗烧蚀涂层是单相碳化物陶瓷涂层，如 TaC、HfC、ZrC 等，与抗氧化陶瓷涂层相同，制约抗烧蚀陶瓷涂层实际应用的难点也是其脆性以及与碳/碳复合材料之间的线膨胀系数不匹配性。为解决单相碳化物陶瓷涂层易开裂和剥落等难题，近年来，国内外研究人员做了大量的理论和试验研究，相继开发出了多种涂层体系[1]。

目前抗烧蚀涂层体系存在的主要问题是制备工艺环节多、周期长、成本高、不易精确化控制等。下一步需要提高涂层的制备效率，降低制造成本，提高涂层的可设计性。此外，涂层与碳/碳复合材料的界面相容性、热膨胀匹配性、涂层高温稳定性等关键技术尚未得到彻底解决。特别是在高温烧蚀环境下，需要进一步提高涂层的致密性和耐冲刷剪切强度。涂层与基体改性相结合的抗烧蚀技术，也是下一步的研究重点。可以采用微氧化或者喷砂的方法在基体改性后的试样表面构造多孔层，提高表面粗糙度，以达到提高抗烧蚀涂层与基体界面结合强度的目的。

涂层技术尽管能够隔离含氧气氛和碳/碳复合材料，从理论上可以起到很好的防护效果，但涂层与碳/碳复合材料之间物理化学不相容的问题一直未能得到彻底解决，尤其对于高性能发动机热端部件和空天飞行器热防护系统服役过程中的超高温、强冲刷、高频振动、高低温瞬时热震等极端苛刻环境，涂层易发生开裂、剥落、烧蚀等失效。

目前报道的多数涂层都在温度和热流密度相对较低的环境中表现出了良好的抗烧蚀性能，而在高温、高热环境中应用的涂层还有待进一步研究开发。

6.5　碳/碳复合材料的应用

6.5.1　热防护部件的应用

碳/碳复合材料由于在高温环境下具有很好的综合性能，一直以来都是各类航天飞行器最高温度区的首选材料，应用特别广泛，如美国现役的航天飞机轨道器，俄罗斯、法国和日本的航天飞机等。俄罗斯拥有在碳/碳复合材料表面制备多层复合涂层的技术，使碳/碳复合材料能够在2000℃有氧环境下工作1h以上。据AIAA1996年的一份资料介绍，美国采用碳/碳复合材料头锥和机翼前缘等作为高温热防护系统已完成70余次发射。另据AIAA2000年的一份报告，美国华盛顿大学进行了第二代可重复使用飞行器（Reusable Launch Vehicle，RLV）的设计（K2X计划），其头锥的上裙部采用抗氧化碳/碳复合材料。美国的X系列飞行器属于高超声速飞行器，X-30、X-33、X-34均为可重复使用航天运载器，可重复使用、单级入轨、水平起降，其中X-30试验机在高速飞行时，其表面任何区域的温度均不低于650℃，当X-30以9800km/h的速度在26822m的高度飞行时，头锥处温度为1793℃，沿机身向后逐渐降至871℃，机身后部温度最低，约为760℃，由于激波交叉加热，整流罩前缘的温度将增至1788℃，机翼或者尾翼前缘的温度将高达1455℃，并逐渐降至后缘的871℃。发动机整流罩的温度可能将保持在982℃，其机翼前缘采用带主动式冷却的碳/碳复合材料。由表6-11可以看出，碳/碳复合材料成为航天飞行器热防护构件的首选材料。图6-28为美国航天飞机及碳/碳复合材料应用情况发展历程及趋势[1]。

表6-11　国外碳/碳防热、热结构材料发展历程[1]

发展历程	代表型号	考虑因素	构件形状及特征	材料
第一阶段： 20世纪80年代至今	美国航天飞机	部分可重复使用	钝头、尺寸较大	RCC、ACC、ACC-3
第二阶段： 20世纪80年代中期 至90年代中期	X-30空天飞机	可重复使用	尖锐头锥、 尺寸较大	ACC-4
第三阶段： 20世纪90年代至今	X-33、X-34、 X-37、X-40， OSP等验证机	高强度、耐热破坏	钝头、尺寸较大	ACC-3， ACC-4
第四阶段： 20世纪90年代至今	X-43A， HTV-2等	高抗冲击、高导热、 外形稳定	尖锐前缘、 大部件	高强、高导热碳/碳，ACC-6

6.5.2　耐烧蚀部件的应用

喷管喉衬是固体火箭发动机（SRM）的关键部件。早期喷管大多采用高熔点金属、热解石墨、多晶石墨以及抗烧蚀塑料复合材料，但它们存在氧化速度过快、热结构缺陷多和质量过重等缺点，喷管的可靠性也有待提高。碳/碳复合材料整个体系均由碳元素构成，由于碳原子彼此间具有极强的亲和力，使碳/碳复合材料无论在低温还是高温下，都具有良好的稳定性。同时，碳材料高熔点的本质属性，赋予了该材料优异的耐热性能，其可以承受高于3000℃的高温，用于短时间烧蚀的环境中，作为火箭发动机喷管、喉衬等使用具有无与伦比的优越性。另外，碳/碳复合材料保留了石墨材料耐烧蚀、线膨胀系数小、密度小的优点，又克服了石墨材料强度低，抗热震性能较低的不足。用碳/碳复合材料制成的喷管喉衬内型面烧蚀比较均匀、光滑，没有前后烧蚀台阶或凹坑，有利于提高喷管喉衬效率，因此碳/碳复合材料被普遍认为是目前高性能喷管喉衬的最佳材料[1]。

碳/碳复合材料作为耐烧蚀材料的另外一个应用是喷管扩张段。喷管扩张段的主要功

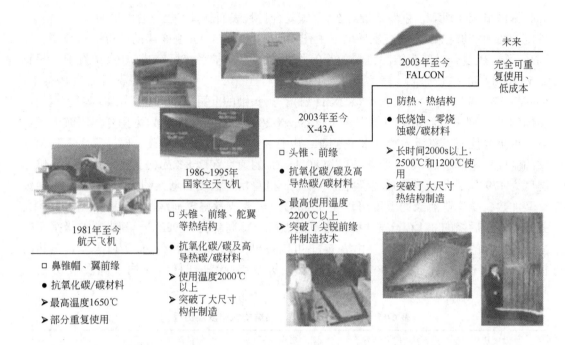

图 6-28　美国航天飞机及碳/碳复合材料应用情况发展历程及趋势[1]

能是控制燃气的膨胀，并且将最佳推力传送给发动机，它不但要承受高温燃气的强力冲刷、高温腐蚀，而且同时还是承载件。由于减重需要，要求扩张段壁厚较小，最厚处为 8~15mm，出口处仅为 1.5~4.0mm。20 世纪 90 年代，碳/碳复合材料扩张段在先进导弹固体火箭发动机上的应用已经相当广泛，其主要原因是采用碳/碳复合材料后，可使第二级火箭减重 35%，第三级火箭减重 35%~60%，这可大大提升喷管的冲质比。

美国等发达国家在航天、地-地战略导弹、潜-地战略导弹、先进战术导弹、运载火箭大型助推器五个系列所用的 SRM 中，全部采用 3D、4D 碳/碳复合材料喉衬，见表 6-12。在 20 世纪 90 年代，碳/碳喷管扩张段在先进导弹固体火箭发动机上的应用广泛，主要是 2D、3D 碳/碳复合材料，2D、3D 的碳/碳延伸锥也已成功应用。图 6-29 为 MX 导弹 SRM 3D 碳/碳喷管喉衬照片[1]。

表 6-12　美国碳/碳复合材料喷管喉衬的应用情况

发 动 机	织物类型	喉径/mm	密度/g·cm⁻³	喉部烧蚀率/mm·s⁻¹
美国 STAR30E SRM	3D	76.23	—	0.990
美国 IUS SRM-1	3D	164.59	1.90	—
美国/法国 SEP/CSD RSM	4D	54.86	1.91	0.065
美国/法国全复合材料 SRM	4D	65.10	1.91	0.072
法国 MAGE-Ⅱ级 SRM	4D	75.00	—	0.155
美国侦察兵第Ⅲ级 SRM	4D	91.60	1.88	—
美国 MX 各级 SRM	3D	一级 381	1.88~1.92	0.328
美国侏儒各级 SRM	3D			

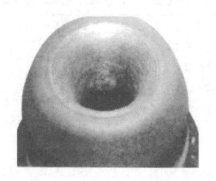

图 6-29　MX 导弹 SRM 3D 碳/碳喷管喉衬照片[1]

6.5.3　航空耐热部件的应用

　　航空工业的快速发展对航空发动机推重比提出越来越高的要求，而提高新型发动机推重比的关键是提高热效率，其实现办法是提高空气压缩比和提高涡轮进气温度。因此，推重比的提高将导致航空涡轮发动机和工业涡轮发动机涡轮进气温度的大幅升高，如新一代高性能航空发动机的工作温度将超过 1800℃，而且对材料强度、抗燃气冲刷能力提出了更高要求。除碳/碳复合材料外，其他材料都已无法满足该苛刻环境的服役要求，这主要归因于碳/碳复合材料以下的特殊功能：（1）在 1600℃ 以上仍能保持强度不降低，可在较高温度下工作，提高发动机的热效率；（2）低密度，可减轻发动机质量，提高推重比，减少冷空气消耗，提高发动机效率。

　　欧美等军事强国均将抗氧化碳/碳复合材料作为高推重比航空发动机热端部件的首选材料。如美国、法国及俄罗斯等军事强国已对航空发动机碳/碳燃烧室、加力燃烧室导向器、内锥体、尾喷鱼鳞片和密封片及声挡板等热结构部件进行了相应考核试验。转动件涡轮发动机叶片等则代表着当前碳/碳复合材料的最高工艺水平。美国通用电气公司在 JTD 验证机低压涡轮部分用碳/碳复合材料制造整体涡轮盘及叶片，运转温度为 1649℃，比一般涡轮盘高出 555℃。图 6-30 所示为燃气涡轮发动机碳/碳复合材料涡轮。如果采用碳/碳复合材料制备发动机热端部件（如导向叶片、隔热屏、调节片等），并

图 6-30　燃气涡轮发动机碳/碳复合材料涡轮

改进相应的设计水平，发动机的推重比可达到 30。美国的 IHPTET 计划中针对航空发动机用碳/碳复合材料热结构件已经进行了部分试车试验研究，并且确定在推重比 15~20 的研制计划中继续深入研究（表 6-13）。因此，世界各发达国家研究新一代高推重比航空发动机无一不是把碳/碳复合材料作为高温关键材料来考虑的[1]。

表 6-13　美国推重比 15~20 发动机关键构件使用的材料[1]

系　　统	材　　料	性能保证温度/℃	使用位置
压缩机	TiAl、纤维增强 TiAl 复合材料	704	叶片、壳体、转子、空心叶片
喷嘴（无冷却）	Ti-Al 金属间化合物	>982	承重构件
	陶瓷基复合材料	>1538	密封片、襟翼、燃料供给器
	碳/碳复合材料+涂层	>1538	密封片、襟翼、内椎体、燃料供给器
燃烧系统	Ti 合金	>650	壳体
	陶瓷	1204~1538	稳定器、尾喷鱼鳞片
	陶瓷基复合材料	1538~1649	加力燃烧室导向器
	碳/碳复合材料	>1750	燃烧室（双头、双层）

6.5.4　航空制动盘应用

随着航空科学技术和工业的迅速发展，飞机的着陆速度和质量在不断增加，现代先进飞机的着陆速度已超过 350km/h，起飞质量已达 600t，一次着陆制动装置吸收飞机的动能已达 1000~1300MJ。着陆制动时，制动盘的摩擦表面温度瞬间达 1000℃以上，同时在制动盘表层出现较大的温度梯度，从而产生很高的热应力并处于剧烈的热冲击状态。飞机制动过程中制动盘所承受的摩擦动力学、热力学和交变高应力等因素的复杂函数关系有的至今尚不清楚，这也是现代摩擦学的一个重要研究课题。在机轮的狭小空间内，设计具有热载能力、制动功率极大且制动性能稳定及散热良好的制动装置，是一个难度很高的工程技术问题，为使制动装置满足飞机的设计和使用要求，制动盘摩擦副材料的性能是至关重要的。

碳/碳复合材料具有低密度、优异的摩擦磨损性能、使用寿命长、大能量制动条件下不会熔化黏结、优良的热传导率和较大的比热容、良好的尺寸稳定性、较高的断裂韧性以及一般复合材料所具有的可设计性等突出特点。如碳/碳复合材料作为制动盘使用，由于其密度小，使用碳/碳盘后可以使每架飞机质量大大减轻，如空中客车 A310 减重 499kg，A300-600 减重 590kg，A330 及 A340 减重 998kg，仅由于改用碳/碳盘便可使每架飞机减重如此之多，足以说明其诱人之处；不仅如此，其优异的高温性能也十分引人注目，飞机制动时摩擦引起的温升高达 500℃以上，尤其是最苛刻的中止起飞紧急制动引起的温升超过 1000℃，此时碳/碳材料的耐高温性能就显示了极大的优越性；此外，碳/碳制动盘具有合适的摩擦因数和很好的耐磨性，由此导致使用寿命大幅度提高，更换周期则大大延长，一个周期可以达到 1500~3000 个起落，寿命提高 5~6 倍[1]。

正因为碳/碳制动盘这些突出优点，英国、美国、法国等国在 20 世纪 60 年代末、70 年代初几乎同时将碳/碳复合材料用于飞机制动材料。目前已基本取代金属制动副，成为最先进的制动副材料，并由该三国的五大公司垄断碳制动盘的国际市场，其年产量占世界碳/碳复合材料总产量的 90%以上。表 6-14 为不同型号碳/碳复合材料摩擦盘力学性能和热性能的相关数据。我国碳制动盘的主要研制单位有华兴航空机轮公司、兰州碳素厂、航天 43 所、航空 621 所、西北工业大学、中南大学、烟台冶金新材料所等。由兰州碳素厂研制的碳制动盘于 1990 年 7 月在歼-7M 型飞机上首次飞行成功。1998 年由华兴航空机轮公司研制碳制动盘在某重点型号军机上正式装机应用,实现了我国碳/碳复合材料具有里程碑意义的重大突破。20世纪90年代初期,启动民机碳制动盘的研究工作,目前已逐渐取代传统粉末冶金盘,其在新舟系列、ARJ21、C919、波音系列、空客系列及麦道系列等多款型号客机上获得应用[1]。

表6-14 不同型号碳/碳复合材料摩擦盘力学性能和热性能的相关数据[1]

机型材料 性能		FS02-62 (中)	A300-600 碳/碳盘 (法)	B747-400 碳/碳盘 (美)	B757-200 碳/碳盘 (英)	B767-300 碳/碳盘 (美)	MD-90 碳/碳盘 (美)	Bac-146 碳/碳盘 (英)
密度/g·cm⁻³		1.75~1.80	1.70~1.73	1.77	1.80	1.67	1.79	1.82
拉伸 性能	强度/MPa	129.0	64.6	—	66.3	36.9	29.9	54.0
	模量/GPa	39.5	23.2	—	22.9	30.5	23.0	26.8
压缩 强度	平行向/MPa	214.0	140.7	—	75.5	90.8	57.8	103
	垂直向/MPa	92.0	68.9	—	49.9	30.2	45.5	—
抗弯 性能	强度/MPa	154.0	166.3	124.9	80.2	75.4	79.4	116
	模量/GPa	25.4	16.9	14.6	80.2	75.4	79.4	116
	强度/MPa	166.0	82.4	—	81.4	81.1	64.3	—
	模量/MPa	36.6	14.8	—	16.4	19.8	18.7	—
层间剪切强度/MPa		13.8	8.94	10.23	7.69	7.45	3.68~8.07	9.24
比热容(20~800℃) /J·(g·℃)⁻¹		1.823	1.838	1.835	1.836	1.830	1.821	1.870
热扩散率 (⊥,20~800℃) /m²·s⁻¹		0.098	0.099	0.090	0.095	0.068	0.088	0.076
导热系数 (⊥,20~800℃) /W·(m·K)⁻¹		30.690	31.479	29.562	31.047	20.782	28.684	25.866

6.5.5 生物医学方面的应用

碳材料具有优异的生物相容性,已广泛地用于制备心脏瓣膜等人工植入体,也可以用来修复人体的腱和韧带。但由于传统碳材料的强度一般,且较脆,限制了它在生物医用材料领域的进一步应用。碳/碳复合材料继承了这种特性,是以碳纤维增强碳基体的新型复合材料,具有高的比强度、高的断裂韧性,是高应力使用下的外科植入物的最佳候选材料。碳/碳复合材料的增强相和基体相都由碳构成,一方面继承了碳材料固有的生物相容性,另一方面又具有纤维增强复合材料的高强度与高韧性特点。它的出现解决了传统碳材料的强度与韧性问题,是一种极有潜力的新型生物医用材料,在人体骨修复与骨替代材料方面具有较好的应用前景。20世纪80年代,2D碳/碳制造的人工关节使用很成功(图6-31),还用作牙根植入体[1]。

碳/碳复合材料作为骨替代及骨修复材料具有如下特点[1]:

(1) 在生物体内稳定且生物安全性好。相对于金属植入物,碳/碳复合材料具有更佳的体内稳定性和生物安全性。碳/碳复合材料属于生物惰性材料，不易与人体组织发生反应，能耐受体内酸碱环境的变化，不易变形，而金属植入物的颗粒易脱落，进而沉积在人体的某些器官，被细胞吞噬，可能会引起机体中毒或其他的不良反应。

（2）生物相容性好。相对于其他生物材料，碳/碳复合材料由碳构成，更贴近人体成分，这也决定了其优良的生物相容性，目前基础和临床的研究也证实了这一点。

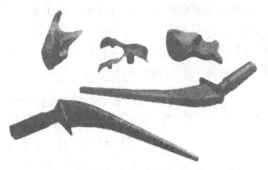

图 6-31　碳/碳复合材料制造的人工关节[1]

（3）弹性模量和骨相近且具有高强度、高韧性。碳/碳复合材料的弹性模量为 45～47GPa，与人体骨骼的弹性模量（10～40GPa）相近，具有非常良好的应力传递能力，可避免"应力屏蔽"效应的发生。另外，碳/碳复合材料强度也非常高，它同样能满足人体硬组织替换物强度的要求，是一种潜在的、有优势的人体骨骼替换材料，随着研究的深入和技术的进步，个性化碳/碳复合材料植入物的成功研发也是可行的。

（4）成骨细胞长入良好。有研究表明，成骨细胞能长入碳/碳复合材料表面，相对于金属材料而言更有优势，能与人体骨骼更好地结合，增强牢固程度，可与肌体更好地融合在一起。其原因与碳/碳复合材料本身特性有关，基于碳材料是人体组成之一，另外该材料表面和内部有微孔，利于骨长入，对于骨长入有诱导作用，通过工艺技术可适当调整材料内部孔径，使得骨长入的程度不同，同样可以调整材料的维度以及表面的粗糙度来刺激成骨细胞，诱导成骨细胞更好地长入该材料，而未来若能将该材料塑形成骨小梁结构，可更好地使成骨细胞长入。

Adams 等研究了碳/碳复合材料用于老鼠股骨的情况，结果表明碳/碳复合材料具有极优异的硬组织相容性，骨皮层组织对它可很快适应，在碳/碳复合材料与骨之间没有形成任何过渡软组织层，也没有出现任何炎症反应。通过与金属钛的植入体进行对比发现：碳/碳复合材料与骨的界面剪切强度明显大于钛-骨的界面强度，另外钛植入体周围的骨组织产生了一些负效应，而在碳/碳植入体周围则没有，反映了碳/碳与骨组织间良好的亲和性[16]。

碳/碳复合材料植入体进入人体后，将处于人体复杂的生物环境内，与血液、软组织、骨骼之间将产生各种交互作用，影响因素十分复杂。从材料学角度而言，材料的微观结构、组织类型、表面状态及形貌等一系列材料特性问题，都会对碳/碳复合材料的生物相容性产生直接的影响。因此为获得最适用于某种场合下的医用碳/碳复合材料，需要对材料的微观结构和表面状态进行有效控制，实现这一目标的前提是深入认识该材料生物相容性与微观结构组成之间的关系[17]。

与金属植入材料相比，碳/碳复合材料的医用研究与应用还存在许多亟待解决的问题：（1）从医学角度考虑制备专用碳/碳复合材料的研究工作较为欠缺，缺乏从生物应用角度设计、制备的专用碳/碳复合材料，这项研究可能会涉及材料的力学分析、结构设计、微观组成控制、表面涂层与改性等一系列问题；（2）复合材料的性能测试标准还很不规范，处于人体环境后的响应也远比常规材料复杂[17]。

碳/碳复合材料的出现，从根本上改善了碳材料的强度与韧性，解决了植入体与人体骨骼模量不匹配问题。虽然目前碳/碳复合材料植入体的实际临床应用还不多，但其潜在的优势注定了它在生物医用材料方面良好的应用前景[17]。

思 考 题

6-1 简述什么是碳/碳复合材料，其性能特点有哪些？

6-2 简述碳/碳复合材料的制备工艺的三个基本步骤。

6-3 简述等温化学气相渗透的工艺优势，以及其与热梯度化学气相渗透的工艺区别。

6-4 简述化学液相气化渗透工艺与等温化学气相渗透工艺的区别。

6-5 什么是液相浸渍-碳化工艺？简述其主要工艺流程。

6-6 简述按消光角分类的热解碳微观结构类型，以及不同的热解碳织构的光学活性区别。

6-7 简述热解碳的形成机理。

6-8 简述热解碳织构类型、预制体结构和界面，对碳/碳复合材料机械性能的影响。

6-9 简述碳/碳复合材料特殊的热物理性能特点。

6-10 简述碳/碳复合材料的"疲劳强化"现象及其形成原因。

6-11 简述碳/碳复合材料作为摩擦制动材料和生物材料的优势。

6-12 简述碳/碳复合材料的氧化和烧蚀过程。

6-13 什么是碳/碳复合材料抗氧化抗烧蚀的两种设计思路。

6-14 对具有良好保护功能的抗氧化涂层应该有哪几项基本要求？简述抗氧化涂层的分类。

6-15 简述良好的抗烧蚀涂层应满足的条件。抗烧蚀涂层使用的高熔点陶瓷材料一般有哪些？

6-16 简述碳/碳复合材料的主要应用领域。

参 考 文 献

[1] 李贺军, 付前刚. 碳/碳复合材料 [M]. 北京：中国铁道出版社, 2018.

[2] 白瑞成, 李贺军, 席琛, 等, 碳/碳复合材料工艺的研究进展 [J]. 材料导报, 2005, 19 (4)：81-84.

[3] 王兰英, 李贺军, 卢锦花, 等, 以甲苯为前驱体化学液气相沉积法制备碳/碳复合材料 [J]. 高等学校化学学报, 2005, 26 (6)：1002-1005.

[4] 王荣国, 武卫莉, 谷万里. 复合材料概论 [M]. 哈尔滨：哈尔滨工业大学出版社, 2011.

[5] 薛宁娟, 苏君明, 肖志超, 炭/炭复合材料 CVI 致密化技术的研究与发展 [J]. 碳素技术, 2008, 27 (4)：47-50.

[6] 顾正彬, 李贺军, 李克智, 等, 碳/碳复合材料等温 CVI 工艺有限元模拟及可视化研究 [J]. 西北工业大学学报, 2003, 21 (3)：360-363.

[7] 向巧, 罗瑞盈, 章劲草, 炭/炭复合材料等温 CVI 工艺计算机模拟的应用 [J]. 碳素技术, 2009, 28 (1)：40-43.

[8] 赵建国, 李克智, 李贺军, 等. 炭/炭复合材料热梯度 CVI 工艺中温度场的数值模拟 [J]. 材料工程, 2006 (增刊1)：326-328, 333.

[9] 韩红梅, 李贺军, 李克智, 等. 高温对碳/碳复合材料性能影响的研究 [J]. 西北工业大学学报, 2003, 21 (3)：352-355.

[10] 廖晓玲, 李贺军, 韩红梅, 等. 碳/碳复合材料的疲劳行为研究 [J]. 材料科学与工程学报, 2005, 23 (3)：453-456.

[11] 黄荔海, 李贺军, 李克智, 等. 不同转速及载荷下炭/炭复合材料的摩擦磨损性能 [J]. 材料科学与工程学报, 2006, 24 (3): 330-333, 357.

[12] 张磊磊, 李贺军, 李克智, 等. 碳/碳复合材料表面粗糙度对成骨细胞生长行为的影响 [J]. 无机材料学报, 2008, 23 (2): 341-345.

[13] Fu Q G, Xue H, Wu H, et al. A hot-pressing reaction technique for SiC coating of carbon/carbon composites [J]. Ceramics International, 2010 (36): 1463-1466.

[14] 成来飞, 张立同, 韩金探. 碳/碳复合材料防氧化涂层研究发展概况 [J]. 高技术通讯, 1992, 2 (10): 30.

[15] 成来飞, 张立同, 韩金探. 碳/碳复合材料防氧化涂层的性能评价 [J]. 高技术通讯, 1992, 2 (11): 22.

[16] 黄剑锋, 张玉涛, 李贺军, 等. 国内碳/碳复合材料高温抗氧化涂层研究新进展 [J]. 航空材料学报, 2007, 27 (2): 74-78.

[17] 侯向辉, 陈强, 喻春红, 等. 碳/碳复合材料的生物相容性及生物应用 [J]. 功能材料, 2000, 31 (5): 460-463.